Der Steinkohlenbergbau
des Preussischen Staates
in der Umgebung von Saarbrücken.

III. TEIL.

Der technische Betrieb der staatlichen Steinkohlengruben bei Saarbrücken.

Von

R. Mellin,

Kgl. Berginspektor in Saarbrücken.

Mit 53 Textfigurenrund 14 lithog aphischen Tafeln.

Springer-Verlag Berlin Heidelberg GmbH

1906

Additional material to this book can be downloaded from http://extras.springer.com

ISBN 978-3-642-50566-9 ISBN 978-3-642-50876-9 (eBook)
DOI 10.1007/978-3-642-50876-9

Softcover reprint of the hardcover 1st edition 1906

Inhalt.

	Seite
A. Grubenbaue	5
I. Einleitung	5
1. Allgemeines	5
2. Kohleninhalt des staatlichen Berechtigungsfeldes	6
3. Art der Grubenfelder und ihrer Erschließung	7
II. Allgemeine Betriebsverhältnisse der einzelnen Gruben	11
1. Flamm- und Magerkohlengruben	11
2. Fettkohlengruben	30
III. Aus- und Vorrichtungsarbeiten	48
1. Ausrichtungsarbeiten	48
Stollen	49
Schächte	49
Füllörter	56
Querschläge	57
2. Vorrichtungsarbeiten	59
IV. Abbaue	62
1. Allgemeines	62
2. Pfeilerbau	65
3. Stoßbau	67
4. Strebbau	71
5. Scheibenbau	77
V. Hauer- und Gewinnungsarbeiten	88
VI. Grubenausbau bei der Vorrichtung und dem Abbau	96
VII. Spülversatz	101
B. Förderung	108
I. Allgemeines	108
1. Förderwagen	108
2. Förderbahnen	117
II. Förderung in söhligen Strecken	119
1. Pferdeförderung	119
2. Ketten- und Seilförderung	122
3. Lokomotivförderung	153
III. Förderung in Bremsbergen und einfallenden Strecken	157
IV. Schachtförderung	163

Seite

C. Wasserhaltung 222
I. Wasserzugänge 222
II. Maschinenanlagen 224
III. Kosten 229

D. Wetterführung 239
I. Beschaffenheit der Wetter 239
1. Chemische Zusammensetzung 239
2. Feuchtigkeit und Temperatur 242
II. Wetterversorgung 245
1. Wettermengen 245
2. Grubenweite 246
3. Erzeugung des Wetterzuges 249
III. Wetterverteilung 259
1. Allgemeine Anordnung der Wetterführung 259
2. Verteilung der Wetter in der Grube 261
3. Wettergeschwindigkeiten 269
IV. Sicherheitsmaßregeln gegen Schlagwetter- und Kohlenstaubzündungen 270
1. Sicherheitslampen 270
2. Untersuchung der Wetterführung 272
3. Beschränkungen der Schießarbeit 273
4. Berieselung 274
5. Vorkehrungen gegen Brandgefahr, Rettungswesen 277

E. Tagesanlagen 282
I. Dampfkesselanlagen 282
II. Zentralkondensationen 297
III. Kraftanlagen 303
1. Allgemeines 303
2. Druckluftanlagen 305
3. Elektrische Anlagen 322
IV. Sonstige Tagesanlagen 335

Im Text sind folgende Abkürzungen angewandt:

Zeitschrift Ministerialzeitschrift	} für	Zeitschrift für das Berg-, Hütten- und Salinenwesen,
Sammelwerk	„	das vom Bergbaulichen Verein in Essen herausgegebene Werk: „Die Entwickelung des Niederrheinisch-Westfälischen Steinkohlenbergbaues in der 2. Hälfte des 19. Jahrhunderts“,
Nasse	„	die im Bande 33 der Ministerialzeitschrift erschienene Abhandlung von Nasse: „Der technische Betrieb der Königlichen Steinkohlengruben bei Saarbrücken“, an welche die vorliegende Schrift sich vielfach anlehnt.

A. Grubenbaue.

I. Einleitung.

1. Allgemeines.

Dem Preußischen Staate ist ein den gesamten Kreis Saarbrücken, den größeren Teil der Kreise Ottweiler und Saarlouis und Teile der Kreise St. Wendel und Merzig umfassendes bergbauliches Berechtigungsfeld von rund 110 923 ha Größe vorbehalten*). Der Betrieb in diesem Felde wird gegenwärtig von 11 Berginspektionen geführt, deren jede zwei bis drei in der Hauptsache selbständige Grubenanlagen verwaltet. In der Regel sind die Anlagen inbezug auf Förderung, Wasserhaltung und Wetterführung gänzlich voneinander getrennt, in einigen Fällen benutzen jedoch verschiedene Anlagen aus Zweckmäßigkeitsgründen teilweise oder ganz dieselben Vorrichtungen zur Wasserhebung, Wetterführung und Verladung.

In nachstehender Zusammenstellung sind die zurzeit vorhandenen Grubenanlagen und die sie verwaltenden Berginspektionen übersichtlich aufgeführt:

Name und Nr. der Berginspektion	Name der Grubenanlage
I. Kronprinz . .	Schwalbach
	Geislautern
	Rosseln
II. Gerhard . . .	Viktoria
	Gerhard
	Rudolfschacht
	Serlo
	Fettkohlengrube
III. Von der Heydt	Hauptgrube
	Lampennest
	Burbachstollen
IV. Dudweiler . .	Dudweiler
	Jägersfreude
V. Sulzbach . . .	Sulzbach
	Altenwald
VI. Reden	Reden
	Itzenplitz
VII. Heinitz	Heinitz
	Dechen
VIII. König	König
	Kohlwald
	Wellesweiler
IX. Friedrichsthal	Friedrichsthal
	Maybach
X. Göttelborn . .	Göttelborn
	Dilsburg
XI. Camphausen .	Camphausen
	Brefeld

*) Davon waren im Jahre 1901 rund 37 000 000 qm vorgerichtet, 94 100 000 qm ausgerichtet. Im Jahre 1904 enthielten die ausgerichteten Feldesteile 98 274 000 t, die vorgerichteten 45 435 000 t.

Im folgenden soll, wenn nichts anderes vermerkt ist, mit einem Namen, der für eine Grubenabteilung und die ihr übergeordnete Berginspektion gleich ist, stets die Grubenabteilung bezeichnet werden.

Von den genannten Gruben bauen auf Flözen der Fettkohlenpartie folgende: Dudweiler, Sulzbach, Altenwald, Heinitz, Dechen, König, Wellesweiler, Maybach, Camphausen, Brefeld, neuerdings auch Reden. In der Entwickelung begriffen sind Fettkohlenanlagen in Geislautern, Louisenthal, Von der Heydt, Jägersfreude, Kohlwald.

Auf den Flözen der unteren Flammkohlenpartie bauen die Gruben Serlo, Jägersfreude, Burbachstollen, Friedrichsthal, Reden, Kohlwald.

In den Flözen der oberen Flammkohlengruppe geht Betrieb um auf den Gruben Geislautern, Gerhard, Von der Heydt, Göttelborn, Itzenplitz, Reden, Kohlwald.

Auf dem hangenden Flözzug baut die Grube Schwalbach und die Grube Dilsburg.

2. Kohleninhalt des staatlichen Berechtigungsfeldes.

Am Ende des Teils I dieses Werkes ist eine von dem Revidierenden Markscheider Müller bearbeitete Zusammenstellung der Kohlenmengen mitgeteilt, die in dem staatlichen Berechtigungsfelde bis zu einer Abbautiefe von 1000 m noch anstehen. Diese Zusammenstellung ergab folgende Summen:

Berginspektion	Magerkohlen	Flammkohlen		Fettkohlen
		Obere	Untere	
	t	t	t	t
I bis XI	226 081 000	1 047 315 000	507 480 000	1 879 486 000
	zusammen 3 660 362 000 t.			

Inzwischen ist nun eine Berechnung der zwischen 1000 und 1500 m Teufe vorhandenen Vorräte von demselben Bearbeiter vorgenommen worden, deren Ergebnisse in der nebenstehenden Übersicht wiedergegeben sind.

Bei dieser Berechnung sind dieselben Annahmen zugrunde gelegt, wie bei der früheren, nämlich eine Kohlenschüttung von 1 t auf 1 cbm und ein Abbauverlust von 20 %. Bei den Fettkohlen sind die Geisheckflöze eingeschlossen. Die Angaben dieser zweiten Übersicht sind trotz sorgfältiger Berechnung naturgemäß mit einer weit größeren Unsicherheit behaftet als die früheren, weil zur sicheren und genauen Projektion der

Kohlenmasse zwischen 1000 und 1500 m Teufe (abzüglich 20 % Abbauverlust).

Berginspektion	Magerkohlen t	Flammkohlen Obere t	Flammkohlen Untere t	Fettkohlen t	Rotheller Flöze t
I	45 507 400	8 039 400	11 207 600	37 859 000	—
II	—	98 868 000	29 480 400 11 866 000	242 937 500	—
III	—	49 726 000	60 038 000	119 343 000	—
IV	—	—	—	2 733 200	—
V	—	—	—	—	—
VI	23 108 000	91 388 000	11 508 800	4 339 200 140 418 000	—
VII	—	—	—	—	2 555 000 4 871 200
VIII	—	222 347 000	39 270 000	685 759 400	—
IX	—	—	—	12 194 600	—
X	54 479 600	83 753 700	45 182 400	—	—
XI	—	4 502 400	18 930 700	109 078 800 92 972 880	—
Summe . .	123 095 000	558 624 500	227 483 900	1 447 645 580	7 426 200

2 364 275 180 t = rund 2,4 Milliarden Tonnen.

Flöze in so bedeutender Teufe nicht überall ausreichende Aufschlüsse zur Verfügung stehen. Es sind, um möglichst zuverlässig zu rechnen, nur die bestimmt bauwürdigen Flöze von mindestens 70 cm Mächtigkeit und auch diese nur an denjenigen Stellen berücksichtigt, wo sie nach in der Nähe gelegenen Aufschlüssen mit voller Sicherheit zu erwarten sind. Erschienen zwei Zahlen gleich wahrscheinlich, so ist die kleinere eingesetzt worden.

Aus beiden Berechnungen ergibt sich insgesamt eine noch abbaufähige Kohlenmenge von 3,7 + 2,4 = 6,1 Milliarden Tonnen, sodaß also bei Annahme einer Jahresförderung von 12 Millionen Tonnen der staatliche Bergbau an der Saar durch die bis 1500 m Teufe anstehenden Kohlenvorräte noch auf rund 500 Jahre gesichert erscheint.

3. Art der Grubenfelder und ihrer Erschließung.

Bei der Abgrenzung der Felder der einzelnen Grubenanlagen ist nach Möglichkeit auf die natürlichen Verhältnisse Rücksicht genommen, meist bilden Sprünge oder Sicherheitspfeiler zum Schutze von Tagesgegenständen die Markscheide, nur in selteneren Fällen hat eine rein künstliche Begrenzung vorgenommen werden müssen. Besonders ist das letztere bei der Festlegung der streichenden Baugrenze zwischen den Gruben im Sulzbachtale und den im Einfallen sich anschließenden Fischbachgruben der Fall gewesen. Wo sich durch den fortschreitenden Grubenbetrieb herausstellte, daß die angenommene Begrenzung der Felder für die wirtschaftliche Gewinnung unvorteilhaft war, haben mehrfach kleinere nachträgliche Verschiebungen der Markscheiden stattgefunden.

Da, wie sich aus den auf Tafel 1 und 2 dargestellten Grubenprofilen ergibt, die Fettkohlengruben im allgemeinen eine sehr viel größere Zahl bauwürdiger Flöze in geringerem querschlägigen Abstande besitzen als die Flammkohlengruben*), so sind die streichenden Feldeslängen auf den Flammkohlengruben bedeutend größer als auf den Fettkohlengruben, als Durchschnittswerte können 2—2,5 km und 3—4 km angenommen werden; jedoch wird durch Sprünge und sonstige Störungen naturgemäß das Verhältnis vielfach stark beeinflußt. Des näheren geben die weiter unten folgenden Ausführungen über die Betriebsverhältnisse der einzelnen Gruben in dieser Beziehung Aufschluß.

Sämtliche Saarbrücker Gruben sind Tiefbaue. Die Teufen der Hauptschächte und der Bausohlen und ihre Lage gegen NN sind aus den Darstellungen auf der Tafel 3 ersichtlich. Es ergibt sich daraus, daß in den letzten Jahrzehnten die Tiefe der Schächte nicht unbedeutend zugenommen hat; während bis zum Jahre 1884 (siehe Nasse S. 3) »außer den Schächten der neuen Gruben im Fischbachtale nur wenige tiefer als 400 m« waren, sind seitdem eine ganze Reihe Schächte bis zu größerer Teufe entweder vollständig neu hergestellt oder vertieft worden. Die größte Teufe sämtlicher Schächte der staatlichen Saargruben hat der Fettkohlenschacht der Grube Louisenthal mit 683 m erreicht, die durch ihn gelöste Sohle liegt 660 m unter Tage.

Bei der Wahl der Stellung der Schachtanlagen im Grubenfelde ist man im Saarrevier infolge der stark hügeligen Oberflächenbeschaffenheit in vieler Weise sehr viel mehr beschränkt, als dies im westfälischen oder oberschlesischen Kohlenbezirk der Fall ist. Es lassen sich infolgedessen öfters verhältnismäßig verwickelte Anordnungen des ganzen Grubengebäudes nicht vermeiden, die auf die Gestehungskosten der Förderung einwirken. Ihnen stehen aber auf der anderen Seite die Vorteile gegen-

---

*) In der oberen Flammkohlengruppe sind vorhanden 7—10 bauwürdige Flöze mit rund 9 m Kohlenmächtigkeit, nur auf den Gruben Reden, Itzenplitz und Kohlwald 15—20 bauwürdige Flöze mit 24 m Kohlenmächtigkeit; in der unteren Flammkohlengruppe sind die entsprechenden Zahlen 3 Flöze, 11 m; in der Fettkohlengruppe 17—20 Flöze, 18,5—25,5 m. Vergl. auch Teil I des vorliegenden Werks, S. 65 ff.

über, die man vielfach durch Ausnutzung der Talgehänge für die terrassenförmige Anordnung der Tagesanlagen usw. in bedeutendem Umfange erzielen kann. Außerdem ist der Saarbrücker Bergbau durch das Fehlen wasserreicher Deckgebirgsschichten und der damit verbundenen Schwierigkeiten und hohen Aufwendungen beim Schachtteufen, sowie durch die im ganzen außerordentlich mäßigen Grubenwasserzuflüsse sehr begünstigt.

Die Flammkohlengruben besitzen vielfach mehrere Förderschachtanlagen, die in querschlägiger Richtung neben einander liegen, indem bei ihnen häufig neue Sohlen durch neue Schachtanlagen ausgerichtet sind. Bei den Fettkohlengruben dagegen ist meist nur eine Hauptförderanlage für das ganze Feld vorhanden, auf Grube Heinitz hat man aber zur Abkürzung der Querschläge ebenfalls eine neue Schachtanlage ins Hangende der alten setzen müssen.

Für die Bemessung der Sohlenabstände ist, wie überall, in erster Reihe die für das gewählte Abbauverfahren zweckmäßigste flache Pfeilerhöhe maßgebend, sodaß unter sonst gleichen Verhältnissen die Sohlenabstände um so geringer werden, je flacher die Lagerung ist, und zwar meist in zunehmendem Maße, weil in der Regel zugleich bei flacherer Lagerung der Druck des Hangenden stärker ist als bei steilerem Einfallen und daher mit Rücksicht auf die Streckenunterhaltungskosten eine den schnelleren Verhieb der Sohle ermöglichende geringere flache Pfeilerhöhe vorteilhaft erscheint. Ferner wird der Sohlenabstand durch die Zahl und Mächtigkeit der Flöze und die Stärke ihrer Zwischenmittel bestimmt, indem bei geringer Zahl und großem Abstand der Flöze wegen der wachsenden Länge und Kostspieligkeit der Querschläge die Sohlenabstände größer sein werden als bei vielen, eng zusammenliegenden Flözen. Aus diesem Grunde haben im allgemeinen die Fettkohlengruben geringere Sohlenhöhen als die westlichen Flammkohlengruben, jedoch tritt dieses Verhältnis nicht sehr deutlich hervor, weil in jedem einzelnen Falle noch eine Reihe anderer Gesichtspunkte, wie die Rücksicht auf die Lage von Markscheiden und Sprüngen, auf bereits bestehende Sohlen benachbarter Baue usw. mitspricht und Abweichungen erforderlich macht. Auch weicht die Bewertung der verschiedenen angegebenen Gesichtspunkte öfters bei verschiedenen Beurteilern voneinander ab, sodaß auf derselben Grube starke Wechsel in den Sohlenhöhen vorkommen können. So beträgt z. B. auf Grube Heinitz die saigere Sohlenhöhe der 1. bis 3. Tiefbausohle je 55 m, diejenige der 4. Sohle 80 m, während man bei der 5. Sohle wieder auf 60 m zurückgegangen ist, 55—60 m können für die Gruben im Sulzbachtale als Regel angesehen werden.

Wegen der im allgemeinen flachen Lagerung der Saarbrücker Flöze werden bei diesen Sohlenabständen die Pfeilerhöhen meist noch zu groß für eine einzige Bremsberghöhe und es werden deshalb in der Regel mehrere, meist zwei, Teilsohlen eingelegt, die ihre Förderung auf die nächst untere Hauptsohle abgeben. Von der obersten Teilsohle wird jedoch häufig, grundsätzlich z. B. auf Grube Heinitz, die Förderung durch schwebende Strecken auf die nächste höhere Sohle emporgezogen, ein Verfahren, das bei dem Vorhandensein eines ausgedehnten Preßluftnetzes in allen Saarbrücker Gruben keinerlei Schwierigkeiten hat und die unnütze Arbeit vermeidet, die sonst durch das Fallenlassen beim Abbremsen und spätere Wiederemporheben bei der Förderung entsteht. Das Abbremsen von den Teilsohlen auf die Hauptsohle geschieht vielfach durch blinde Schächte, was natürlich um so zweckmäßiger ist, je flacher die Lagerung wird. Besonders vorteilhaft wird dies, wenn, wie es meist der Fall ist, die Flöze durch Querschläge aus dem Liegenden gelöst sind, weil dann der ganze Förderweg sehr abgekürzt wird, aber auch bei Lösung aus dem Hangenden ist die Gesenkförderung meist zweckmäßig, wenn das Gesenk die Hauptsohle innerhalb der gebauten Flözgruppe trifft.

Bei der Ausrichtung der einzelnen Sohlen wird auf den Fettkohlengruben mit ihrer gleichmäßigen und dichten Flözlagerung im allgemeinen der Grundsatz befolgt, Abteilungsquerschläge in gleichmäßigen Abständen von 300—400 m durch alle Flöze zu treiben, bei der großen Verflachung des Flözfallens, die man auf den mittleren Sohlen vieler Fettkohlengruben antraf, mußte man aber wegen der großen entstehenden Querschlaglängen mehrfach, z. B. auf Grube Heinitz, davon Abstand nehmen, diese regelmäßige Ausrichtung durchzuführen, wie sich aus den unten folgenden Mitteilungen über die Betriebsverhältnisse der einzelnen Gruben ergeben wird. Auf den Flammkohlengruben mit ihren wenigen weit voneinander liegenden Flözen ist eine solche regelmäßige Einteilung in Querschlagsfelder von vornherein ausgeschlossen.

Zur Verminderung der Streckenunterhaltungskosten und Konzentrierung des Betriebes sind auf den Fettkohlengruben, z. B. in Dudweiler, mehrfach auch für mehrere Flöze gemeinsame streichende Hauptförderstrecken meist in einem Flöze mit gutem Hangenden eingerichtet worden; eine so ausgedehnte Zusammenfassung, wie sie in neuerer Zeit in Westfalen die Regel geworden ist, hat aber mit Rücksicht auf den geringeren Kohlenreichtum und die weniger regelmäßige Ablagerung der Saarbrücker Flöze nicht stattfinden können, besonders hat der als Stapelbau bezeichnete gruppenweise Abbau von Flözen bisher keinen Eingang gefunden.

In der Vorrichtung und der Art des Verhiebes der einzelnen Flöze sind im allgemeinen keine besonderen Eigentümlichkeiten zu verzeichnen. Erwähnenswert in dieser Beziehung ist der vor einiger Zeit begonnene Versuch auf der Grube Reden, beim Strebbau von jeder Einteilung des Feldes durch Bremsberge zunächst abzusehen und den zwischen zwei Sohlenstrecken liegenden Flözstreifen fortlaufend streichend von der Abbaugrenze aus rückwärts zu verhauen. Zur Abkürzung der offen zu haltenden Strebstrecken und der Förderlängen werden von Zeit zu Zeit im Versatz Bremsberge hergestellt.*) Längere Erfahrungen mit dieser Art des Verhiebes, die namhafte Vorteile besonders in bezug auf die geringe Ausdehnung der offen zu haltenden Strecken hat, aber in vielen Fällen schon wegen der beschränkten Zahl der Gewinnungspunkte nicht anwendbar sein wird, sind noch nicht vorhanden. — Bei der Reihenfolge des Verhiebes der verschiedenen Flöze einer Grube befolgt man im allgemeinen die Regel, das hangendere Flöz vor dem liegenderen abzubauen, jedoch kommen, wie bei der Besprechung der einzelnen Gruben stellenweise erwähnt werden wird, mehrfach Gruppen von Flözen vor, die aufeinander keine Rücksicht zu nehmen brauchen. Über die Art des Verhiebes sehr nahe zusammmenliegender Flöze wird in dem Abschnitt über Abbau näheres zu sagen sein.

II. Allgemeine Betriebsverhältnisse der einzelnen Gruben.

1. Flamm- und Magerkohlengruben.

Grube Schwalbach.

Die Baue der Grube bewegen sich auf den beiden Flözen der Magerkohlenpartie, dem Schwalbacher und dem Wahlschieder Flöz und werden im Süden in der Gegend von Griesborn durch den Saarsprung begrenzt und dehnen sich in nordöstlicher Richtung bis an den annähernd rechtwinklig zum Saarsprunge streichenden, südöstlich einfallenden östlichen Hauptsprung aus. Die Feldeslänge ist daher in den tieferen Sohlen bedeutend größer als in den oberen und steigt im Schwalbacher Flöz konstruiert bis über 5 km, jedoch ist dieses Flöz außerordentlich durch Sprünge und andere Störungen unterbrochen. In dem westlichen Feldesteile treten parallel zum Saarsprung von O. nach W. folgende drei größere Sprünge auf: Sprung Nr. 2 mit einer söhligen Verwurflänge von 150—200 m ins Hangende, Nr. 3 mit einer solchen von 600 m ins Liegende und Nr. 4 mit einer solchen von 350—400 m ins Hangende. Im Ostfelde, d. h. dem Feldesteil zwischen dem östlichen Hauptsprunge und dem Sprunge Nr. 2 hat die Grundstrecke im Schwalbacher Flöz in der 10. Sohle eine Länge von rd. 4000 m, der durch den östlichen Hauptsprung 250 m seiger ins Liegende verworfene Teil des Schwalbacher Flözes, dessen Ausgehendes bei Knausholz liegt, ist in der 5. Sohle durch einen 1150 m langen Querschlag mit der alten Grube verbunden.

*) Vergl. auch Ministerialzeitschrift 1905 S. 67.

Die gewinnbare Kohlenmächtigkeit des Schwalbacher Flözes kann nur zu 1,6—1,9 m angenommen werden, die des Wahlschieder Flözes schwankt zwischen 1,1 und 1,3 m. Das Einfallen beträgt 8 bis 12 °, durchschnittlich 10 °, die querschlägige Entfernung des Wahlschieder Flözes vom Schwalbacher Flöz 700—800 m.

Die Grube ist durch den Ensdorfer Stollen gelöst, der vom Mundloch bei Ensdorf in ostsüdöstlicher Richtung verläuft und bis zum Schwalbacher Flöz eine Länge von 2,4 km hat, unter ihm bestehen gegenwärtig 11 Sohlen, von denen jedoch nur noch die drei tiefsten im Betrieb sind. Ihre Lage gegen NN. ist folgende:

Ensdorfer Stollen	+ 183 m
9. Sohle	+ 20 „
10. „	— 54 „
11. „	— 123 „
Knausholzer Feldesteil (über der 5. Sohle)	+ 196 „

Jede der Sohlen ist durch 2 Teilungssohlen zerlegt. Die zwischen zwei Teilungssohlen vorhandene flache Pfeilerhöhe beläuft sich im östlichen Feldesteil auf 100—120 m, im Westfelde infolge flacherer Lagerung auf 130 m.

Zur Förderung dienen im Westfelde der Eisenbahnschacht, im Ostfelde der Schwalbacher Schacht und der Ensdorfer Schacht und die Knausholzer Tagestrecke. Die Kohlen für den Eisenbahnabsatz werden durch den Eisenbahnschacht und den Ensdorfer Schacht, diejenigen für den Landabsatz durch den Schwalbacher Schacht, die Knausholzer Strecke und den Ensdorfer Stollen gefördert. Die für den Versand auf der Saar bestimmten Kohlen gehen durch den Ensdorfer Stollen.

Der Ensdorfer Schacht durchschneidet das Schwalbacher Flöz in der 9. Sohle und fördert von der 11. Sohle, die 350 m unter seiner Hängebank liegt. Der Eisenbahnschacht steht in der 11. Sohle, er ist in der 9. und 10. Sohle mit dem Ensdorfer Schacht, in der 5. Sohle mit dem Schwalbacher Schacht durchschlägig, während dieser mit dem Ensdorfer Schacht in der 5., 7. und 9. Sohle in Verbindung steht. Der Eisenbahnschacht fördert aus der 10. Sohle.

Als Wasserhaltungsschacht dient der Ensdorfer Schacht, zur Wetterversorgung sind noch vorhanden die Ventilatorschächte Ostschacht, Westschacht und Kasholz.

Die Förderung der Grube wird von der mit der Jahreszeit wechselnden Nachfrage im Landverkauf und Wasserabsatz ziemlich stark beeinflußt und schwankt zwischen 1600 und 1800 t täglich.

Grube Dilsburg.

Das Feld dieser in den 1840er Jahren als Ersatz für die staatliche Grube bei Hirtel angelegten Grube wird im O. durch den Holzer Sprung und den spitzwinklig bei Holz von ihm nach N. ablaufenden Sprung, im W. durch den in seinem Fortstreichen bei den Schächten der Grube Lampennest vorbeigehenden, dem Holzer Sprung parallel laufenden westlichen Hauptsprung begrenzt. Es treten in ihm 2 Flöze, das Dilsburger als das hangendere und das Wahlschieder mit Kohlenmächtigkeiten von 1,8 und 1,4 m auf, ihr querschlägiger Abstand beträgt 400 bis 500 m. Etwa in der Mitte des Feldes wird durch einen von NW. nach SO. verlaufenden Sprung das Dilsburger vor das Wahlschieder Flöz geworfen, wodurch eine sehr bequeme Flözausrichtung ermöglicht wurde.

Gegenwärtig geht nur im Wahlschieder Flöz Abbau um, die Förderung muß infolge der Benutzung alter Strecken, besonders eines langen Stollens im Dilsburger Flöz, großenteils einen weiten umständlichen Weg zurücklegen. Es sind folgende Sohlen gebildet:

Stollensohle	+ 252 m NN.
1. Sohle	+ 191 „
2. Sohle	+ 144 „

Die flache Pfeilerhöhe beträgt rd. 200 m.

Das Heben der Förderung besorgt ein flacher Schacht im Wahlschieder Flöz, der bis zur 1. Sohle 180 m, bis zur 2. Sohle 370 m Länge aufweist. Er dient zugleich als Wasserhaltungsschacht.

Die Grube ist bis jetzt mit natürlicher Wetterführung ausgekommen. Sicherheitslampen brauchen nur in den Vorrichtungsarbeiten benutzt zu werden.

Die Förderung, von der rd. 40 v. H. zum Selbstkostenpreise abgegeben werden, beläuft sich auf 90 bis 100 t täglich.

Grube Geislautern.

Die Grube Geislautern ist die einzige ganz auf der linken Saarseite gelegene staatliche Flammkohlengrube und baut auf den Flözen der hangenden Flammkohlenpartie in einem Felde, das bei etwa 3000 m Längsausdehnung nordwestlich und nördlich von der Privatgrube Hostenbach umgeben und östlich vom Saar- und Rosseltale begrenzt wird. Nach SW. bildet der von SO. nach NW. streichende Geislauterner Hauptsprung mit einer konstruierten Verwurfhöhe von rd. 440 m eine natürliche Baugrenze, er setzt zwischen Geislautern und Ludweiler quer durch die Täler der Rossel und des Lauterbachs.

Die Flöze streichen im allgemeinen von N. nach S. und fallen nach W. in das Feld der Grube Hostenbach ein. Sie sind durch zahlreiche, in verschiedener Richtung verlaufende Sprünge in hohem Maße zerrissen. Im N. herrscht bei den Sprüngen die Richtung WSW.—ONO., in den übrigen Feldesteilen die Richtung SO.—NW. vor. Die bedeutendsten der in letztgenannter Richtung verlaufenden Sprünge sind der Castorsprung (1100 m im Norden des Geislauterner Hauptsprunges), der Polluxsprung und der Pollux-Nebensprung (300 und 400 m nördlich des Castorsprunges). Der erstere und die beiden letzteren zusammen bringen söhlige Verwerfungen von je 80—150 m hervor. Die massenhaft auftretenden kleineren Sprünge haben Verwurfhöhen von 1—5 m.

Der Betrieb geht jetzt nur noch in den Flözen Emil mit 0,8 m Kohle und Alvensleben mit 1,25 m Kohle um, die früher gebauten Flöze Otto, Nr. 4 und Nr. 6 haben sich infolge zunehmender Unreinheit als nicht mehr bauwürdig erwiesen. Die gesamte bauwürdige Kohlenmächtigkeit der Grube beläuft sich also nur auf 2,05 m. Der rechtwinklige Abstand der beiden gebauten Flöze beträgt 40—50 m. Das Einfallen geht in den tieferen Sohlen nicht über 10 – 11 ° hinaus.

Die Förderung der Grube wird durch den 185 m über NN. liegenden Kanalstollen nach der bei Wehrden an der kanalisierten Saar gelegenen Kanalhalde gebracht und dort in die Kanalschiffe verladen. Sie gelangt auf die Stollensohle durch einen flachen Schacht bei Wehrden, der bis zur 2. Sohle eine flache Teufe von 272 m, bis zur 3. eine solche von 452 m und bis zur 4. eine solche von 513 m hat. Die Lage der Sohlen zu NN. ist folgende:

Kanalstollen	+ 185 m
2. Sohle	+ 118 „
3. „	+ 55 „

Außer dem flachen Schachte besitzt die Grube noch den saigeren Geislauterner Schacht, bis zur 3. Sohle reichend. Zur Wasserhaltung dienen eine oberirdische Gestängemaschine und eine auf der 3. Sohle stehende unterirdische einzylindrige Maschine.

Der Abbau bewegt sich über der 2. und 3. Sohle, die 4. ist außer Betrieb.

Die tägliche Gesamtförderung der Grube schwankt zwischen 200 und 220 t.

Gruben Gerhard und Viktoria.

Die Gruben Gerhard und Viktoria bauen auf den Flözen der hangenden Flammkohlenpartie, die in zwei durch eine bedeutende querschlägige Entfernung von einander getrennten Gruppen auftreten. Die hangende Gruppe umfaßt das Aspen-, Heinrich- und Karlflöz mit Kohlenmächtigkeiten von 1,3, 2,10 und 1,20 m, die liegende Gruppe enthält an bauwürdigen Flözen das Beust-, Konstanze- und Josephaflöz mit 2,2,

1,5 und 1—1,5 m Kohle. Der söhlige Abstand zwischen den Hauptflözen beider Gruppen, dem Heinrich- und Beustflöz, beträgt im Süden des Feldes rd. 1000 m und nimmt nach N ab.

Die hangende Flözgruppe wird von Grube Viktoria, die liegende von Grube Gerhard abgebaut. Die südliche Grenze für beide Gruben bildet der dem Saartal parallel laufende Saarsprung, jedoch hört die Bauwürdigkeit der Flöze schon auf, ehe sie ihn erreichen. Nach NO zu wird das Feld der Grube Gerhard durch den Prometheussprung, der von SO nach NW streicht und die Flöze um 220 m querschlägig ins Liegende verwirft, gegen die Grube Von der Heydt abgegrenzt. Das Feld der Grube Viktoria geht nach N über diesen Sprung hinaus, sodaß die Baue im Heinrichflöz, sobald dessen Bau in diesem Feldesteil aufgenommen sein wird, unmittelbar unter denen der Grube Von der Heydt liegen werden. Die Grenze zwischen beiden bildet die Grundstrecke in der 5. Tiefbausohle.

Das Feld der Gruben wird durch den ersten westlichen Hauptsprung und dessen Nebensprünge mit einer querschlägigen Verwurfmächtigkeit von rd. 250 m in spießwinkliger Richtung durchsetzt. In 500 m weiterer Entfernung nach W verwirft ein dem ersten westlichen Hauptsprunge paralleler Sprung die hangenden Flöze nochmals 50—70 m ins Liegende.

Die Flöze streichen im allgemeinen von SW nach NO und fallen mit 10—15 ° ein.

Die folgenden Zahlen geben eine Übersicht über die Lage der für den gegenwärtigen Betrieb in Frage kommenden Sohlen:

Hängebk. Josephaschacht	+ 227 m	Viktoriaschacht I/II . .	+ 267 m
Veltheimstollen . . .	+ 196 «	Aspenflözsohle . . .	+ 105 „
Seilschachtsohle . . .	+ 130 «	3. Tiefbausohle . . .	+ 66 «
3. Tiefbausohle . . .	+ 68 «	4. « . . .	+ 24 «
4. « . . .	+ 24 «	5. « . . .	— 16 «
5. « . . .	— 13 «	6. « . . .	— 55 «
6. « . . .	— 52 «	7. « . . .	— 88 «
7. « . . .	— 90 «	8. « . . .	— 127 «
		9. « . . .	— 175 «

Rudolfschacht Hängebk.	+ 225 m
1. Tiefbausohle . . .	+ 183 «
2. « . . .	+ 118 «
3. « . . .	+ 62 «
4. « . . .	+ 30 «
5. « . . .	— 12 «
6. « . . .	— 54 «
7. « . . .	— 94 «

Die flache Pfeilerhöhe schwankt von 200—250 m.

Die am Kopf jeder der 3 Spalten vorstehender Tabelle genannten Schächte bilden die Hauptförderschächte der Gruben. Von ihnen haben nur die Viktoriaschächte einen Eisenbahnanschluß, er zweigt in Völklingen von der Linie Saarbrücken—Trier ab. An den Viktoriaschächten werden jedoch nur die 1. und 2. Sorte auf die Bahn verladen, die übrige Förderung wird vermittelst einer 4,3 km langen Kettenförderung durch den beim Josephaschacht vorbeilaufenden Veltheimstollen nach der Kanalhalde zu Louisenthal gebracht und von dort, soweit sie nicht sogleich auf das Schiff verladen wird, durch eine andere Kettenförderung nach der Aufbereitung am Albertschacht beim Bahnhof Louisenthal geführt.

Ähnlich ist der Lauf der gesamten durch den Josephaschacht geförderten Kohle. Sie wird dort bis zu Tage gehoben und gelangt von der Hängebank durch eine 160 m lange einfallende Strecke auf den vorbeiführenden Veltheimstollen, in dem sie von der erwähnten Kettenförderung zugleich mit der von den Viktoriaschächten kommenden Förderung weiter befördert wird. In der einfallenden Strecke läuft eine selbständige Kettenförderung, sodaß die Einfallende wie ein Kettenbremsberg arbeitet.

Die Förderung des Rudolfschachtes endlich wird in ihm zu Tage gehoben und mit einer über Tage befindlichen Seilförderung nach dem Albertschacht gebracht.

Die Felder der 3 Schachtanlagen sind so gegen einander abgegrenzt, daß in dem östlichen Feldesteil die Viktoriaschächte aus der hangenden, der Josephaschacht aus der liegenden Flözgruppe fördert, während in dem westlichen Teile die Förderung aus beiden Gruppen nach dem Rudolfschacht gelangt. Um dies zu ermöglichen, ist von dem südwestlich von Püttlingen gelegenen Mathildeschacht aus in der 7. Sohle ein Richtquerschlag nach dem Rudolfschacht getrieben, in den etwa in der Mitte senkrecht ein aus dem Beustflöz kommender Querschlag, das sog. Flügelort, einmündet. Die Bewegung in der Richtstrecke geschieht durch 2 Seilförderungen. — Der Rudolfschacht hebt, wie hier gleich erwähnt sein mag, außer der eben bezeichneten noch einen Teil der Förderung der Grube Serlo. — Der nördlich des Prometheussprunges liegende Teil der hangenden Flözgruppe soll von dem in der Nähe von Cöln im Abteufen begriffenen Viktoriaschacht III aus abgebaut werden. Gegenwärtig ist dort das Aspenflöz durch den in derselben Falllinie weiter im Hangenden niedergebrachten Aspenschacht gelöst. Die dort gewonnene Förderung läuft durch die Grundstrecke der Aspenflözsohle nach Süden und wird durch ein Gesenk auf die 5. Sohle der Viktoriaschächte I/II abgebremst. Die später im Viktoriaschacht III zu Tage gehobene Förderung soll durch einen bereits fertiggestellten dreispurigen Tunnel von 1250 m Länge nach Viktoria I/II gebracht werden.

Der Betrieb bewegt sich gegenwärtig im Felde der Viktoriaschächte auf dem Heinrich- und Karlflöz hauptsächlich in der 4. bis 7. Sohle, ebenso im Felde des Rudolfschachtes auf dem Heinrichflöz. Im Josephaschachtfelde geht der stärkste Betrieb im Beust- und Josephaflöz über der 5. und 6. Sohle um.

Auf Grube Gerhard ziehen der Josephaschacht, der zwischen diesem und den Viktoriaschächten liegende Hohberg- und der Rudolfschacht ein; ausziehende Ventilatorschächte sind der bei Altenkessel liegende Seilschacht, der nordöstlich von diesem liegende Ventilatorschacht für den Oststrom des Beustflözes, der Annaschacht auf dem westlichen Teile des Beustflözes und der Rammelterschacht nordöstlich vom Rudolfschacht.

Auf Grube Viktoria ziehen ein: Viktoriaschacht I und II und der am Hixberge liegende Wetterschacht; es ziehen aus der Aspenschacht, der Mariaschacht und der Annaschacht.

Im Rudolfschachtfelde, das neuerdings eine eigene Grubenabteilung bildet, zieht der Mathildeschacht aus.

Zur Wasserhaltung ist vorhanden auf Grube Viktoria eine Verbundmaschine auf der 9. Sohle der Viktoriaschächte; auf Grube Gerhard eine solche in der 5. Sohle am Josephaschacht.

Die tägliche Förderung beträgt gegenwärtig auf Viktoria 2100 t, auf Gerhard 1100 t, auf Rudolfschacht 850 t.

Grube Von der Heydt Hauptgrube und Lampennest.

Das Baufeld der Grube schließt sich östlich an dasjenige der Grube Gerhard an, von denen es durch den Prometheus-Sprung geschieden ist, und erstreckt sich nach NO. bis zum Holzer Sprung auf eine streichende Länge von 7—8 km. Eine Reihe von Sprüngen, die bei Riegelsberg auftreten, teilt die Baue in die beiden Abteilungen Krugschächte oder Hauptgrube im Süden und Lampennest im Norden. Beiden Abteilungen ist die Wasserhaltung gemeinsam, während sie in bezug auf Förderung und Wetterführung getrennt sind. Im Felde der Hauptgrube verwirft der nordöstlich einfallende Sprung Nr. 1 die Flöze etwa um 100 m in querschlägiger Richtung, im Lampennester Felde hat der in gleicher Richtung einfallende Sprung Nr. 4 eine querschlägige Verwurfhöhe von 180 m.

Die bauwürdigen Flöze der Gruben sind:

Meterflöz mit 0,45—0,50 m Kohle, im Lampennester Felde in 2 Bänken von 0,25 und 0,60 m Kohle,

27'' Flöz mit 0,7 m Kohle, nur im Lampennester Felde,

Heinrichflöz, dessen Kohlenmächtigkeit von W. gegen O. abnimmt und im O. 0,7 m beträgt; es ist im Felde der Hauptgrube bis auf Restpfeiler bereits abgebaut,

Karlflöz, dessen Kohlenmächtigkeit ebenfalls von W. nach O. von 0,95 bis 0,5 m abnimmt,

Beustflöz, im Lampennester Felde 2 getrennt gebaute Flöze bildend, mit 1,4—2,0 m Kohle.

Im Felde der Hauptgrube ist das Einfallen der Flöze ähnlich dem auf Grube Gerhard und Viktoria, die querschlägige Entfernung des Meterflözes vom Beustflöz beträgt bei einem Einfallen von 10—13° in der 5. Tiefbausohle rd. 1000 m. Im Lampennester Felde fallen die Flöze steiler ein, mit 21—25°, die querschlägige Entfernung zwischen Meter- und Beustflöz beträgt daher dort nur rd. 600 m.

Die Sohlenhöhen entsprechen im allgemeinen denen auf Grube Gerhard, ihre Höhenlage gegen NN. ist folgende:

Krugschacht II Hängebank	+ 320 m	Lampennestschächte Hgbk.	+ 286 m
Von der Heydt-Stollen .	+ 244 »	Von der Heydt-Stollen .	+ 248 »
3. Tiefbausohle .	+ 70 »	2. Teilungssohle .	+ 180 »
5. » .	— 14 »	4. » .	+ 94 »
6. » .	— 50 »	5. » .	— 11 »
$^{1}/_{2}$7. » .	— 72 »		

Die flachen Pfeilerhöhen stimmen ebenfalls im allgemeinen mit denen der Grube Gerhard überein.

Die Hauptgrube besitzt etwa 300 m östlich des Prometheus-Sprunges die Krugschächte I bis III, die dicht nebeneinander stehen. Schacht I fördert von der 3. Sohle, Schacht II von der 5. Sohle, beide heben auf den Von der Heydt-Stollen ab, in dem eine Kettenförderung bis zu der Amelungschachtanlage im Burbachtale führt. Im Krugschacht III werden die überschüssigen Berge auf die Halde gehoben.

Das Lampennester Feld ist durch ein teilweise als Grundstrecke im Beustflöz getriebenes Flügelort des Von der Heydt-Stollens gelöst und der Wasserabführung wegen mit den Bauen der Hauptgrube im Beustflöze durchschlägig. Zur Förderung dienen, nachdem die beiden flachen Förderschächte auf dem Beustflöz und am Kasberg abgeworfen worden sind, Lampennestschacht I und III, von denen Schacht I von der 5. Sohle, Schacht III von der 4. Teilungssohle fördert. Beide heben auf den erwähnten Stollen ab, in dem die Förderung mit Seil und Gegenseil nach der Amelungschachtanlage gebracht wird. Lampennestschacht II dient in gleicher Weise wie Krugschacht III als Bergeschacht.

Der Abbau geht im Felde der Krugschächte auf dem Meter- und Karlflöz über der dritten Tiefbausohle um, über der auch noch im Heinrichflöz die stehen gebliebenen Sicherheits- und Restpfeiler verhauen werden, im Beustflöz ist gegenwärtig die 6. und $^{1}/_{2}$7. Sohle die Hauptfördersohle.

Im Lampennester Felde ist die 4. Teilungssohle die Sohle des Hauptbetriebes; westlich von Sprung 4 werden nur die beiden Bänke des Beustflözes getrennt abgebaut, östlich des Sprunges sämtliche oben genannten Flöze.

Die Förderung der Gruben Hauptgrube und Lampennest beträgt gegenwärtig täglich 1500—1600 t, wovon rd. 850 t auf Lampennest kommen.

Grube Göttelborn.

Das Feld der ebenfalls auf den Flözen der hangenden Flammkohlenpartie bauenden Grube Göttelborn wird im W. durch den von NW. nach SO. streichenden Holzer Sprung gegen die Lampennester Baue, im Osten durch den annähernd nordsüdlich verlaufenden Fischbachsprung gegen Grube Itzenplitz abgegrenzt. Infolge des Auseinanderlaufens dieser Sprünge nimmt die streichende Feldeslänge von den liegenden nach den hangenden Flözen, sowie nach der Tiefe bedeutend zu. Sie beträgt im Beustflöz in der 2. Tiefbausohle rd. 4,5 km, jedoch verschlechtert sich die Flözbeschaffenheit nach W. so bedeutend, daß im westlichen Feldesteil kaum gebaut werden kann. Es treten 3 Flözgruppen auf, die hangendste enthält in der Hauptsache nur 1 bauwürdiges Flöz, das Eilertflöz, die mittlere Gruppe umfaßt das obere und untere Kohlbachflöz, die liegendste endlich ist die Beustflözgruppe, die hier aus 5 Flözen besteht. Die Gesamtmächtigkeit der Flöze an abbauwürdiger Kohle beträgt im O. rd. 11 m, im Westen höchstens 7 m. Das Flözstreichen verläuft in einem flachen, nach S. offenen Bogen, es ist im östlichen Teil des Feldes ostwestlich gerichtet. Das Einfallen beträgt im Osten 10—13 ° und steigt gegen W. bis zu 24 °. Die Ablagerung ist durch eine Reihe von Sprüngen stark gestört, besonders unangenehm für den Betrieb sind ein diagonal verlaufender Sprung mit einer söhligen Verwerfung von mindestens 120 m, der das Flöz Eilert in der Wettersohle rd. 1800 m vom Holzer Sprung entfernt schneidet, sowie mehrere beinahe in der Streichrichtung verlaufende Sprünge.

Die Grube besitzt zwei nebeneinander liegende Hauptförderschächte, die rd. 1800 m von der östlichen Markscheide entfernt sind und mit einem etwa 4 km langen Anschlußgleis mit der Fischbachbahn in Verbindung stehen. Der westliche von ihnen steht auf der 1., der östliche auf der 2. Sohle, jedoch fördern beide in der Regel von der 1. Sohle.

Über die Sohlenhöhen geben folgende Zahlen Aufschluß:

Schachthängebank	+ 368 m
Stollensohle	+ 309 »
Wettersohle	+ 284 »
1. Tiefbausohle	+ 209 »
2. „	+ 123 »

Die flache Pfeilerhöhe beträgt im Ostfelde zwischen 300 und 400 m, im Westfelde geht sie wegen des stärkeren Einfallens bis auf 200 m herunter.

Der Abbau bewegt sich im Eilertflöz, den beiden Kohlbachflözen und dem Beustflöz hauptsächlich über der 1. Tiefbausohle und der Wettersohle, die 2. Tiefbausohle ist in der Vorrichtung begriffen.

Von den beiden Förderschächten geht ein Hauptquerschlag durch alle Flöze, in einem Abstand von rd. 1000 m laufen ihm parallel ein östlicher und ein westlicher Ventilatorquerschlag, auf denen je ein Wetterschacht mit Ventilator steht. 1400 m westlich vom westlichen Ventilatorquerschlag wird gegenwärtig ein 2. westlicher Querschlag in der Wettersohle aufgefahren, der die Flöze westlich des diagonalen Sprunges durchörtert.

Die Wasser werden durch je eine Wasserhaltungsmaschine von 3 cbm Leistung in der 1. und 2. Sohle auf einen Wasserlösungsstollen gehoben und fließen in ihm in das Moorbachtal.

Die Förderung der Grube beträgt täglich etwa 1150 t.

Grube Serlo.

Das Streichen der Flöze der Grube Serlo, die auf der liegenden Flammkohlenpartie baut, verläuft hakenförmig; es ist im Osten des Feldes ostwestlich, geht dann in gleichmäßiger Biegung bis in die NS.-Richtung über und biegt schließlich sogar nach SO. zurück. Das nord-südlich verlaufende Stück der Flöze liegt südlich von Fürstenhausen. Die Grenze des Baufeldes gegen Osten, wo die Flöze auf die rechte Saarseite übertreten, ist nicht bestimmt. Die Baue werden dort durch den Ostsprung begrenzt. Im N. bildet der Saarsprung die Feldesgrenze, nach W. ist ebenfalls keine bestimmte Grenze festgelegt. In der Mitte des Feldes verläuft in nordsüdlicher Richtung der Fenner Sprung mit einer söhligen Verwurfmächtigkeit von 100 m, westlich von ihm treten folgende Sprünge auf: in rd. 700 m Entfernung ein annähernd paralleler Sprung ins Hangende von 20 m querschlägiger Verwerfung; in 600 m Entfernung von diesem der von NW. nach SO. verlaufende Fürstenhausener Sprung mit einer Verwurfmächtigkeit von 20 m in den oberen Teufen, die aber nach der Teufe schließlich ganz verschwindet; endlich der ostwestlich streichende westliche Hauptsprung mit einer saigeren Verwurfhöhe von rd. 100 m. Alle diese Sprünge fallen nach N. bezw. NO. ein. Der letztgenannte bildet im wesentlichen die gegenwärtige Grenze der Baue. Südlich von ihm ist am Ausgehenden des Maxflözes eine einfallende Strecke, die Klarenthaler Tagesstrecke, niedergebracht, in der bei 600 m flacher Teufe ein neuer Sprung mit südlichem Einfallen angefahren worden ist. Zwischen Fenner Sprung und Ostsprung ist eine ganze Reihe kleinerer, nicht besonders benannter Sprünge vorhanden.

Das Flözeinfallen beträgt in den gegenwärtig betriebenen Bauen 9 bis 16 °. Die im Grubenfelde bauwürdig auftretenden Flöze sind vom Hangenden zum Liegenden: Anna-, Sophie-, Max- und Cäcilieflöz mit durchschnittl. Kohlenmächtigkeiten im westlichen Feldesteil von 0,80 m, 1,42, 1,22 und 0,6—0,8 m. Gebaut werden gegenwärtig nur Maxflöz im östlichen und Cäcilieflöz im westlichen Feldesteil, in dem Teil zwischen dem Fenner Sprung und dem 1. westl. Sprung sind alle Flöze außer Cäcilie abgebaut.

Über die Lage der in Betrieb befindlichen Sohlen geben die folgenden Zahlen Aufschluß:

Hängebank Albertschacht	+ 205 m NN.
5. Sohle	— 107 »
6. „	— 168 »

Die Förderung aus der 6. Sohle wird durch eine Seilförderung in einer Einfallenden auf die 5. gehoben, deren Grundstrecke durch das ganze Feld durchläuft. Die flache Pfeilerhöhe schwankt über der 5. Sohle zwischen 300 und 400 m.

Als Förderschacht der Grube dient der beim Bahnhof Louisenthal, 750 m östlich vom Fenner Sprung und 450 m südlich vom Saarsprung abgeteufte Albertschacht, der das Cäcilieflöz in der 5. Sohle schneidet. Durch ihn wird der größte Teil der im Cäcilieflöz gewonnenen Kohle zu Tage gehoben. Die Förderung aus dem Maxflöz, das im Westen über der 2. und 3. Sohle (118 und 62 m über NN.) gebaut wird, geht durch eine in der Höhe der 5. Sohle getriebene Richtstrecke nach dem Rudolfschacht der Grube Gerhard, wird in ihm gehoben und, wie früher erwähnt, zusammen mit der von dieser Grube dahin gelangenden Förderung durch eine Seilförderung nach dem Albertschacht geschafft. Auf die Richtstrecke gelangt die Förderung durch eine im Maxflöz hergestellte Diagonale. In der Richtstrecke und der Diagonale liegt eine Seilförderung, die automotorisch durch die in der Diagonale gewonnene Kraft bewegt wird.

Die Wetter zur Versorgung des Cäcilieflözes fallen durch den Albertschacht ein und gehen zu einem Pelzer-Ventilator auf dem etwa zwischen dem Bahnhof Louisenthal und der Saar gelegenen Marthaschacht, die für Maxflöz fallen durch den Rudolfschacht und die Fürstenhausener Tagesstrecke ein und gehen zu demselben Ventilator.

Die Wasser der Grube werden durch eine am Albertschacht auf der 5. Sohle stehende Maschine gehoben.

Die Grube fördert täglich 150 t durch Albertschacht, 400 t aus Maxflöz durch Rudolfschacht.

Flammkohlengrube Jägersfreude.

Die Grube Jägersfreude ist die südlichste der nördlich vom großen Saarsprunge auf den unteren Flammkohlenflözen bauenden Gruben. Die Flöze streichen von SO. nach NW. und fallen mit 20 bis 26 ° nach SW. ein; sie werden durch den von W. nach O. streichenden, nördlich einfallenden Jägersfreuder Hauptsprung mit 200—300 m Verwurfhöhe in eine nördliche und eine südliche Abteilung getrennt. Die Baue der Grube gehen südöstlich nur wenig über das Sulzbachtal hinaus, während nordwestlich das Fischbachtal als Feldesgrenze gegen die Grube Burbachstollen der Berginspektion Von der Heydt angesehen wird. Daraus ergibt sich eine Länge des Baufeldes von etwa 1500 m. Im Norden bildet der Herkulessprung, der von dem Hauptsprung östlich des Schiedenbornschachtes sich abzweigt und nach NW. zu verläuft, die Baugrenze.

In der nördlichen Abteilung treten folgende 4 Flöze bauwürdig auf: Hardenberg, Charlotte, Flöz 4 und Flöz 6; die Gesamtkohlenmächtigkeit beträgt 4,1 m, die querschlägige Entfernung vom hangendsten zum liegendsten 400 m. Auf den weiter im Liegenden bekannten Flözen ist bisher kein Betrieb eröffnet. Im südlichen Feldesteil findet seit Jahren kein Bau mehr statt.

Die Grube besitzt folgende Sohlen:

Sulzbachstollen	+ 209 m NN.
1. Sohle	+ 139 » »
2. »	+ 76 » »

Die flache Pfeilerhöhe beträgt 200—300 m. Für die Flammkohlengewinnung dient nur die 1. Sohle, die 2. Sohle gehört der entstehenden Fettkohlengrube an. Der Abbau der Flammkohlenflöze findet gegenwärtig in dem Feldesteile statt, der durch den Herkulessprung und die dazu annähernd rechtwinklig verlaufenden Sprünge Pallas und Saturn begrenzt wird.

Die Grube fördert nur für den Landabsatz, ihre Förderung, die durch einen auf dem rechten Gehänge des Sulzbachtales stehenden Schacht gehoben wird, ist deshalb gering und beläuft sich auf rd. 150 t täglich.

Grube Burbachstollen.

Das Feld der Grube Burbachstollen wird im Süden durch den ostwestlich streichenden Jägersfreuder Sprung, im Norden durch den in derselben Richtung laufenden nördlichen Hauptsprung in der Gegend von Riegelsberg begrenzt. Im Osten bildet das Ausgehen der Flöze die natürliche Grenze, nach W. endlich ist eine Grenze nicht festgelegt. Die streichende Feldeslänge beträgt rd. 3500 m. Im Felde tritt in etwa 350 m Entfernung südlich des nördlichen Hauptsprunges ein diesem paralleler, nördlich einfallender Sprung von rd. 400 m querschlägiger Verwurfmächtigkeit und in etwa 1500 m Abstand von diesem ein mehr spießwinklig laufender, nach W. fallender Sprung von 200 m söhliger Verwurfmächtigkeit auf. Außerdem setzt ein streichender, mit 60 ° nach NO. einfallender Sprung durch das Feld, der ein teilweises Doppelliegen der Flöze hervorbringt.

Das Flözstreichen verläuft vom Jägersfreuder Sprung aus zuerst nordwestlich, geht dann aber mit einem Bogen allmählich in die nordsüdliche Richtung über. Die auftretenden bauwürdigen Flöze sind: das hangende Flöz mit durchschnittlich 110 cm Kohle und einem 40 cm starken Mittel, das Amelungflöz mit 130 cm Kohle und 60 cm Mittel und das 1. liegende Flöz mit 60 cm Kohle. Das Einfallen wechselt zwischen 8 und 25 °, der steilere Teil liegt im Süden des Feldes, nach der Teufe nimmt das Einfallen ab, als Durchschnitt können 14—15° gelten.

Das Feld ist durch den im Burbachtale in der Nähe des Von der Heydt-Stollens angesetzten Burbachstollen gelöst, der das Amelungflöz bei 1900 m Länge zum ersten Male und bei 2250 m Länge infolge der erwähnten streichenden Verwerfung zum zweiten Male getroffen hat. Er dient jetzt noch als Abhubstollen für die aus der 2. Tiefbausohle kommende Förderung. Die gegenwärtig in Betrieb befindlichen Sohlen und ihre Lage zu NN. sind folgende:

Burbachstollensohle	+ 234 m NN.
2. Tiefbausohle	+ 59
3. »	— 12
4. »	— 92
5. »	— 145

Die flache Pfeilerhöhe ist in der 3. und 4. Sohle 200—400 m, sie wird in einer Bremsberghöhe abgebaut.

Der Hauptbetrieb geht über der 3. und 4. Sohle um, über der 2. Sohle werden nur im südlichen Feldesteile die drei Flöze gebaut und liefern täglich rd. 100 t Förderung. In der 3. Sohle sind ebenfalls alle drei Flöze im Bau, in der 4. und 5. dagegen nur das Amelungflöz.

Die Grube besitzt die östlich von der Saarbrücken-Riegelsberger Chaussee gelegenen Kirschheckschächte I, II, III und im Burbachtale die Amelungschächte I und II. Kirschheckschacht I und II stehen beide in der 2. Sohle, Schacht I hebt die aus dieser Sohle kommende Förderung auf den Burbachstollen ab, in dem sie mit einer Kettenförderung der Verladestelle im Burbachtale zugeführt wird. Amelungschacht I steht auf der Grundstrecke der 4. Sohle und hebt die Förderung dieser und der 3. Sohle zu Tage, Amelungschacht II ebenso die der 5. Sohle, die von ihm aus durch einen 145 m langen Querschlag ins Hangende gelöst ist.

Als einziehende Wetterschächte dienen Amelungschacht I und II und ein Wetterschacht in der Nähe der südlichen Markscheide, als ausziehende die Ventilatorschächte Kirschheck II und III.

Die Wasser werden durch 2 Maschinen auf der 2. Sohle des Kirschheckschachtes I und eine elektrisch angetriebene Pumpe auf der 5. Sohle zu Tage gehoben.

Die tägliche Förderung der Grube beträgt rd. 720 t.

Grube Friedrichsthal.

Das Baufeld der Grube Friedrichsthal, das dasjenige der Grube Maybach teilweise überdeckt, wird im Westen durch den in der Richtung SSW. — NNO. laufenden Fischbachsprung begrenzt. Gegen O. bildet in den oberen Teufen der von SO. nach NW. streichende Cerberussprung die Grenze, unterhalb der zweiten Sohle dagegen der dem Fischbachsprung parallellaufende und am Cerberussprung absetzende Redener Grenzsprung. Weiter im Liegenden ist das Feld nach O. zu aber erst durch den wiederum dem Cerberussprung parallellaufenden Aeacussprung abgeschlossen. Nach S. zu bildet das Flözausgehende die natürliche Begrenzung.

Das gesamte Feld, das infolge des Zusammenlaufens des Fischbach- und des Cerberus- bezw. Aeacussprunges eine nach N. sich verschmälernde Gestalt hat, läßt aus diesem Grunde und wegen der außerordentlich zerschnittenen Lagerung keine Angabe einer streichenden Feldeslänge zu. Im Felde tritt zwischen dem Cerberus- und dem Aeacussprung außer dem Redener Grenzsprung und parallel zu diesem noch der östliche Friedrichsthaler Sprung auf und man unterscheidet die durch die vier letztgenannten Sprünge begrenzten drei Feldesstücke von N. nach S. als Ostfeld I, II und III, während der ganze südlich vom Cerberussprung liegende Feldesteil als Westfeld bezeichnet wird.

Die Grube baut auf 11 Flözen der Flammkohlenpartie, die mehrfach sehr stark gegeneinander verworfen sind, und auf fünf Fettkohlenflözen; die gesamte Kohlenmächtigkeit ist 23,5 m. Das Flözstreichen verläuft im wesentlichen von O. nach W.

Es sind drei Förderanlagen vorhanden: Die dicht beim Bildstocktunnel der Eisenbahn gelegene, aus dem Schacht I und dem Heleneschacht bestehende, von denen der letztere hauptsächlich aus den Fettkohlenflözen fördert; ferner der Schacht II oder Schacht Erkershöhe nordwestlich davon, und endlich der Franzschacht südlich des Ortes Friedrichsthal, der nur die dort auftretenden Geisheckflöze, d. h. drei zwischen den Fett- und Flammkohlen auftretende Flöze von 80 cm, 90 cm und 125 cm Stärke baut.

Die Sohlenverhältnisse sind sehr verwickelt, der Bau über sehr viele Sohlen verteilt. Eine Übersicht über die Höhenlage der Sohlen geben folgende Zahlen:

Hängebk. Schacht I	+ 336	m	NN
» » II	+ 359	»	»
Grühlingsstollensohle	+ 313	»	»
Friedrichstollensohle	+ 308	»	»
$^1/_3$ Saarsohle . . .	+ 277	»	»
$^2/_3$ » . . .	+ 238	»	»
Saarsohle	+ 203	»	»
1. Tiefbausohle . .	+ 152	»	»
2. » . .	+ 92	»	»
3. » . .	+ 17	»	»
4. » . .	– 29	»	»
5. » . .	– 89	»	»

Franzschacht Stollen:

$^1/_2$ Saarsohle . .
Saarsohle . . . .

Heleneschacht Mittel

1. Tiefbausohle . .
2. » . .

Die Förderung sämtlicher Förderanlagen vereinigt sic ihrem Hauptniveau der Grühlingsstollensohle entsprechende bei Schacht I und Helene und wird dort aufbereitet und Förderung des Franzschachtes läuft dorthin durch den Saarst von Schacht II wird zu Tage gehoben und gelangt durch e Gesteinsstrecke nach Schacht I. Schacht I fördert aus Schacht II aus der ersten und dritten Sohle und darunterlie werksbauen im Westfelde sowie aus der zweiten Sohle d Heleneschacht aus den Fettkohlenflözen und außerdem aus bausohle und der $^1/_3$ Saarstollensohle der Flammkohlenparti

Die Art der Ausrichtung der einzelnen Feldesteile ist groß verwickelt und läßt sich ohne umfangreiches Rißmaterial nic

Die Wetter fallen für die Flammkohlenflöze durch und ziehen durch Franzschacht und Schacht II, sowie den Ostfelde aus, für die Fettkohlen dient Heleneschacht als ein Ostschacht der Grube Maybach als Ausziehschacht.

Die Wasser werden durch eine Maschine in der Saarsohl und je eine in der 1., 2. und 3. Sohle bei Schacht II gehol

Die tägliche Förderung der Grube beträgt 1650 t.

Gruben Reden und Itzenplitz.

Die Gruben Reden und Itzenplitz bauen auf den Flözen und liegenden Flammkohlenpartie, Grube Reden hat zuglei der Fettkohlenpartie begonnen. Das Feld der Gruben wi durch den nordsüdlich verlaufenden Fischbachsprung geg Göttelborn abgegrenzt, gegen die Grube Friedrichsthal bildet anlage Erkershöhe vom Cerberussprung in südnördlicher Richtung ablaufende Grenzsprung (65-Lachtersprung) als Grenze festgesetzt. Für die sog. Geisheckflöze, d. h. die unter dem Haupttonsteinflöz der unteren Flammkohlengruppe auftretenden Flöze A, B, C, D, 80 cm - Flöz, 90 cm - Flöz und 125 cm - Flöz, bildet bis zur 3. Tiefbausohle der aus dem Felde der Grube Heinitz nach NW. streichende Aeacussprung die Grenze zwischen den Bauen der Gruben Friedrichsthal und Reden.

Das Feld der Fettkohlengrube Reden ist, wie des engen Zusammenhanges wegen hier erwähnt sei, in Ermangelung einer natürlichen Grenze nach den jetzt maßgebenden Bestimmungen gegen Grube Heinitz so abgegrenzt, daß eine Saigerebene durch die im Flöze Thiele 30 m nördlich des Heinitzer Bildstockschachtes streichend getriebene Grenzstrecke die Markscheide darstellt.

Im Osten und Norden wird das Grubenfeld durch den Rhadamanthus- und den Circesprung begrenzt.

Innerhalb des Feldes ist von Störungen zu erwähnen der von NW. nach SO. verlaufende Redener Hauptsprung mit östlichem Einfallen und 200 m saigerer Verwurfhöhe; er ist die nordwestliche Fortsetzung des Aeacussprunges und bildet im allgemeinen die Baugrenze der Gruben Reden und Itzenplitz; jedoch baut östlich von ihm Itzenplitz einen Teil der hangenden Flöze und zwar gegenwärtig bis zu der durch den Heiligenwalder Schacht gehenden Ordinate; in der 3. Tiefbausohle sollen die Itzenplitzer Baue noch etwa 400 m weiter nach Osten gehen. Ferner tritt im Felde noch der östliche Redener Hauptsprung mit westlichem Einfallen auf. Der nördliche Teil des Redener Feldes ist durch zahlreiche kleinere Sprünge stark zerrissen, namentlich nach Osten zu.

Das Streichen der Flöze verläuft im ganzen von W. nach O., das Einfallen beträgt auf den gegenwärtigen Bausohlen 14—20 °, die streichende Baulänge jeder der beiden Gruben kann im Durchschnitt zu 2000—2200 m angenommen werden.

In Reden werden 3 bauwürdige Flöze der liegenden, 12 solche der hangenden Flammkohlenpartie gezählt, von den letzteren jedoch gegenwärtig nur 7 gebaut; von den Fettkohlenflözen sind bisher nur Thiele und Borstel in Verhieb genommen, Carlowitz und Stolberg werden wegen schlechter Kohlenbeschaffenheit und sehr starker Schlagwetterentwickelung nicht gebaut. Die querschlägige Mächtigkeit der hangenden Flammkohlenpartie beträgt 1000 m, die der liegenden 550 m, die des Mittels zwischen beiden 700 m in der Sohle; die saigere Entfernung des Flözes Thiele von Flöz Kallenberg 460 m.

In Itzenplitz treten im ganzen 15 bauwürdige Flöze auf, von denen gegenwärtig 12 im Bau, die übrigen sind abgebaut oder noch nicht in Betrieb genommen.

Über die für den jetzigen Betrieb in Betracht kommenden Sohlen gibt folgende Übersicht Auskunft:

Redenschächte Hängebk.	+ 288 m	Itzenplitzschächte Hängbk.	+ 314 m
Redensohle	+ 262 »	Saarsohle	+ 207 »
Saarsohle	+ 203 »	1. Tiefbausohle . . .	+ 145 »
1. Tiefbausohle . . .	+ 141 »	2. » . . .	+ 85 »
2. » . . .	+ 81 »	3. » . . .	— 3 »
3. » . . .	— 10 »		
5. » (Fettkohle)	— 200 »		

Der Abbau geht zum überwiegenden Teile in Reden über der 2. und 3. Sohle und der 5. Sohle in der Fettkohlengrube um, in Itzenplitz über der 1. und 2. Sohle.

Zur Förderung dienen auf Grube Reden die bei der Eisenbahnstation Reden liegenden Redenschächte I bis IV. Von ihnen ist Schacht I in der Hauptsache Ventilator- und Wasserhaltungsschacht, er fördert jedoch gegenwärtig von der 3. nach der 2. Sohle. Schacht II hebt aus der 1. Sohle, soll jedoch später aus der 3. Sohle fördern und ist bereits bis zu dieser abgeteuft, durch ihn geht hauptsächlich die Förderung aus der liegenden Flammkohlenpartie, während Schacht IV, der von der 2. Sohle fördert, die Förderung aus der hangenden Flammkohlenpartie aufnimmt. In nächster Zeit soll er jedoch durch Schacht II unterstützt werden. Schacht III ist ausschließlich Förderschacht für die Fettkohlengrube, deren Sohle bei 490 m Schachtteufe angesetzt ist. Das Flöz Thiele ist in dieser Sohle durch einen senkrecht zur Streichrichtung laufenden Querschlag von 560 m Länge und eine sich rechtwinklig anschließende Richtstrecke von 840 m Länge ausgerichtet. Die von dieser Sohle bis zur Grenzstrecke gegen Heinitz am Bildstockschacht reichende Pfeilerhöhe beträgt 500 m, sie ist durch 2 Teilsohlen zerlegt, von denen die Förderung durch Gesenke zur 5. Sohle abgebremst wird. Bisher ist nur von der unteren Teilsohle ein solches in Betrieb, das in der Schicht 400 t leistet, jedoch eine größte Leistungsfähigkeit von 90 t in der Stunde besitzt. Aus der Flözgrundstrecke werden die Wagen mit einer elektrisch angetriebenen Seilförderung durch die Richtstrecke und den Querschlag nach Schacht III gebracht.

Aus dem Meterflöz und Kallenbergflöz, in denen zum Schutze der Eisenbahn in der Nähe des Landsweiler Schachtes Schlammversatz über der 2. Sohle angewandt wird, wird durch diesen Schacht die aus einigen Betrieben über der 1. Sohle kommende Kohle in den Förderwagen vermittelst einer Bleichertschen Drahtseilbahn nach der Redenschachtanlage gebracht, während von dort die zum Schlammversatz nötigen Berge zugeführt werden. Die Menge der über diese Drahtseilbahn laufenden Kohle ist gegenwärtig gering, sie soll jedoch demnächst auf 150 t täglich gesteigert werden, weil nach den angestellten Berechnungen bei der Förderung auf diesem Wege sehr bedeutend gespart wird.

Von den dicht an dem Redener Hauptsprunge stehenden Itzenplitzschächten I bis III dient Schacht II in der Regel nur als Ventilatorschacht, Schacht I fördert von der 2. Sohle, Schacht III von der 1. Sohle. Schacht III ist aus dem Lot geraten und wird deshalb in der nächsten Zeit einer gründlichen Ausbesserung unterzogen. Während dieser Zeit übernimmt eine provisorische Koepeförderung im Schacht II seine Aufgabe.

Die Wetterführung der Grube Reden ist so geregelt, daß die Wetter durch die Redenschächte II—IV einfallen und durch folgende Schächte ausziehen: Redenschacht I, Schacht Dachswald, Landsweiler Schacht, Heiligenwalder Schacht und Emsenbrunnen-Schacht, sowie Bildstockschacht für die Fettkohlengrube.

Auf Grube Itzenplitz ziehen ein die Schächte II und III und der Kallenbrunnen-Schacht, es ziehen aus der Wildseitersschacht, der Höfertalschacht und der Heiligenwalder Schacht.

Zur Wasserhaltung dienen zwei Verbund-Wasserhaltungen auf der 2. Sohle des Redenschachtes I und eine oberirdische Maschine, die aus der Saarsohle hebt. Die Wasser der 5. Sohle (Fettkohlengrube) werden durch eine elektrisch angetriebene Expreßpumpe gehoben. Ferner stehen auf der 1. Sohle des im Klinketal gelegenen Wasserhaltungsschachtes zwei einzylindrige Maschinen, die aber äußerst selten in Betrieb sind. — Die Wasser von Grube Itzenplitz werden durch drei Maschinen auf der 1. Sohle des Wildseitersschachtes gehoben und zwar teilweise nur bis auf den Bodelschwinghstollen, dessen Mundloch bei Gennweiler liegt, der andere Teil wird bis zu Tage gedrückt und in einer Leitung nach den Itzenplitzschächten geführt, wo er in der Wäsche benutzt wird.

Die Förderung der Grube Reden beträgt täglich rd. 2500 t, davon rd. 450 t aus der Fettkohlengrube, diejenige der Grube Itzenplitz 1250 t.

Grube Kohlwald.

Die Grube Kohlwald baut gegenwärtig die Flammkohlenflöze im Hangenden der auf Grube König gebauten Fettkohlenflöze. Da diese aber, wie bei Grube König erwähnt, unter der tiefsten vorhandenen Sohle, der siebenten, in das Kohlwalder Feld hineinfallen, so wird Kohlwald künftig auch Fettkohlen gewinnen, zu deren Lösung bereits der Anfang gemacht ist. Als Markscheide zwischen beiden Gruben ist eine Saigerebene durch die Grundstrecke der siebenten Sohle im Flöz Carlowitz, auf der der Hermineschacht steht, vorgesehen.

Gegen W. ist das Grubenfeld durch den östlich bei Schiffweiler vorbeistreichenden westlichen Hauptsprung, die Fortsetzung des Rhadamanthussprunges gegen Reden abgegrenzt, gegen O. durch den Sicherheitspfeiler für die Stadt Neunkirchen, gegen N. endlich ist eine etwa am Schiffweiler Bach entlang laufende Markscheide festgesetzt.

Das Grubenfeld wird durch den ost-westlich beim Bahnhof Schiffweiler der Fischbachbahn vorbeilaufenden nördlich einfallenden Circesprung sowie den diesen Sprung kreuzenden nordwest-südöstlich laufenden Kohlenwaldsprung in drei Abteilungen zerschnitten, die für den Betrieb von großer Wichtigkeit sind. Der Teil zwischen der südlichen Feldesgrenze und dem Circesprung, das sog. Feld an der Oberschmelz, ist das Baufeld des bereits genannten, an der Fischbachbahn stehenden Hermineschachtes, das nach O. wegen der Scharung von Circe- und Kohlwaldsprung spitz auslaufende Feldesstück zwischen diesen beiden Sprüngen bildet das Baufeld des nördlich vom Hermineschacht und östlich von Schiffweiler stehenden Gegenortschachtes, in dem nördlich des Kohlwaldsprunges liegenden Feldesteil endlich gehen von dem westlich von Wiebelskirchen niedergebrachten Annaschacht aus Baue um.

Das Flözstreichen verläuft im Hermineschachtfeld etwa von O. nach W. mit einer Zurückbiegung nach SO. im östlichen Teile, im Gegenortfelde liegt es etwa von NO. nach SW., in den Bauen des Annaschachtes endlich ist es etwa nordwest-südöstlich gerichtet.

An Flözen treten im Hermineschachtfeld die unteren Flammkohlen und bauwürdig im allgemeinen nur die Flöze Kallenberg, Serlo und ein liegendes Flöz mit einer Gesamtkohlenmächtigkeit von 5,2 m auf, sie reichen dort nur bis etwa zu der Richtstreckensohle herab. Der Schacht hat außerdem die Fettkohlenpartie bis zum Flöze Thiele aufgeschlossen. Im Felde des Gegenortschachtes sind außer den liegenden Flammkohlenflözen 9 bauwürdige Flöze der oberen Flammkohlengruppe vorhanden mit einer Gesamtkohlenmächtigkeit von etwa 12,4 m. Der Abbau geht dort in der Hauptsache über der Richtstreckensohle, außerdem in der 2., 4. und 6. Tiefbausohle um. Vom Annaschacht aus ist nur in dem Flöz Anna ein nicht sehr ausgedehnter, durch zahlreiche Sprünge gestörter Betrieb geführt.

Die Förderung der Grube mit Ausnahme der geringen im Annaschacht zu Tage gehobenen Menge, die nur zum Landabsatz geht, wird nach dem an der Bahnstrecke Neunkirchen-Bingerbrück gelegenen Folleniusschacht, dem früher Rhein-Nahe-Bahn-Schacht genannten Förderschachte der ehemaligen Grube Ziehwald, gebracht und in ihm zu Tage gehoben. Von ihm läuft in 76 m Teufe unter der Hängebank eine Richtstrecke in westlicher (querschlägiger) Richtung aus, die nach Durchfahrung des Kohlwaldsprunges in nordwestliche Richtung abbiegt und geradlinig bis zum Gegenortschacht durchgetrieben ist. Auf diese Richtstrecke gelangt die Förderung aus den Bauen des Hermineschachtfeldes, die, wie erwähnt, über der Streckensohle liegen, durch einfallende Strecken und Verbindungsquerschläge; im Gegenortschachtfelde wird sie aus den über ihr liegenden Bauen ebenso heruntergebracht, aus den tieferliegenden Sohlen wird sie durch den Gegenortschacht bis auf die Richtstreckensohle gefördert. In der Richtstrecke selbst wird die Kohle im ersten Teile vom Folleniusschacht aus durch eine Kettenförderung, im zweiten Teile durch eine von der Kettenendscheibe angetriebene Seilförderung fortbewegt.

Neben dem Folleniusschacht ist ferner der Minnaschacht niedergebracht, von dem aus bei 498 m Teufe unter der Hängebank nach WSW. ein Querschlag vorgetrieben wird, der nach Durchörterung des Sprunges das Flöz Wrangel treffen und mit Hilfe eines Überbrechens in eine vom Hermineschacht auf Flöz Carlowitz zu Felde gebrachte einfallende Strecke einschlagen soll.

Die folgenden Zahlen geben einen Überblick über die Lage der verschiedenen erwähnten Sohlen:

Folleniusschacht Hgbk.	+ 263 m	Hermineschacht Hgbk.	+ 272 m
Teilungssohle	+ 247 »	145 m Sohle	+ 127 »
Richtstreckensohle . .	+ 190 »		
2. Tiefbausohle . . .	+ 150 »	Annaschacht Hgbk. .	+ 271 »
4. » . . .	+ 64 »	Bausohle	+ 111 »
5. » . . .	— 188 »		

Die Wetter für das Feld des Gegenortschachtes fallen durch diesen Schacht ein und ziehen durch einen danebenstehenden Ventilatorschacht aus; für das Hermineschachtfeld ziehen sie durch eine Einfallende auf Flöz Serlo, durch den Folleniusschacht, den westlich von diesem stehenden Kohlwaldschacht und eine Tagesstrecke im ersten liegenden Flöz ein und durch einen Ventilatorschacht bei Hermineschacht aus. Die Baue des Annaschachtes endlich erhalten ihre Wetter durch diesen Schacht und durch eine Verbindungsstrecke aus der fünften Sohle des Kallenbergflözes im Gegenortschachtfelde, zum Ausziehen dient ein Ventilatorschacht beim Annaschacht.

Die Wasser der Grube werden durch zwei Wasserhaltungsmaschinen auf der Mittelsohle des Folleniusschachtes und eine alte Gestängemaschine auf diesem Schachte, sowie durch eine Verbundmaschine auf der fünften Sohle des Gegenortschachtes zu Tage gehoben.

Die Förderung der Grube beträgt täglich durchschnittlich 1650 t.

2. Fettkohlengruben.

Grube Rosseln.

Der Rosselschacht, der Förderschacht der im Entstehen begriffenen Fettkohlengrube der Berginspektion I, liegt am rechten Gehänge des

Rosseltales in der Nähe der Einmündung des Schafbaches. Er erhält durch ein Abzweiggleis Anschluß an die im Bau befindliche linke Saaruferbahn. Von ihm aus ist bei 430 m Teufe (— 222 m NN) eine Wettersohle, bei 490 m Teufe (—282 m) die erste Tiefbausohle angesetzt.

In der ersten Sohle ist durch einen 280 m langen Querschlag ins Liegende, das Flöz 1 (Flöz Jean) in guter Beschaffenheit angefahren, in der Wettersohle ist der Schachtquerschlag noch im Betrieb, er wird das Flöz 1 bei einer Länge von etwa 400 m, nahe der lothringischen Grenze treffen. Auf beiden Sohlen ist man mit dem Auffahren von Grundstrecken im Flöz 1 beschäftigt. 1200 m in der etwa von SW. nach NO. verlaufenden Streichrichtung vom Rosselschacht nach O. entfernt ist der Ostschacht als Wetterschacht angesetzt und bis 470 m Teufe niedergebracht. Ganz kürzlich ist zwischen beiden Schächten der Durchschlag erfolgt.

Fettkohlengrube Louisenthal.

In dem Felde der im Entstehen begriffenen Fettkohlengrube Louisenthal sind durch Bohrungen auf dem linken Saarufer die sämtlichen Flöze der Fettkohlenpartie in guter Ausbildung nachgewiesen worden. Durch den bei Klarenthal niedergebrachten Wetterschacht sind das Flöz 1 mit 2,5 m Kohle, aber schlechtem Hangenden, das Flöz 2 mit rd. 3,0 m Kohle und das Flöz 3 mit 2,0—2,2 m Kohle angefahren und die beiden letzteren auf im ganzen etwa 1200 m streichende Länge aufgeschlossen. Als Förderschacht ist der dicht beim Albertschacht der Grube Serlo niedergebrachte, bis zur Bausohle 666 m tiefe Richardschacht vorgesehen, er fährt die genannten Flöze durch einen 840 m langen Querschlag an. Die Wahl des Schachtansatzpunktes auf dem rechten Saarufer und die dadurch bedingte bedeutende Querschlaglänge hat großenteils ihren Grund darin, daß infolge der Verzögerung des Baues der Eisenbahnstrecke auf dem linken Saarufer dort der nötige Bahnanschluß nicht rechtzeitig hätte hergestellt werden können. Der Richardschacht ist mit einer 1000pferdigen Tandem-Verbundfördermaschine ausgestattet, er dient als Wettereinziehschacht, der mit 2 Ventilatoren versehene Klarenthaler Schacht als Ausziehschacht.

Gegenwärtig ist die Grube wegen eines Grubenbrandes nicht in Betrieb. Neben dem Klarenthaler Schacht ist mit dem Abteufen eines zweiten Schachtes begonnen worden.

Fettkohlengrube Jägersfreude.

Zum Abbau der Fettkohlenflöze im Felde der Grube Jägersfreude sollen die 2. Sohle des Jägersfreuder Schachtes I und der 2100 m östlich davon angesetzte Schiedenbornschacht dienen, beide Schächte sind in der

1. und werden in der 2. Sohle querschlägig mit einander verbunden. Über die Höhenlage der Sohlen geben folgende Zahlen Auskunft:

Jägersfreuder Schacht		Schiedenbornschacht	
Hängebank . . .	+ 225 m NN	Hängebank	+ 286 m
1. Sohle	+ 139 » »	1. Sohle	+ 150 »
2.	+ 76 » »	2. »	+ 87 »

Die Lagerung ist nach den bisherigen Aufschlüssen stark gestört. Auf der 1. Sohle des Schiedenbornschachtes ist in dem Flöz 19a, auf der 2. Sohle im Flöz 1 und 13 das Auffahren von Grundstrecken im Gange, im erstgenannten Flöz hat man bereits den Jägersfreuder Hauptsprung durchörtert.

Auf dem Schiedenbornschacht ist ein Ventilator aufgestellt.

Grube Dudweiler.

Das Baufeld der Grube Dudweiler ist im Osten durch eine Linie begrenzt, die von dem in das Sulzbachtal mündenden Strengerbachtal nach der Eisenbahnbrücke im Dorfe Sulzbach gelegt ist. Von dieser Markscheide aus dehnen sich die Baue der Grube etwa 3,5 km nach SW. aus, eine westliche Markscheide ist bisher nicht festgelegt.

Die Flöze streichen im allgemeinen von SW. nach NO., biegen aber im südlichen Teil mehr nach S. zurück. Das Einfallen, das in den oberen Teufen 30 ° betragen hatte, schwankt in den Sohlen, auf denen jetzt der Betrieb umgeht, zwischen 10 und 15 °. Das Feld wird durch den etwa 1000 m westlich der östlichen Markscheide in nordsüdlicher Richtung verlaufenden 22 m-Sprung mit einer söhligen Verwerfung von 150—200 m und den 1300—1500 m von der östlichen Markscheide in gleicher Richtung durchstreichenden westlichen Hauptsprung 1 mit 200—250 m Verwerfung in ein Ostfeld, ein Mittelfeld und ein Westfeld geschieden. Ein sich in der Nähe der Gegenortschächte mit dem westlichen Hauptsprung 1 scharender, von NW. nach SO. verlaufender westlicher Hauptsprung 2 von bedeutender Verwurfhöhe teilt das Westfeld in das Westfeld I und Westfeld II. In letzterem treten dann noch parallel zu einander in ostwestlicher Richtung streichend die westlichen Hauptsprünge 3, 4 und 5 auf, auch ist eine Reihe weiterer kleinerer Störungen vorhanden.

Es werden zwischen Flöz 3 und Flöz 21 im ganzen 20 bauwürdige Flöze von 0,6 bis 3,4 m Kohle und einer Gesamtkohlenmächtigkeit von rd. 24 m gezählt. Die querschlägige Entfernung von Flöz 3 bis 21 beträgt in der Querschlagslinie der Hauptschächte in der 3. Tiefbausohle 1730 m, steigt aber infolge der Verflachung der Flöze auf rd. 1800 m in der 4. und 5. Tiefbausohle. In der letzteren verlaufen jedoch Flöz 3 und 4 bereits innerhalb des Feldes der Grube Camphausen, deren Markscheide sich ungefähr der Grundstrecke des Flözes 5 in dieser Sohle anschließt.

Über die Höhen der gegenwärtig für den Betrieb in Betracht kommenden Sohlen geben folgende Zahlen Auskunft:

Hängebank der Skalleyschächte	. .	+ 260 m NN.
3. Sohle	. . . . . .	— 24 »
4. »	. . . . . .	— 87 »
5. »	. . . . . .	— 150 »

Der Sohlenabstand beträgt also 63 m, die flache Pfeilerhöhe von 250—300 m.

Die Grube hat drei Hauptförderschächte, die an der Bahnlinie Saarbrücken-Neunkirchen liegenden Skalleyschächte I, II, III, von denen die beiden älteren, Schacht I und II, als Zwillingsschächte abgeteuft sind. Sie liegen rd. 1200 m von der östlichen Markscheide entfernt, schneiden Flöz 3 bei 70 m Teufe und würden Flöz 21 bei etwa 600 m Teufe treffen. 55 m im Liegenden der Skalleyschächte liegen die zur Wasserhaltung dienenden Gegenortschächte. In der Regel fördert Schacht I von der 4., Schacht II von der 3. und Schacht III von der 5. Sohle.

Der in 1700 m Entfernung südwestlich von den Skalleyschächten angesetzte, ursprünglich als Förderschacht für das Westfeld vorgesehene Richardschacht wird wegen der ungünstigen Lagerungsverhältnisse in jenem Feldesteil zum Fördern nicht benutzt, sondern dient nur als Wettereinziehschacht.

Zur Wetterversorgung dienen außerdem die beiden in gleicher Einfalllinie etwa in der Mitte des Ostfeldes stehenden Ostschächte I und II und ebenso im Westfelde II Westschacht I und II, sowie der unfern der Skalleyschächte stehende Mittelschacht.

In den einzelnen Sohlen sind die Flöze durch einen Hauptausrichtungsquerschlag in der Richtung der Verbindungslinie der Skalley- und Gegenortschächte aufgeschlossen, parallel zu ihm läuft ein durch die beiden Ostschächte gehender Querschlag durch alle Flöze. Zwischen diesem und dem Hauptquerschlage wurde früher die Grundstrecke eines Flözes als Hauptförderstrecke benutzt, jetzt ist auf jeder Sohle der billigeren Unterhaltung wegen im Nebengestein eine Richtstrecke angelegt. Sie liegt auf der 3. Sohle bei Flöz 14, in der 4. bei Flöz 14a, in der 5. Sohle bei Flöz 17. Die Grundstrecken in den einzelnen Flözen werden gleich nach dem Verhieb des betreffenden Feldesteiles abgeworfen. Die Förderung aus dem Westfeld I gelangt durch einen zwischen Flöz 5 und Flöz 14 hergestellten Querschlag nach Durchfahrung des westlichen Hauptsprunges 1 in einer Flözgrundstrecke nach dem Hauptquerschlag, diejenige aus dem

Westfelde II geht durch eine von den Skalleyschächten nach dem Westschacht I getriebene Richtstrecke.

Der Abbau geht gegenwärtig auf der 3., 4. und 5. Tiefbausohle in etwa gleich starkem Maße um und wird dies auch noch geraume Zeit tun. Der Grund für diese Ausdehnung des Betriebes auf 3 Sohlen, die, wie in anderen Revieren, im allgemeinen auf den Saargruben nicht üblich ist, liegt in der Entwickelung der verschiedenen Abbauarten auf Grube Dudweiler, besonders in dem zeitweiligen Vorherrschen des Stoßbaues, auf das noch zurückgekommen werden wird. Der Betrieb im Ostfelde wird über der 3. Sohle noch rd. 15 Jahre dauern.

Die tägliche Förderung der Grube beträgt gegenwärtig rd. 3000 t.

Fettkohlengrube Von der Heydt.

Zur Lösung der Fettkohlenflöze sind ein Wetterschacht bei Neuhaus und ein Förderschacht im Steinbachtale im Abteufen begriffen. Der erstere hat gegenwärtig eine Tiefe von 540 m, der 6,2 m im lichten weite Förderschacht, der eine Doppelförderung aufnehmen soll, eine solche von 176 m erreicht.

Grube Sulzbach.

Nach SO. und auf der linken Seite des Sulzbachs auch nach NO. reicht das Baufeld der Grube Sulzbach bis an die hier eine zipfelförmige Ausbiegung bildende Landesgrenze gegen die bayrische Rheinpfalz, auf der rechten Sulzbachseite bildet nach NO. gegen Grube Altenwald jetzt in der Hauptsache der nordwest-südöstlich streichende, nach O. einfallende Schnappachsprung die Markscheide, während diese früher durch den weiter nördlich liegenden Altenwalder Sprung gelegt war. Es sind daher in den Flözen 3 bis 7 über der 3. Sohle von Sulzbach aus Baue in das jetzige Baufeld von Altenwald hineingetrieben. Nach NW. gegen Grube Brefeld verläuft die Markscheide im ganzen in der Streichrichtung am Ostrande des Ortes Hühnerfeld vorbei, nach SW. endlich ist gegen Grube Dudweiler eine geradlinige Markscheide in der Fallrichtung durch den Ort Sulzbach festgelegt.

Im Felde treten auf ein kleinerer, nur in dem hangendsten Feldesteile vorhandener, rund 350 m östlich der Markscheide gegen Dudweiler etwa parallel zu dieser verlaufender namenloser Sprung und die beiden Sulzbachsprünge. Der 1. Sulzbachsprung hat eine nord-südliche Richtung, durchsetzt also das Feld spießwinklig; er fällt nach W. ein, seine Verwurfhöhe nimmt nach N. bis auf 50 m saiger gemessen zu. Von ihm läuft der 2. Sulzbachsprung in zuerst querschlägiger also nordwest-südöstlicher, dann nach S. biegender Richtung ab, mit ebenfalls westlichem Einfallen und nach S. zunehmender Verwurfhöhe, der Scharungspunkt liegt in der Nähe des

Ortes Hühnerfeld. Durch die beiden Sulzbachsprünge wird das Baufeld in ein Westfeld zwischen der Markscheide gegen Dudweiler und dem 1. Sprung, ein nach N. spitz zulaufendes Mittelfeld zwischen beiden Sprüngen und ein Ostfeld zwischen dem 2. Sprung und der Markscheide gegen Altenwald geteilt.

Die streichende Länge ist im liegenderen Teile des Feldes infolge der Gestalt der Landesgrenze stark beschränkt und beträgt rd. 1100 m, im hangenderen Teile dagegen rd. 1600 m. Im westlichen Feldesteil ist der Bau durch den mächtigen Sicherheitspfeiler für den Ort Sulzbach empfindlich eingeengt.

Etwa in der Mitte des Feldes an der Eisenbahn liegt die Hauptförderanlage der Grube, die Mellinschächte I, II, III, in derselben Fallebene um 525 m weiter im Liegenden steht der Venitzschacht. Zwischen beiden Schachtanlagen setzt der 1. Sulzbacher Sprung hindurch.

Von den Mellinschächten aus sind die Hauptquerschläge der verschiedenen Sohlen in derselben Stunde vorgetrieben und zwar die ins Liegende in der Richtung auf Venitzschacht und darüber hinaus, die ins Hangende annähernd von S. nach N. Es sind die Flöze 1 bis 17 mit ihnen aufgeschlossen, gebaut werden im ganzen 16 Flöze mit einer Gesamtkohlenmächtigkeit von 20 m. Im Ostfelde werden die Flöze durch Querschläge durchörtert, die von dem etwa 550 m von den Mellinschächten entfernt an der Bahn stehenden Lochwiesschacht aus getrieben sind. Westlich von den Hauptquerschlägen ist ungefähr in der Fallebene des Friedrichschachtes der Grube Brefeld auf der 4. Sohle ein Querschlag zwischen den Flözen 1 bis 4 aufgefahren. Eine regelmäßige Anlage von Abteilungsquerschlägen ist wegen der wechselnden Flözverhältnisse nicht durchgeführt.

Das Einfallen beträgt auf der 4. Sohle bei den liegendsten Flözen 25—30°, geht aber bei den hangenden bis auf rd. 10° herab, die flache Pfeilerhöhe schwankt dementsprechend von 110 m bis 400 m.

Über die Lage der im Betrieb befindlichen Sohlen gibt nachstehende Übersicht Auskunft:

Hängebank Mellinschächte . . .	+ 279 m NN.
1. Tiefbausohle	+ 104 »
2. » »	+ 41 »
3. » »	— 21 »
4. » »	— 83 »

Etwa 65% der Gesamtförderung kamen im Jahre 1904 aus der 4. Sohle, der Rest überwiegend aus der 3. Sohle, die in etwa 2 Jahren abgebaut sein wird. Eine 5. Sohle ist in der Ausrichtung begriffen.

Mellinschacht I fördert von der 4., Schacht II von der 3. Sohle. Schacht III ist zur Ausrichtung der 5. Sohle von dieser aus unterfahren und wird aufgebrochen. In der 4. Sohle gelangt die Förderung durch 2 streichende Hauptförderstrecken zu dem Schachtquerschlage, eine liegende auf Flöz 10 bezw. 12 (vor und hinter dem Sprung) und eine hangende auf Flöz 4 bezw. 7a. Westlich des Hauptschachtquerschlages ist aber nur die hangende Förderstrecke vorhanden, weil der liegendere Feldesteil großenteils durch den Sicherheitspfeiler des Ortes Sulzbach eingenommen wird.

Auf die in den verschiedenen Feldern der Grube vorgenommenen Versuche mit Spülversatz wird später besonders eingegangen werden.

Die Wetter für das ganze Grubenfeld fallen durch Mellinschacht I und II und Venitzschacht ein. Die in dem West- und Mittelfeld verbrauchten werden durch einen Ventilator auf dem Mellinschacht III, die im Ostfeld verbrauchten durch einen auf dem Lochwiesschacht ausgeworfen.

Die Wasser der Grube werden durch zwei Maschinen von je 200PS auf der 4. Sohle an den Mellinschächten zu Tage gehoben.

Die tägliche Förderung beträgt rd. 1300 t.

Grube Altenwald.

Das Baufeld der Grube Altenwald wird im Südwesten auf der linken Seite des Sulzbaches durch die Landesgrenze gegen die bayrische Pfalz, auf der rechten Sulzbachseite durch die Markscheide gegen die Grube Sulzbach begrenzt, die großenteils mit dem von NW. nach SO. verlaufenden Schnappachsprung zusammenfällt. Im Nordosten bildete in den oberen Teufen der Cerberussprung die Grenze gegen die Grube Heinitz, in den gegenwärtig betriebenen Teufen, in denen dieser Sprung sich fast ganz verliert, ist nördlich von ihm eine rechtwinklig zum Flözstreichen liegende Markscheide festgesetzt worden. Im Nordwesten ist die Grenze ein gegen die Grube Maybach festgesetzter in der Hauptsache streichender Sicherheitspfeiler.

Im Felde treten in etwa paralleler Richtung von NW. nach SO. laufend der Altenwalder, Tartarus- und Cerberussprung auf, die beiden ersten mit nördlichem, der Cerberussprung mit südlichem Einfallen.

Die streichende Feldeslänge beträgt rd. 3000 m.

Es sind 20 bauwürdige Flöze mit rd. 21 m Kohlenmächtigkeit vorhanden, von denen aber gegenwärtig nur 15 gebaut werden. Das Flözstreichen verläuft etwa von SW. nach NO. Das Einfallen beträgt in dem nördlichen Feldesteile am Cerberussprung in den liegenderen Flözen 25 °, nach SW. zu wird es in den tieferen Sohlen sehr flach, ein Teil der hangenden Flöze muldet sogar im Felde.

Die Lage der für den Betrieb gegenwärtig in Betracht kommenden Sohlen ist folgende:

Hängebank der Eisenbahnschächte .	+	289	m NN
2. Tiefbausohle	+	42	» »
3. »	—	21	» »
4. »	—	82	» »
5. »	—	145	» »

Der umfangreichste Betrieb geht in der 4. und 5. Sohle um, doch fördern auch die 3. und 2. Sohle noch bedeutende Mengen.

Die flache Pfeilerhöhe beträgt in den liegenderen Flözen 120—150 m, in den hangenderen Flözen über der 4. Tiefbausohle steigt sie wegen der erwähnten sehr flachen Lagerung dieser Flöze bis zu 600 m. Es werden an diesen Stellen 3—4 Teilsohlen eingelegt.

Die Hauptförderanlage der Grube liegt im südlichen Feldesteile nahe der Nordgrenze des in die Flözablagerung vorspringenden Zipfels der bayrischen Pfalz und besteht aus den dicht bei einander gelegenen Eisenbahnschächten I und II und Wetterschacht Mathilde. Von diesen Schächten aus läuft in den einzelnen Sohlen je ein Querschlag ins Liegende parallel zu der eben erwähnten Landesgrenze bis zu dem 550 m entfernten Gegenortschacht, die Querschlagsrichtung liegt also zum Flözstreichen etwas diagonal. In etwa 700 m Abstand von diesem Schachtquerschlag sind in jeder Sohle ein Querschlag II und dann weiter nach NO. in gleichmäßigen Abständen von 450—500 m von einander noch weitere 4 Querschläge durch die Flözreihe getrieben, die ganz rechtwinklig zum Flözstreichen liegen. In der 4. Sohle ist noch ein Querschlag I a eingeschaltet. Da die hangendsten Flöze erst in der Höhe der 3. Tiefbausohle durch die Eisenbahnschächte gehen, so sind von diesen aus erst unter der 3. Sohle nach N. zu Querschläge nötig. In der 5. Sohle läuft von den Eisenbahnschächten aus ein Querschlag rechtwinklig zum Flözstreichen nach N. und ein zweiter, als Querschlag I Nord bezeichneter, in 450 m Entfernung erst ebenfalls in dieser Richtung, dann ist er aber wegen der Art der dortigen Feldesbegrenzung mehr in rein nördliche Richtung abgebogen. Von seinem Ende an der Markscheide aus ist, ebenso wie an dem Brechpunkt, ein Überbrechen in das Flöz 5 hergestellt, das hier über der 5. Sohle durch die Markscheide setzt.

Die Förderung geschieht in den letztgenannten Feldesteilen wegen der flachen Lagerung in schwebender Richtung durch elektrisch angetriebene Seilförderungen und zwar bringt eine in der 3. Sohle stehende Maschine die Förderung des Flözes 3 (später auch die der Flöze 2 und 1) nach Schacht II, eine in der 4. Sohle stehende Maschine die Förderung der Flöze 5, 4, 2 und 1 nach Schacht I.

In den übrigen Feldesteilen geht die Förderung aus den einzelnen Abteilungsquerschlägen durch die zur Hauptförderstrecke ausgebaute Grundstrecke des Flözes 10 zum Schachtquerschlage. In der Hauptförderstrecke der 5. Sohle wird die Förderung durch Benzinlokomotiven besorgt.

Eisenbahnschacht I fördert von der 4. Sohle, Schacht II von der 3. und 5. Sohle, der Gegenortschacht von der 3. Sohle. Die Förderung des Gegenortschachtes gelangt durch den Flottwellstollen nach der Eisenbahnschachtanlage. Die Wetter fallen ein durch Eisenbahnschacht I, Eisenbahnschacht II, Gegenortschacht, Kolonieschacht und 2 Wetterschächte im nördlichen Feldesteil; sie ziehen aus durch Mathilde-, Moorbach- und Hermannschacht.

Die Wasser der Grube fallen alle nach der 5. Sohle und werden von dort durch eine elektrisch angetriebene Pumpe zu Tage gehoben.

Die tägliche Förderung beträgt rd. 2100 t.

Gruben Heinitz und Dechen.

Die Grenzen des Feldes der Gruben Heinitz und Dechen bilden im SO. der südliche Hauptsprung bezw. die Landesgrenze der bayrischen Pfalz, im SW. der Cerberussprung und ein östlich von dessen Ausgehendem gegen die Grube Altenwald festgesetzter Sicherheitspfeiler, gegen NW. für Heinitz eine Saigerebene durch den Bildstockschacht in der Hauptstreichrichtung der Flöze, für Dechen ist in dieser Richtung das Feld noch nicht begrenzt. Im NO. endlich wird das Feld gegen Grube König in den jetzt in Betracht kommenden Sohlen durch eine Saigerebene begrenzt, die ungefähr dem Ausgehenden des Secundussprunges sich anschließt. Die Baufelder der beiden Abteilungen Heinitz und Dechen werden durch den Minossprung geschieden, der das Feld spießwinklig, also etwa in der Richtung NS. durchsetzt und die Flöze in der Abteilung Dechen gegen die Abteilung Heinitz um 140—170 m saiger ins Hangende verwirft.

Die streichende Länge des Baufeldes der Abteilung Heinitz vom Sicherheitspfeiler gegen Altenwald bis zum Minossprung beträgt in den oberen Teufen rd. 2200 m, die der Abteilung Dechen bis zum Secundussprung rd. 1500 m; in den tieferen Sohlen nehmen jedoch die streichenden Längen zu, weil die beiden Grenzsprünge nach den Nachbarfeldern hin einfallen und nach N. auseinanderlaufen. Von sonstigen das Feld schneidenden Sprüngen sind noch zu erwähnen: in Abteilung Dechen der den Minossprung kreuzende Rhadamanthyssprung und der unbedeutende Satyrsprung; in Abteilung Heinitz: der SO.—NW. streichende Aeacussprung mit einer Verwurfhöhe von rd. 40 m im südlichen und bis 170 m im nördlichen Teil; der sich nach N. auskeilende Vampyrsprung, der Ceressprung, der NO.—SW. streicht, dann nach W. schwenkt und sich zuletzt mit dem Cerberussprung schart, wobei seine Verwurfhöhe bis auf 1 m herabgeht. Endlich ist der unbedeutende, N.—S. streichende Friedrichsthaler Grenzsprung mit dem Bildstockschacht durchteuft worden.

Das Hauptstreichen der Flöze geht von WSW. nach ONO , das Einfallen ist nach NNW. gerichtet, beträgt in den oberen Teufen rd. 40°, verflacht sich dann bis fast auf 0° und nimmt in den tiefen Sohlen wieder auf 10—12° zu.

In der Abteilung Heinitz sind von Flöz Thiele bis Flöz Scharnhorst 15 bauwürdige Flöze mit einer Gesamtkohlenmächtigkeit von 22,5 m in regelmäßiger Lagerung vorhanden; in Dechen zählt man 19 bauwürdige Flöze mit 28 m Gesamtkohlenmächtigkeit. Die querschlägige Entfernung des hangendsten bauwürdigen Flözes vom liegendsten beträgt in der tiefsten Stollensohle der Abteilung Heinitz 500—600 m, nimmt jedoch in größerer Teufe wegen der erwähnten Verringerung des Einfallens bedeutend zu; in der 3. Tiefbausohle z. B. steigt es bis 1300 m. In Abteilung Dechen liegen die Verhältnisse ähnlich, jedoch ist die Verflachung des Fallens geringer als in Heinitz. Es lassen sich im ganzen Felde drei durch stärkere konglomeratreiche Mittel deutlich getrennte Flözgruppen unterscheiden, die auch in betrieblicher Hinsicht berücksichtigt werden.

In den beiden Grubenabteilungen sind folgende Sohlen gebildet worden:

	Heinitz m	Dechen m
Hängebank Heinitzschacht III . .	+ 284 NN	—
Hängebank Dechenschächte . . .	—	+ 277 NN
Flottwellstollen	+ 260 »	+ 258 »
1/2 Saarsole	—	+ 232 »
Saarsohle	+ 204 »	+ 204 »
1. Tiefbausohle	+ 149 »	+ 149 »
2. »	+ 85 »	+ 94 »
3. »	+ 40 »	+ 39 »
4. »	— 40 »	— 42 »
5. »	— 99 »	— 99 »

In der 5. Heinitzer Tiefbausohle treten die Flöze über Wrangel durch die Markscheide, ehe sie die Höhe der Sohlgrundstrecken erreicht haben. Die flache Pfeilerhöhe schwankt in Heinitz zwischen 200 und 800 m, in Dechen zwischen 85 und 300 m.

Die beiden Grubenabteilungen sind in bezug auf Förderung, Wetterführung, Aufbereitung und Verladung völlig selbständig; die Wasserhaltung ist ihnen jedoch insofern gemeinsam, als sämtliche oberhalb der 4. Tiefbausohle zufließenden Wasser von einer Dampfwasserhaltung in Dechen gehoben werden. Dieser werden die den Dechener Bauen der 5. Sohle zugehenden Wasser durch kleine Pumpen zugehoben, während aus den

Heinitzer Bauen der 5. Sohle, die mit den Dechener noch nicht durchschlägig sind, eine neue elektrische Wasserhaltungsanlage unmittelbar zu Tage hebt*). Nach Herstellung des Durchschlages in der 5. Sohle sollen sämtliche Wasser beider Abteilungen durch diese Anlage in Heinitz zu Tage gedrückt werden.

Die Abteilung Heinitz besitzt 7 Schächte, von denen Heinitzschacht I und II etwa in der Mitte des Feldes, Heinitzschacht III und IV 260 m weiter östlich liegen. Etwa 1000 m von Schacht III und IV in der Einfallslinie entfernt stehen Geisheckschacht I und II und rd. 850 m in derselben Richtung weiter der Bildstockschacht.

Zur Förderung dienen Heinitzschacht II, III und IV und Geisheckschacht II, zur Wasserhaltung Heinitzschacht III, als ausziehende Wetterschächte Heinitzschacht I, der in dessen Nähe befindliche Ventilatorschacht und Geisheckschacht I; als einziehende außer den Förderschächten der Bildstockschacht und Geisheckschacht II. Der Hauptbetrieb geht in der 4. Tiefbausohle um, die etwa $^{2}/_{3}$ der Förderung liefert, der Rest kommt von der 5. Sohle. Das Feld ist in der 1. und 2. Sohle durch je 8 alle Flöze durchörternde Querschläge ausgerichtet, in der 3. und 4. Sohle ist diese planmäßige Aufschließung nur unvollständig durchgeführt, neuerdings kehrt man jedoch wieder zu diesem Verfahren zurück. Es werden nach Vollendung der Ausrichtung in der 5. Sohle 7 im wesentlichen parallele Querschläge in einem gegenseitigen Abstande von rd. 300 m vorhanden sein. Ihre Richtung wird mit Rücksicht auf den Verlauf der Sprünge gegen die in der Fallebene liegenden Querschläge der oberen Sohlen etwas gedreht, um zu beiden Seiten bis zu den die Querschlagsabteilung begrenzenden Sprüngen möglichst gleiche Baulängen zu erhalten. Die Förderung in streichender Richtung erfolgt in der 4. Sohle nur durch eine Grundstrecke, die teils im Flöz Scharnhorst, teils in den Flözen Nostiz und Thiele Nebenbank liegt.

Die Zwillingsförderschächte I und II und der dabei liegende Wasserhaltungsschacht III der Abteilung Dechen stehen ziemlich in der Mitte des Feldes; es sind außerdem der Moselschacht als einziehender, der Ventilatorschacht und der Binsentaler Schacht als ausziehende Wetterschächte vorhanden. Die Art der Ausrichtung ist dieselbe und hat ebenso gewechselt wie in Heinitz, ebenso wird wie dort eine bestimmte Reihenfolge beim Verhieb der einzelnen Flöze nur innerhalb jeder der drei Flözgruppen beobachtet.

Die Abteilung Heinitz fördert täglich im Durchschnitt 3000 t, ausnahmsweise 3400 t, die Abteilung Dechen 1600 und 1800 t.

---

*) Inzwischen sind auch die Heinitzer Wasser der 4. Sohle bereits der elektrischen Wasserhaltung zugeleitet.

Grube König.

Das Baufeld der Grube König schließt sich nach NO. an dasjenige der Grube Dechen an und wird von ihm durch den Secundussprung getrennt. Dieser Sprung hat in den oberen Teufen bei östlichem Einfallen eine querschlägige Verwurfmächtigkeit von rd. 100 m, verliert sich aber nach der Teufe in eine Anzahl kleinerer Sprünge. Da er dort also keine feste Markscheide zu bilden geeignet ist, so hat man eine solche künstlich festgelegt, sie fällt nach mehrfachen Änderungen ungefähr mit einer durch das Ausgehende des Secundussprunges gelegten Saigerebene zusammen. Nach S. ist das Feld der Grube König bis zur bairischen Landesgrenze frei, es ist aber im südlichen Teil wegen der Nähe des großen Saarbrücker Südlichen Hauptsprunges sehr zerrissen und gestört. Nach NO. bildet der nordwest-südöstlich laufende Kohlwaldsprung, sowie ein parallel und ein etwas spießwinklig zu ihm laufender Sprung die Feldesgrenze; gegen N. endlich wird das Feld durch eine durch die Grundstrecke der 7. Sohle im Flöz Carlowitz gelegte Saigerebene gegen die Grube Kohlwald abgegrenzt.

Das Feld hat zwischen Secundus- und Kohlwaldsprung eine streichende Länge von rd. 2500 m, ein großer Teil des Feldes ist aber dem Abbau entzogen. Zunächst wird das Feld durch den Sicherheitspfeiler für den Ort Neunkirchen in eine östliche und eine westliche Abteilung geschieden, in der östlichen stand der Mehlpfuhlschacht, der jedoch, da sich der ganze östliche Feldesteil als außerordentlich zerrissen und außerdem durch den für die Blies stehen zu lassenden Sicherheitspfeiler sehr eingeengt erwies, schon seit einer Reihe von Jahren ganz außer Betrieb gesetzt und zugestürzt ist. In der ganzen östlichen Abteilung geht daher kein Betrieb mehr um.

Der allein im Bau befindliche westliche Teil hat eine streichende Länge von 1400 m, wird aber durch einen Sicherheitspfeiler zum Schutze mehrerer größerer Stummscher Werksgebäude sowie eines Teils des Ortes Neunkirchen und der Eisenbahn sehr beschränkt. Der Pfeiler reicht nach N. bis in den Sicherheitspfeiler für den unten genannten Hermineschacht hinein und hat außerdem eine nach W. in das Feld vorspringende Erweiterung von etwa rechteckiger Gestalt zum Schutze der darüber liegenden Stummschen Kokerei. Dieser letztgenannte sehr störende Pfeiler ist nach der Teufe zu bis zur 4. Tiefbausohle der Grube mit 63 ° abgeböscht, von dieser Sohle ab aber werden seine Begrenzungen durch Saigerebenen gebildet, auch ist in der 6. Sohle unter Anwendung von Spülversatz mit seinem Abbau begonnen worden.

Die für den Abbau wirklich verfügbare Feldeslänge beträgt infolge der aufgeführten Beschränkungen nördlich des Kokereipfeilers nur 1300 m, südlich von ihm sogar nur 500—700 m.

Im Felde treten im ganzen 16 bauwürdige Flöze mit einer Gesamtkohlenmächtigkeit von 24 m auf, die querschlägige Entfernung zwischen dem hangendsten Flöz Carlowitz und dem liegendsten Natzmer beträgt 800 m in der 4. Sohle, das Streichen verläuft nahezu von W. nach O. Das Einfallen wechselt ziemlich stark, es liegt bis zur 3. Sohle in der Nähe des Hauptquerschlages zwischen 26 und 30 °, ist auf der 4. Sohle in den hangenderen Flözen 23 °, in den liegenderen 17 ° und verflacht sich nach der Teufe immer mehr, sodaß es in der 7. Sohle, wo es vom Hermineschacht getroffen wird, nur etwa 5 ° beträgt. Nach Osten und Westen vom Hauptquerschlag aus ist es auch überall schwächer.

Über die Lage der für den gegenwärtigen Betrieb in Betracht kommenden Sohlen gibt folgende Zusammenstellung Auskunft:

Wilhelmschächte Hängebank	. + 272 m	über NN.
2. Tiefbausohle	. . . + 94	»
3. »	. . . + 39	»
4. »	. . . — 34	»
5. »	. . . — 89	»
6. »	. . . — 144	»
7. »	. . . — 187	»

Der Abbau geht gegenwärtig am stärksten in der 3. und 4. Sohle um, jedoch wird auch in der 2., 5. und 6. Sohle schwunghafter Abbau betrieben.

Das Feld ist durch die etwa in seiner Mitte stehenden drei Wilhelmschächte gelöst, von denen Schacht I von der 4., Schacht II von der 3. und Schacht III von der 4. und 6. Sohle fördert. In der nordwestlichen Ecke des Feldes, etwa 1500 m von den Wilhelmschächten entfernt, ist in der sog. Oberschmelz der Hermineschacht an der Fischbachbahn niedergebracht, der, wie erwähnt, auf der Grundstrecke des Flözes Carlowitz in der 7. Sohle steht.

Die Flöze sind durch einen Hauptquerschlag von den Wilhelmschächten aus und durch etwa 250—350 m davon entfernte, mehr oder weniger parallele Abteilungsquerschläge durchörtert. In der 4. Sohle ist durch Verlängerung des ersten westlichen Querschlages der Durchschlag mit dem Hermineschacht hergestellt. Zwischen den Abteilungsquerschlägen stellt eine streichende Hauptförderstrecke, die zum Teil im Gestein getrieben ist, die Verbindung her.

Die Wetter zur Versorgung der Grube König fallen durch Schacht I bis III ein und ziehen durch den bei diesen stehenden Ventilatorschacht und den an der westlichen Markscheide gelegenen Westschacht aus.

Zur Wasserhaltung dienen je eine Verbundmaschine auf der 2., 3. und 6. Sohle und zwei auf der 4. Sohle an den Wilhelmschächten.

Die tägliche Förderung der Grube beträgt durchschnittlich 1650 t.

Grube Wellesweiler.

Das Feld der Grube Wellesweiler wird im Süden durch den Saarbrücker südlichen Hauptsprung, im NO. durch die bairische Grenze gegen die Grube Bexbach, im N. durch den in südwest-nordöstlicher Richtung streichenden nördlichen Hauptsprung, im W. endlich durch eine Reihe von nordwest-südöstlich streichenden Sprüngen abgegrenzt. Es treten in ihm nur die liegendsten Flöze der Fettkohlengruppe und zwar in sehr verworrener und gestörter Lage auf. Auf Tafel 2 ist ein Profil der Grube von NW. nach SO. gegeben. Wie dort zu sehen ist, bilden die Flöze in der Hauptsache zwei flache Sättel, von denen jedoch der südliche aus zwei nebeneinander liegenden Kuppen besteht. Die Grube ist durch den im Bliestale etwas oberhalb des Ortes Wellesweiler angesetzten Palmbaumstollen gelöst, der erst etwa in nördlicher, dann in nordwestlicher Richtung verläuft; unter ihm sind von einem nördlich des Stollenmundlochs niedergebrachten Schachte aus zwei Tiefbausohlen ausgerichtet. Ihre Höhenlage geht aus folgenden Zahlen hervor:

Palmbaumstollensohle	. . .	+ 239 mm über NN.
1. Tiefbausohle	. . .	+ 186 »
2. »	. . .	+ 116 »

Über der Stollensohle werden die Flöze Heusler und Becher, über der 1. Sohle Becher, Nöggerath und Koch abgebaut, während über der 2. Sohle, die an dem Durchschnittspunkt des Schachtes mit dem Flöz Nasse angesetzt ist, nur dieses in ganz flacher Mulde abgelagerte Flöz nördlich vom Schachte bis zu einem etwa in der Mitte der Feldesbreite durchsetzenden Sprunge gebaut wird. Die Gesamtkohlenmächtigkeit der Flöze beträgt etwa 8 m.

Der erwähnte Schacht fördert bis zur Stollensohle, auf der die ausschließlich für den Landabsatz bestimmte Förderung zu Tage gebracht wird.

Zur Wetterversorgung dient ein neben dem Förderschacht gelegener Ventilatorschacht; zur Wasserhaltung eine Verbundmaschine auf der 2. Sohle.

Die tägliche Förderung beträgt im Durchschnitt nur 90—100 t, ist aber wegen des ausschließlichen Landabsatzes stark wechselnd und überschreitet zu Zeiten die angegebene tägliche Menge ziemlich bedeutend.

Grube Camphausen.

Das Feld der Grube Camphausen schließt sich in der Fallrichtung der Flöze unmittelbar an das der Grube Dudweiler an und ist von ihm durch eine künstlich festgesetzte streichende Markscheide geschieden, die im allgemeinen der Grundstrecke des Flözes 5 der 5. Sohle der Grube Dudweiler parallel läuft. Ihre Richtung ist im wesentlichen NO.—SW., jedoch biegt sie im südlichen Teil etwas nach O. zu zurück. Im W. wird das Feld durch den nach N. einfallenden, annähernd ostwestlich verlaufenden westlichen Hauptsprung begrenzt, im O. bildet gegen Brefeld ein nach O. einfallender, etwa in der Fallrichtung der Flöze streichender Sprung ohne Namen die Grenze. Gegen N. zu endlich, nach dem Einfallen hin ist das Feld vorläufig nicht begrenzt.

Innerhalb des Feldes treten der Dudweiler Hauptsprung und der Sprung 2, beide in annähernd querschlägiger Richtung streichend, mit südlichem Einfallen auf. Außerdem wird der westlich von den Schächten gelegene Feldesteil durch mehrere streichende und eine größere Zahl kleinerer Sprünge verschiedener Richtung stark zerrissen.

Die durch die drei genannten querschlägigen Sprünge und den Schachtquerschlag der Camphausenschächte eingeschlossenen vier Feldesstreifen werden von O. nach W. als Ostfeld 2, Ostfeld 1, Westfeld 1 und Westfeld 2 bezeichnet. Die streichende Länge, in der zweiten Sohle Flöz 3 gemessen, beträgt für die beiden Ostfelder zusammen 1200 m, für die Westfelder 1800 m.

Gebaut werden die Flöze 3, 5, 6 und 7, ihre Gesamtkohlenmächtigkeit beläuft sich auf 6,7 m im Ostfeld 2, auf 6,1 m im Westfeld 2.

Über die vorhandenen Sohlen und ihre Lage geben folgende Zahlen Aufschluß:

Camphausenschächte Hgbk.	+ 268	m	NN.
Wettersohle	— 120	»	»
1. Tiefbausohle	— 228	»	»
2. »	— 299	»	»
3. »	— 361	»	»

Das Einfallen beträgt im Durchschnitt etwa 10°, die flache Pfeilerhöhe wächst von W. nach O. von 360 bis 480 m, sie wird in der Regel durch zwei Teilsohlen zerlegt.

Die Camphausenschächte I, II, III stehen in der Streichrichtung dicht nebeneinander unmittelbar an der Fischbachbahn und in der Fallrichtung um 1500 m von den Skalleyschächten der Grube Dudweiler entfernt. Von ihnen sind in querschlägiger Richtung die Hauptquerschläge in den verschiedenen Sohlen durch alle bauwürdigen Flöze getrieben, außerdem ist jeder der oben genannten Feldesteile durch einen Abteilungsquerschlag aufgeschlossen. Vom Schachtquerschlage führt in der ersten Sohle eine beim Flöz 5 liegende Richtstrecke bis zum Querschlag 1 Ost und West. In der zweiten Sohle läuft eine Richtstrecke diagonal (d. h. rechtwinklig zum Schachtquerschlag und daher wegen der erwähnten Umbiegung des Streichens diagonal zu diesem) ab und trifft den westlichen Querschlag 1 beim Flöz 5; nach O. geht eine etwa in der Streichrichtung getriebene Richtstrecke beim Flöz 9 bis zum ersten östlichen Querschlage. Vom

Querschlag 1 nach Querschlag 2 West ist eine Richtstrecke in den Flözen 6 und 7 hergestellt, durch die die Förderung aus den liegenden Flözen (6 bis 10) im Westfeld 2 gehen soll. Unter der zweiten Sohle geht vorläufig nur Unterwerksbau um. Der Hauptbetrieb findet über der zweiten Sohle statt, die etwa $^3/_4$ der ganzen Förderung der Grube liefert.

Von den drei Schächten fördert gegenwärtig Schacht I von der ersten, Schacht II von der zweiten Sohle, während Schacht III vorläufig nur als Wetterschacht dient. Die Förderung aus den Teilstrecken gelangt zum größeren Teil durch Gesenke auf die Sohlstrecke, nur zum kleineren Teil wird aus passend gelegenen Betrieben die Förderung durch Bremsberge, die länger als eine flache Teilsohlenhöhe sind, herabgebremst.

In der ersten und zweiten Sohle wird sowohl in der östlichen, wie der westlichen Richtstrecke die Kohle durch je eine Seilförderung zum Schachte gebracht. Zum Antriebe für die beiden auf derselben Sohle liegenden Seilförderungen dient je eine gemeinsame am Schachte II stehende Dampfmaschine, jedoch kann jede der beiden Förderungen unabhängig von der anderen aus- und eingerückt werden.

Zur Bewetterung ist die Grube in drei Wetterabteilungen zerlegt, eine östliche, eine mittlere und eine westliche. Für die östliche fallen die Wetter durch Camphausenschacht I und II ein und ziehen durch den unweit der Brefelder Markscheide stehenden Ostschacht aus. Die mittlere Abteilung erhält ihre Wetter ebenfalls durch Schacht I und II und läßt sie durch Camphausenschacht III ausströmen. Für die westliche Wetterabteilung endlich ist der nahe der westlichen Markscheide an der Fischbachbahn gelegene Westschacht 2 einziehender, der nordöstlich von ihm in der halben Entfernung nach den Förderschächten stehende Westschacht 1 ausziehender Schacht. Die Wetterführung der beiden äußeren Wetterabteilungen entspricht annähernd der diagonal genannten.

Zur Wasserhaltung dient je eine Maschine auf der zweiten Sohle und der Wettersohle, die untere hebt der oberen zu. Ein Teil des gehobenen Wassers geht zur Berieselung von der Wettersohle wieder in die Grube, jedoch jetzt nur noch, soweit das aus den Wetterschächten Ost- und Westschacht 2 gewonnene reine Wasser nicht ausreicht, den etwa 210 cbm betragenden Wasserbedarf für die Berieselung zu decken.

Die tägliche Förderung der Grube beträgt 1600 t.

Grube Brefeld.

Die Grube Brefeld schließt sich in der Streichrichtung der Flöze nach NO. an die Grube Camphausen an und liegt zu der Grube Sulzbach ebenso wie Camphausen zu Dudweiler. Ihre Markscheide gegen Sulzbach ist in analoger Weise festgelegt, wie die entsprechende von Grube Camphausen, die Grenze gegen diese bildet der bei Grube Camphausen erwähnte unbenannte Sprung, gegen die im O. markscheidende Grube Maybach ist eine etwa mit der Ordinate — 3500 zusammenfallende Grenzlinie festgesetzt.

Das Feld wird durch den Fischbachsprung und einen ihm etwa parallellaufenden Sprung ohne Namen, jeder mit einer saigeren Vorwurfhöhe von rund 30 m, in ein Ostfeld, ein Mittelfeld und ein Westfeld geschieden, deren streichende Längen 500, 700 und 800 m betragen.

Die Ablagerung ist regelmäßig, die Flöze streichen von SW. nach NO., ihr Einfallen ist durchschnittlich 10—15 °. Es werden gegenwärtig 5 Flöze mit einer Gesamtkohlenmächtigkeit von durchschnittlich 5,5 m gebaut.

Folgende Sohlen sind gegenwärtig in Betrieb:

Brefeldschächte Hgbk.	+ 282	m NN.
Wettersohle	— 141	» »
1. Tiefbausohle . . .	— 227	» »
2. » . . .	— 277	» »
3. » . . .	— 337	» »

Die flache Pfeilerhöhe beträgt im Mittel 360 m, sie wird durch zwei Teilsohlen zerlegt.

Die Brefeldschächte I und II stehen nebeneinander in der Streichrichtung und sind von den Camphausenschächten 2350 m, von den Mellinschächten der Grube Sulzbach rund 1450 m entfernt. Der von ihnen aus durch die Flöze getriebene Hauptquerschlag liegt in der Wetter- und der ersten Tiefbausohle, nicht in der von NW. nach SO. streichenden Einfallebene, sondern etwa in der Richtung NNW.—SSO.; in der zweiten und dritten Sohle liegt er genau querschlägig. Ebenfalls querschlägig ist für das Ost- und Westfeld je ein Querschlag aufgefahren, dessen Abstand vom Schachtquerschlage in der Grundstrecke des Flözes 4 in der ersten Sohle gemessen 400 und 900 m beträgt. Zwischen den Querschlägen sind Richtstrecken vorhanden, die im allgemeinen mit den Grundstrecken im Flöz 4 zusammenfallen. Das Flöz 4 ist dafür ausgewählt, weil es etwa in der Mitte liegt, sich gut und billig abbauen läßt und ein ziemlich gutes Hangende besitzt.

Der Abbau geht bisher in der Fallrichtung nicht über die Schächte nach N. hinaus, nur in der zweiten Sohle wird der Schachtquerschlag zur Untersuchung der hangenderen Flöze zu Felde getrieben. An der Lieferung der Förderung sind die erste und zweite Sohle etwa gleichmäßig beteiligt.

Brefeldschacht I fördert von der ersten, Schacht II von der zweiten Sohle, die über der Wettersohle gewonnene Förderung wird durch zwei Gesenke von Flöz 2 unmittelbar auf den Hauptquerschlag der ersten Sohle heruntergebremst.

Die Wetterführung ist in rein diagonaler Weise eingerichtet, die Wetter fallen für alle Wetterabteilungen durch die beiden Förderschächte ein und ziehen aus dem Mittel- und dem Ostfelde durch den Friedrichschacht, aus dem Westfelde durch den Wilhelmschacht in der Nähe der Markscheide gegen Sulzbach aus.

Zur Wasserhaltung dienen eine elektrisch angetriebene Schleifmühler Expreßpumpe auf der dritten Sohle, sowie eine Verbundmaschine auf der zweiten Sohle und zwei solche auf der bei 260 m Teufe liegenden Sumpfstrecke.

Die tägliche Förderung beträgt 1250 t.

Grube Maybach.

Das Feld der Grube Maybach wird im Westen durch die gegen Grube Brefeld festgesetzte, etwa mit dem Kreuzgräbensprung zusammenfallende Markscheide, im Süden durch den Sicherheitspfeiler gegen Grube Altenwald, im Osten durch den Cerberussprung und im Norden durch den sich mit diesem wahrscheinlich scharenden Fischbachsprung begrenzt. Im Felde treten in südost-nordwestlicher Richtung zwei parallele, nach O. fallende Sprünge auf, die das Feld in 3 annähernd gleiche Teile zerlegen. Diese werden als Westfeld zwischen Kreuzgräbensprung und westlichem Hauptsprung, als Mittelfeld zwischen dem westlichen und östlichen Hauptsprung und als Ostfeld östlich vom letztgenannten Sprung bezeichnet. Als östliche Grenze für das Ostfeld ist vorläufig eine nord-südlich laufende Linie festgesetzt, die 100 m westlich von dem beim Bahnhof Friedrichsthal stehenden Ostschachte liegt. Der östlich dieser Linie befindliche Feldesteil bildet das Baufeld des auf der Hauptförderanlage der Grube Friedrichsthal gelegenen Heleneschachtes.

Die streichende Feldeslänge beträgt rd. 3500 m, die aufgeschlossene querschlägige Entfernung 1200 m. Es treten 8 bauwürdige Flöze mit einer Gesamtkohlenmächtigkeit von 12,2 m auf, die mit 4—12° nach N. einfallen. Die Lagerung ist in den oberen Sohlen am flachsten und wird nach der Tiefe steiler.

Die im Bau befindlichen Sohlen haben folgende Lage gegen NN.:

Wettersohle . . .	— 87 m
Mittelsohle	— 161 »
1. Tiefbausohle . .	— 193 »
2. » . .	— 226 »

Die Wettersohle entspricht der 4., die Mittelsohle der 5. Tiefbausohle der Grube Altenwald; die 2. Sohle der 1. Tiefbausohle der Grube Brefeld.

Wegen der steileren Lagerung wird in allen Flözen unter Flöz 4 und

Flöz 5 die 1. Sohle ausgelassen, die flache Pfeilerhöhe zwischen der Mittelsohle und der 2. Tiefbausohle beträgt 400 m.

Der Hauptbetrieb geht über der Mittel- und der 1. Tiefbausohle um.

Die Förderanlage der Grube besteht aus den etwa in der Mitte des Feldes dicht bei einander liegenden Schächten Albert, Marie und Frieda; von ihnen aus gehen etwa rechtwinklig zum Streichen die Hauptschachtquerschläge ins Hangende und Liegende, außerdem sind in 700—750 m Abstand 2 Abteilungsquerschläge im östlichen und je 1 im westlichen Felde vorhanden.

Schacht Albert fördert in der Hauptsache von der Mittelsohle und der Wettersohle, Marie von der Mittelsohle, Frieda von der 1. Tiefbausohle.

Zur Wetterführung dienen außer den Förderschächten die Ventilatorschächte Clara in der Hauptquerschlagsrichtung an der Markscheide gegen Grube Altenwald gelegen und der schon erwähnte Ostschacht.

Die Förderung der Grube beträgt täglich 2350 t.

Fettkohlengrube Reden.

Die Angaben über die Fettkohlengrube Reden finden sich bei den Mitteilungen über die Flammkohlengruben Reden und Itzenplitz.

III. Aus- und Vorrichtungsbaue.

1. Ausrichtungsbaue.

Unter Ausrichtungsbauen sind hier, dem allgemeinen Brauche folgend, die Baue verstanden, die ein bekanntes Flöz oder eine Gruppe von solchen an einer bestimmten Stelle treffen und für die Gewinnung zugänglich machen sollen. Es gehören also dazu die Stollen, die Schächte, sowie die Querschläge mit ihrer Erweiterung am Schachte, dem Füllort. Man kann außerdem manche Richtstrecken und Strecken in unbauwürdigen Flözen dazu rechnen.

Abgesehen von der letztgenannten Streckenart, gehen also die Ausrichtungsarbeiten im Gestein vor sich und sind von dessen Beschaffenheit und Verhalten in ihrer Betriebsweise, der Schnelligkeit des Vorrückens und der Art des Ausbaues abhängig.

Die Gesteinsbeschaffenheit des Saarbrücker Steinkohlengebirges ist sehr wechselnd, sodaß, wie sich unten noch ergeben wird, die Kosten der Ausrichtungsarbeiten stark schwanken. Die Arbeiten werden, wie überall, ausschließlich im Gedinge ausgeführt, einzelne Verrichtungen, wie z. B. das Ausbauen der Schächte, werden bisweilen an Unternehmer vergeben. Auch wo dies letztere nicht der Fall ist, wird die Schachtausmauerung, weil sie sich nicht unmittelbar an das Abteufen anschließt, von besonderen Kameradschaften mit eigenem Gedinge ausgeführt. Im übrigen, z. B. auch bei dem Schachtausbau mit Eisenringen, ist in der Regel der Ausbau mit in dem Gedinge für das Abteufen oder das Auffahren einbegriffen, ebenso beim Streckenbetriebe das Legen des Gestänges. Das Gezähe ist mit Ausnahme größerer Bohrmaschinen usw. Eigentum der Hauer, das Schärfen, soweit es erforderlich, geschieht auf Kosten der Grube. Die Kosten der Sprengstoffe, der Zünder und des Geleuchtes haben die Hauer zu tragen, diese Kosten gehen also von dem nach dem Gedingesatz und der Meterzahl berechneten Bruttolohn ab.

Stollen.

Wie schon Nasse mitteilte, kommen auf den Saarbrücker Gruben Stollen zur Ausrichtung nicht mehr in Betracht. Jedoch werden, wie aus den vorstehenden Mitteilungen über die Betriebsverhältnisse hervorgeht, einige der aus älterer Zeit vorhandenen Stollen als Abhubstollen für die Förderung und zum Abführen der Grubenwasser, sowie auch zur Fahrung benutzt. Ein an beiden Seiten ins Freie mündender Stollen, also eigentlich ein Tunnel, ist neuerdings, wie erwähnt, durch einen zwischen den Schachtanlagen Viktoria I/II und Viktoria III der Berginspektion Louisenthal liegenden Geländerücken getrieben worden. Er ist 2,9 m hoch, 3,5 m breit, steht ganz in Eisenausbau und enthält drei Gleise. Die ungewöhnlichen Abmessungen sind gewählt worden, um große Maschinenteile, Dampfkessel u. dergl. ohne Schwierigkeiten hindurchschaffen zu können.

Schächte.

Wie in den übrigen deutschen Kohlenbezirken sind die sämtlichen neueren Schächte der Saarbrücker Gruben Saigerschächte, nur ganz wenige ältere kleinere flache Schächte sind noch in Betrieb.

Das Schachtabteufen ist, da an fast allen Schachtansatzpunkten das Kohlengebirge zu Tage ausgeht oder nur von diluvialem Lehm geringer Mächtigkeit überlagert ist, und da an den wenigen Punkten, wo in den oberen Teufen Buntsandstein durchteuft worden ist, wie z. B. beim Ensdorfer Schacht, diese Formation nicht unter die Talsohle niedersetzt, fast immer ohne Schwierigkeiten möglich. Die zusitzenden Wasser lassen sich so gut wie immer mit Hilfe kleiner Pumpen sicher zu Sumpfe halten, so daß von Hand auf der Schachtsohle abgeteuft werden kann. Alle die schwierigen und kostspieligen Verfahren, die in anderen Bezirken, vor allem in Oberschlesien und Westfalen, wegen der wasserreichen und vielfach außerdem nicht standhaften Gebirgsschichten in der Regel angewandt werden müssen, sind im Saarbrücker Bezirk nicht erforderlich und, während anderswo trotz der Anwendung solcher Verfahren das Abteufen in bezug auf Gelingen und Arbeitsdauer außerordentlich von unberechenbaren Zufällen abhängig ist, kann es auf den Saarbrücker Gruben in der Regel mit derselben Sicherheit berechnet und mit gleicher Regelmäßigkeit durchgeführt werden wie das Auffahren eines Querschlages.

Wegen der guten Beschaffenheit des Gebirges sind von den älteren Schächten, die regelmäßig in rechteckiger Form hergestellt und mit Ausnahme eines verhältnismäßig kurzen ausgemauerten Teiles unter der Hängebank nur mit schwacher Bolzenschrotzimmerung ausgebaut wurden, noch mehrere in unverändertem und unversehrtem Zustande im Betriebe. Die neueren Schächte aber, d. h. die seit etwa Anfang der 1870er Jahre abgeteuften, haben auch im Saarbrücker Bezirke fast ausnahmslos die runde Querschnittsform und zugleich auch einen dauerhafteren Ausbau erhalten. Der einzige größere Schacht, der in den letzten Jahrzehnten noch in rechteckigem Querschnitt hergestellt worden ist, ist der Kirschheckschacht III der Grube Burbachstollen. Bei ihm war für die Wahl dieser Form der Umstand maßgebend, daß er lediglich als Seilfahrtschacht und zum Einhängen von Pferden benutzt werden sollte, man ihm deswegen einen möglichst geringen Querschnitt geben wollte, und die rechteckige Form dabei die beste Raumausnutzung darbot. Er erhielt deshalb einen von 4 flachen Kreisbogen umschlossenen Querschnitt von 4,1 m Länge und 3,0 m Breite.

Die Gründe, die im übrigen zur ausschließlichen Annahme der runden Querschnittsform geführt haben, liegen wie in den anderen Bergbaubezirken hauptsächlich in der unübertroffenen, durch die gleiche allseitige Belastung hervorgebrachten Festigkeit eines Ausbauzylinders von kreisförmigem Querschnitt und in der größeren Leichtigkeit und Sicherheit, den Ausbau ohne Fehler und Ungenauigkeiten herzustellen. Diese Gründe erhielten mit den zunehmenden Teufen der Schächte und den verstärkten Ansprüchen, die der stets größer werdende Betrieb an die Zuverlässigkeit des Schachtausbaues stellte, erhöhtes Gewicht. Auch daß das Abteufen runder Schächte mit schnell nachfolgender Mauerung häufig kürzere Zeit in Anspruch nahm als dasjenige rechteckiger Schächte, sprach bei der Einführung der runden Form mit.

Das Abteufen der Schächte geschieht immer in mindestens 3, öfters in 4 Schichten (sog. vier Dritteln) am Tage. Die Stärke der Belegung schwankt zwischen 7 und 9 in der gleichen Schicht beschäftigten Leuten. Die Leute der verschiedenen Schichten sind meist in einer Kameradschaft. Die Schnelligkeit des Vorrückens wechselt stark mit der Beschaffenheit der Gebirgsschichten, bei gewöhnlichen Verhältnissen kann man sie aber zu 0,75 bis 1 m in der Schicht annehmen, bei dem Ausbau mit Eisenringen, der von den Schachthauern selbst vorgenommen wird, ist die Leistung etwas geringer.

Das Gedinge wird in der Regel getrennt für Schieferton, Sandstein und Konglomerat aufgestellt und schwankt beträchtlich nach dem Durchmesser des Schachtes, der zusitzenden Wassermenge, der Tüchtigkeit der Schachthauer u. dergl. Auch davon, ob Bohrmaschinen verwendet werden oder nicht, ist das Gedinge abhängig. Um einige Beispiele anzuführen: Für 1 m abteufen wurden bezahlt:

beim	Durchmesser m	Schieferton M.	im Sandstein M.	Konglomerat M.
Viktoriaschacht III . . .	5	200—250	300—350	—
Lampennestschacht III . .	4,2	180	230	260
Redenschacht III zwischen Sohle III und V	5,2	250	350	550
Minnaschacht Kohlwald .	5	250	350	400—450

Bei dem Überbrechen des Heinitzschachtes III zwischen der 5. und 4. Sohle, das einen rechteckigen Querschnitt von 2,04 zu 5,08 m hatte, wurden, wie an dieser Stelle erwähnt sein mag, für 1 m Höhe mit Ausbau in eichener Bolzenschrotzimmerung 450 M. bezahlt, wovon 210 M. auf Löhne und 240 M. auf Material kamen. Die Belegung bestand im ganzen aus 16 Mann, die in drei Dritteln arbeiteten.

Die beim Abteufen zusitzenden Wasser werden bei ihrer geringen Menge durch Abteufpumpen gewöhnlicher Art ohne Schwierigkeiten zu Sumpfe gehalten.

Zum Herstellen der Bohrlöcher findet beim Abteufen noch die Handarbeit mit dem Fäustel ausgedehnte Anwendung, daneben werden öfters Handbohrmaschinen benutzt. Luftbohrmaschinen braucht man wegen der Schwierigkeit ihrer Aufstellung und ihrer Unhandlichkeit beim Wegschaffen vor dem Schießen nur selten. Das Schießen geschieht mit Dynamit oder Gelatinedynamit. Die Zündung wird jetzt elektrisch vorgenommen, weil gerade beim Abteufen, bei dem regelmäßig mehrere Schüsse zu gleicher Zeit weggetan werden und der Rückzug des die Entzündung besorgenden erschwert ist, die anderen Arten der Zündung nicht zu unterschätzende Gefahren mit sich bringen. Auch wird vielfach dadurch, daß bei elektrischer Zündung die verschiedenen Schüsse zu genau denselben Zeitpunkt zur Explosion gebracht werden, ihre Wirkung bedeutend vergrößert.

Zum Ausbau wurde in den 1870er Jahren, als die runden Schächte allgemein geworden waren, nur da, wo Wasser abgehalten werden sollten,

Mauerung verwendet, in den übrigen Fällen benutzte man dazu der größeren Billigkeit wegen Ringe aus]-Eisen, die in Abständen von rund 1 m von einander wagerecht eingebaut und mit hölzernen Pfählen oder Bohlen, oft aber auch mit Blechplatten verzogen wurden. Zwischen den Ringen standen Bolzen aus Holz und später aus Profileisen. In dieser Art wurden zuerst der Viktoriaschacht I der Grube Viktoria und der Dechenschacht III, später in verbesserter Weise die Tiefbauschächte der Gruben im Fischbachtale und mehrere andere ausgebaut. Der Preis des Ausbaues belief sich, wie Nasse mitteilt, bei der Herstellung des Maybachschachtes II auf rd. 272 M. für 1 m Schachtteufe (wogegen, beiläufig bemerkt, die Kosten für die Bolzenschrotzimmerung des etwa gleichwertigen Albertschachtes der Grube Serlo 180 M. im ganzen betragen hatten), bei dem später ausgebauten Schacht III der Grube Itzenplitz wegen gefallener Eisenpreise auf nur 200 M., bei dem 1888 fertiggestellten Geisheckschachte I der Grube Heinitz auf 250 M.

In den letzten 15 Jahren ist man von der Verwendung dieses eisernen Ausbaues wegen seiner verhältnismäßig geringen Stärke im allgemeinen abgekommen und mauert die Schächte in der Regel in ihrer ganzen Höhe aus, weil man bei den jetzigen Beanspruchungen nur die Mauerung für widerstandsfähig genug hält.

Die Mauerung wird mehrfach nur in den oberen Teilen wasserdicht hergestellt, im übrigen aber ohne Zement und manchmal auch in den unteren Teilen von geringerer Stärke. In dieser Weise ist, wie Nasse anführt, s. Z. der Viktoriaschacht II der Grube Viktoria ausgebaut worden. Er ist von Tage aus bis 132 m unter der Hängebank $2^1/_2$ Steine stark mit Zement, von da an jedoch mit gewöhnlichem Mörtel und nur in $1^1/_2$ Stein Stärke ausgemauert. Die Kosten dieser Mauerung haben für 1 m Schacht mit Einstrichen usw. rd. 295 M. betragen. Neuerdings führt man aber meist die Mauerung überall wasserdicht aus, so z. B. bei dem 5 m weiten Geisheckschacht II der Grube Heinitz, wo eine Mörtelmischung von 1 Teil Zement auf 3 Teile gewöhnlichen Sand benutzt wurde. Die Kosten stellten sich dabei bei 0,5 m Stärke der Mauer auf rd. 350 M. für 1 m Schacht. Bei dem 5,10 m weiten Schiedenbornschacht der Berginspektion Dudweiler, der bis 97 m unter Tage ausgemauert und von da an mit zweiteiligen Eisenringen und Blechverkleidung ausgebaut ist, beliefen sich die Kosten der Mauerung auf 157 M. an Löhnen und 310 M. an Mauermaterialien, also auf 467 M. für 1 m ausgemauerten Schacht; bei dem Abteufen des Redenschachtes III die Kosten für Mauermaterialien auf 262 M., die Löhne sind für das Ausmauern nicht getrennt angegeben. Bei einer Schachtausmauerung von 3,8 m lichtem Durchmesser auf Grube Camphausen waren die Kosten 160 M. an Löhnen und 170 M. an Materialien.

Die Leistung bei dem Ausmauern des Geisheckschachtes II der Grube

Heinitz stellte sich bei Belegung auf 4 Schichten am Tage, also in 4 × 6 Stunden, auf etwa 2 m.

Mehrfach hat man in den letzten Jahren mit gutem Erfolge den Versuch gemacht, die Schachtauskleidung statt aus Mauerwerk aus Stampfbeton herzustellen, so bei dem östlichen Hauptförderschacht der Grube Göttelborn im Jahre 1898 zwischen der 1. und 2. Tiefbausohle. Man verwandte folgende Betonmischung: 1 Teil Zement, 3 Teile Sand, 6 Teile Dioritfeinschlag. Die Mischung wurde im Füllort der 1. Sohle von Hand hergestellt, nach schwacher Anfeuchtung mit der Abteuftonne zur Arbeitsstelle hinunter gelassen und dort in den Raum gebracht, der durch den Schachtstoß und eine aus 5,04 m weiten Eisenringen mit Holzverschalung bestehende Lehre begrenzt war. Man trug jedesmal Lagen von rd. 15 cm Höhe auf und bearbeitete sie solange mit eisernen Stampfern, bis an der Oberfläche Wasser austrat. Dem Herstellen der Mauer folgte der Einbau der eisernen Einstriche auf dem Fuße nach, und auf diese wurden dann wieder die 4teiligen Eisenringe der Lehre aufgelegt und untereinander durch Schraubenbolzen verbunden. Die so hergestellte Schachtmauer ist von vorzüglicher gleichmäßiger Beschaffenheit*). Um die Kosten mit denen für einen gemauerten Ausbau zu vergleichen, wurde von der Grube folgende Berechnung angestellt:

Der lichte Durchmesser des Schachtes beträgt 5,10 m, die Mauerstärke 50 cm, mithin der Kubikinhalt für 1 m Schachtausbau rd. 8,8 cbm. Bei Verwendung von wasserdichtem Mauerwerk wären an Materialien erforderlich gewesen:

8,79 . 400 = 3 516 Backsteine,
8,79 . 0,37 = 3,25 cbm Sand,
8,79 . 170 = 1 494 kg Zement

und deren Kosten hätten betragen nach den damals herrschenden Preisen

3 516 Backsteine, das Tausend	24,75	M.	=	86,02 M.,
3,25 cbm Sand, „ cbm	3,12	„	=	10,14 „
1 494 kg Zement, 1000 kg	41,60	„	=	62,15 „
		zusammen		158,31 M.

Beim Ausmauern wäre die Belegschaft so gewählt worden, daß an einem Arbeitstag, der aus 3 achtstündigen Schichten bestand, 1 m Schachtausbau hergestellt worden wäre. Unter diesen Umständen wären für das lfde. Meter Schachtausbau einschließlich des Ausbaues der Notzimmerung 140 M. bezahlt worden.

Der gesamte Schachtausbau hätte also bei Mauerung rd. 298 M. gekostet.

*) Siehe Versuche und Verbesserungen. Ministerialzeitschrift Bd. 47, S. 182.

Für den Betonausbau waren bei der oben erwähnten Zusammensetzung für 1 m Schachthöhe erforderlich:

$$\frac{8,79}{10} = 0,88 \text{ cbm Zement,}$$

$$\frac{8,79 \cdot 3}{10} = 2,64 \text{ cbm Sand,}$$

$$\frac{8,79 \cdot 6}{10} = 5,28 \text{ cbm Dioritfeinschlag,}$$

deren Kosten sich folgendermaßen stellten:

0,88 cbm	Zement = 1628 kg;	1000 kg	41,60 M.	=	67,72 M.
2,64 „	Sand	cbm	3,12 „	=	8,24 „
5,28 „	Dioritfeinschlag	„	4,70 „	=	24,82 „
			zusammen		100,78 M.

Bei der Herstellung des Betonausbaues war die Belegung dieselbe, wie sie oben für die Mauerung angenommen ist. Anfangs konnte nicht die gleiche Leistung erzielt werden, als aber die Arbeiter sich eingeübt hatten, wurden an einem Arbeitstage $^5/_4$ m fertiggestellt. An Löhnen kamen hier auf 1 m Schachthöhe 120 M.

Demnach kostete 1 m Schachtausbau insgesamt rd. 220 M, es wären also bei dem Betonausbau gegenüber der Mauerung rd. 78 M. gespart worden. Es ist jedoch bei dieser Berechnung zu berücksichtigen, daß bei dem Einstampfen des Betons die Höhlungen und Unebenheiten des Schachtstoßes weit besser ausgefüllt werden als bei Mauerung und daß dadurch der Überschuß an Material, der gegenüber dem allein berechneten Ausbauzylinder erforderlich ist, bei Betonausbau größer ist als bei Mauerung. Dadurch wird die ausgerechnete Ersparnis verringert. Wie groß der Gesamtmaterialverbrauch gewesen ist, läßt sich nicht mehr feststellen. Man kann aber nach Angabe der Grube als Mehrverbrauch gegen den berechneten Zylinderinhalt bei Mauerung 20 %, bei Beton 40 % annehmen; dann ergeben sich für 1 m Schachthöhe an Materialkosten bei Mauerung rd. 190 M., bei Betonausbau rd. 140 M., also an Gesamtausbaukosten 330 M. und 260 M.; es verbleibt daher beim Betonausbau eine Ersparnis von 70 M. = 21 %, also noch immer ein bedeutender Vorteil.

Der Minnaschacht der Grube Kohlwald ist in ganz entsprechender Weise ausgebaut. Der Beton bestand dort aus 2 Teilen Zement, 3 Teilen Sand und 5 Teilen Dioritkleinschlag. Die Kosten betrugen rd. 215 M.

Eine etwas andere Art von wasserdichtem Betonausbau ist kürzlich auf dem Waldwieseschacht der Grube Reden angewandt worden*). Der 4 m im lichten weite Wetterschacht stand in seinem oberen Teile in Sand-

*) Siehe Versuche und Verbesserungen. Ministerialzeitschrift Bd. 52, S. 287.

steinmauerung, dann in eisernem Ausbau und im unteren Teile in Backsteinmauerung. Der mit Eisenausbau versehene Teil ließ große Wassermengen durch, die im Winter durch Einfrieren den Schacht empfindlich verengten, er wurde deshalb neu mit eisenverstärktem Beton folgendermaßen ausgebaut. Nach Entfernung des eisernen Ausbaues wurde eine ganz ähnliche Lehre aus ⊔-Eisen angebracht, wie bei dem Göttelborner Schacht. Dahinter wurden in Abständen von 0,20 bis 0,25 m alte Drahtseile eingehängt und an der oberen Zimmerung befestigt. Bei dem dann folgenden Einbringen und Feststampfen des Betons wurde darauf geachtet, diese Seile möglichst in der Mauermitte zu erhalten. Sobald die Mauer 25 cm Höhe erreicht hatte, wurden Drahtseile wagerecht in die senkrechten verflochten, sodaß ein sehr widerstandsfähiges Netz aus Drahtseilen gebildet wurde. Durch eingesetzte Lattenstücke mit einem Überzug aus Dachpappe wurden an den Stellen des stärksten Wasserzuflusses Kanäle am Schachtstoß offen gehalten, aus denen das sich ansammelnde Wasser durch kleine, in die Mauer eingelegte Röhren abfloß. Nach Erhärtung des Betons wurde ein aus Zement bestehender Verputz von 1 cm Stärke aufgebracht und die Röhrchen geschlossen. Der hier verwandte Beton bestand aus 1 Teil Zement, $1^1/_2$ Teilen Sand und $2^1/_2$ Teilen Kies, die Stärke der Mauer beträgt 0,15 m an der schwächsten Stelle.

Der bereits erwähnte viereckige Kirschheckschacht III der Grube Burbachstollen ist mit Zementsteinen ausgebaut, die 1 m hoch und 35 cm stark sind, sie fassen mit ovalen Wulsten und Rinnen an den wagerechten Fugen ineinander und lassen an den senkrechten Fugen durch ovale Aussparungen elliptische Röhren zwischen sich, die zur Aufnahme von Dichtungsmaterial dienen. Die senkrechten Fugen wurden gegeneinander versetzt, die Einstriche ruhen auf gußeisernen Konsolen. Die Dichtungsröhren zwischen den Steinen und die zur Handhabung der Steine in ihnen vorhandenen Löcher wurden mit einer besonderen Betonmischung ausgestampft und die fertige Mauer mit Kies und Sand von der Bergehalde hinterfüllt, jedoch jeder 20. Ring mit Beton an die Schachtstöße angeschlossen. Über die Einzelheiten der Ausführung gibt der Aufsatz von Klose im Bande 43 der Ministerialzeitschrift S. 10 ff. Auskunft. Die Leistung stieg, als die Arbeiter angelernt waren, auf 4 m am Tage, es stellte sich jedoch heraus, daß dabei der Beton nicht hinreichende Zeit zum Erhärten fand und auch das Hinterfüllen nicht dicht genug vorgenommen werden konnte. Eine Säule der Zementsteinmauerung von 158 m Höhe sank um 2 m nieder, zeigte sich aber später trotzdem ganz unverletzt, was als ein deutliches Zeichen für die Festigkeit der Ausbauart angesehen werden kann. Ganz wasserdicht ist sie jedoch nicht, an einzelnen Fugen und auch durch einzelne Steine drang Wasser durch. Die Kosten dieses Ausbaues haben für 1 m Schachthöhe rd. 380 M. betragen.

Die Gesamtkosten dieses Schachtes für Abteufen und Ausbau haben für 1 m Höhe 705 M. betragen, die des Schiedenbornschachtes 785 M., diejenigen des Viktoriaschachtes III rd. 900 M. Berücksichtigt man die Kosten für Einstriche, Bühnen u. dergl., so wird man bei Hauptschächten als Überschlagszahl 900—1000 M für 1 m Schacht rechnen können.

Der lichte Durchmesser für Hauptförderschächte beträgt in der neueren Zeit 4,5 bis 5,6 m. Den größten Querschnitt erhält der im Abteufen begriffene Fettkohlenförderschacht der Inspektion Von der Heydt, nämlich 6,2·m im Lichten.

Die Einteilung der Schachtscheibe ist natürlich je nach der Bestimmung des Schachtes und den vorliegenden Verhältnissen verschieden, man ist aber bei neueren Schächten offenbar mehr als früher bestrebt gewesen, die Zahl der Einstriche möglichst zu verringern und im Schachte einen möglichst großen freien Raum zum Einhängen von größeren Maschinenteilen u. dergl. offen zu halten. So sind in einer ganzen Reihe von Schächten nur 2 Haupteinstriche vorhanden, die an den einander zugekehrten Seiten die Leitungen für die Schalen tragen, sonst aber einen ganz unverschränkten Raum zwischen sich lassen. Die Wagen stehen dabei auf der Schale hintereinander und dann wird diese nur an einer ihrer Längsseiten geführt, oder sie stehen nebeneinander und die Schale gleitet an beiden ihrer Kopfseiten an einer Leitung. Im letzteren Falle ist die Führung sicherer und hindert auch nicht, wie es Kopfleitung bei anderer Wagenanordnung tut, weil die neben einander stehenden Wagen ungehindert an beiden Seiten der Kopfleitung vorbeigezogen werden können. Allerdings gibt diese Anordnung wegen der geringen Förderwagenlänge ziemlich dicht zusammenliegende Einstriche. Zur möglichsten Ausnutzung der Schachtscheibe ist auf Albertschacht der Grube Maybach und Heleneschacht der Grube Friedrichsthal neben den Hauptfördertrummen ein Nebentrum eingerichtet, in den Haupttrummen werden die Schalen, die auf jeder Etage 2 hintereinander stehende Wagen tragen, nur an den Außenlängsseiten geführt, im Nebentrum laufen Schalen für je einen Wagen auf jeder Etage.

Füllörter.

Die Füllörter werden meist, wie es schon Nasse als Regel hinstellte, an den Stößen in Scheibenmauerung gesetzt und an der Firste mit Kappen aus starkem Profileisen und Holzverzug verbaut oder ganz mit Gewölbemauerung versehen. Sie zeigen im allgemeinen keine Eigentümlichkeiten.

Der Schacht steht im Füllort bei den neueren Schächten meist ganz frei, indem man das Gewicht des Schachtausbaues durch gewölbte Mauerung abfängt. An mehreren Stellen hat man die von Nasse beschriebene Form eines 8eckigen Glockengewölbes mit gußeisernem Keilkranze an der

Anschlußstelle zwischen Schachtmauer und Füllortgewölbe, wie sie zuerst bei dem Viktoriaschacht II der Grube Viktoria angewandt wurde, wiederholt, so z. B. beim Amelungschacht I und den Lampennestschächten der Berginspektion Von der Heydt. Bei dem Füllort der 4. Sohle des Geisheckschachtes II, das bei einem Schachtdurchmesser von 5 m 11 m Durchmesser und 5,5 m Höhe hat, sah man aber von der Einschaltung eines solchen Keilkranzes ab, weil 3 m über der Füllortfirste fester Sandstein lag, in dem ein das Gewicht der Schachtmauerung größtenteils abfangender Mauerfuß mit Sicherheit angebracht werden konnte. Die Stärke der Schachtmauer beträgt 0,5 m, die der Füllortmauer 0,75 m. Man schoß zuerst den Raum für das Füllort auf einen Durchmesser von 12,50 m und 3 m Höhe aus und begann dann, während die Ausweitung weiter fortschritt, bereits mit der Mauerung. Ein Lehrgerüst für die Herstellung des Gewölbes war nicht nötig, weil die Steine bis zur Anschlußstelle mit der Schachtmauerung noch eine so flache Lage im Gewölbe haben, daß sie ohne Unterstützung in der ihnen angewiesenen Lage blieben. Man benutzte nur zur Prüfung, ob die einzelnen Steinlagen in der richtigen Stellung sich befänden, eine im Mittelpunkte der Schachtsohle mit einem Ende drehbar befestigte Holzlatte von passender Länge.

Querschläge.

Alle wichtigeren Querschläge werden mindestens zweispurig getrieben und erhalten eine Breite von 2,40 m bis 3 m und eine Höhe von 2 m bis 2,2 m; dreispurige, die als Hauptverbindungen verschiedener Teile des Grubengebäudes hergestellt werden, sind 3,5 m breit. Eine Übersicht über die auf Grube Reden gebräuchlichen Querschlagabmessungen zeigt folgende Tabelle:

	Höhe über den Schienen m	Lichte Weite über den Schienen m	Länge der Firstenbänke m
2spuriger Abteilungsquerschlag	2,0	2,8	2,0
1 „ „	2,0	2,0	1,2
Richtstrecke und Hauptquerschlag . . .	2,5	3,2	2,2
Hauptquerschlag in der 5. Sohle	2,5	3,5	2,5

Preßluftbohrmaschinen werden beim Auffahren der Querschläge nur in verhältnismäßig geringem Umfange benutzt; sie ergeben besonders günstige Erfolge nur in den festeren Gesteinsarten, also Konglomerat und festem Sandstein, und diese haben im Saarbrücker Bezirk im allgemeinen in den flözreichen Mitteln keine sehr große Mächtigkeit. Die hauptsächlich benutzten Bauarten von Preßluftbohrmaschinen sind die von Frölich & Klüpfel, von Flottmann, auch die von Meyer und Jäger und die von Francois. Am besten scheint sich von ihnen im ganzen die Flottmannsche Maschine zu bewähren, wie auch aus den eingehenden Versuchen der Grube Reden mit Maschinen von Frölich, Flottmann, Eisenbeis und der Duisburger Maschinenfabrik hervorgeht, deren Ergebnisse unter „Versuche und Verbesserungen" im Bande 52 der Ministerialzeitschrift S. 271 mitgeteilt sind. In mildem Schieferton werden vielfach drehende Handbohrmaschinen mit gutem Erfolge benutzt und zwar eine sehr große Zahl von Bauarten, so z. B. auf Grube Heinitz allein die Bauarten Thomas, Elliott, Saar, Ratchet, Germania, Simplex, Förster und Heise. Die letztgenannte Maschine, deren sinnreiche Einrichtung bei ihrem Erscheinen große Erwartungen hervorrief, scheint leider für den praktischen Betrieb zu empfindlich zu sein; sie hat sich wegen ziemlich häufiger Ausbesserungen im Saarbezirk nicht in größerem Umfange eingeführt.

Das Schießen geschieht in den Querschlägen im allgemeinen mit Dynamit und Gelatinedynamit, beim Anfahren von Flözen werden Sicherheitssprengstoffe benutzt. Welchem der letzteren der Vorzug gegeben wird, ist auf den einzelnen Gruben sehr verschieden. Die Zündung erfolgt elektrisch. Der Verbrauch an Dynamit bei einem zweispurigen Querschlage beträgt nach Feststellungen der Grube Heinitz für 1 m Strecke im Konglomerat 14 kg, im Schiefer 7 kg und im Sandstein 10 kg.

Das Gedinge für 1 m zweispurige Querschlagslänge schwankt bei der Arbeit ohne Preßluftmaschinen im Schieferton zwischen 60 und 75 M., im Sandstein zwischen 80 und 90 M. und im Konglomerat zwischen 120 und 130 M., bei der Arbeit mit Preßluftbohrern belief es sich z. B. auf Grube Friedrichsthal auf rd. 50, 60 und 70 M. für die drei Gesteinsarten.

Die Belegung geschieht auf 3 Drittelschichten mit je 3 Hauern. Die Leistung ist je nach der Gebirgsbeschaffenheit sehr verschieden, sie beträgt bei Handbetrieb im Schieferton etwa 18—22 m, im Sandstein rd. 12—16 m, im Konglomerat 8—10 m im Monat; bei Maschinenarbeit tritt besonders im Konglomerat, weniger im festen Sandstein und noch weniger im Schieferton ein bedeutend schnelleres Vorrücken ein, das im Konglomerat bis über 20 m steigen kann. Bei dem Hauptquerschlage und der Richtstrecke in der 5. Sohle der Grube Reden wurden als Leistung eines Monats 55 m Vortrieb erreicht. Man arbeitete mit 2 Preßluftbohrmaschinen gleichzeitig, das Ort war auf vier Schichten mit insgesamt 23 Hauern und 17 Schleppern belegt. Als beste Bohrmaschine bewährte sich auch hier eine Flottmannmaschine mit 85 mm Kolbendurchmesser. Die Gesamtkosten für 1 m Hauptquerschlag einschl. Ausbau betrugen 564 M. Von großem Einfluß auf die Schnelligkeit des Vordringens ist es, daß die fallenden Berge vor dem Stoß ohne Aufenthalt fortgeschafft werden. Um dies zu erreichen, ist für eine genügende Anzahl Schlepper zu sorgen, außerdem hat sich dafür das Belegen des Streckenendes vor dem Stoß mit Blechplatten als förder-ich erwiesen.

Der Ausbau der Querschläge erfolgt, soweit man nicht wegen der Festigkeit der Gesteinsschichten von einem solchen überhaupt absehen kann, durch Türstockzimmerung der gewöhnlichen Art; daneben verwendet man eiserne Streckengestelle, die an Stellen ohne starken Druck sich stets gut bewähren. Da, wo ein stärkerer Druck vorhanden oder zu erwarten ist, wie z. B. im Sprunggebirge, setzt man entweder schwere eichene Türstöcke oder mauert diese Stellen aus. Dabei kann es sich empfehlen, zwischen die Mauer und die Streckenstöße und das Dach eine etwas nachgiebige Schicht einzubringen, wie es z. B. auf Grube Reden durch Verwendung von Faschinen und durch Holzeinlagen in dem Mauerwerk geschehen ist (siehe Versuche und Verbesserungen, Ministerialzeitschrift Bd. 51, S. 223). Der auf Grube Kohlwald gemachte Versuch, eine druckhafte Querschlagsstelle von 18 m Länge mit einem vollständig geschlossenen Gewölbe und Gegengewölbe aus Stampfbeton auszubauen, hat (siehe a. a. O., Bd. 50, S. 362) ergeben, daß dieser Ausbau zwar sehr widerstandsfähig, aber auch bedeutend teurer ist als Mauerwerk. Die Kosten für 1 m Querschlagslänge betrugen dort rund 19 M., während Mauerung nur 14 M. gekostet hätte. Es wird also der Betonausbau nur da angebracht sein, wo ein besonders starker Druck sich bemerkbar macht.

Auf Grube Friedrichsthal hat man stellenweise mit gutem Erfolge stark druckhafte Stellen von Querschlägen mit einem gewölbeartigen Ausbau aus keilförmig zugeschnittenen Stempelstücken versehen.

2. Vorrichtungsbaue.

Die Grundstrecken und Teilstrecken haben je nach der Beschaffenheit des betreffenden Flözes entweder den Charakter von Gesteinsstrecken oder von Kohlengewinnungsarbeiten. Die Grundstrecken erhalten, wenn sie als Hauptförderstrecken dienen sollen, durchweg doppeltes Gestänge und daher etwa dieselben lichten Abmessungen, wie sie oben für die Hauptquerschläge angegeben worden sind, ebenso die Teilstrecken in wichtigeren Flözen. Weil aber die Flözmächtigkeit selten so groß ist, daß die Strecke ohne Nachreißen von Nebengestein in ihrer ganzen Höhe hergestellt werden kann, und auch meist das Flöz selbst aus den selten ganz fehlenden Mitteln Berge liefert, so wird die Streckenbreite regelmäßig so groß gewählt, daß die Berge an einem Stoß versetzt werden können, und daß dann noch die angegebenen Streckenabmessungen offen bleiben. Öfters wird auch in bekannter Weise eine sehr große Streckenbreite aufgefahren und dann in ihrer Mitte eine Versatzmauer nachgeführt, wodurch abgesehen von dem Vorteil einer stärkeren Kohlengewinnung zugleich die beiden zur Wetterversorgung erforderlichen getrennten Wege hergestellt werden. Geschieht das nicht in dieser Weise, so wird in einem flachen Abstande von 10—20 m von der Grundstrecke eine Begleitstrecke zu diesem Zwecke mitgenommen und mit der Grundstrecke durch Durchhiebe verbunden, die bei den schwebenden Abbauarten so verteilt sind, daß sie den Abbau- oder Strebstrecken entsprechen. Die Begleitstrecke erhält oft eine geringere Breite als die Grundstrecke und wird vielfach nicht im Nebengestein nachgerissen. Da derartige Doppelstrecken, mögen sie in der erst- oder letztgenannten Art hergestellt sein, bei einigermaßen bedeutender Länge dem vom Hauptventilator der Grube bewegten Wetterstrom einen großen Widerstand darbieten und die Leistung des Ventilators sehr ungünstig beeinflussen, so ist man, wie in dem Abschnitt über Wetterführung noch näher besprochen werden wird, in neuerer Zeit immer mehr dazu übergegangen, die Bewetterung durch Luttenstränge mit Sonderventilatoren vorzunehmen und deshalb nur eine einzelne Strecke aufzufahren. — Neben dem Tonnengedinge für die gewonnene Kohle wird beim Grundstreckenvortrieb meist ein Metergedinge gewährt, um auf diese Weise der Neigung der Hauer zum Überschreiten der festgesetzten Streckenbreite entgegen zu wirken und ein schnelles Zufelderücken zu begünstigen. Ein schnelles Vorrücken ist meist für die Herstellung der Wetterverbindung und die rechtzeitige Gewinnung neuer Abbauörter sehr erwünscht, es wird aber außerdem neuerdings vielfach, besonders z. B. auf Grube Maybach, grundsätzlich mit allen Mitteln befördert, weil man in einer erst möglichst kurz vor dem Abbau eines Feldesteils und dann möglichst rasch vorgehenden Vorrichtung ein wirksames Mittel gefunden hat, den Gebirgsdruck während des Abbaues zu verringern und an Streckenunterhaltungskosten zu sparen. Das monatliche Vorrücken schwankt sehr nach den Abmessungen der Strecken und der Art des Vortriebes, es ist auf den Flammkohlengruben wegen ihrer durchschnittlich festeren Flöze im allgemeinen geringer als auf den Fettkohlengruben. Als Anhalt sei angeführt, daß auf Grube Reden beim Aufschluß der Fettkohlenflöze im Flöz Thiele eine zweispurige Grundstrecke trotz zahlreicher Sprünge und Störungen, die zu durchfahren waren, im Durchschnitt um 80 m monatlich vorwärts gebracht werden konnte, in der mitgenommenen Parallelstrecke wurden einschl. der Durchhiebe 105 m monatlich erzielt; die im Oktober 1902 erreichte Höchstleistung betrug 100 m und 110 m. Dabei konnten in der Strecke keine Schrämmaschinen benutzt werden, weil ein sehr starker Sohlendruck den Schram zerdrückte und den Schrammeißel festklemmte. Die Strecke war mit insgesamt 22, die Begleitstrecke mit 12 Mann in je vier Schichten belegt, die Breiten betrugen

2,50 m und 2 m, die Höhen 1,80 m und 1,60 m, in der Grundstrecke wurden 0,50 m Strosse mitgenommen. Im großen Durchschnitt kann man auf den Fettkohlengruben auf einen monatlichen Fortschritt um 50—55 m bei zweispurigen Strecken rechnen.

Bremsberge werden wie anderwärts, wo es angängig ist, der billigeren Herstellung wegen schwebend aufgehauen, wenn dies aber wegen starker Schlagwetterentwicklung des Flözes nicht zulässig ist oder wenn es sich um schnelle Vorrichtung einer tieferen Sohle handelt, in einfallender Richtung aufgefahren; im letzteren Falle wird die Förderung, die früher bei einfallenden Betrieben einige Schwierigkeiten machte, mit Hilfe der in allen Gruben in großer Zahl vorhandenen Lufthaspel ohne Mühe gehoben. Die Abmessungen der Bremsberge richten sich nach ähnlichen Gesichtspunkten wie die der Grundstrecken, man haut sie ebenfalls öfters in großer Breite auf und legt sie, wie es sich auch bei den Grundstrecken mehrfach als zweckmäßig herausgestellt hat, vollständig in Versatz. Auf Grube Heinitz, wo dies z. B. geschieht, ist der Versatzstreifen an beiden Seiten des Bremsschachtes etwa 10 m breit. Man hat bei dieser Ausführung bedeutend geringere Schwierigkeiten mit der Unterhaltung, als wenn der Bremsschacht an beiden oder gar nur an einer Seite einen festen Kohlenstoß hat. Die Herstellung von Fahrstrecken zu den Bremsbergen unterbleibt vielfach mit Genehmigung der Bergbehörde, weil diese Strecken selbst sehr schwierig und teuer in der Unterhaltung sind und außerdem infolge der vielfachen Durchörterung des Flözkörpers auch die Offenerhaltung der übrigen Baue erschweren und verteuern.

Schwebende Wetterstrecken, Fahrstrecken und dergl. unterscheiden sich in ihrer Herstellung nicht wesentlich von derjenigen der Bremsberge oder Grundstrecken.

Die Leistungen beim Vortriebe schwebender und einfallender Strecken sind unter gleichen Verhältnissen geringer als diejenigen bei söhligen Strecken, auf Grube Dudweiler nimmt man z. B. das monatliche Vorrücken eines Bremsberges im Durchschnitt zu 30—40 m an, bei Bremsbergen für Förderung mit Gestell ist wegen der größeren Höhe die Leistung etwas niedriger und beträgt nur bis 30 m im Monat. Gestellbremsberge werden bei mehr als 20 ° Einfallen angewandt. Bei schwebendem Vorgehen ist durch die erleichterte Wegförderung des gelösten Haufwerks vor Ort öfters eine höhere Leistung möglich als bei einem einfallenden Betriebe unter gleichen Bedingungen.

Die Abbaustrecken beim Pfeilerbau werden noch kurz beim Abbau erwähnt werden, da sie mehr zu diesem als zu den Vorrichtungsarbeiten gehören dürften.

Auf die beim Betriebe der Vorrichtungsstrecken vorkommenden Gewinnungsarbeiten und ihren Ausbau wird, weil sie im wesentlichen dieselben sind, wie beim Abbau, an späterer Stelle im Zusammenhang eingegangen werden.

IV. Abbaue.

1. Allgemeines über die vorhandenen Abbauarten.

Über die auf den Saarbrücker Gruben angewendeten Abbauarten ist stets in den jährlich in der Zeitschrift für das Berg-, Hütten- und Salinenwesen erscheinenden Berichten über Versuche und Verbesserungen besonders ausführliche Mitteilung gemacht worden, sodaß kaum eine wichtigere Änderung auf diesem Gebiete unveröffentlicht geblieben ist. Außerdem aber ist neuerdings, wenn auch ganz vorwiegend nur in bezug auf die Frage der Sicherheit, von der Stein- und Kohlenfallkommission in ihrem bekannten Berichte scharf und eindringend die Mehrzahl der vorhandenen Saarbrücker Abbauverfahren behandelt worden. Es ist deshalb nicht möglich, über dieses Gebiet etwas wesentlich Neues zu sagen, und es kann hier nur die Aufgabe sein, eine kurze Übersicht über die gegenwärtig in Anwendung stehenden Verfahren und ihre Verbreitung zu geben und die Ausführungen der Stein- und Kohlenfallkommission durch einige Angaben über die wirtschaftlichen Erfolge der einzelnen Abbauarten zu ergänzen.

Wie bekannt, ist der Übergang von dem früher allgemein vorherrschenden Pfeilerbau zu den Abbauarten mit Versatz, der in den letzten Jahrzehnten sich in allen deutschen Steinkohlengebieten deutlich gezeigt hat, im Saarbrücker Bezirk in ganz besonders auffallender und entschiedener Weise erfolgt. Während nach Nasse im Jahre 1883/84 von der Gesamtförderung der staatlichen Gruben im Betrage von rund 6 000 000 t noch 91 v. H. aus Pfeilerbauen und nur 9 v. H. aus Strebbauen kamen, hat sich das Verhältnis, wenn man dem Pfeilerbau außer dem Strebbau noch die anderen vorkommenden Abbauarten mit Versatz gegenüberstellt, gegenwärtig umgekehrt, denn es wurden im Rechnungsjahre 1904 gewonnen:

in den	durch Pfeilerbau t	durch Versatzbau t	im ganzen t
Fettkohlengruben	58 200	5 366 700	5 424 900
Flamm- und Magerkohlengruben	887 700	3 982 500	4 870 200
Zusammen	945 900	9 349 200	10 295 100
Also % der Gesamtförderung	9	91	—

Auch in anderer Beziehung hat sich das Bild ganz verändert. Im Anfang der 1880er Jahre waren es ganz vorherrschend die Flamm- und Magerkohlengruben, die den Strebbau anwandten; sie förderten 1883 494 000 t aus Strebbauen, und aus Fettkohlenstreben kamen nur etwas über 30 000 t. Gegenwärtig gewinnen dagegen die Fettkohlengruben annähernd ihre gesamte Förderung aus Versatz-, hauptsächlich Strebbauen, und der Pfeilerbau ist in etwas größerem Umfange nur auf den Flammkohlengruben noch in Anwendung.

Die Gründe für die schnelle Verdrängung des Pfeilerbaues durch den Versatzbau sind im wesentlichen dieselben wie in anderen Bezirken. Die Möglichkeit, auch schlechte Flöze ohne größere Kohlenverluste auszugewinnen, sowie früher für unbauwürdig gehaltene Flöze lohnend abzubauen und so der Grube und der Gesamtheit wertvolle, sonst verloren gehende Schätze zu bewahren, die sich von selbst ergebende Einfachheit und Güte der Wetterführung, die Sicherung gegen Flözbrände durch Selbstentzündung im alten Mann verbliebener Kohlenreste, die größere Unabhängigkeit in der Zeitfolge des Abbaues benachbarter Flöze, der weitgehende Einfluß, der auf die Art und Stärke des Gebirgsdruckes und seine Wirkungen ausgeübt werden kann, sowie manche kleinere betriebliche Vorteile bilden eine sehr gewichtige Kette von Gründen für die Versatzverfahren. Besonders aber trug zum Verlassen des hergebrachten Pfeilerbaues auch im Saarrevier der Umstand bei, daß beim Versatzbau die schädlichen und bei der vielfach dichten Bebauung der Oberfläche sehr häufig zu unangenehmen und kostspieligen Schadensersatzansprüchen führenden Einwirkungen des Abbaues auf den hangenden Gebirgskörper sehr viel geringer sind als beim Bruchbau.

In der Tat verhält es sich jetzt so, daß auf den Saarbrücker Gruben in der Regel nur da, wo die zum Versatz nötigen Berge nicht oder nicht ohne unverhältnismäßige Kosten beschafft werden können, der Pfeilerbruchbau beibehalten wird.

Dabei haben sich die Ansichten darüber, welche Höhe der Kosten für Bergebeschaffung noch als zulässig anzusehen ist, mit der vorschreitenden Einführung des Versatzbaues und der Erkenntnis seiner zahlreichen Vorzüge wie in anderen Bezirken, so auch in Saarbrücken außerordentlich erweitert. Nasse nimmt noch an, daß Versatzbau in der Regel nur da angezeigt sei, wo die beim eigenen Betriebe eines Flözes fallenden Berge hinreichen, den Versatz auszuführen. Er weist darauf hin, daß die Mächtigkeit der Mittel in den Flözen und der am Dach oder auf der Sohle der Flöze mitzugewinnenden Bänke durchschnittlich nur etwas mehr als ein Viertel der ganzen Flözmächtigkeit betrügen, daß also die beim Abbau fallenden Berge bei einem im Durchschnitt anzunehmenden Schüttungsverhältnis von 1 : 2 zum vollständigen Versatz der ausgewonnenen Räume im allgemeinen nicht ausreichten, und findet es deshalb begreiflich, daß der Strebbau sich fast nur auf den dünnen Flözen der Flammkohlengruben entwickelt hatte. Seitdem ist in dem Verhältnis der Kohlen- und Gesteinsmächtigkeiten zwar eine mäßige Änderung insofern eingetreten, als gerade durch die Einführung des Versatzbaues eine größere Zahl früher unbauwürdiger Flöze der Gewinnung erschlossen und dadurch die gesamte mitgewonnene Gesteinsmächtigkeit mehr als die Kohlenmächtigkeit gewachsen ist, aber auch jetzt würde, wenn man den Grundsatz innehalten wollte, nur die im eigenen Betriebe eines Flözes fallenden Berge zum Versatz zu verwenden, der Versatzbau bei weitem nicht in dem Umfange, wie es geschieht, angewendet werden können. Es sei hier beiläufig erwähnt, daß auf Grube Heinitz mehrfach mit gutem Erfolge, um das genügende Volumen an Versatzbergen zu erhalten, das Liegende der Strebstrecken und sogar das Liegende in den Streben selbst mehr, als es sonst nötig wäre, nachgerissen wird. Dieses Verfahren stellt sich vielfach billiger, als wenn Berge aus anderen Betrieben der Grube zugefördert werden würden, in manchen Fällen, z. B. in den Flözen Aster und Blücher selbst dann, wenn man die in Betracht kommenden fremden Berge zu Tage fördern muß. Im allgemeinen hat man sich mehr und mehr daran gewöhnt, sog. fremde Berge zum Versatz zu verwenden, die man naturgemäß, soweit irgend möglich, aus den umgehenden Gesteinsbetrieben und aus möglichster Nähe nimmt, aber teilweise auch vielfach erst von Tage aus in die Grube einbringen muß. So hat auch im Saarbrücker Bezirke mehrfach das Zurückwandern der in früheren Zeiten aufgestürzten Bergehalden in die Baue begonnen, außerdem werden die auf den Lesebändern und in den Wäschen fallenden Berge und andere Abgänge, wie Kesselasche und dergleichen eingefördert oder auch in letzter Zeit nach dem Vorgange anderer Bezirke durch das Spülverfahren an Ort und Stelle gebracht. Auf das letztere, bisher erst in mäßigem Umfange in dem Saarbrücker Bezirke eingeführte Verfahren wird später noch etwas näher einzugehen sein. Hier sei nur zur Gewinnung eines Überblicks über die Bergewirtschaft der staatlichen Gruben auf die Zusammenstellung am Schlusse dieses Abschnittes verwiesen, in deren letzten Spalten die Mengen der versetzten „fremden" Berge mit ihrem Ursprungsorte, sowie die Kosten des Versatzes angegeben sind.

Was nun die einzelnen gegenwärtig angewendeten Abbauarten betrifft, so sind streichender und schwebender Pfeilerbau, streichender und schwebender Strebbau, streichender Stoßbau, sowie eine große Zahl der nach dem Vorschlage der Stein- und Kohlenfallkommission als Scheibenbaue bezeichneten Abbauarten zu nennen. Gerade die letztgenannten Verfahren, deren Grundzug die bankweise Gewinnung der Lagerstätte ist, und die sich an die schon früher im Bezirk ausgebildeten Abbauarten mehrerer nahe zusammenliegender Flöze anlehnen, haben infolge der Saarbrücker Flözverhältnisse besondere Bedeutung und Verbreitung erlangt. Die folgende Tabelle zeigt, welchen Anteil die einzelnen Abbauarten an der Förderung des Jahres 1904 gehabt haben:

Abbauart	Im Jahre 1904 geförderte Menge t	Prozente der Gesamtförderung
Streichender Pfeilerbau	491 400	5
Schwebender »	473 500	5
Streichender Strebbau	6 944 200	67
Schwebender »	247 200	2
Stoßbau	713 300	7
Scheibenbau (und gemeinsamer Bau nahe zusammenliegender Flöze).	1 425 500	14
Zusammen . . .	10 295 100	100

Für die einzelnen Gruben gibt die Zusammenstellung am Ende dieses Abschnittes einen entsprechenden Überblick.

Im folgenden sei nun kurz auf die einzelnen Abbauarten eingegangen.

2. Pfeilerbau.

Da dieses früher bei weitem an erster Stelle stehende Abbauverfahren, wie erwähnt, bereits bis auf einen geringen Rest auf den Saargruben verschwunden ist und man auch an den Stellen, wo es wegen Mangels an Versatzbergen jetzt noch angewendet wird, mehr und mehr dahin strebt, die nötigen fremden Berge zu beschaffen und zum Versatzbau überzugehen, so braucht auf dieses Verfahren in seinen beiden Arten des streichenden und des schwebenden Verhiebes umsomehr nur mit ganz wenigen Worten eingegangen zu werden, als es sich gegen die früheren ausführlichen Beschreibungen*) wenig geändert hat.

Streichender Pfeilerbau findet sich noch in etwas größerem Umfange auf dem Schwalbacherflöz der Grube Dilsburg und im Ostfelde der Grube Göttelborn auf dem Eilertflöz und dem oberen Kohlbachflöz. Das Schwalbacherflöz ist etwa 1,5 m mächtig und besteht in der Hauptsache aus 2—3 starken Bänken, die durch wenige Zentimeter starke Mittel getrennt sind; über dem Flöz liegt eine 20 cm starke gebräche Schicht, die in den Strecken mit hereingewonnen werden muß. Die Breite der Strecken wird nicht nur, wie es von jeher bei dem Pfeilerbau der Saar-

*) Vergl. z. B. Nasse, Ministerialzeitschrift Bd. 33, S. 36 ff.

brücker Gruben die Regel war, so groß genommen, daß die fallenden Berge untergebracht werden können, sondern vielfach, um einen größeren Kohlenfall und dadurch geringere Kosten des Streckenbetriebes zu haben, noch größer gewählt, sodaß die Breite der im Abstande von 15—20 m von einander angesetzten Strecken nicht selten diejenige des dazwischen stehenden Pfeilerstreifens erreicht oder übertrifft. Die Bremsbergfelder erhalten eine Länge von 200—300 m und eine Höhe von etwa 200 m. In den Abbaustrecken wird am unteren Stoße ein Wetterzug im Versatze ausgespart. Die Strecken werden in der Regel mit 3 Hauern und 1 Schlepper belegt. Die Belegung der Pfeiler beträgt 3 oder 4 Hauer in der Schicht. Die Hauerleistung beläuft sich im Streckenbetriebe auf rd. 1,5 t, im Pfeiler auf 1,6—2 t in der Schicht, das Gedinge in der Strecke auf 2,60—2,80 M., im Pfeiler auf 2,20—2,60 M. Die Gewinnungskosten für 1 t Förderung sind 2,10 M. in der Strecke, 1,90 M. im Pfeiler.

Im Eilertflöz und dem oberen Kohlbachflöz geht der Betrieb in der Hauptsache in gleicher Weise vor sich; im Kohlbachflöz, das eine sehr gute, aber auch sehr feste Kohle führt und daher nicht wie die anderen Flöze zu schrämen gestattet, sondern aus dem Vollen geschossen werden muß, steht das Gedinge etwas höher.

Auf Grube Kohlwald findet streichender Pfeilerbau noch ausgedehntere Anwendung, es werden etwa 50 % der Gesamtförderung der Grube nach diesem Verfahren gewonnen. Die Länge des Bremsbergfeldes beträgt dort 100 m, die Streckenbreite 4,5—5 m, wovon 1,70 m für die eigentliche Strecke und 0,40 m für den Wetterzug im Versatz freigehalten werden, die Pfeilerbreite 10 m. Die Belegung besteht in der Strecke wie im Pfeiler aus 2 Hauern, 1 Lehrhauer und 1 Schlepper; die Arbeiten werden auf 2 Schichten belegt. Die Hauerleistung stellt sich auf 2,5 t beim Abbau und auf 2,0 t in der Strecke.

Besondere Schwierigkeiten haben sich bei der guten Beschaffenheit, des Hangenden an den betreffenden Stellen, das eine Offenhaltung der Bremsbergfelder der genannten Abmessungen ohne Schwierigkeiten gestattet, nicht ergeben.

Schwebender Pfeilerbau fand zur Zeit der Befahrungen der Saarbrücker Gruben durch die Stein- und Kohlenfallkommission, wie in deren Bericht mitgeteilt ist, besonders auf den Gruben Reden und Itzenplitz, sowie auch auf einzelnen Flözen der Grube Maybach statt, und es wurde durch die Befahrungen festgestellt, daß er bei günstigen Lagerungsverhältnissen auch bei mächtigen Flözen ohne Gefahr und größere Schwierigkeiten vor sich gehen kann. Besonders war dieses nach dem Berichte der Kommission in dem 1,80 m mächtigen Kallenbergflöze im Ostfelde der Grube Reden zu sehen. Wo aber nicht so günstige Verhältnisse vorlagen, wie z. B. bei demselben Flöze im Westfelde und bei den übrigen, auch den schwächeren Flözen der Grube stellten sich große Schwierigkeiten durch den auftretenden Gebirgsdruck ein, der, besonders wenn aus irgend einem Grunde das regelmäßige, schnelle Vorrücken des Verhiebes sich verzögerte, meist das ganze Bremsbergfeld zerdrückte und die Gewinnung der Pfeiler nur mit Gefahr und bedeutenden Kosten und Verlusten zuließ. Aus diesen Gründen ist auf den Gruben Reden und Itzenplitz der Pfeilerbau, auch an den meisten der Stellen, wo er von der Stein- und Kohlenfallkommission vorgefunden wurde, gegenwärtig zugunsten des Versatzbaues verlassen worden. Im Jahre 1904 wurden in Reden bereits 89 % und in Itzenplitz über 99 % der gesamten Förderung durch Abbau mit Bergeversatz gewonnen.

Auf der Grube Schwalbach ist wegen mangelnder Versatzberge schwebender Pfeilerbau im Schwalbacher und im Wahlschieder Flöz noch die haupsächliche Abbauart. Er ist wegen des dortigen gutartigen Hangenden auch weder besonders gefährlich noch mit besonderen technischen Unannehmlichkeiten verbunden. Die schwebenden Abbaustrecken werden 3—4 m breit aufgefahren, die Pfeilerbreite beträgt 9—12 m, die Länge der Strecken 100—120 m. Die Kohle gelangt mit Schlittenförderung in den Strecken bis zur Grundstrecke und wird dort in die Förderwagen gestürzt. Als Gedinge werden für 1 t durchschnittlich im Wahlschieder Flöz 2,20 M., im Schwalbacher Flöz 1,80 M. bezahlt. Die Hauerleistung steigt, wo das Dach besonders gut ist, auf über 2 t in der Schicht.

3. Stoßbau.

Der Stoßbau zeichnet sich vor allen übrigen Abbauarten dadurch aus, daß er selbst unter den ungünstigsten Flözverhältnissen eine reine Ausgewinnung der Lagerstätte ohne Gefährdung der Arbeiter zuläßt und an Stellen anwendbar ist, wo alle übrigen Verfahren ganz versagen oder wegen der auftretenden Druckerscheinungen eine nur schwierige und kostspielige Gewinnung zulassen. Er hat außerdem den Vorzug, daß bei ihm am vollständigsten und gleichmäßigsten sämtliche entstandenen Hohlräume nach ganz kurzer Zeit wieder ausgefüllt sind und daß deshalb das zur Vermeidung starken Druckes gerade bei schlechtem Hangenden wichtige gleichmäßige Setzen des überlagernden Gebirgskörpers weit mehr befördert wird, als wenn die stützende Versatzschicht längere Zeit durch Strebstrecken und dergleichen unterbrochen ist. Stoßbau wird daher von allen Abbauarten der Tagesoberfläche den größten Schutz gewähren.

Nimmt man zu diesen Vorzügen noch die Vorteile, die der Stoßbau durch die leichte und wirksame Art der Bewetterung seiner Örter besitzt, so ist es nicht zu verwundern, daß, als man sich einmal zur Anwendung des Versatzbaues unter Zuführung „fremder“ Berge entschlossen hatte, vielfach der bis dahin übliche Pfeilerbau durch den Stoßbau ersetzt wurde. Es ist bekannt, in welchem Maße dies in Westfalen stattfand und wie sehr dort noch jetzt diese Abbauart überwiegt. Im Saarbrücker Bezirk hat der Stoßbau bei weitem weniger Verbreitung gefunden. Man wählte hier statt seiner beim Übergang zum Versatzbau lieber den Strebbau, der von alters her bekannt und den Arbeitern und Grubenbeamten geläufig war und deshalb eine größere Sicherheit des Gelingens zu bieten schien. Dazu kam, daß sich an den Stellen, wo Stoßbau angewandt war, Schwierigkeiten zeigten, die ihm zwar teilweise dem Wesen nach eigentümlich sind, zum anderen Teil aber nur durch die Art seiner Ausführung hervorgerufen wurden, jedenfalls aber nicht zu seiner weiteren Einführung an anderen Stellen ermutigten. In dieser Beziehung sei an die im Berichte der Stein- und Kohlenfallkommission (S. 238) kurz geschilderte geschichtliche Entwicklung der Abbauarten auf Grube Dudweiler erinnert, wo man, um den durch den früheren Pfeilerbruchbau in Bewegung geratenen Gebirgskörper zu beruhigen, zur ausschließlichen Anwendung des Stoßbaues überging. Es zeigte sich dort, während zunächst die beabsichtigte Beruhigung des Gebirges erreicht wurde, die bis zu einem gewissen Grade dem Stoßbau notwendig eigentümliche Unergiebigkeit an Förderung infolge der dort gewählten Art des Abbaues in so hohem Maße, daß man, um nur einigermaßen die erforderlichen Kohlenmengen zu gewinnen, immer neue Flözteile in Bau nehmen mußte. Dadurch erhielt aber das Grubengebäude eine viel zu große Ausdehnung, konnte nicht schnell genug abgebaut werden und erforderte zur Unterhaltung der außerordentlich zahlreichen und ausgedehnten Strecken sehr bedeutende Kosten, ohne daß man es in gutem Zustande erhalten konnte. Man entschloß sich deshalb dort zur nahezu völligen Aufgabe des Stoßbaues, was, wie von der Steinfallkommission hervorgehoben wird, nicht richtig war, aber ohne Zweifel das Urteil über die Zweckmäßigkeit des Stoßbaues allgemein ungünstig beeinflußte.

So kam es, daß nur an verhältnismäßig wenig Stellen der Stoßbau auf den Saargruben Eingang gefunden hat. Die Steinfallkommission fand ihn nur an 3 Stellen vor und zwar auf dem Flöze Gneisenau der Grube König, dem Flöze Blücher der Grube Dudweiler und dem Flöze 3 der Grube Camphausen, an letztgenannter Stelle mit unvollständigem Bergeversatz; wegen der Art seiner Ausführung sei es gestattet, auf den Bericht der Kommission S. 246 ff. zu verweisen. Gegenwärtig ist der Stoßbau aur Grube Camphausen ganz aufgegeben, über den Stoßbau an den genannten anderen beiden Stellen, sowie an sonstigen Punkten sind nachstehend einige Zahlen zusammengestellt:

Grube	Flöz	Stoßhöhe	Belegung		Hauerleistung	Gewinnungskosten
		m	Hauer	Schlepper	t in 1 Schicht	für 1 t in M.
Gerhard	Beust Ost	20	18 Mann in 2 Schichten		2,0	2,5
Dudweiler . . .	18	20	4	1	1,4	3,5
Itzenplitz . . .	Grubenwald	12	4	2	2,4	2,2
König	Wrangel, Gneisenau, Aster, Tauenzien	20	8	1	2,2	2,7
Kohlwald . . .	Huyssen	10	3	1	1,5	3,1
Friedrichsthal .	5	25	9	3	1,8	2,8
Maybach. . . .	3	12	3	3	2,5	3,0

Neuerdings ist ferner in größerem Maßstabe auf Grube Altenwald und Grube Dechen Stoßbau zur Anwendung gekommen und es seien hier über die Anordnung des Baues im Flöz Gneisenau 5. Sohle letztgenannter Grube ganz kurz die wichtigsten Angaben mitgeteilt. Das Flöz hat dort eine Mächtigkeit von 2,5 m im Durchschnitt und fällt mit 15—20° ein. Die Länge des ganzen Baufeldes beträgt 840 m, seine flache Höhe steigt von O. nach W. von 180 m bis 340 m. Die Bergebremsberge haben einen Abstand von 200—280 m, in der Mitte zwischen ihnen liegen die Kohlenbremsberge, sodaß die Länge eines Stoßes sich auf 100—140 m beläuft. Von jedem Bergebremsberg geht in der Regel gleichzeitig nach beiden Seiten ein Stoß zu Felde. Der Stoß hat eine Höhe von 15—20 m, der Ortsstoß liegt entweder in der Fallrichtung oder nach den Schlechten etwas spießwinklig. Die Berge kommen durch den Bergeschacht von der oberen Grundstrecke, gehen durch die obere Strecke bis vor Ort und werden dort in einfachster Weise durch Kippen des Wagens an Ort und Stelle gebracht. Die Streckenbreite beträgt 2—2,5 m, der Versatz wird stets möglichst bis auf 2—2,5 m an den Kohlenstoß herangeführt. Vor einem Stoß arbeiten meist 8 Hauer und 3 Schlepper, ein Hauer leistet in der Schicht 2—2,1 t. Das Gedinge, in dem alle Nebenarbeiten, wie Bergeversetzen, Förderung der Berge und Kohlen, Verbauen, eingeschlossen sind, beträgt 2,10—2,20 M. für 1 t, die Gewinnungskosten stellen sich auf rd. 2,70 M. für 1 t und verteilen sich folgendermaßen:

2,20 M. Gedinge
0,38 » Holzkosten
0,08 » Unterhaltung der Bremsberge
0,06 » sonstige Kosten (Schießmeister usw.)

2,72 M.

Bei dem Strebbau derselben Grube berechnen sich die Gewinnungskosten auf 3,20—3,30 M.

Der Verhieb eines Stoßes dauert 4—6 Monate, die tägliche Gesamtleistung des ganzen Abbaufeldes (4 Berge-, 5 Kohlenbremsberge) bei Belegung in 2 Schichten ist im Durchschnitt 220 t, an Bergen werden täglich 220 Wagen zugeführt. In den Flözen Thiele und Aster, wo ebenfalls Stoßbau umgeht, treffen die Angaben annähernd auch zu.

Gegenwärtig werden etwa 70 % der Förderung der Grube Dechen durch Strebbau, 30 % durch Stoßbau gewonnen, wobei der letztere besonders auf den mächtigeren Flözen umgeht. Die erzielten Ergebnisse beweisen, daß der Stoßbau sehr wirtschaftlich sein kann, und daß die ihm eigentümlichen Schattenseiten einer verhältnismäßig geringen Ergiebigkeit und demzufolge einer Zerstreuung des Betriebes über ein weites Feld bei zweckmäßiger Anordnung auf ein erträgliches Maß beschränkt werden können.

Vor allem ist für die guten Ergebnisse wohl die bedeutende Höhe der einzelnen Stöße ausschlaggebend gewesen, die einen die Gewinnung befördernden Druck auf das Flöz mehr als schmale Stöße zur Entwicklung kommen läßt und auch sonst durch die größere freie, angreifbare Fläche die Leistung und Ergiebigkeit erhöht. Die bei so hohen Stößen eintretende Schwierigkeit der Förderung vor dem Stoß wird hier durch die ausgiebige Benutzung von Kohlenrutschen beseitigt.

Ähnlich liegen die Verhältnisse bei dem Stoßbau der Grube Altenwald, auf den noch bei Besprechung des Spülversatzes zurückgekommen werden wird. Die Stoßhöhe beträgt dort 20 m, die Belegung 6 Hauer und 2 Schlepper, die Hauerleistung 2,2 t. Die Gewinnungskosten stellen sich auf 2,2 M. für 1 t.

Auf Grube Schwalbach wird unter den Ortschaften Griesborn und Schwalbach zur möglichsten Sicherung der Oberfläche Stoßbau mit sehr sorgfältig nachgeführtem Versatz betrieben, wobei die Berge sämtlich aus anderen Betrieben der Grube herangefördert werden müssen. Der Stoß hat eine Höhe von 15 m und steht in einer Flucht, vor ihm sind 12—14 Mann und zwar 11 Hauer, 1 Lehrhauer und 2 Schlepper oder auch 8 Hauer, 2 Lehrhauer und 2 Schlepper in 2 Schichten angelegt. Der Betrieb geht vom Bremsberg aus gleichzeitig nach beiden Seiten vorwärts, wobei auf beiden Seiten verschiedene Kameradschaften liegen. Die streichende Stoßlänge beträgt 100 m. Es wird nicht geschrämt und nur in der Frühschicht gefördert. Die Leistung auf 1 Mann und 1 Schicht ist 1,5—1,7 t. Auch an dieser Stelle werden mit gutem Erfolge die Kohlenrutschen zur Förderung vor dem Stoß benutzt.

4. Strebbau.

Wie bereits bemerkt, bildet der Strebbau gegenwärtig die bei weitem vorherrschende Abbauart auf den Saarbrücker Gruben, da er auch bei den weiter unten zu besprechenden Arten des Scheibenbaues ganz überwiegend angewendet wird. Er hat diese große Verbreitung dem Umstande zu danken, daß er bei sorgfältiger Ausführung annähernd dieselbe Sicherheit gegen schädliche Einwirkungen auf die Tagesoberfläche und die gleiche Möglichkeit, ohne Kohlenverluste abzubauen, darbietet wie der Stoßbau und dabei diesem gegenüber eine Reihe schwerwiegender Vorteile besitzt. Einer der wichtigsten ist die bei weitem größere Ergiebigkeit, die derjenigen des Pfeilerbaues im allgemeinen gleichkommt und bei dem Übergang vom Pfeiler- zum Versatzbau den Gruben gestattet, die allgemeine Einteilung des Feldes, die Zahl und Ausdehnung der Bremsbergfelder und die Einrichtung des Betriebes im großen und ganzen beizubehalten.

Wie leicht der Übergang vom Pfeilerbau zum Strebbau erfolgen kann, zeigt z. B. die in dem Berichte über Versuche und Verbesserungen Bd. 50 S. 359 der Ministerialzeitschrift erwähnte Ersetzung des streichenden Pfeilerbaues auf dem 2,2 m mächtigen, mit mehreren Mitteln durchzogenen Beustflöze der Grube Von der Heydt durch streichenden Strebbau. Trotzdem die Bremsberge in nur 100 m streichender Entfernung von einander aufgefahren und zweiflügelig betrieben wurden, wodurch zum Abbau eines Bremsbergfeldes nur 6 Monate erforderlich waren, war die Streckenunterhaltung schwierig und teuer. Es mußten öfters neue Abbaustrecken an den alten verbrochenen entlang getrieben werden und die Pfeiler wurden dadurch so geschwächt und in Druck gebracht, daß sie beim Rückbau nur Gries lieferten und viel Staub entwickelten. Man führte deshalb Strebbau ein, indem man die Streben unmittelbar vom Bremsberg aus aufhieb, Bremsberg und Fahrstrecken in Versatz stellte und die Strebstrecken in 15 m Entfernung von einander ansetzte. An den oberen Strebstreckenstößen wurden Holzpfeiler aufgeführt, an den unteren Bergemauern mitgenommen, während man die Firste durch einfache beiderseits aufgelegte Kappen verzog. So konnte man die Strecken bis 120 m Länge ohne erhebliche Nachzimmerung auffahren. Zum Versatz wurden großenteils fremde Berge benutzt. Ungeachtet dieser für den Strebbau ungünstigen Verhältnisse gingen die Gewinnungskosten, die beim Pfeilerbau 2,12 M. + 39 Pf. an Holzkosten betragen hatten, einschließlich der Versatzkosten auf 1,87 M. + 36 Pf. an Holzkosten für 1 t zurück.

Bei dem Strebbau ist es aber auch besser und vollkommener als beim Stoßbau möglich, den Druck des Daches in seiner Stärke und Richtung zu regeln und für die Gewinnung nutzbar zu machen. Endlich sprach zur

Zeit des Überganges zum Versatzbau, wie schon erwähnt, der Umstand zu ungunsten des Stoßbaues für die allgemeine Einführung des Strebbaues, daß man mit dieser Abbauart bereits hinlängliche Vertrautheit besaß, um einer zweckmäßigen Anwendung sicher zu sein.

In den allermeisten Fällen wird der Strebbau streichend und mit breitem Blick geführt. Schwebender Bau wird nur bei flachem Einfallen und in besonderen Fällen, z. B. wenn möglichst bald eine größere Förderung erreicht werden soll und man deshalb die Zeit zum Auffahren der Bremsberge sparen will, angewendet; im allgemeinen spricht, neben seiner von der Stein- und Kohlenfallkommission hervorgehobenen größeren Gefährlichkeit bei mächtigen Flözen, die bedeutend weniger gute Wetterführung und die Unbequemlichkeit der vielen erforderlichen Bremsen bei nicht ganz flachem Einfallen gegen ihn. Dazu kommt in den nicht seltenen Fällen, wo zur Herstellung des Versatzes fremde Berge benutzt werden müssen, daß deren Einbringung weit größeren Schwierigkeiten begegnet als beim schwebenden Bau, wo sie in dem Bremsberge entweder mit einem Lufthaspel aufgezogen oder von der oberen Grund- oder Teilungsstrecke abgebremst werden und auf den Strebstrecken bis unmittelbar an die Versatzstelle laufen. Beim schwebenden Bau ist es, selbst wenn zum Zwecke der Wetterführung eine Verbindungsstrecke mit der oberen Sohle besteht, nur mit Schwierigkeiten möglich, die Berge vor die einzelnen Streben zu bringen. Empfehlenswert kann dagegen der schwebende Bau gegenüber dem streichenden z. B. in Fällen erscheinen, wo es sich darum handelt, ein sehr schwaches, ziemlich flach liegendes Flöz, das zum Versatz genügende Berge aus Mitteln liefert, ohne Nachreißen in der Sohle oder dem Hangenden abzubauen, wie es bei nahe beieinander liegenden Flözen öfters vorkommt. Man kann dann mit Hilfe von Schlittenförderung die gewonnenen Kohlen von den Streben ohne Schwierigkeiten unmittelbar auf die Grundstrecke bringen, was bei streichendem Bau nicht möglich ist. Aus derartigen Gründen ist beim sog. Scheibenbau, auf den unten noch zurückgekommen werden wird, mehrfach schwebender Strebbau angewendet worden. Eine erhebliche Erweiterung der Möglichkeit, zweckmäßig schwebenden Strebbau zu betreiben, ist in den letzten Jahren dann durch die Einführung der Kohlenrutschen der Firma Würfel & Neuhaus u. a. bewirkt worden, die in glücklicher Weise die Bequemlichkeit der Rollochförderung mit der Sicherheit und Zugänglichkeit der Bremsberg- oder Schlittenförderung zu verbinden gestatten und dabei eine Zerkleinerung der Kohle während der Bewegung vom Gewinnungspunkte bis zur Grundstrecke fast ganz vermeiden. In ausgedehnterem Maße hat die Grube Jägersfreude sich diese Vorteile zu nutze gemacht. Es wird auf das dort eingeführte Verfahren noch eingegangen werden.

In der Art und Weise des Vorgehens beim streichenden Strebbau besteht im Saarbrücker Bezirk im allgemeinen kein wesentlicher Unterschied gegenüber anderen Steinkohlenrevieren. Die hervorstechenden Züge des Verfahrens, die neuerdings auch immer schärfer beobachtet werden, bestehen darin, durch die ganze Führung des Betriebes eine Unterbrechung des Zusammenhanges der überlagernden Schichten nach Möglichkeit zu vermeiden, deshalb das Dach in einem unmittelbar und ohne größere Unterbrechungen und Unregelmäßigkeiten dem vorschreitenden Abbaustoß folgenden Versatz eine baldige Unterstützung finden, dabei aber durch einen hinreichend elastischen Versatz und genügenden Abstand zwischen Abbaustoß und Versatzkante einen den Gewinnungsarbeiten förderlichen Teil des Gebirgsdrucks auf die abzubauenden Flözteile zur Entwicklung kommen zu lassen. In welcher Weise diese beiden, bis zu einem gewissen Grade einander häufig widerstreitenden Gesichtspunkte am zweckmäßigsten zu vereinigen sind, kann natürlich nur unter Berücksichtigung aller Verhältnisse des Einzelfalles entschieden werden.

Aus dem Bestreben, das Dach unverletzt zu erhalten, ist in erster Reihe die Anwendung des Baues mit breitem Blick, der, wie gesagt, gegenwärtig die Normalform bildet, hervorgegangen; er besitzt allerdings außerdem noch inbezug auf die Wetterführung, Gewinnung und Förderung große Vorzüge vor dem Bau mit abgesetzten Stößen, die seine Anwendung sehr befördert haben. Nur auf manchen mächtigen Flözen, z. B. dem Flöz Waldemar der Grube Heinitz, hat man gefunden, daß bei der dort vorhandenen Beschaffenheit des Daches durch das Freilegen des zusammenhängenden langen Streifens der hangenden Schichten beim Bau mit breitem Blick ein zu starker Druck entsteht, man baut sie deshalb mit abgesetzten Stößen.

Ferner hat es sich zur guten Erhaltung der hangenden Schichten sehr vielfach als vorteilhaft erwiesen, die Strecken und Bremsberge vollständig in den Versatz zu legen, wie es auf Grube Heinitz u. a. schon seit langer Zeit grundsätzlich geschieht. Die zweckmäßigste Mindestbreite des Versatzstreifens zwischen Streckenstoß und dem festen Flözrande wechselt je nach der Breite der Strecke, dem Verbau ihrer Stöße, der Flözmächtigkeit und -Beschaffenheit. Bestimmtere Regeln, wie sie z. B. in manchen englischen Steinkohlenbezirken in dieser Beziehung festgestellt sind, sind wegen des viel stärkeren Wechsels im Verhalten der Flöze und des Nebengesteins im Saarrevier bisher nicht gefunden worden und wohl auch höchstens für ganz kleine Bezirke auffindbar. Die zweckmäßigsten Maße müssen in so gut wie allen Fällen nach den praktischen Erfahrungen ermittelt werden.

Wann es empfehlenswert oder zulässig ist, das Nachreißen der Strecken im Hangenden vorzunehmen, kann auch nur der praktische Betrieb im

Einzelfalle ergeben; in der Mehrzahl der Fälle geschieht im Saarbrücker Bezirk das Nachreißen im Dach ohne ernstliche Beschädigungen seines Zusammenhanges.

Von größtem Einfluß auf die Vermeidung schädlichen Gebirgsdrucks ist natürlich die Schnelligkeit des Vorrückens des Ortsstoßes und diese hängt in der Hauptsache von der Länge und Belegung einer Strebe ab. Als beste Streblänge hat sich auf den Saargruben an den meisten Stellen eine solche von 10—16 m herausgestellt, nur selten steigt sie erheblich über dieses Maß, z. B. auf Grube Friedrichsthal im Liegenden Flöz auf 30 m, im Flöz 3 auf 25 m und auf Grube Von der Heydt im Meter-, Heinrich- und Karlflöz auf 20 m. Die Belegung erfolgt in der Regel auf zwei Schichten, was im Interesse des gleichmäßigen Vorrückens sehr zweckmäßig ist; sie besteht meist aus 3 bis 5 Mann, darunter einem oder mehreren Schleppern in jeder Strebe, mehrfach aber auch aus 6 oder 7 Mann und im Flöz 3 zu Friedrichsthal aus 9 Mann. Sie richtet sich weniger nach der Streblänge als nach der Flözbeschaffenheit. Die beiden Schichten teilen sich da, wo geschrämt wird, häufig so in die Arbeit, daß die eine schrämt und verbaut, die andere abkohlt, fördert und die vorläufige Zimmerung setzt. Wo, wie es jetzt ganz überwiegend geschieht, der planmäßige Ausbau angewandt wird, bringt jede Schicht ihn sogleich, soweit möglich, endgültig ein.

Der Strebstoß wird zur Erleichterung der Gewinnung, wenn nicht besondere Gründe dagegen sprechen, in die Richtung der Schlechten, meist spießwinklig zum Fallen gestellt. Da aber in der Regel die Schlechten keine besonders starke Entwicklung zeigen, so ist die Lage des Stoßes für die Schnelligkeit der Gewinnung und damit für die ganze Einrichtung des Baues nicht von großer Bedeutung. Nur selten zeigen die Schlechten eine solche Neigung und Stärke, daß je nach der Seite, von der aus sie angefahren werden, das Gedinge verschieden gestellt werden muß.

Die streichende Länge der Bremsbergfelder schwankt zwischen 150 und 400 m, beträgt aber in der Regel 250—300 m; meist wird wegen der bequemeren Förderung im Bremsberge zu gleicher Zeit nur ein Flügel des Bremsberges in Bau genommen und erst, wenn er verhauen ist, an den anderen gegangen.

Die Breite der Strecken wechselt von 1,5 bis 2,5 m, sie liegen meist am unteren Ende der Strebe, was sich bei dem gewöhnlichen Bau mit breitem Blick insofern kenntlich macht, als die Kameradschaft ganz über ihrer Förderstrecke arbeitet. Da, wo fremde Berge versetzt werden, werden sie durch die nächst obere Strecke vor Ort gebracht. Die Streckenstöße werden durch Holzpfeiler oder durch Bergemauern oder durch beide Mittel zugleich gesichert, die Firste durch Kappen, die auf den Mauern und Pfeilern aufliegen. Die Ansichten über die Zweckmäßigkeit der Holzpfeiler sind, abgesehen von der Kostenfrage, geteilt; auf manchen Gruben glaubt man durch ihre Einschaltung zwischen dem Versatz ein lästiges ungleichmäßiges Setzen des Daches beobachtet zu haben. Auf einzelne Arten des Ausbaues wird in einem eigenen Abschnitt eingegangen werden. Hier sei nur hervorgehoben, daß es meist von Wichtigkeit für das gleichmäßige Setzen des Daches ist, daß die Stempel möglichst vollständig wieder entfernt werden und nicht zwischen dem Versatze stehen bleiben. Wo wegen Mangels an Bergen der Versatz nicht vollständig sein kann, werden öfters auch in den abgebauten Streifen zwischen den Strecken Holzpfeiler gesetzt. Daß ein unvollständiger Versatz in jedem Falle von ungünstigem Einflusse auf das Hangende ist und daher möglichst vermieden wird, ergibt sich von selbst. Es ist schon erwähnt, daß es an einzelnen Stellen der Grube Heinitz zweckmäßiger ist, das erforderliche Bergevolumen durch starkes Nachreißen des Liegenden der Strecken und auch der Streben selbst sich zu verschaffen als durch Heranförderung fremder Berge.

Die Holzkosten sind außerordentlich verschieden je nach der Mächtigkeit des Flözes und der Beschaffenheit des Daches, in vielen Fällen liegen sie aber zwischen 50 und 60 Pf. für 1 t der gewonnenen Kohle. Durch die Einführung des planmäßigen Ausbaues sind sie auf der Mehrzahl der Gruben nicht oder nicht nennenswert gestiegen. Auch für das Gedinge kann naturgemäß nur ein ganz ungefährer Wert angegeben werden, es beträgt vielfach 2,2 bis 2,5 M. für 1 t, steigt aber besonders bei schlechtem Dach sehr bedeutend, auf Grube Friedrichsthal z. B. in einzelnen Flözen auf 3 M. bis 3,10 M. Die Gewinnungskosten schwanken zwischen 2,60 M. und 4 M. für 1 t.

Die Arbeiterleistung in 1 Schicht stellt sich unter den gewöhnlichen Verhältnissen auf 1,4 bis 2,2 t, steigt aber bei günstigen Bedingungen, z. B. auf Grube Heinitz stellenweise auf 2,5 t in der Schicht und darüber.

Einzelheiten über einige Strebbaubetriebe verschiedener Gruben sind in dem Berichte der Stein- und Kohlenfallkommission, S. 249 ff. enthalten, auf den verwiesen sein möge.

Kurz eingegangen werde hier nur noch auf den bereits erwähnten schwebenden Strebbau mit Rutschen auf Grube Jägersfreude. Der Bau wird gegenwärtig besonders auf dem Flöz Charlotte betrieben, das bei 15 ° Einfallen und einer Kohlenmächtigkeit von 1,32 m und 3 Mitteln von zusammen 32 cm Stärke ein sehr druckhaftes Flöz ist und früher in streichendem Strebbau verhauen wurde. Durch den Übergang zum schwebenden Bau und zur Anwendung von Rutschen erzielte man die aus der folgenden Gegenüberstellung ersichtlichen günstigen Ergebnisse:

	Streichender Strebbau	Schwebender Strebbau mit Rutschen
Sprengstoffverbrauch auf 1 t Förderung (kompr. Pulver)	0,30 kg	0,22 kg
Holzkosten auf 1 t Förderung	1,16 M.	0,91 M.
Gedinge für 1 t	2,00 M.	1,60 M.
Leistung auf 1 Mann und 1 Schicht	2,40 t	3,00 t

Das gute Ergebnis ist größtenteils eine Folge davon, daß man bei dem Rutschenbau nur etwa $^1/_3$ der Zeit für den Verhieb eines Feldesteils gebraucht wie bei dem früheren streichenden Strebbau, sodaß der Gebirgsdruck nicht in schädlicher Weise zur Wirkung kommen kann. Die Strecken, die eine Breite von 1,60 m haben, erfordern deshalb so gut wie keine Unterhaltung, man erspart also die erheblichen Ausbesserungskosten des früheren Baues und macht außerdem die Arbeitskraft der Hauer, die früher für die Ausbesserungen verwendet werden mußte, für die Kohlengewinnung frei. Zur Erzielung dieser Schnelligkeit des Verhiebes setzt man eine große Zahl von Streben gleichzeitig an und zerlegt außerdem die flache Höhe des Abbaufeldes von etwa 150 m durch eine streichende Teilungsstrecke, sodaß die Rutschenstrecken nicht länger als 60—70 m werden. Von der Grund- und der Teilungsstrecke aus gehen gleichzeitig Streben mit breitem Blick zu Felde, und zwar so, daß die Streblinie spießwinklig zum Streichen liegt und jede Strebe über der Teilungsstrecke bereits ein erhebliches Stück vorgeschritten ist, wenn die in derselben Fallinie liegende Strebe der Grundstrecke angehauen wird. Durch die Beschränkung der Streckenlänge auf 70 m verhindert man zugleich, daß die Förderung in den Rutschen ins Stocken gerät und daß die Heranschaffung des Ausbauholzes, die in den Rutschenstrecken erfolgen muß, zu zeitraubend und mühevoll wird. Der Abstand der Rutschenstrecken beträgt 12 m, jede Strebe ist mit 2 Hauern und 1 Schlepper belegt, es gehen 18 Streben zu Felde, während man bei dem streichenden Bau nur 6 hätte betreiben können. Die Gewinnungskosten für 1 t belaufen sich auf rd. 2,70 M. Notwendig für das Gelingen des Rutschenbaues ist ein ähnliches Flözeinfallen wie es hier herrscht, bei erheblich flacherer Lagerung gleiten die Kohlen nicht mehr von selbst in den Rutschen und das deshalb erforderlich werdende Herunterdrücken durch einen sich in die Rutsche setzenden Schlepper ist zu zeitraubend und teuer, bei steilerer Lagerung gleiten die Kohlen zu schnell und häufen sich unten zu sehr an und außerdem wird das Heraufbringen des Holzes zu schwierig.

Kohlenrutschen werden auch beim streichenden Strebbau auf den Saarbrücker Gruben mehrfach mit großem Vorteil angewandt.

5. Scheibenbau.

Bei dem Flözreichtum der Saarbrücker Fettkohlengruppe und dem außerordentlich häufigen Wechsel in der Stärke der Kohlenbänke und Zwischenmittel tritt auf den Fettkohlengruben oft der Fall ein, daß die Gesteinsmächtigkeit zwischen zwei oder mehreren Flözen bis auf wenige Meter und darunter herabgeht. Befolgte man bei dem Verhieb solcher Flöze die in den meisten Steinkohlenbezirken anerkannte und bei größeren Flözabständen auch im Saarbrücker Bezirke bewährte Regel, das hangende Flöz vor dem liegenden abzubauen, so stellte sich in vielen Fällen heraus, daß die mit dem Abbau des hangenden Flözes unvermeidlich verbundene Erschütterung und Lockerung des ganzen Gebirgskörpers sich über das dünne Zwischenmittel bis in das untere Flöz hinein erstreckt hatte, und daß auch nach einer langen Zeit der Beruhigung das liegendere Flöz nur mit Schwierigkeiten oder überhaupt nicht abgebaut werden konnte. Man versuchte deshalb schon verhältnismäßig früh, derartige Flöze durch gemeinsamen Abbau zu gewinnen. In größerem Umfange geschah dies z. B. bei dem von Nasse in seiner Abhandlung über den technischen Betrieb der Saarbrücker Gruben erwähnten Bau der Flöze Thiele und Borstel im Ostfelde der Grube König. Es wurde dort das untere 1,80 m mächtige Flöz Borstel in gewöhnlicher Weise durch Abbaustrecken zum Pfeilerbau vorgerichtet, wobei in den Strecken das 0,30 m starke Zwischenmittel zwischen beiden Flözen durchbrochen wurde, sodaß also das obere 1,60 m mächtige Flöz Thiele die Firste der Strecken bildete. Hatten die Strecken die Abbaugrenze erreicht, so begann man rückwärts den Pfeiler im Flöz Borstel fortlaufend in streichender Richtung zu verhauen, und hinter dem Abbaustoß in einem Abstand von 3—4 m hergehend durch Rauben der Zimmerung das Zwischenmittel hereinbrechen zu lassen. Das dadurch an seiner Unterseite entblößte Flöz Thiele blieb, soweit nötig durch Stempel gestützt, in der Regel als feste Bank anstehen und wurde nun ebenfalls von den auf den hereingebrochenen Mittelbergen stehenden Arbeitern in gewöhnlicher Weise zurückgepfeilert. Der Bau bewährte sich zwar, solange das Flöz Thiele das beschriebene Verhalten zeigte, besonders auch in wirtschaftlicher Beziehung gut; es ist aber einleuchtend, daß eben außergewöhnlich günstige Verhältnisse vorlagen und eine allgemeine Lösung der Frage des zweckmäßigen Abbaus nahe beisammenliegender Flöze damit nicht gegeben war. In der Tat stellten sich, als der beschriebene Bau in andere Feldesteile vorrückte und das Flözverhalten sich änderte, die in die Augen springenden Mängel des Verfahrens in großem Umfange ein.

Man hatte jedoch immerhin bei diesem Versuche gesehen, daß durch den Bau des unteren Flözes das obere unter Umständen in seiner Bauwürdigkeit nicht nur nicht beeinträchtigt, sondern sogar befördert wurde, und erinnerte sich einiger ähnlicher, teilweise schon in sehr früher Zeit meist mehr zufällig gemachter Erfahrungen. So hatte man z. B., wie Dütting*) erwähnt, bereits in den 1850er Jahren auf den Gruben Friedrichsthal und Altenwald bei dem durch ein 8 m starkes Mittel gespaltenen Flöze 5 den Verhieb der Unterbank zuerst vorgenommen und denjenigen der Oberbank erst nach längerer Zeit mit bestem Erfolge sich anschließen lassen. Ganz ähnliche Ergebnisse erzielte man auf Grube Von der Heydt beim Abbau der Flöze Heinrich und Karl, sowie an einzelnen Stellen auf den Gruben Friedrichsthal und Geislautern. Regelmäßige Anwendung fand der Grundsatz des früheren Verhiebes des liegenderen Flözes dann bei den Flözen Max, Sophie und Anna auf Grube Gerhard (siehe Dütting a. a. O., S. 246), wo die hangenderen Flöze Sophie und Anna wegen ihrer Härte und des Mangels jeglichen Schrames nur schwer zu bauen waren. Wurde das liegende Maxflöz vorher verhauen, so war die Gewinnung des Sophie- und des Annaflözes sehr erleichtert, jedoch nur dann, wenn der Bau des Sophieflözes dem des Maxflözes und der Verhieb des Annaflözes dem des Sophieflözes in Zwischenräumen von nicht mehr als 6—8 Monaten folgte. Wurde mit der Inangriffnahme des hangenderen Flözes länger gewartet, so gerieten die Flöze derart in Druck, daß der Abbau nicht mehr lohnend war.

Auf Grund dieser Erfahrungen wies Dütting in seiner erwähnten verdienstvollen Arbeit unter ausführlicher Begründung darauf hin, daß nicht selten der Abbau des liegenden vor dem hangenden Flöze bei geringer Mächtigkeit des Zwischenmittels angezeigt ist, und erörterte eingehend alle Bedingungen und Gesichtspunkte, die dabei zu berücksichtigen sind. Eine ausgedehntere Übertragung dieser Ausführungen in die Praxis konnte aber erst stattfinden, als die Saarbrücker Gruben mehr und mehr zum Abbau mit Bergeversatz übergegangen waren, da der Versatzbau in den meisten Fällen eine notwendige Voraussetzung für das Gelingen des Verfahrens ist. Den Anstoß zu mannigfachen neueren Versuchen gaben dann die auch in dem Berichte der Stein- und Kohlenfallkommission (S. 253) erwähnten Beobachtungen beim Bau der Flöze 10 Oberbank, 10 und 11 der Grube Dudweiler. Im Westfelde der Grube wird das oberste der drei Flöze, Flöz 10 Oberbank, von 70 cm Mächtigkeit durch ein 1—2 m starkes Zwischenmittel von dem 1,30 m mächtigen Flöz 10 und dieses durch ein Mittel von 1—3 m Stärke von dem Flöz 11 mit 1,35 m Kohle getrennt. Man hatte das mittlere Flöz zuerst mit Strebbau verhauen und mußte, als man später das unterste Flöz 11 in Angriff nehmen wollte, davon abstehen, weil das Mittel zwischen Flöz 10 und 11 mit dem Versatz des Flözes 10

*) Über den Abbau nahe beieinander liegender Flöze im Saarbrücker Steinkohlenbezirke. Ministerialzeitschrift Bd. 40, S. 223 ff.

hereinbrach. Dagegen gelang der Abbau des Flözes 10 Oberbank im Strebbau unter Benutzung der Bremsberge des Flözes 10 ohne alle Schwierigkeiten. Zwischen dem Verhiebe beider Flöze lagen mehrere Jahre, während welcher ein vollständig gleichmäßiges Setzen stattgefunden hatte. Der hangende Gebirgskörper war gänzlich unversehrt niedergegangen, äußerte aber soviel Druck auf das Flöz, daß die Gewinnung bedeutend erleichtert wurde.

Auf einer ganzen Reihe von Gruben wurden dann ähnliche Versuche vorgenommen: sie ergaben vor allem die große Bedeutung des richtigen Zeitabstandes im Verhiebe der beiden Flöze, die ja auch aus den früheren hier kurz erwähnten Feststellungen ersichtlich ist. Bestimmte Regeln zur Berechnung dieses Zeitraumes lassen sich nicht aufstellen, was erklärlich ist, weil die Art, in der sich das Gewicht der hangenden Gebirgsschichten äußert, je nach der Beschaffenheit, Mächtigkeit und Neigung des Gesteins und Flözmittels äußerst verschieden ist und in den meisten Fällen schon wegen des Nichtbekanntseins der genannten Faktoren nicht vorausgesehen werden kann. Es bleibt also nichts übrig, als in jedem Einzelfalle die zweckmäßigsten Maßnahmen durch Probieren herauszufinden. Nur ganz im allgemeinen läßt sich sagen, wie es schon Dütting getan hat, daß bei fester Beschaffenheit des Hangenden über dem oberen Flöze und besonders bei fester Verwachsung des Flözes mit ihm nach dem Verhiebe des unteren Flözes ein längerer Zeitraum bis zur Inangriffnahme des oberen zweckmäßig ist, während dann, wenn das Nebengestein aus einem verhältnismäßig weichen, schnell niedergehenden und sich ausdehnenden Schieferton besteht, der Abbau im oberen Flöze demjenigen im unteren in ganz kurzen Zeiträumen folgen soll.

Mit in erster Reihe hat man derartige Versuche auf Grube König in den bereits erwähnten Flözen Borstel und Thiele angestellt, als das frühere Verfahren des gemeinsamen Verhiebes im Pfeilerbau wegen häufigen Zubruchegehens und großer Kohlenverluste sich nicht bewährte. Man versuchte zunächst beide Flöze in regelrechtem Pfeilerbau, und zwar Borstel 8—10 m vor Thiele zu gewinnen, hatte damit aber auch keinen Erfolg. Deshalb ging man dazu über, Borstel zuerst durch streichenden Strebbau zu verhauen und dann auf Thiele unter Benutzung der Förderstrecken in Borstel von der Abbaugrenze aus rückwärts mit Pfeilerbau vorzugehen. Es wurde auf diese Weise möglich, beide Flöze zu gewinnen, jedoch wurde die Unterhaltung der Strecken und Bremsberge sehr teuer, und stellenweise konnte man sie wegen des starken Druckes überhaupt nicht offen erhalten, weil das Zwischenmittel beider Flöze wegen der vielfachen Durchbrechung in den Strecken keinen Zusammenhang hatte und in die Strecke hereingedrückt wurde. Dieser Übelstand wurde aber völlig vermieden, als man beim Strebbau im Flöz Borstel das Zwischenmittel ganz unberührt ließ und die Strecken durch Nachreißen des Liegenden von Flöz Borstel auf die erforderliche Höhe brachte, man konnte nun beide Flöze rein und lohnend abbauen. Trotzdem wurde aber dieses Verfahren nur beibehalten, wo wegen des steilen Einfallens streichender Betrieb gewählt werden mußte. An den übrigen Stellen wurde der Abbau schwebend angeordnet; man ließ auf Flöz Borstel schwebenden Strebbau zu Felde gehen und baute Flöz Thiele von den Strebstrecken aus im Pfeilerbau zurück. Zur Förderung verwandte man Schlitten, wodurch es möglich wurde, die Strecken in der Hauptsache ins Flöz zu legen und ein Nachreißen auch im Liegenden meist zu vermeiden. Wurden die Strecken beim Rückbau des Flözes Thiele zu eng, so baute man Flöz Thiele in derselben Richtung wie Borstel, also von der Sohlstrecke anfangend, mit Strebbau und erweiterte die Strecken mit dem Vorrücken, so weit wie nötig. Bei dieser schwebenden Abbauart äußerte sich so gut wie kein Gebirgsdruck, die Strecken brauchten nur selten nachgerissen zu werden, man sparte außerdem die Unterhaltungskosten für Bremsberge. In einem Abbaufelde, wo früher 12—16 Zimmerhauer beschäftigt werden mußten, waren nach Einführung des schwebenden Betriebes meist 4—6 ausreichend. Die Gesamtgewinnungskosten wurden um 30—40 Pf. für 1 t niedriger als beim streichenden Bau.

Die Erfolge bei dem eben beschriebenen und ähnlichen Abbauverfahren anderer Gruben auf benachbarten Flözen führten dazu, auch ein und dasselbe Flöz bei größerer Mächtigkeit nicht mit einemmal, sondern in verschiedenen Bänken nach einander zu verhauen und dadurch sowohl an Holzkosten zu sparen, als die bei hohen Abbauräumen häufig nicht verhütbare größere Gefährdung der Arbeiter sowie Kohlenverluste zu vermeiden. Die Einführung dieses „Scheibenbaues" wurde dadurch sehr unterstützt, daß die mächtigeren Saarbrücker Flöze, die für ihn allein in Betracht kommen, in den allermeisten Fällen durch Mittel so geteilt sind, daß die Abgrenzung der einzelnen Abbauscheiben sich von selbst ergibt und die einzelnen Bänke sich ohne Schwierigkeiten von einander lösen. Besonders seitdem die Stein- und Kohlenfallkommission in ihrem Berichte auf die Vorzüge des Scheibenbaues in wirtschaftlicher und sicherheitlicher Beziehung hingewiesen hatte, hat dieses Verfahren auf den Saarbrücker Gruben sehr an Ausdehnung gewonnen und sich an den meisten Stellen durchaus bewährt. In vielen Fällen stimmt die Art der Ausführung in den wesentlichen Zügen überein und unterscheidet sich nur in den Abmessungen oder mehr nebensächlichen Punkten, es dürfte deshalb an dieser Stelle eine kurze Erwähnung einiger wichtigerer Arten der Anwendung ausreichend sein. Daß die meisten der dabei erwähnten Arten bereits bekannt sind, ist unvermeidlich, weil gerade über die Fortschritte auf diesem Gebiete besonders regelmäßig in den Zusammenstellungen der Ministerialzeitschrift über Versuche und Verbesserungen und anderwärts berichtet wird.

Das Flöz 13 der Grube Dudweiler, das einen sehr großen Wechsel seiner Zusammensetzung zeigt, bestand über der 4. Sohle im westlichen Teile des Ostfeldes aus vier durch ganz geringe Mittel getrennten Bänken von 1,00, 0,50, 0,40 und 1,50 m Mächtigkeit, von oben nach unten gerechnet. Es wurde dort früher in dem auf Grube Dudweiler damals überwiegend eingeführten Stoßbau in seiner ganzen Mächtigkeit verhauen, ging dabei jedoch wegen seines schlechten Daches häufig zu Bruch, worauf auf weite Strecken hin die Oberbank angebaut werden mußte. Wegen der dadurch entstehenden Kohlenverluste und der hohen Holzkosten ging man von dem Stoßbau ab und versuchte die Gewinnung durch Pfeilerbau mit vollständigem Versatz, hatte aber auch dabei sehr hohe Holz- und Abbaukosten. Man wählte deshalb den Abbau in zwei Scheiben und trieb Streben von 10 m Breite in der untersten 1,60 m mächtigen Bank, indem man die drei oberen Bänke als Dach anbaute. Nach Erreichung der Abbaugrenze brach man diese zusammen 1,90 m mächtigen Bänke gänzlich auf und baute sie unter Nachführung eines vollständigen Bergeversatzes und Benutzung der Strebstrecken in der Unterbank zurück. Die Strecken wurden dabei ebenfalls, soweit sie entbehrlich wurden, sogleich dicht mit Bergen versetzt. Der Rückbau ging in jeder Strecke demjenigen in der nächst höheren um mehrere Meter voraus. Diese Abbauart bewährte sich gut, es zeigte sich zwar in den Strecken ein Quellen der Sohle, doch konnten die Strecken ohne Schwierigkeiten und bedeutende Kosten durch entsprechendes Nachreißen der ihr Dach bildenden oberen Bänke in der nötigen Höhe erhalten werden. Die Kohlenförderung war sehr regelmäßig und die Wetterversorgung gut. Gegenüber den früheren Abbauarten stellten sich die Holzkosten, weil nur etwa halb so lange Stempel benutzt zu werden brauchten, erheblich niedriger. Daß zugleich die Gefahr für die Arbeiter durch die geringere freie Höhe und das schnellere Zufeldegehen, das den Gebirgsdruck nur wenig zur Wirkung kommen ließ, merklich vermindert wurde, ist ohne weiteres klar. Wie günstig in wirtschaftlicher Beziehung sich der Übergang zum Scheibenbau äußerte, geht aus folgenden Zahlen hervor, die zwar bereits im Jahre 1899 ermittelt wurden, aber als Beispiel für die greifbaren Ergebnisse zweckmäßiger Abbauumgestaltungen noch immer Interesse besitzen dürften:

	Stoßbau M. für 1 t	Pfeilerrückbau M. für 1 t	Scheibenbau M. für 1
Gewinnungs- und Förderkosten . .	2,04	2,10	1,92
Materialkosten	0,73	0,47	0,36
Unterhaltungkosten	0,56	0,45	—
Zusammen . . .	3,33	3,02	2,28
Leistung auf 1 Mann in 1 Schicht t	2,59	2,11	2,99

Nach Osten zu verstärkt sich in demselben Flöze das unter der obersten Bank liegende Mittel an einzelnen Stellen bis zu 1 m Mächtigkeit und ist von schlechter Beschaffenheit. Es werden dort die unter ihm liegenden Bänke in einem eigentümlichen Strebbau gewonnen, man verhaut nämlich die etwa 10 m breiten Streben nicht fortlaufend in streichender Richtung, sondern absatzweise in einzelnen 3—4 m breiten Flözstreifen schwebend, wobei man in dem entstehenden Hohlraum eine Art Strecke mit Doppeltholz herstellt und zunächst im Versatz offen läßt, während man im übrigen den Hohlraum sogleich gänzlich mit Bergen verfüllt. Bei dem sich anschließenden Pfeilerrückbau der Oberbank werden auch die Streckenräume mit versetzt.*)

In der 5. Sohle des Ostfeldes besteht dasselbe Flöz aus 2 Bänken, einer oberen von 0,70 m und einer unteren von 1,60 m Mächtigkeit, die durch eine milde Schramschicht von 0,05—0,15 m Stärke getrennt sind, das Hangende ist ebenfalls ein gebrächer Schiefer. Man führt in der Regel in der Unterbank streichenden Strebbau vom Bremsberg bis zur Abbaugrenze, wobei die im Versatz ausgesparten Strecken im Liegenden nachgerissen werden. Darauf bricht man in die Oberbank über und pfeilert sie unter Benutzung der alten Strecken zurück. Sämtliche Hohlräume, auch die Strecken werden versetzt. Beim Bau der unteren Bank bildet die Oberbank ein ausgezeichnetes Dach, wie es bei nicht zu großem Drucke der darüber liegenden Schichten wegen des zähen, ineinandergreifenden Gefüges der Kohle im Gegensatz zu dem sehr häufig in einzelne Schichten zerblätternden oder in Blöcke spaltenden Gestein meist der Fall ist. Da an einzelnen Stellen beide Bänke sich bis zu 1,90 m Gesamtmächtigkeit verschwächen, versuchte man dort das ganze Flöz auf einmal mit Strebbau zu gewinnen, hatte aber wegen des schlechten Flözhangenden keinen Erfolg, die Gewinnungskosten stiegen um 0,40 M., die Materialkosten wegen der erforderlichen längeren Stempel um 0,25 M. auf 1 t und zugleich sank die Leistung von 2,2 auf 1,9 t für eine Hauerschicht. Es wurde deshalb zum Scheibenbau zurückgegangen. Der Abstand der Strebstrecken beträgt 18—20 m, die Belegung einer Strebe in der unteren Scheibe 5, in der oberen 4 Mann einschl. 1 Schlepper, die Hauerleistung in der unteren Scheibe 2,4, in der oberen 1,9 t, die Gewinnungskosten 2,1 und 2,6 M. für 1 t.

Ganz ähnlich wie bei der erst beschriebenen Abbauart des Flözes 13 ist man auf Grube Dudweiler in dem Flöz 6 im Ostfelde vorgegangen. Man hatte dieses Flöz, das dort aus vier dicht zusammenliegenden oberen Bänken und einer durch 0,40 m Mittel getrennten 0,65 m starken Unter-

*) Vergl. Bericht d. Stein- u. Kohlenfallkommission S. 260.

bank besteht, erst mit Stoßbau, dann mit Pfeilerbau unter Aufgabe der Unterbank abgebaut, konnte aber dabei die Strecken nicht in fahrbarem Zustande erhalten. Es wurde deshalb zum Scheibenbau übergegangen, indem man die Unterbank, das Mittel und die 2 darüberliegenden mittleren Bänke als untere Scheibe im Strebbau verhieb und nach Erreichung der Abbaugrenze die beiden obersten Bänke ebenfalls mit vollständigem Bergeversatz rückwärts abbaute. Die Kosten dieses Scheibenbaues stellten sich auf 2,63 M. für 1 t, während sie beim Stoßbau 2,76 M., beim Pfeilerbau 3,10 M. betragen hatten, die Hauerleistung blieb sich etwa gleich (2,11 t in der Schicht).

Auf Grube Heinitz hat man interessante Versuche mit der Anwendung zweier Arten von Scheibenbau auf demselben Flöze angestellt. Das in seiner Beschaffenheit stark wechselnde, bis zu 3,50 m mächtige Flöz Blücher besteht dort in der Regel aus einer schwächeren Ober- und einer stärkeren Unterbank. Das Hangende ist schlecht und man mußte bei dem früher angewandten Streb- oder Stoßbau vielfach die Oberbank anbauen. Deshalb ging man zum Scheibenbau über und gewann einmal die Unterbank im Strebbau, die Oberbank rückwärts im Pfeilerbau, das andere Mal die Unterbank und die Oberbank im Stoßbau. Bei dem ersten Verfahren war auf jeder Seite des Bremsberges nur 1 Strebe oder 1 Pfeiler im Betrieb, das Gedinge stellte sich in der unteren Scheibe auf durchschnittlich 1,80 M., in der oberen Scheibe auf 3,00 M., die Holzkosten betrugen im ganzen rd. 30 Pf. für 1 t. Bei dem Verfahren machte sich die in dem höheren Gedinge zum Ausdruck kommende geringere Hauerleistung in der oberen Scheibe unangenehm fühlbar. Bei der zweiten angewandten Art des Scheibenbaues, dem Verhiebe beider Bänke im Stoßbau, folgte der Stoß in der oberen Scheibe regelmäßig in 10 m Abstand demjenigen in der unteren. In der unteren Scheibe wurde das Bergemittel zwischen beiden Bänken angebaut, der Stoß in der oberen und unteren Scheibe wurde von derselben Kameradschaft zu Felde getrieben, ihr Gedinge betrug 2,20 M., die Holzkosten waren dieselben wie bei der anderen Bauart. — Gegenwärtig geht auf Grube Heinitz Scheibenbau in den Flözen Waldemar und Blücher meist in der üblichen Art um, daß die untere Scheibe mit streichendem Strebbau, die obere mit Pfeilerrückbau und Versatz gewonnen wird. Der Streckenabstand beträgt im Flöz Waldemar 15 m, die Belegung in der unteren Scheibe 5 Hauer und 2 Schlepper, in der oberen 6 Hauer und 1 Schlepper, die Hauerleistung in 1 Schicht 2,1 und 1,6 t.

Ähnliche vergleichende Versuche mit verschiedenen Abbauarten wie in Heinitz hat man in dem Flöze Viktoria der Grube Itzenplitz vorgenommen, ihre Hauptergebnisse gehen aus folgender Übersicht hervor.

Nr.	Bezeichnung der Abbauart	Mächtigkeit des Flözes m	Wo hat der Abbau stattgefunden?	Kosten für 1 t M.	Bemerkungen
1	Scheibenbau (schwebender Strebbau in der Unterbank, Pfeilerrückbau in der Oberbank)	0,70 K 1,40 S 0,60 K	über der Teilungssohle I. Tiefbausohle Querschlag III W.	3,41	Die Abbauhöhe betrug 80—100 m. Die Abbaustrecken waren 20 m voneinander entfernt
2	Scheibenbau (gleichzeitiger schwebender Strebbau in beiden Bänken, so daß der Abbau in der Unterbank 10 m voraus ist)	desgl.	über der Grundstrecke I. Tiefbausohle Querschlag III W.	3,22	wie bei 1
3	Schwebender Pfeilerbau	0,72 K 0,12 K mit S 0,36 S 0,60 K	westlich des Vorsichtssprunges über der Teilungsstrecke	3,25	Es wurde nur die 0,72 m starke Oberbank gebaut. Der Abbauverlust betrug ca. 19 %
4	Schwebender Strebbau	0,70 K 1,40 S 0,40 B	über der Grund- und Teilungsstrecke, I. Tiefbausohl. Querschl. III W.	3,86	Es wurde nur die Oberbank gebaut. Die Abbaustrecken waren 16 m voneinander entfernt
5	Streichender Strebbau	0,70—0,90 K 0,90 S	westlich des Vorsichtssprunges I. Tiefbausohle über der Grundstr.	3,68	Die Abbaustrecken sind 12 m voneinander entfernt. Streichende Abbaulänge 120 m
6	» »	0,63 K 1,00 S 0,40 K	über der Grundstreke I. Tiefbausohle Querschlag III W.	3,99	Es wird nur die Oberbank gebaut

Es ergibt sich daraus, daß der Scheibenbau auch bei diesem Flöze die lohnendste Abbauart darstellt, und er ist deshalb in ihm in größerem Umfange zur Anwendung gekommen.

Auch auf anderen Flözen der Grube Itzenplitz und solchen der Grube Gerhard ist an Stelle des Pfeilerbaues der Scheibenbau mit sehr günstigem Erfolge eingeführt worden. Man vermochte dadurch z. B. im Flöze Heiligenwald der Grube Itzenplitz die Abbauverluste auf 2,4 % herunterzubringen, während sie beim schwebenden Pfeilerbau über 21 % betragen hatten, ebenso wurden die Materialkosten um 75 % erniedrigt.

Ein Abbau in 3 Scheiben ist neuerdings auf den Flözen 4 und 4u der Grube Maybach, die durch Verschwächung des Zwischenmittels im Westfelde sich bis auf 0,57 m nähern, also so gut wie ein einziges Flöz bilden, eingeführt worden. Das Flözprofil ist aus Fig. 1 ersichtlich, ein gemeinsamer Bau beider Flöze ist bei der großen Gesamtmächtigkeit nicht angängig, man ließ bisher Flöz 4u liegen und baute nur Flöz 4.

Bei dem Scheibenbau baut man zuerst Flöz 4u mit Strebbau bis zur Abbaugrenze, wobei Versatzberge aus dem Mittel des Flözes und durch das Nachreißen der Strecken im Hangenden gewonnen werden. Die Hereingewinnung des Flözes geschieht in der von der Stein- und Kohlenfallkommission vorgeschlagenen Art von oben nach unten, indem die obere Flözbank in der Gewinnung der unteren vorausgeht. Hat der Abbau der ersten Scheibe die Abbaugrenze erreicht, so wird in gleicher Richtung, also von der Fahrstrecke des Bremsberges beginnend, die zweite Scheibe, ebenfalls im Strebbau unter Benutzung der alten Strecken in Angriff genommen Sie besteht aus den beiden unteren Bänken des Flözes 4 das Mittel zwischen beiden Flözen bleibt, wie Fig. 1 zeigt, bei der Gewinnung liegen, die Oberbank des Flözes 4 dient als Dach. Zum Versatz müssen in dieser Scheibe teilweise fremde Berge benutzt werden. Die Streckenstöße werden in dieser Scheibe durch Erhöhung der beim Bau der unteren Scheibe gesetzten Holzpfeiler gesichert. Man nimmt Bedacht darauf, beim Bau der zweiten Scheibe möglichst alle Ausbauhölzer zu entfernen, um eine glatte Sohle für den Bau

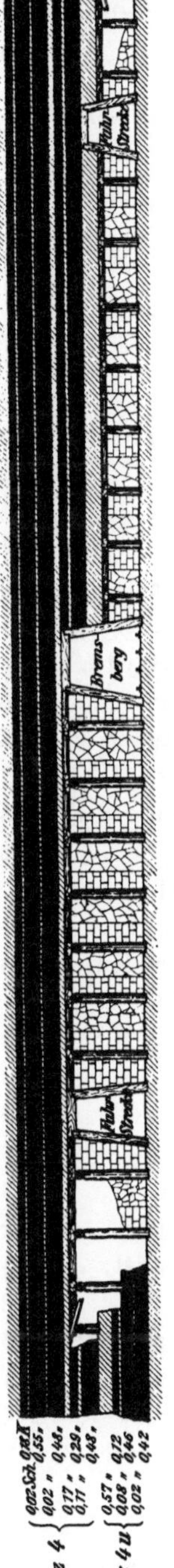

Fig. 1.

Übersicht über die Verbreitung der verschiedenen

Laufende Nr.	Grube	Flözverhältnisse: Zahl der gebauten Flöze	Flözverhältnisse: Durchschnittl. Gesamtmächtigkeit einschl. Flözmittel	Flözverhältnisse: Durchschnittl. Gesamtmächtigkeit der reinen Kohle	Anteil der einzelnen Abbauarten an der Förderung des Jahres 1904: Ohne Versatz, Pfeilerbau, streichend	Ohne Versatz, Pfeilerbau, schwebend	Mit Bergeversatz: Streichender Pfeilerbau mit Versatz	Mit Bergeversatz: Strebbau, streichend	Mit Bergeversatz: Strebbau, schwebend	Mit Bergeversatz: Stossbau	Mit Bergeversatz: Scheibenbau	Gesamtsumme der Förderung
			m	m	t	t	t	t	t	t	t	t
1	Schwalbach . . .	2	6,5	5,5	—	386 600	—	64 200	—	84 800	—	535 600
2	Geislautern	2	2,80	2,50	—	—	—	71 000	—	—	—	71 000
3	Viktoria	3	4,60	3,45	—	—	—	581 900	42 800	—	—	624 700
4	Gerhard	4	7,25	5,40	—	—	—	85 500	—	18 000	233 500	337 000
5	Rudolfschacht . .	2	2,60	2.20	—	—	—	249 800	—	—	—	249 800
6	Serlo	1	1,30	0,85	—	—	—	36 800	—	—	—	36 800
7	Von der Heydt . .	4	5,58	4,29	5 200	10 500	—	179 500	500	—	—	195 700
8	Lampennest. . . .	6	6,10	4,75	—	—	—	228 400	24 700	—	—	253 100
9	Burbachstollen . .	3	4,80	3,04	—	—	14 500	201 400	—	—	—	215 900
10	Dudweiler	15	26,31	20,73	—	—	—	705 200	4 500	4 900	204 100	918 700
11	Jägersfreude . . .	3	4,86	4,01	—	—	—	—	37 200	—	—	37 200
12	Sulzbach	16	26,4	20	—	—	—	196 100	—	97 000	85 100	378 200
13	Altenwald	17	23,66	17,98	38 300	—	—	397 300	—	178 500	10 300	624 400
14	Reden:											
	Flammkohlen . .	13	26,10	20,60	38 100	26 100	2 000	291 300	46 200	—	175 000	578 700
	Fettkohlen . . .	1	2,02	1,60	—	—	—	81 900	—	—	—	81 900
15	Itzenplitz	12	21,00	16,60	—	—	—	306 200	9 800	12 000	51 700	379 700
16	Heinitz	13	26,95	20,30	—	—	—	822 400	—	18 808	81 800	923 000
17	Dechen.	15	27,02	20,29	—	—	—	344 700	—	128 900	—	473 600
18	König.	16	24	18,5	—	—	—	203 200	2 800	157 100	94 100	457 200
19	Kohlwald	13	20,14	14,94	240 400	9 300	—	99 600	4 200	—	136 300	489 800
20	Wellesweiler . . .	2	1,90	1,45	19 900	—	—	2 700	—	—	—	22 600
21	Friedrichsthal. . .	14	21,12	15,28	—	19 800	—	445 400	20 600	8 700	—	494 500
22	Maybach	8	15,6	12,2	—	—	—	695 400	—	4 600	3 500	703 500
23	Göttelborn	5	8,08	6,89	113 200	21 200	—	105 100	53 900	—	51 200	344 600
24	Dilsburg	1	1,57	1,48	17 300	—	2 500	6 300	—	—	—	26 100
25	Camphausen . . .	4	6,20	4,70	—	—	—	285 100	—	—	187 900	473 000
26	Brefeld	5	8,2	5,5	—	—	—	257 800	—	—	111 000	368 800

Nur mit eigenen Bergen versetzt. [2]) Fl. Emil. [3]) Fl. Alvensleben. [4]) Stempelhölzer. [5]) Schneidhölzer.

Abbauarten auf den Saarbrücker Staatsgruben.

Von der Gesamtförderung fallen also auf		Bergewirtschaft							Kosten des Versatzes auf 1 t Förderung	Grubenholzkosten auf 1 t Förderung	Wieviel Kohle ohne Schießarbeit gewonnen
		Ursprung der Berge				Förderung der fremden Berge zur Versatzstelle					
		an der Versatzstelle selbst gewonnene Berge (Nebengestein, Bergemittel)	fremde Berge			Zugefördert auf der					
Abbau mit Versatz	Abbau ohne Versatz		aus anderen Betrieben der Grube (Gesteinsarbeiten)	von Tage eingefördert (Halden-, Waschberge)	durch Spülversatz eingebracht	oberen Sohle und abwärts in den Abbauabteilungen?	Bausohle und aufwärts in den Bauabteilungen	Bausohle und abwärts in Unterwerke			
%	%	t	t	t	t	t	t	t	M	M	t
28	72	42 500	8 500	—	—	8 500	—	—	0,12	0,99	—
100	—	[1]	—	—	—	—	—	—	—	[4]0,40[5]0,60	23 000
100	—	232 200	47 800	1 000	—	28 000	—	20 900	0,40	0,56	312 300
100	—	102 500	—	—	—	—	—	—	—	0,49	1 500
100	—	119 800	—	—	—	—	—	—	—	0,37	—
100	—	19 000	—	—	—	—	—	—	—	0,23	7 400
92	8	30 100	13 500	—	—	9 000	—	4 500	0,20	0,49	95 700
100	—	75 000	5 850	—	—	4 800	1 050	—	0,46	0,35	95 400
100	—	10 500	12 000	—	—	3 000	9 000	—	0,05	0,68	—
100	—	313 500	251 400	—	3 600	188 700	62 700	—	0,35	0,78	563 000
100	—	—	—	—	—	—	—	—	—	0,91	—
100	—	178 000	102 300	—	1 600	87 300	15 600	—	0,60	0,51	124 400
91	9	216 000	124 900	—	21 000	111 000	13 900	—	0,55	0,58	260 000
89	11	130 500	103 100	—	—	—	—	—	0,03	0,35	103 200
100	—	20 300	18 000	—	—	—	—	—	0,05	0,50	75 600
100	—	213 900	57 300	—	—	—	57 300	—	0,20	0,47	153 200
100	—	310 000	180 000	—	8 000	18 000	3 000	159 000	0,46	0,58	—
100	—	171 000	58 900	31 100	—	62 000	19 500	8 500	0,30-0,35	0,74	—
100	—	119 900	146 900	5 460	—	140 900	11 500	—	0,58	[4]0,62[5]0,14	—
49	51	211 300	11 400	—	—	3 900	7 500	—	0,30-0,50	0,51	10 000
12	88	1 760	900	—	—	900	—	—	0,40-0,50	0,60	—
96	4	257 800	29 800	—	—	21 600	3 200	4 500	0,37	0,42	87 100
100	—	285 500	64 500	—	—	38 000	26 500	—	0,44	0,80	682 400
61	39	70 600	31 000	—	—	28 500	2 500	—	0,25	0,47	—
34	66	3 000	1 450	—	—	400	1 050	—	0,16	0,50	—
100	—	102 000	46 000	2 000	—	13 000	28 000	5 000	0,26	0,78	473 000
100	—	72 000	24 000	6 000	—	8 000	22 000	—	0,30	0,65	368 800

der obersten Scheibe zu erhalten und ein möglichst gleichmäßiges Setzen der Oberbank zu erreichen. Die dritte, oberste Scheibe ist gegenwärtig noch nicht in Angriff genommen.

Die Arbeiterleistung beträgt beim Bau der untersten Scheibe durchschnittlich 1,2 t, die Materialkosten auf 1 qm Flözfläche 0,36 M., in der mittleren Scheibe ist die Arbeiterleistung 1,4 t, für beide Scheiben zusammen also im Durchschnitt 1,3 t, bei dem früheren alleinigen Abbau von Flöz 4 belief sie sich auf 1,8 t. Man glaubt jedoch beim Bau der dritten Scheibe eine wesentliche Steigerung der Leistung zu erreichen. Bemerkenswert ist, daß bei diesem Scheibenbau in zweijährigem Betriebe kein bedeutender Unglücksfall vorgekommen ist, während Flöz 4 bei dem früheren Bau die höchste Zahl von Unfällen durch Stein- und Kohlenfall von allen Flözen der Grube Maybach aufwies.

Zum Schluß sei noch auf das eigenartige Scheibenbauverfahren im Flöz 6 der Grube Camphausen hingewiesen, das auch im Berichte der Stein- und Kohlenfallkommission erwähnt wird. Das Flöz besteht aus zwei je etwa 70 cm starken Bänken, die durch ein Zwischenmittel von etwa 1 m Mächtigkeit getrennt werden und mit etwa 14 ° einfallen. Es wird nun von dem beiden Flözen gemeinsamen Bremsberge gleichzeitig nach beiden Seiten und in beiden Flözen Stoßbau vorgetrieben und zwar gehen je 2 etwa 15 m hohe Stöße zu Felde. Die beiden von derselben Seite des Bremsberges vorgehenden Stöße liegen wegen der flachen Flözlagerung großenteils übereinander, decken sich also nahezu in ihrer Horizontalprojektion. Jedoch wird die Stoßlinie im unteren Flöze stets um etwa 20 m weiter zu Felde gehalten als die im oberen Flöz, sodaß die Arbeiter im oberen Flöz immer Versatz unter ihren Füßen haben. Die beiden Flöze sind in jeder Stoßhöhe durch kleine Querschläge verbunden und bringen mit ihrer Hilfe die Förderung auf den gleichen Bremsberg, wie sie die zum Versatz nötigen Berge aus demselben Bergebremsberg erhalten. Die Hauerleistung beträgt in der unteren Scheibe 2,6 t bei Belegung mit 3 Hauern und 1 Schlepper, in der oberen Scheibe 1,9 t bei 4 Hauern und 1 Schlepper. Die Gewinnungskosten berechnen sich für 1 t zu 1,80 und 2,80 M.

V. Hauer- und Gewinnungsarbeiten.

Die große Entwicklung der Technik in den letzten Jahrzehnten hat auch auf die Arbeiten und Gezähestücke des Bergmanns eingewirkt. Selbst die Keilhaue, dieses neben Schlägel und Eisen älteste bergmännische Gerät, das kaum eine Änderung zuzulassen schien, ist mehrfach zweckentsprechend umgestaltet worden. Das Streben ging vor allem dahin, sie für das Schrämen, das nach dem weitgehenden Verbot der Schießarbeit an

Bedeutung für viele Stellen noch gewonnen hat, zweckmäßiger zu machen.

Die jetzt hauptsächlich gebräuchlichen Formen zeigen die Fig. 2a—d. Die nach englischem Muster ausgebildete Form, Fig. 2b, hat den Vorzug, beim Schrämen wegen des sich die Wage haltenden Gewichts des zweiseitigen Blattes die Hand des Arbeiters weniger zu ermüden als die Formen mit nur einseitiger Spitze, sie ist außerdem so kräftig, daß sie auch zum Zerkleinern von größeren Stücken und auch zum Beräumen gut brauchbar ist.

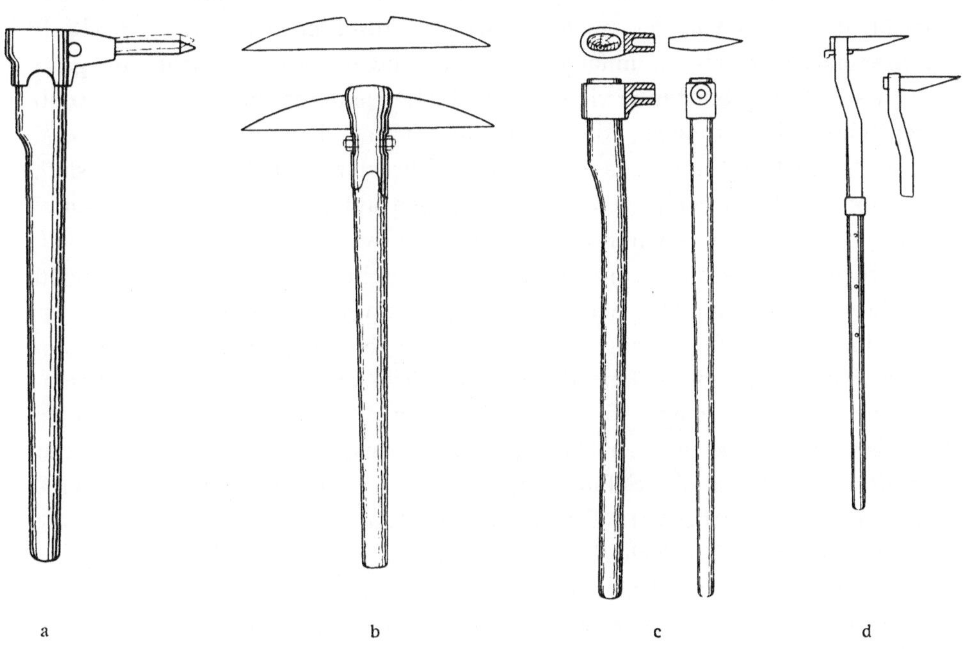

Fig. 2.

Diesen Vorzügen steht nur der Nachteil gegenüber, daß bei größerer Schramtiefe die zweite Spitze hinderlich ist. Die „Pinnhacke", Fig. 2a, besitzt den Vorzug, daß man infolge der Form der Spitze dieser durch Umdrehen eine aus dem Hiebbogen nach außen heraustretende Stellung geben kann, was bei der Herstellung eines tiefen Schrams von Wert ist. Diese Haue ist auch sonst nach eingehenden, auf Grube Dudweiler angestellten Versuchen in ihrer Form und Größe sehr zweckmäßig. Das in Fig. 2d dargestellte sog. Sensenpickel ist ausschließlich für die Benutzung in sehr dünnen Schrammitteln bestimmt, dafür aber, wie es auch im Bericht der Stein- und Kohlenfallkommission ausgesprochen ist, sehr geeignet.

Bei der bereits betonten Wichtigkeit des Schrämens sind in den letzten Jahren mit den verschiedenen Arten der Schrämmaschinen auf allen Saarbrücker Gruben eingehende Versuche angestellt worden, die ergeben haben, daß fast auf jeder Grube Stellen vorhanden sind, an denen das Schrämen mit der Maschine mehr oder weniger bedeutende Vorteile bringt. Als geeignet sind jedoch im allgemeinen nur diejenigen Maschinenformen erkannt worden, bei denen der Schram durch Schwenken einer gewöhnlichen Luftbohrmaschine an einer Spannsäule hergestellt wird; die Stoßbohrmaschinen der Ingersoll-Sergeant Co. und die ähnlichen Ausführungen anderer Firmen, sowie die übrigen ausländischen Bauarten haben sich, vielleicht abgesehen von der noch zu wenig erprobten Garforthschen Radschrämmaschine, als zu umfangreich und schwer oder zu sehr an ganz flaches Fallen gebunden erwiesen. Da die bei dem Schrämmaschinenbetrieb gemachten Erfahrungen von v. Königslöw in dem Berichte über den 9. Deutschen Bergmannstag auf S. 120 ff. ausführlich mitgeteilt und erörtert sind, so kann an dieser Stelle von einem Eingehen auf diesen Gegenstand abgesehen werden. Es sei nur zur Ergänzung erwähnt, daß die auf S. 134 f. besprochene Maschine von Herrmann inzwischen einige Verbesserungen erfahren hat. Während bei der früheren Form die Fortbewegung der Maschine am Stoße entlang mittels einer an ihm hingespannten Kette bewirkt wurde, erfolgt sie jetzt derart, daß dicht am Stoße eine ⊓-Eisenschiene entlang gelegt wird, die durch zwei Reihen von rechteckigen Löchern im Stege zu einer Art Zahnstange ausgebildet ist. In die Löcher greifen zwei durch ein Schneckengetriebe von der Hauptantriebsscheibe der Maschine aus bewegte Ritzel ein und schieben bei ihrer Drehung die Maschine mit großer Sicherheit vorwärts. Ferner ist der zur Führung der Schrämkette dienende Rahmen, der beim Betriebe senkrecht zur Abbaukante in den Stoß hineinragt, jetzt nicht mehr fest mit dem Maschinengestell verbunden, sondern kann nach Lösung einiger Schrauben um 90^0 geschwenkt werden. Dies hat den Vorteil, daß nach Vornahme der Schwenkung die Maschine bei der Fortschaffung durch enge Grubenräume bedeutend handlicher ist und daß auch beim Betriebe das Auswechseln der Messer nach Drehung des Rahmens bequemer und schneller vorgenommen werden kann. Es dauert jetzt 8—10 Minuten gegen 15 Minuten bei der früheren Form. Endlich ist eine Einrichtung getroffen, die Maschine nach Abschrämung des Stoßes auch maschinell zurückzufahren, was früher nicht möglich war. Die Leistung der Maschine beträgt gegenwärtig 18—20 qm in der Schicht, läßt sich aber voraussichtlich bei stärkerem Luftdruck noch steigern.

Die auf S. 133 f. a. a. O. besprochene Maschine von Tübben ist weiterhin an einer Reihe von Stellen erfolgreich benutzt worden, ohne daß schon ein abschließendes Urteil über sie möglich wäre. Sie hat aber dem

Erfinder zugleich den Anstoß zu einer neuen interessanten Bauart gegeben. Deren Haupteigentümlichkeit besteht darin, daß das eigentliche Schrämwerkzeug durch ein oder mehrere Stahlrohre gebildet wird, die an ihrem vorderen Ende mit geschränkten Zähnen versehen sind. Die Rohre werden um ihre Achse gedreht und wirken so als Kernbohrer; zur Herstellung des Schrams wird eine hinreichende Zahl von Bohrlöchern nebeneinander gesetzt. Die anscheinend vorliegende Schwierigkeit, den Bohrkern bequem und schnell zu entfernen, ist in sehr einfacher Weise dadurch überwunden, daß das Bohrrohr in der Nähe seines hinteren Endes auf etwa 20 cm Länge annähernd bis zur Hälfte weggeschnitten ist; die erbohrten Kerne brechen, wie sich durch die Versuche gezeigt hat, bei dieser Einrichtung regelmäßig in Stücken von 5—15 cm Länge je nach der Härte der Kohle ab und fallen selbsttätig aus dem Rohr. Die Schrämversuche wurden bisher in der Hauptsache mit einer kleineren Maschine mit nur einem Bohrrohr angestellt, die, wie das ganze Schrämverfahren, zum Patent angemeldet ist; sie besteht aus einem $1^1/_4$ PS. starken Preßluftmotor, der auf einer schwach konischen Verstärkung am vorderen Ende seiner Achse das nur durch Bajonettverschluß befestigte Bohrrohr trägt. Die Befestigung und Bewegung des Motors geschieht in ähnlicher Weise wie bei der im Festbericht besprochenen Maschine: es wird an zwei Spannsäulen parallel dem zu schrämenden Stoße eine Art Bett aus einer Profileisenkonstruktion aufgestellt und auf ihm gleitet ein den Motor tragender Schlitten, in dem nach Art des Kreuzsupports einer Drehbank der Motor senkrecht zum Stoße vor- und zurückgeschraubt werden kann. Die Bewegung des Schlittens auf dem Bett erfolgt mit Hilfe einer auf diesem angebrachten Zahnstange und eines am Schlitten befestigten Ritzels von Hand, diejenige des Motors auf dem Schlitten dagegen in der Weise, daß eine von der Welle des Motors durch Übersetzungsräder angetriebene, an dem Motorgehäuse unverschiebbar, wenn auch drehbar, angebrachte Mutter in eine im Schlitten senkrecht zum Stoß verlagerte Schraubenspindel eingreift. Die Spindel läßt sich im Schlitten nur mit so starker Reibung umdrehen, daß sie durch die Drehung der genannten auf ihr umgetriebenen Mutter nicht mitgenommen wird, infolgedessen wird der Motor auf dem Schlitten mit jeder Umdrehung der Mutter um eine Ganghöhe der Spindel gegen den Stoß vorwärts oder von ihm zurück, je nach der Umlaufrichtung des umsteuerbaren Motors, bewegt. Vermittels einer Kurbel kann man aber, während der Motor läuft, die Spindel von Hand nach einer oder der anderen Richtung umdrehen und dadurch bewirken, daß das Vor- oder Zurückschieben des Motors und Bohrrohrs nach dem Differentialprinzip langsamer oder schneller geschieht als bei feststehender Spindel. Diese Möglichkeit jederzeitiger Regelung der Vorschubgeschwindigkeit in weiten Grenzen ist für die Wirkung der Maschine von großer Bedeutung. Natürlich läßt sich die Drehung der Spindel mit der Kurbel auch dazu benutzen, den stillgesetzten Motor zurückzuholen. Bei der Versuchsmaschine hatte das Bett eine Länge von 5 m, das aus Mannesmannrohr bestehende Bohrrohr bei 8 cm Durchmesser eine solche von 1,30 m. Die Zähne waren nach innen und außen je um 5 mm geschränkt. In harter Kohle wurden zur Herstellung eines jeden, 90 cm tiefen Bohrloches 1—1½ Minuten gebraucht, eine Schärfung der Zähne war meist erst nach Abbohrung von 25 Löchern erforderlich. Die Versuche werden mit einer stärkeren Maschine und drei gleichzeitig arbeitenden Bohrrohren fortgesetzt, ein abschließendes Urteil wird sich erst nach dem Ausfall dieser weiteren Versuche fällen lassen, im allgemeinen läßt sich aber über das Verfahren wohl sagen, daß es zwar der ersten Maschine von Tübben wie auch z. B. der Garforth - Maschine gegenüber den Vorteil eines ununterbrochenen Fortschrämens aufgibt und durch das nach Herstellung einer Bohrlochtiefe nötige Zurückholen und seitliche Verschieben der Maschine unvermeidlich einen nicht unerheblichen Verlust an eigentlicher Schrämzeit mit sich bringt, aber auf der anderen Seite mehrere nicht zu unterschätzende Vorteile hat. Diese bestehen hauptsächlich in der Einfachheit der Einrichtung, in der vorteilhaften Angriffsweise der Bohrzähne, die sich bei den ganz ähnlich wirkenden Bohrern der Brandtschen Gesteinsbohrmaschine unzweifelhaft als sehr günstig erwiesen hat, und endlich darin, daß ein großer Teil der Kohle aus dem Schram in großen, gut verwertbaren Stücken erhalten wird.

Um nicht umsteuerbare Motoren benutzen zu können, hat der Maschinenwerkmeister Herrmann eine Anordnung angegeben, bei der ein Rahmen mit 3 Bohrrohren der eben beschriebenen Art mit Hilfe zweier Sätze von Übersetzungsrädern bei gleicher Umlaufrichtung des Motors vor- oder zurückbewegt wird. Zu dem Zwecke ist entweder der eine oder der andere Rädersatz durch Reibkupplung mit der Motorwelle verbunden, zur Ein- und Ausschaltung jedes Satzes, sowie zur gleichzeitigen Ausschaltung beider Sätze dient ein und derselbe bequem angeordnete Handhebel. Die Geschwindigkeit beim Rückzug ist durch Verwendung eines bedeutend größeren Durchmessers der Kuppelscheibe größer als die beim Vorschub.

Als Schrämkrone hat sich an den meisten Stellen die in Fig. 3 abgebildete Form von Sorg mit 3, 4 oder 5 festen Außenzacken und eingesetzter Mittelspitze am besten bewährt. Die Mittelspitze verhindert ein Aufspalten der Krone, wie es sonst durch Teile aus dem Schram, die sich zwischen die Zacken setzen, leicht vorkommt. Die Ausgaben für Schrämkronen gingen nach Einführung dieser Form auf Grube Gerhard auf etwa ⅓ herunter.

Zum Bohren in der Kohle werden so gut wie ausschließlich drehend wirkende Schlangenbohrer benutzt. Sie werden entweder unmittelbar von Hand oder mit einer Handbohrmaschine gedreht. Die auf den einzelnen Gruben benutzten Bauarten von Handbohrmaschinen, die auch in milden Gesteinsarten angewendet werden, sind außerordentlich zahlreich und die

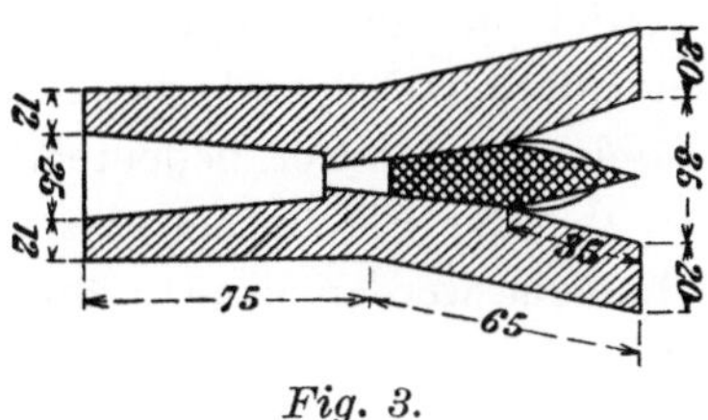

Fig. 3.

Urteile über ihren Wert verschieden. Am meisten gebraucht werden die Bauarten Thomas, Elliott, Ratchet, Forster, Leyendecker, Saar, Simplex. Vergleichende Versuche mit einzelnen dieser Maschinen sind vor einigen Jahren auf den Gruben Gerhard und Reden vorgenommen worden. Auf ersterer erhielt man folgende Ergebnisse:

	Zur Herstellung eines 1 m tiefen Bohrlochs wurden gebraucht einschließlich aller Nebenarbeiten Minuten				
	in weicher Kohle	in fester Kohle	in weichem Schiefer	in festem Schiefer	in feinkörnigem Sandstein
Handdrehbohrer	19	52	24	90	82
Maschine von Thomas	16	24	30	34	44
„ Bauart Ratchet	23	25	30	43	36
„ von Forster ohne Gestell	24	25	29	34	31
„ von Forster mit Gestell	15	18	20	22	28

Auf Grube Reden stellte man folgende Zahlen fest:

	Zur Herstellung eines 1 m tiefen Bohrlochs wurden gebraucht einschließlich aller Nebenarbeiten Minuten		
	in Kohle	in Schiefer	in Sandstein
Maschine von Forster	16	21	50
„ „ Leyendecker	9	19	28
„ „ Elliott	6	15	42

Es zeigte sich also, was auch auf anderen Gruben beobachtet wurde, daß die ausschließliche Handarbeit durch Handbohrmaschinenbetrieb mit Vorteil besonders in fester Kohle, in festem Schiefer und in Sandstein ersetzt wird. In weicher Kohle und weichem Schiefer wird mit Maschinen gegen reine Handarbeit keine bedeutende Zeitersparnis erzielt. Man wendet Handbohrmaschinen zweckmäßig da an, wo bei reiner Handbohrung der Meißelbohrer benutzt werden müßte. Gegenüber der Forsterschen Maschine zeigten die Leyendeckersche und die Elliottsche Maschine, die letztere wenigstens in Kohle und Schiefer, bedeutend günstigere Ergebnisse; die Leyendeckersche hat vor der Elliottschen das voraus, daß sie im allgemeinen von 1 Mann bedient werden kann, während die Maschine von Elliott 2 Leute erfordert.

Mit der Handbohrmaschine von Heise sind bei Versuchen auf Grube Viktoria im Jahre 1901 sehr günstige Erfolge erzielt worden, sie hat sich aber doch nicht in größerem Umfange einzuführen vermocht, weil sie nach den Erfahrungen einiger Gruben für den dauernden Gebrauch zu empfindlich ist.

Bei allen Arten von Handbohrmaschinen hat sich herausgestellt, daß es zweckmäßig ist, sie mit einer Kurbel auszurüsten, die durch Umstecken auch als Knarre benutzt werden kann. Denn wenn auch die Kurbel den großen Vorteil hat, ununterbrochen zu wirken, während die Knarre beim Zurücklegen, also fast während der Hälfte der Betriebszeit ohne Wirkung auf den Bohrer bleibt, so läßt sich doch öfters beim Bohren nahe am Stoß die Kurbel wegen Raummangels nicht gut drehen, die Knarre dagegen sehr bequem handhaben.

Von Preßluftbohrmaschinen sind hauptsächlich die Bauart von Flottmann, die Duisburger der Firma Bechem & Keetmann, die von Frölich & Klüpfel, die von Korfmann, seltener die von Hoffmann, von Eisenbeis, die Zweibrücker (System Kurzel) und die der Ruhrthaler Maschinenfabrik (Maschine Triumph) in Gebrauch. Über einige mit verschiedenen dieser Bauarten neuerdings ebenfalls auf den Gruben Gerhard und Reden angestellte Versuche gibt nebenstehende Zusammenstellung Auskunft.

Die Versuche auf Grube Gerhard fanden über Tage an einem Block Landstuhler Sandstein statt.

Aus der Zusammenstellung ergibt sich, daß die Maschinen mit langem Kolbenhub im allgemeinen denen mit kürzerem Hube überlegen sind.

Beim Streckenbetriebe in weichem Schiefer hat sich auf mehreren Gruben die Françoissche Drehbohrmaschine mit getrennt auf einem Wagen stehenden Preßluftmotor und Übertragung der Bewegung durch eine mit zwei Universalgelenken versehene Stange gut bewährt. Beim Aufhauen

Bezeichnung der Maschine	Kolben-durch-messer	Kolben-hub	Ge-wicht der Ma-schine	Durch-schnitt-liche Bohr-leistung in der Minute	Verbrauch an Luft von At-mosphären-druck auf 1 m Bohrloch	Luft-über-druck	Durchbohrtes Gestein
	mm	mm	kg	cm	cbm	at	
				Versuche auf Grube Reden			
Flottmann . . .	85	—	—	9,2	18,5	5	Schiefer
» . . .	85	—	—	7,2	23,8	4,8	Konglomerat
Duisburger . . .	85	—	—	7,5	21,8	5	Schiefer
» . . .	85	—	—	6,7	23,8	4,9	Konglomerat
» . . .	90	—	—	12,0	17,5	4,7	Schiefer
» . . .	90	—	—	8,6	22,6	4,8	Konglomerat
Frölich & Klüpfel	75	—	—	9,1	18,1	4,8	Schiefer
»	75	—	—	6,3	25,5	4,7	Konglomerat
Eisenbeis . . .	85	—	—	7,7	18,6	3,5	»
				Versuche auf Grube Gerhard			
Flottmann SA . .	70	175	57	10,0	26	4,4	Landstuhler Sandstein
» SA . .	85	240	108	12,6	25	4,4	
» HV . .	85	245	103	15,6	19	4,5	
» SA . .	90	240	112	11,4	21	4,1	
Duisburger 1903 .	—	275	102	15,0	23	4,5	
Korfmann . . .	90	380	116	19,5	15	4,3	

von Durchhieben werden auf Grube Reden mit der Überhaubohrmaschine von Korfmann Wetterbohrlöcher nach der Parallelstrecke hergestellt. Die Maschine arbeitet nach Abänderung der ursprünglichen Bohrerform zufriedenstellend.

Zum Schießen werden im Gestein meist Gelatinedynamit, in der Kohle, soweit nicht Schießverbot besteht, ganz überwiegend die verschiedenen Sicherheitssprengstoffe benutzt. Immerhin wurden im Jahre 1904 neben rd. 742 300 kg Sicherheitssprengstoffen noch 272 600 kg Schwarzpulver und zwar größtenteils auf den Flamm- und Magerkohlengruben verbraucht. Wie groß der Verbrauch an den einzelnen Sprengstoffen war, zeigt folgende Übersicht:

Sprengstoff	Verbrauch in 1904 kg
Gekörntes Schwarzpulver.	95 300
Komprimiertes Schwarzpulver . .	177 300
zus. Schwarzpulver	272 600
Guhrdynamit	14 700
Gelatinedynamit	117 500
Sprenggelatine	15 100
zus. Dynamite	147 300
Wittenberger Wetterdynamit . . .	232 920
wettersicheres Gelatinedynamit. .	5 170
Karbonit	333 680
Sicherheitssprengpulver.	28 730
Anagonsprengpulver	16 780
Sprengsalpeter	104 800
Nobelit	9 450
Roburit und sonstige	10 820
zus. Sicherheitssprengstoffe	742 350

Die Zündung erfolgt in der Mehrzahl der Fälle durch Elektrizität und zwar in den letzten Jahren in immer größerem Umfange durch Glühzündung. Meist werden einfache Glühzünder, seltener Spaltglühzünder gebraucht. Als Zündmaschine dient vielfach die von Meyer angegebene Batterieform aus Hellesen - Elementen. Bei der Verwendung magnetelektrischer Zündmaschinen hat man die Erfahrung gemacht, daß der Strom bei Stromschluß weit langsamer ansteigt als bei den Zündbatterien, was den Übelstand hat, daß von mehreren in einen Kreis geschalteten Zündern, die nie ganz gleiche Widerstände haben, ein Teil merklich früher zur Explosion kommt und unter Umständen ein Versagen der anderen durch die Stromunterbrechung hervorbringt.

Welche Fördermengen auf den einzelnen Gruben im Jahre 1904 ohne Schießarbeit d. h. an Arbeitspunkten, wo keine Schießarbeit stattfand, gewonnen wurden, geht aus der letzten Spalte der Zusammenstellung auf S. 86 u. 87 hervor; im ganzen waren es 3 436 000 t, also fast genau $^1/_3$ der Gesamtförderung.

VI. Grubenausbau bei der Vorrichtung und beim Abbau.

Gerade im Grubenausbau sind, wie bekannt, auf den Saarbrücker Gruben in den letzten Jahren hauptsächlich infolge der Anregungen der Stein- und Kohlenfallkommission außerordentliche Fortschritte in bezug auf eine größere Sicherung der Arbeiter gemacht worden, die sich bereits deutlich in dem Herabgehen der durch Stein- und Kohlenfall hervorgerufenen Unglücksfälle in ihrer wohltätigen Wirkung geäußert haben. Da aber alle wichtigeren dieser Fortschritte nicht nur in den Veröffentlichungen der Zeitschrift für das Berg-, Hütten- und Salinenwesen über Versuche und Verbesserungen und den Berichten der Stein- und Kohlenfallkommission einzeln mitgeteilt, sondern auch in dem Vortrag von Cleff über die Bekämpfung der Stein- und Kohlenfallgefahr im Saarrevier zum 9. Deutschen Bergmannstage (abgedruckt im Festberichte über den Bergmannstag S. 105 ff.) und ganz neuerdings in der Arbeit von Mengelberg über den gegenwärtigen Stand des planmäßigen Ausbaues auf den Saarbrücker Staatsgruben in der Ministerialzeitschrift Bd. 53, S. 249 ff. zusammenfassend behandelt sind, so dürfte an dieser Stelle von einem Eingehen auf den Gegenstand abzusehen sein. Es sei nur erwähnt, daß Mengelberg auf Grund genauer Erkundigungen bei den einzelnen Gruben die wichtige Frage, welche Wirkungen die Einführung des planmäßigen Ausbaues in wirtschaftlicher Beziehung gehabt habe, dahin beantworten kann, daß im allgemeinen eine nennenswerte Erhöhung der Selbstkosten durch die Einführung nicht stattgefunden und daß auch die Arbeiterleistung nach einer vorübergehenden Verminderung ihren alten Stand wieder erreicht hat. Nur wenige stark druckhafte Gruben haben eine deutliche Erhöhung der Holzkosten zu verzeichnen, auf der anderen Seite sind diese auf Grube König sogar gefallen, was sich aus der Verwendbarkeit dünnerer Hölzer erklärt. — Über die gegenwärtigen Holzkosten der einzelnen Gruben gibt die Zusammenstellung auf S. 86 u. 87 in ihrer vorletzten Spalte Auskunft; sie schwanken zwischen 0,23 M. auf Grube Serlo und 0,99 M. auf Grube Schwalbach, liegen aber auf den meisten Gruben zwischen 0,45 und 0,65 M. für 1 t Förderung.

Beim Ausbau von wichtigeren Strecken finden eiserne Streckengestelle an allen den Punkten mit Vorteil Anwendung, wo ein gewisser mittlerer Druck herrscht, der einerseits so stark ist, daß er ein kräftiges Verbauen erfordert, auf der anderen Seite nicht stark genug, die Gestelle zusammenzubiegen. Wo ein solcher mittlerer Druck vorhanden ist, wie z. B. auf Grube Altenwald an vielen Stellen, bewähren sich die Streckengestelle gut und sind durch ihre 2—3fache Dauer gegenüber einem gleich starken hölzernen Ausbau auch wirtschaftlich vorteilhaft, weil bei der Erneuerung des Holzausbaues nicht nur die Kosten des neuen Materials, sondern vor allem auch die beträchtlichen Löhne für das Aufstellen sich wiederholen. Man wendet auf Grube Altenwald deshalb die Eisengestelle in großem Umfange an und findet es auch vorteilhaft, die verbogenen Gestelle nach ihrem Ausbau gerade zu richten und noch einmal zu verwenden. Das Ausrichten geschieht in heißem Zustande, und man hat auf Altenwald, aber auch anderwärts in gleicher Weise, z. B. in Von der Heydt, einen besonderen kleinen Flammofen zum Anwärmen der Gestelle aufgestellt. Die Bauart des Ofens in Von der Heydt ist in dem Bericht der Ministerialzeitschrift über Versuche und Verbesserungen Bd. 51, S. 223 beschrieben. Auf der Mehrzahl der Saarbrücker Gruben ist man aber, weil der bestimmte mittlere Gebirgsdruck nicht vorhanden ist, von dem ausgedehnten Gebrauch der Eisengestelle abgekommen; bei schwachem Druck hält das billigere Holz ebensogut und bei starkem werden die Gestelle schnell ganz zusammengedrückt und versperren den Streckenquerschnitt. Die Gestelle bestehen meist aus I-Flußeisen und sind aus zwei in der Streckenfirste zusammenstoßenden verlaschten Teilen zusammengesetzt, die in der Regel ohne Schuhe mit ihren senkrecht verlaufenden Füßen auf der Sohle stehen. Geschlossene, ringförmige Gestelle werden nur sehr selten angewandt. Der Preis eines Meters Streckenausbau mit Eisengestellen kann im Durchschnitt als doppelt so hoch wie der eines einmaligen gleich starken Holzausbaues angenommen werden.

Zur Verstärkung der hölzernen Kappen verwendet man auf mehreren Gruben alte abgelegte Drahtseile, die man unter der Kappe herspannt. Die Wirkung ist da, wo die Anbringung in richtiger Weise geschieht, sehr zufriedenstellend; vielfach wird aber das Seil in unsachgemäßer Weise angebracht und ist dann nahezu nutzlos. Die Wirkung der Anordnung beruht darauf, daß die Zugspannung, die beim Belasten der Kappe sonst deren unterste Faser aushalten muß, von der weit größeren Zugfestigkeit des Seils aufgenommen wird. Diese Wirkung kann aber offenbar nur eintreten, wenn das Seil straff und zwar in der tiefsten Linie an der Kappe anliegt und auch gegen seitliches Abgleiten an der runden Kappe durch mehrfache Verklammerung gesichert ist. Auf die genaue Anbringung und Sicherung wird häufig zu wenig Wert gelegt. Besonders aber kann es nicht als richtig angesehen werden, die Seilenden, wie es oft geschieht, an den beiden Stempelköpfen zu befestigen, weil diese dann bei eintretendem Druck mit sehr großer Gewalt nach innen gezogen werden und bei der üblichen Art der Verblattung diesem Druck nicht widerstehen können und aufreißen. Die bessere Ausführung ist die, die Seilenden um die Kappenenden herumzuschlagen und an ihr selbst mit Klammern unverschiebbar zu befestigen. Die Kappe ist dann in sich verstärkt und äußert, wie es sein soll, auf die Stempel nur senkrechte Drucke.

Mehrfach verwendet man als Kappen Eisenbahnschienen oder I-Eisen, die sich bei nicht allzugroßem Druck gut bewähren, sie ruhen auf den Stempeln meist mit Schuhen verschiedener Form, die besser als eine Auskehlung der Stempel eine Verschiebung der Kappe verhüten und den Stempel gegen Aufspalten schützen.

Als Material für den Ausbau hat man, nachdem schon vor einer Reihe von Jahren auf mehreren Gruben festgestellt war, daß vielfach an druckhaften Stellen Nadelholz besser als Eichenholz von gleichen Abmessungen standhielt,*) neuerdings durch eingehendere Versuche auf Grube Maybach für die dortigen druckhaften Strecken das Akazienholz besonders geeignet gefunden. Es wurden in einer Grundstrecke des Flözes 3 abwechselnd Türstöcke mit Stempeln von 1,90 bezw. 2,30 m Länge und 0,20 m Durchmesser aus Akazien- und aus Kiefernholz gesetzt. Die Lebensdauer betrug bei Akazienholz 1083 Tage, bei Kiefern 476 Tage. Infolge der größeren Haltbarkeit war das Akazienholz trotz seines annähernd doppelt so hohen Preises vorteilhafter. Man wird aber das Akazienholz nur in kleinem Umfange anwenden, weil es nur in beschränkten Mengen zu erhalten ist.

Wichtige und großenteils erfolgreiche Versuche sind ferner mit dem Tränken der Grubenhölzer angestellt worden: Als Tränkmasse werden fast ausschließlich Teeröle und ähnliche Stoffe benutzt, die verschiedenen Metallsalze haben sich als zu teuer erwiesen. Die Hölzer werden unter Dach einige Tage an der Luft trocknen gelassen und dann in entrindetem Zustande, meist unter Anwendung des der Firma Kruskopf in Dortmund patentierten Apparates, in das heiße Ölbad eingetaucht. Die Temperatur beträgt 70 — 90 °. Die Dauer des Eintauchens schwankt zwischen einer halben Stunde und vier Stunden, je nach Art und Dicke des Holzes und der beabsichtigten Eindringtiefe des Öls. Bei mehrstündigem Eintauchen werden Stempel der üblichen Durchmesser auf etwa $^2/_3$ der Dicke durchtränkt. Die getränkten Hölzer finden in der Hauptsache an Stellen Anwendung, die mäßigen oder geringen Druck haben, aber starker Feuchtigkeit ausgesetzt sind, also besonders in ausziehenden Wetterstrecken und dergl. Auf Grube Heinitz werden regelmäßig getränkt: Nadelholzgeviere und Nadelholzpfähle für blinde Schächte, Buchenschwellen, alle Nadelholzbohlen, teilweise je nach Bedarf Nadelholzbretter und Nadelholzstempel für Hauptstrecken. Bei einem dort angestellten Vergleichsversuch waren in einer nassen Wetterstrecke nach neun Monaten eichene Türstöcke auf 3 cm angefault, während das getränkte Nadelholz noch unversehrt war. Bei einem Versuche mit Kiefernstempeln, die allerdings nach dem Hasselmannschen Verfahren getränkt waren, auf Grube König hielten nach einjährigem Einbau in einer feuchtwarmen Strecke die getränkten Stempel unter der hydraulischen Presse einen Druck von 90—132 kg/qcm, die ungetränkten nur einen solchen von 32—92 kg/qcm aus, nach zweijährigem Einbau waren die entsprechenden Werte 100 kg und 55 kg/qcm. Das getränkte Holz zeigte sich nach zwei Jahren beim Durchsägen als ganz gesund, das ungetränkte war angefault und morsch. Die Kosten des

*) Siehe z. B. Versuche und Verbesserungen. Ministerialzeitschrift Bd. 42 S. 307; Bd. 43, S. 192.

Tränkens stellen sich in Heinitz auf rund 4,50 M. für 1 cbm Holz, auf Grube Reden, wo man statt des zuerst verwandten von der Firma Kruskopf in Dortmund bezogenen Öls ein nur annähernd $^1/_4$ so teures Öl (4,95 M. für 100 kg im Kesselwagen frei Grube) von der westfälischen Zeche Nordstern benutzt, für einen Stempel auf durchschnittlich 17 Pf., für 1 cbm Schneidholz auf rund 2 M. Als Ölverbrauch werden in Heinitz 30—40 kg für 1 cbm Holz gerechnet.

Die Stöße der im Bergeversatz ausgesparten Strecken werden größtenteils mit Holzpfeilern verbaut, deren Form und Ausführung, ebenso wie diejenige der Kappen aus den Veröffentlichungen der Stein- und Kohlenfallkommission hinlänglich bekannt sind.

Nach Versuchen auf Grube Brefeld ist es vorteilhaft, zu den Pfeilern nicht, wie es meist geschieht, Rundholz, sondern Scheitholz zu verwenden. Man konnte dort aus 52,8 Raummetern Rundholz 78 Pfeiler von zusammen 80 m Länge, aus 51 rm Scheitholz dagegen 73 Pfeiler von zusammen 92 m Länge herstellen, das Setzen eines Pfeilers erforderte bei Rundholz zwei Stunden, bei Scheitholz nur 1,5 Stunden, der Preis für 1 rm war bei Rundholz 7,20 M., bei Scheitholz 7,00 M. Die Scheitholzpfeiler hielten außerdem dem Gebirgsdruck besser Stand. In ähnlicher Weise ist durch eingehende Versuche auf Grube Gerhard festgestellt,*) daß Knüppelholzpfeiler sich durchweg um $^1/_4$ bis $^1/_3$ billiger stellen als solche aus Stempeln. Die Leistung mit 1 rm Durchschnittsknüppelholz ist im allgemeinen gleich derjenigen mit 1 rm Stempelholz, sie wird kleiner bei geringwertigen, größer bei guten Knüppeln. Es ist zweckmäßig, trotz des höheren Preises für 1 rm möglichst gutes Stempel- und Knüppelholz zu verwenden, das laufende Meter Pfeiler kommt dann doch billiger zu stehen als bei Verwendung geringwertigeren Holzes.

Auf Maybach hat man neuerdings statt der hölzernen auch Pfeiler aus alten Grubenschienen, alten Rohren und dergl. mit ausgemauerten Fugen und Bergeausfüllung verwandt, die sich auch bei großem Druck bewährt haben, aber wegen des nicht in beliebiger Menge zur Verfügung stehenden Materials nur in mäßiger Zahl hergestellt werden können.

Auf mehreren Gruben, z. B. Gerhard, Altenwald, Itzenplitz, König, Camphausen, werden letzthin in einzelnen Flözen beim Abbau mit gutem Erfolg die Sommerschen Stempel aus zwei in einander verschiebbaren und durch eine Klemmschelle verbundenen Mannesmannrohren benutzt. Es stellte sich übereinstimmend heraus, daß sie an Stellen mit gutem oder wenigstens mittelmäßigem Hangenden und geringem Druck, aber auch nur an solchen, den hölzernen Stempeln vorzuziehen sind. Sie halten dort dadurch, daß sie sich unter Überwindung der Reibung der Schelle etwas in

*) Versuche und Verbesserungen. Ministerialzeitschrift Bd. 50, S. 361.

einander schieben und so gewissermaßen den Druck des Daches abbremsen können, diesem Druck besser als hölzerne Stempel stand. Dies zeigt sich besonders auffallend darin, daß das sonst häufige Zubruchegehen von Arbeiten während längerer Arbeitsunterbrechungen durch Feiertage u. dergl. nicht eintritt. Ferner werden infolge dieser Nachgiebigkeit der Eisenstempel die auf ihnen liegenden Stangen kaum beschädigt und können 5 bis 10 mal wieder verwendet werden, während sie bei Holzstempeln nach höchstens zweimaligem Gebrauch bis zur Unbrauchbarkeit eingedrückt sind. Ein weiterer Vorteil bei Benutzung der Eisenstempel liegt in der Unabhängigkeit der Hauer vom Holztransport. Zum Wiederausbau der Stempel braucht nur die Schraube der Klemmschelle gelöst zu werden, und da dies mit Hilfe einer langen Knarre aus weiter Entfernung geschehen kann, so ist auch der Arbeiter vor Unfällen durch plötzliches Niedergehen des Hangenden geschützt. Nach Berechnungen der Grube König mußte in einem Stoßbau des Flözes Blücher bei 2,20 m Stempelhöhe und Zugrundelegung der herrschenden Preise ein Eisenstempel etwa 40 mal gestellt werden, bis er sich gegenüber Holzstempeln bezahlt machte. Das war ohne Schwierigkeiten zu erreichen. Im Flöz 3 der Grube Camphausen baut sich der Eisenstempel in etwa 8 Monaten frei und kann dann noch längere Zeit benutzt werden.

VII. Spülversatz.

Die günstigen Erfahrungen, die man in anderen Bergbaubezirken besonders in bezug auf die Sicherung der Tagesoberfläche mit dem Spülversatzverfahren gemacht hat, haben auch auf mehreren Saargruben in letzter Zeit dazu geführt, dieses Verfahren, zunächst versuchsweise, anzuwenden. Besonders ist dies naturgemäß bei solchen Gruben der Fall gewesen, die wegen dichter Bebauung der Oberfläche ein großes Interesse daran hatten, zu Schadensersatzansprüchen führende Beeinflussungen der Oberfläche soweit irgend möglich zu vermeiden und tunlichst die durch Stehenlassen von Sicherheitspfeilern eintretenden empfindlichen Kohlenverluste zu vermeiden. Aus derartigen Gründen ist hauptsächlich auf den Gruben Altenwald und Sulzbach, auf denen die Kosten für Grundentschädigungen vor allem eine außerordentliche Höhe erreicht hatten, das Spülversatzverfahren bereits in größerem Umfange in Anwendung, während es sich auf den anderen Gruben bisher mehr nur auf vereinzelte Stellen beschränkt. Es sei deshalb hier nur auf die Einrichtungen der beiden genannten Gruben, die sich in ihren Hauptzügen auch auf den anderen wiederfinden, kurz eingegangen und dabei bemerkt, daß man auf den beiden Gruben die Absicht hat, in nächster Zeit die Spülanlagen noch sehr bedeutend zu erweitern.

Auf Grube Altenwald findet Spülversatz vom Moorbachschachte aus in den Flözen 3, 4, 8, 9 und 16, vom Gegenortschachte aus in den Flözen 5, 7 und 8 Anwendung; auf Grube Sulzbach in den Flözen 4, 5 und 6.

Am Gegenortschachte der Grube Altenwald werden Waschberge aus der Kokskohlenwäsche der Firma Röchling benutzt; sie werden in Wagen

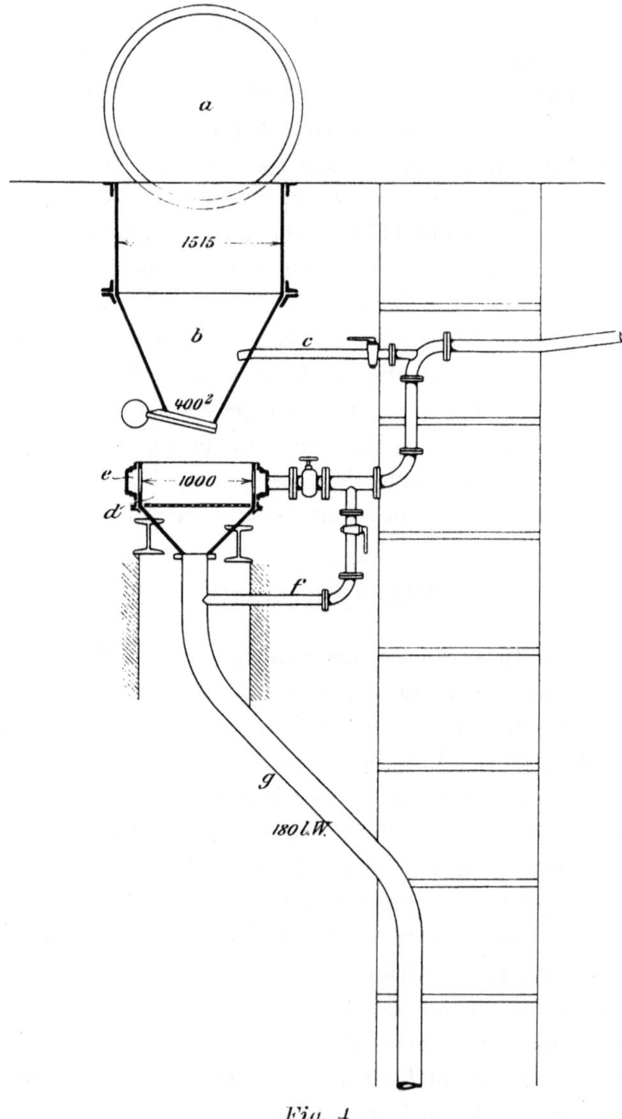

Fig. 4

durch eine Seilförderung von den Eisenbahnschächten aus herangebracht und durch den Kreiselwipper a (Fig. 4) in den Trichter b gestürzt, der unten durch einen Regulierschieber abgeschlossen ist und ein Wasserzuführungsrohr c besitzt, um das Spülgut, wenn nötig, schon an dieser Stelle mit Wasser vermengen zu können. Aus dem Trichter b fällt das Gut in den eigentlichen Spültrichter d, der ein Sieb von 60 mm Lochweite enthält und nach unten in die Spülleitung g übergeht. Das zur Fortschaffung des Spülgutes erforderliche Wasser tritt aus dem oberhalb des Siebes den Trichter d umgebenden Ringraum e durch zahlreiche Löcher in den Trichter, vermittels der Zweigleitung f kann außerdem noch ein kräftiger Wasserstrahl in den obersten Teil der Abfalleitung g gerichtet werden, wodurch das Zusammenballen des Spülgutes beim Vorhandensein toniger Beimengungen verhütet wird.

Am Moorbachschachte wird zum Versatz Sand aus einer benachbarten Ablagerung verwendet. Er wurde in der ersten Zeit mit Wagen zum Spültrichter gefahren, wird jetzt aber in viel vorteilhafterer Weise von der Ablagerungsstelle durch Gefluter aus eisernen Rutschen nach dem Spültrichter geschwemmt, was ohne Schwierigkeiten geschieht und zugleich eine gute Mischung des Spülgutes schon vor der Aufgabe in den Trichter herbeiführt; der Verbrauch an Spülwasser ist infolge dieser Einrichtung bedeutend verringert. Die Gefluter müssen eine Neigung von 5—6 ° erhalten, es ist deshalb, um die etwa 10 m hohe Sandablagerung auch in ihren entfernteren Teilen bis zum Grunde gewinnen zu können, eine Versatzstrecke mit 8 ° Ansteigen von dem Moorbachschachte aus bis an den Fuß der Ablagerung aufgefahren und so ermöglicht, die für die Gefluter nötige Fallhöhe unter die Sohle der Sandablagerung zu verlegen. Die Bauart des Spültrichters zeigt Fig. 5, sie bedarf keiner Erläuterung.

Auf Grube Sulzbach geschieht das Einspülen entsprechend der früher erwähnten Dreiteilung des Feldes an 3 Stellen, am Mellinschacht III für das Westfeld, am Venitzschacht für das Mittelfeld und am Lochwiesschacht für das Ostfeld. Am Mellinschacht und am Venitzschacht verwendet man Waschberge unter 50 mm Korngröße und gebrochene Kesselasche als Spülgut, am Lochwiesschacht die Berge der nördlich von ihm liegenden Halde, die aus der Kokskohlenwäsche der Firma Röchling herstammen. Während die Waschberge wie auf Grube Altenwald ohne alle Schwierigkeiten benutzt werden, hat sich bei der Kesselasche öfters der Übelstand herausgestellt, daß kleine mitgerissene Ascheteilchen sich in den Sümpfen, die das aus den versetzten Örtern ablaufende Wasser zu durchströmen hat, nicht genügend absetzen und bei der Hebung der Wasser durch die Wasserhaltung die Pumpen beschädigen, es ist daher geplant, die Teilchen durch Filtrieren des Wassers zurückzuhalten.

Das Spülgut wird am Mellinschacht in Höhe der Hängebank in einen Vorratsbehälter gestürzt, der rd. 100 t faßt, und gelangt von ihm aus nach Hinzugabe einer kleinen Wassermenge in den eigentlichen Spültrichter. Dieser befindet sich in Höhe der Rasenhängebank und hat die in Fig. 6 dargestellte Form, die ohne Erklärung verständlich ist. An den beiden anderen Schächten ist die Trichtereinrichtung entsprechend. Am Venitzschachte befindet sich der Trichter jedoch unter Tage auf der 1. Sohle und man verwendet die Wasser aus der Sumpfstrecke dieser Sohle zum Spülen. Das Spülgut fällt von Tage aus trocken durch ein

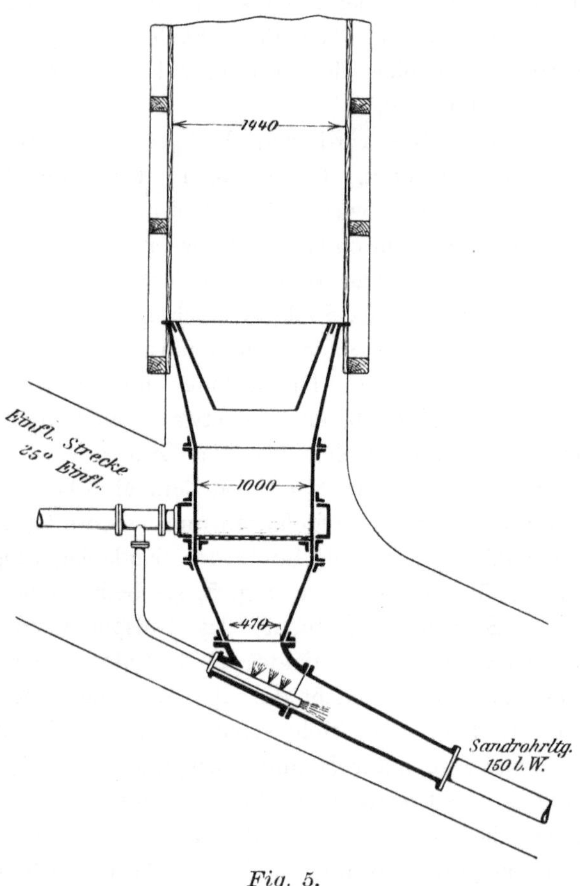

Fig. 5.

altes Steigrohr von 40 cm Durchmesser in einen Prellkasten auf der 1. Sohle und von ihm aus in den Spültrichter. Am Lochwiesschacht endlich werden die Berge aus der Halde durch einen Wasserstrahl von 2—3 Atm. Druck gelöst und ähnlich wie am Moorbachschacht durch Gefluter aus eisernen Rutschen in einen Vorratsbehälter über dem Spültrichter geschwemmt.

Der durchschnittliche Wasserverbrauch beträgt 1—1,2 cbm Wasser auf 1 cbm Berge.

Die Rohrleitungen haben eine Weite von 150 oder 185 mm, man gibt jetzt jedoch dem Durchmesser von 150 mm den Vorzug, weil sich bei Versuchen auf Grube Altenwald ergeben hat, daß die weiteren Leitungen sich leichter verstopfen als die engeren. Dies ist darauf zurückzuführen, daß der größere Querschnitt nicht immer von Material ausgefüllt wird, daß sich vielmehr einzelne knotenartige Ansammlungen

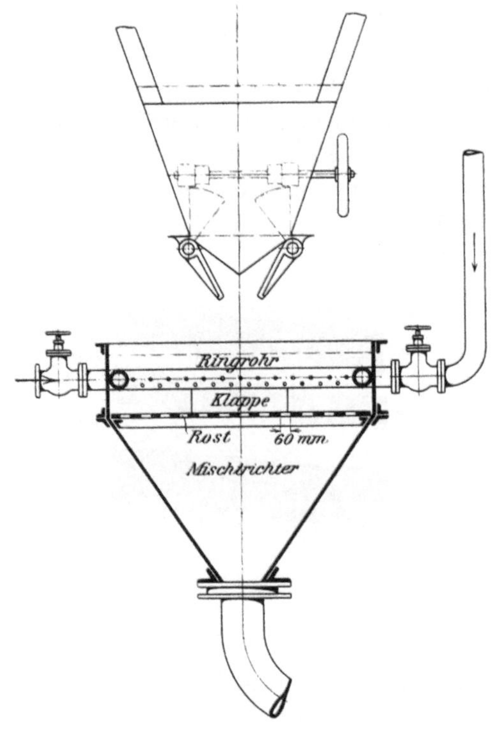

Fig. 6.

bilden und dazwischen halbleere lufterfüllte Räume bleiben; beim Niederfallen wird die Luft mehr oder weniger zusammengepreßt und verhindert ein gleichmäßiges Niedersinken, es treten, wie mit dem Manometer nachgewiesen ist, Druckschwankungen von 3—4 Atm. auf. Natürlich sprechen außerdem für die engeren Rohre die bedeutend geringeren Kosten. Über das zweckmäßigste Material für die Rohre hat man vergleichende Versuche angestellt und dabei gefunden, daß Mannesmannstahlrohre von 150 mm lichter Weite und 6 mm Wandstärke ausgewechselt oder gedreht werden mußten, nachdem rd. 74 500 cbm Waschberge oder 43 200 cbm Sand hindurchgegangen waren, bei Gußeisenrohren derselben Weite von

10 mm Wandstärke war ein Wechseln oder Drehen nötig nach Durchgang von rd. 52 000 cbm Waschbergen oder 45 800 cbm Sand. Man bevorzugt daher jetzt mit Rücksicht auf die etwa doppelt so hohen Kosten der Mannesmannrohre auch für Waschberge gußeiserne Rohre. Die Stahlrohre haben lose, die Gußrohre meist feste Flanschen, sie werden mit Gummi- oder Pappringen gedichtet. Bei den Krümmern hat man stellenweise die äußere, der Abnutzung überwiegend ausgesetzte Seite mit dickerer Wandung versehen. Ventile oder Schieber werden in der Leitung möglichst wenig angebracht, meist wird das Umschalten des Spülstroms von einer Stelle nach der anderen durch Umdrehen eines zweckmäßig eingesetzten Krümmers oder Benutzung von Blindflanschen nach Lösung der Flanschschrauben vorgenommen.

Die Flözteile, wo Spülversatz angewandt wird, werden ganz überwiegend mit Stoßbau gewonnen; nur in geringem Maße benutzt man

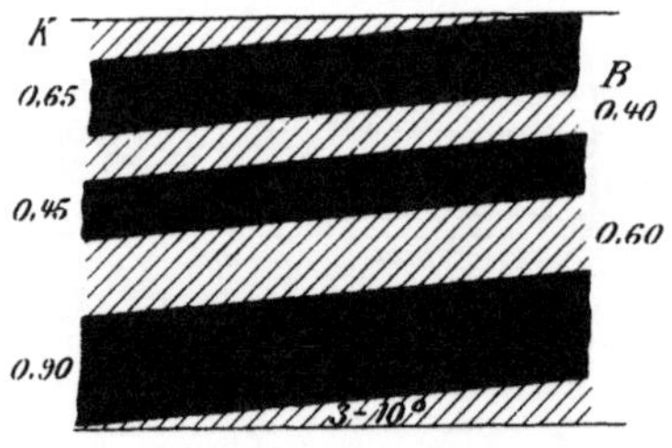

Fig. 7.

auch beim Pfeilerrückbau das Spülverfahren, z. B. im Felde des Lochwiesschachtes, sowie auf Grube Reden. Als Beispiel für die Art, wie sich der Stoßbau bei Anwendung des Spülversatzverfahrens gestaltet, sei hier kurz die Art des Abbaues im Flöz 5 des Westfeldes der Grube Altenwald besprochen. Das Flöz hat eine durchschnittliche Mächtigkeit von 3 m und besteht, wie Fig. 7 zeigt, aus 3 Bänken. Die flache Höhe des Abbaustoßes schwankt von 20—30 m, die Gewinnung erfolgt absatzweise in schwebenden Streifen von 4 m Breite. Ist ein derartiger Streifen auf eine flache Höhe von 10—12 m verhauen, so wird die Kohlengewinnung unterbrochen und der entstandene leere Raum zugeschlämmt. Zu dem Zwecke wird in einem Abstand von etwa 1,50 m vom Kohlenstoß eine Bretterwand b (Fig. 8) dadurch hergestellt, daß Bretter von 15—20 mm Dicke gegen die Stempel der überall angewandten planmäßigen Zimmerung angelegt und in der Weise, wie es Fig. 9 zeigt, mit aufgelegten Ankerschienen und Drahtseilankern befestigt werden. Der so hergerichtete Damm wird von innen mit Leinwand abgedichtet.

Ist dies geschehen, so spült man durch die in den abgeschlagenen Abschnitt hineingeführte Spülleitung a die Versatzmasse ein und zwar nicht die ganze Menge auf einmal, sondern jedesmal etwa 20—30 cbm, und läßt das Wasser durch den Bretterdamm ablaufen. Erst wenn dies hinreichend erfolgt ist, setzt man das Spülen fort. Während des Einfließens der Versatzmasse beobachtet ein Mann am Damm und gibt mit Hilfe einer Fernsprecheinrichtung den Leuten am Spültrichter die nötigen Anweisungen. Ist die auf einmal einzubringende Versatzmenge eingeflossen, so wird zur Vermeidung von Verstopfungen der Leitung mit reinem Wasser nachgespült. — Nach hinreichender Erhärtung des Versatzes setzt

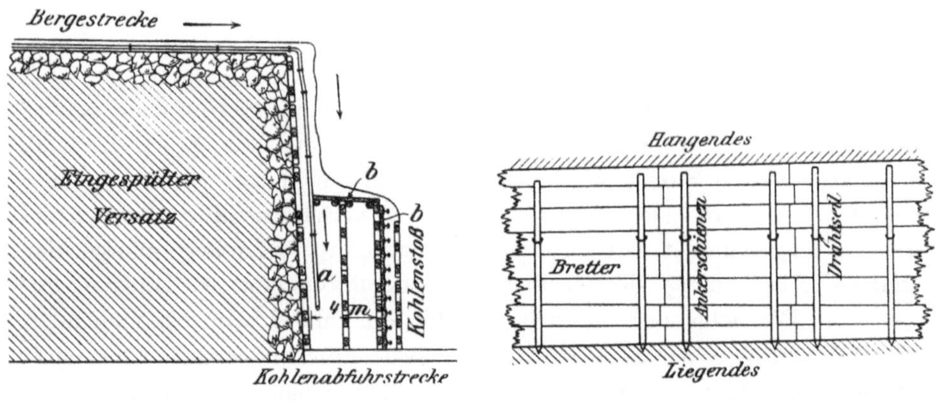

Fig. 8. *Fig. 9.*

man den Verhieb des 4 m breiten Flözstreifens bis zur oberen Strecke fort und verschlämmt den oberen Abschnitt in gleicher Weise wie den unteren. Gegen die obere (Berge) Strecke wird der Versatz endlich durch eine 1 m starke Bergemauer abgeschlossen.

In Flözen mit starkem Bergefall setzt man wohl auch statt des Bretterdamms Bergemauern auf, die auch ohne die früher eingelegte Leinwandschicht als hinreichend dichte Filter dienen.

Die ablaufenden Wasser fließen zur Grundstrecke und durchströmen, ehe sie dem Pumpensumpf zugehen, je nach Bedarf mehrere Klärbehälter.

Ein Stoß der beschriebenen Art im Flöz 5 ist mit 22—25 Mann, darunter 3 Schleppern und 2 Lehrhauern, auf 3 Schichten belegt und fördert in der Schicht 40—50 t. Die gesamten Gewinnungskosten haben sich gegen den früheren Bau mit Handversatz nicht erhöht, genaue Zahlen für die Kosten des Spülverfahrens lassen sich aber bisher noch nicht berechnen. Es ist eine wesentliche Holzersparnis festgestellt worden,

20—30 % des Holzes können bei gutem Hangenden wiedergewonnen werden. Die Bretter der Dämme lassen sich etwa 10 mal, die Leinwand 3—4 mal verwenden; für 1 cbm vollzuspülenden Raum rechnet man rd. 2 Wagen Berge. Der Versatz erweist sich als außerordentlich gleichmäßig und dicht, als größte auftretende Zusammenpressung nimmt man $^1/_{10}$ der Höhe an.

B. Förderung.

I. Allgemeines.

Wie in allen Bergwerksbezirken sind auch im Saarbrücker Revier in den letzten Jahrzehnten mit der schnellen Entwicklung der Technik die mechanischen Streckenförderungen aller Art in immer größerem Maße eingeführt worden. Die Pferdeförderung ist verhältnismäßig dadurch erheblich eingeschränkt worden, hat aber absolut genommen infolge der stetigen Ausdehnung der Grubenbaue ununterbrochen an Umfang gewonnen. Die Schlepperförderung hat für die zahlreichen vorkommenden kurzen Zufuhrstrecken bis zu den Pferdeförderstrecken oder den mechanischen Förderungen naturgemäß ihre Bedeutung behalten. Soweit sich bei den sehr wechselnden Verhältnissen eine Durchschnittsleistung für eine Schlepperschicht überhaupt aufstellen läßt, kann sie wohl zu 4—5,5 tkm angenommen werden. Über die Leistungen der anderen Förderungsarten wird unten bei ihrer eingehenderen Besprechung näheres mitgeteilt werden.

Zunächst sei kurz auf die Bauart der Förderwagen und des Gestänges eingegangen:

1. Förderwagen.

Die Förderwagen sämtlicher staatlicher Saargruben stimmen jetzt in der Hauptsache überein, im einzelnen aber sind besonders in ihren Abmessungen eine ganze Reihe von Verschiedenheiten zu verzeichnen. Auf ein und derselben Grube sind sie, wenn man von einer kleinen Zahl von Wagen zu besonderen Zwecken und von einigen zu Versuchszwecken beschafften abweichenden Formen absieht, nach derselben Form gebaut. Wegen der mit der einheitlichen Form der Wagen auf jeder Grube verbundenen Vor- und Nachteile kann auf die Ausführungen in der Nasseschen Abhandlung (S. 59 f.) Bezug genommen werden. In den

Figuren 10 und 11 sind die Zeichnungen zweier der gegenwärtig gebrauchten Formen wiedergegeben.

Die Spurweite ist auch jetzt noch auf den Gruben verschieden, sie schwankt zwischen 65 cm und 73 cm. Der Wagenkasten ist nach unten schwach verjüngt, sodaß die Räder wenig über den oberen

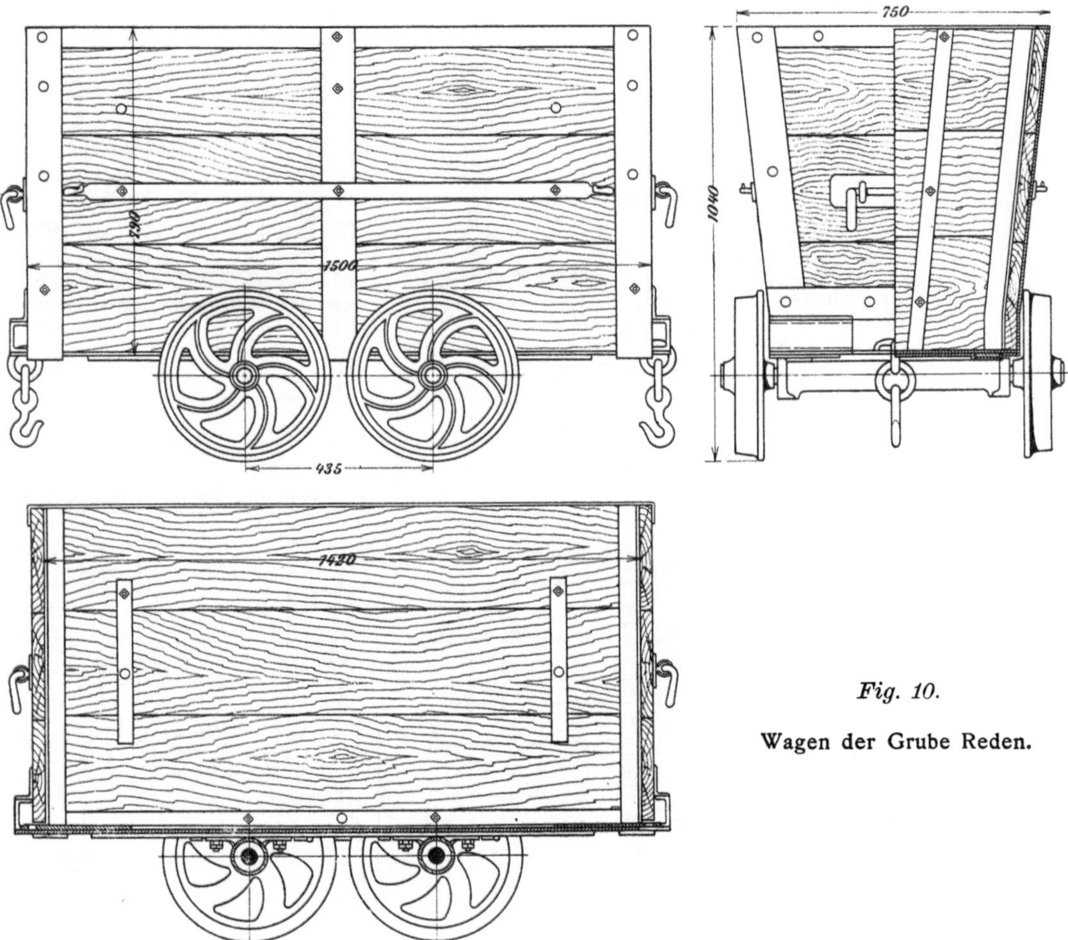

Fig. 10.

Wagen der Grube Reden.

Seitenrand hervorstehen; er besteht aus meist etwa 3 cm starken Tannenbohlen mit starkem Beschlag aus Flach- und Winkeleisen und ruht meist nicht auf Langbäumen, sondern unmittelbar mit seinem Boden auf den Achsbüchsen. Der Boden wird entweder ebenfalls aus Bohlen hergestellt, wie es früher ausschließlich geschah, oder aber neuerdings häufiger aus einem kräftigen Blech. In beiden Fällen sind die Achsbüchsen meist ohne verbindenden Rahmen am Boden befestigt. Die Räder befinden sich neben dem Wagenkasten, können deshalb ziemlich groß genommen werden und geben dadurch und durch einen möglichst geringen Radstand einen leichten Lauf und gute Beweglichkeit in Gleiskrümmungen u. dergl. Der Raddurchmesser beträgt 0,40—0,45 m im Spurkranz gemessen.

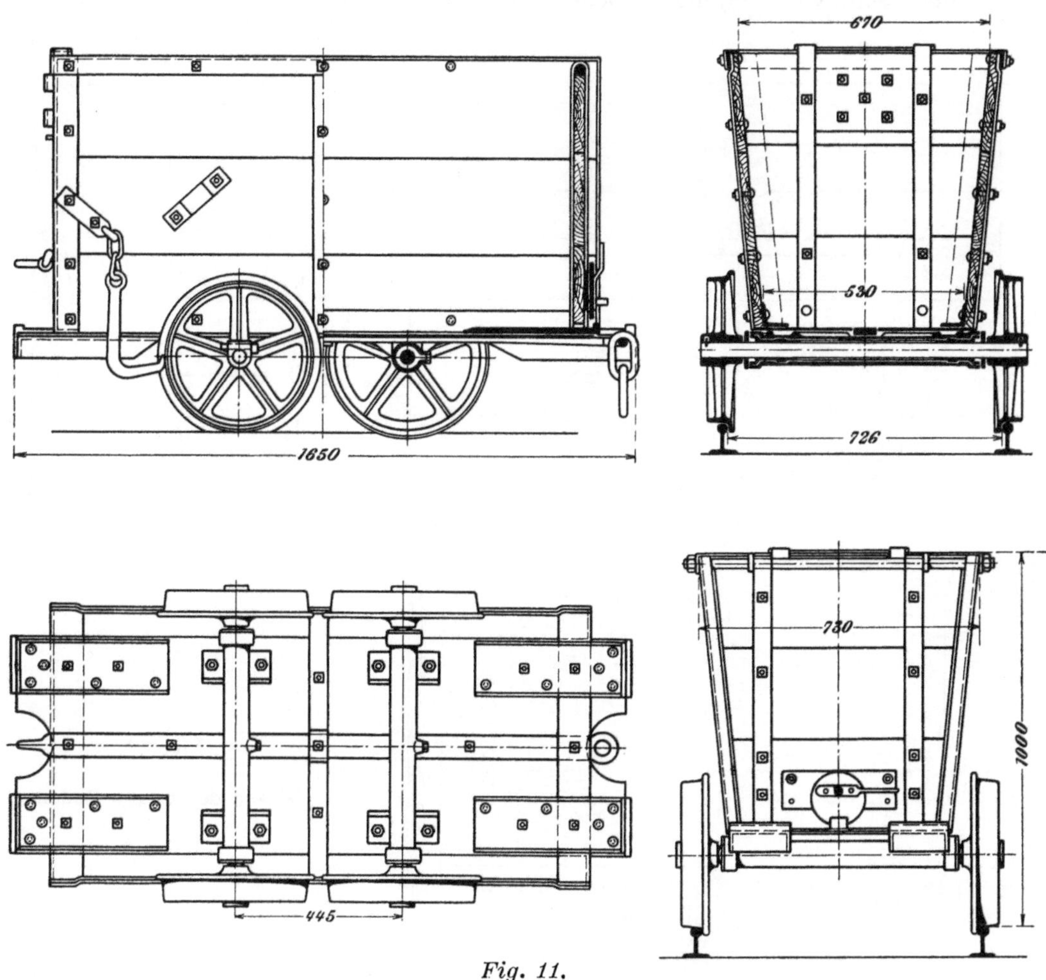

Fig. 11.

Wagen der Grube Gerhard.

Meist werden Speichenräder mit geraden oder geschweiften Speichen benutzt, wie die Abbildungen der Wagen und der Achssätze (s. unten) erkennen lassen. Die Laufkränze sind konisch oder zylindrisch; welche von beiden Formen für Grubenwagen zweckmäßiger ist, ist noch nicht hinreichend festgestellt, doch ist die schwach konische Form weiter verbreitet. Als Material hat sich für die Räder Temperstahl am besten bewährt, Versuche mit den eine Zeit lang anderwärts gerühmten Hartgußrädern sind nicht günstig ausgefallen. Die Räder haben Achsen aus Flußstahl, deren Durchmesser zwischen 35 und 45 mm schwankt. Sie laufen fast ausnahmslos in hülsenförmigen Schmierbüchsen, die entweder in der ursprünglichen Evrardschen Form oder in einer der zahlreichen ähnlichen Bauarten verwendet werden. Einige der verbreiteteren Formen zeigen die Fig. 12—16, die meisten von ihnen bedürfen keiner weiteren Besprechung, nur auf die Bauart Bick (Fig. 15) und Bauart Koch (Fig. 16) sei kurz eingegangen. Bei der Bickschen Achse wird die bei elektrischen

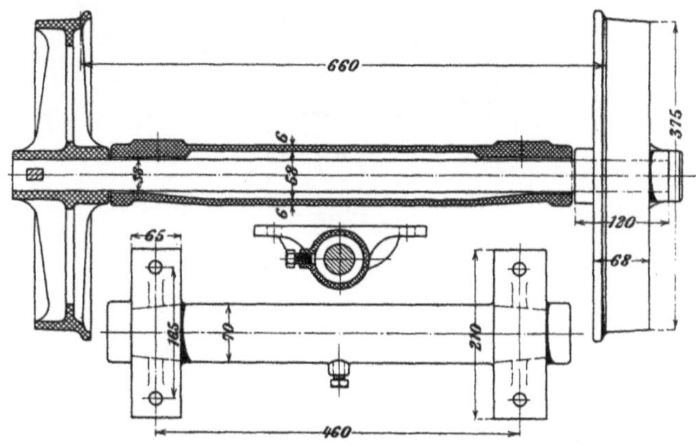

Fig. 12.

Radsatz auf Grube Kohlwald.

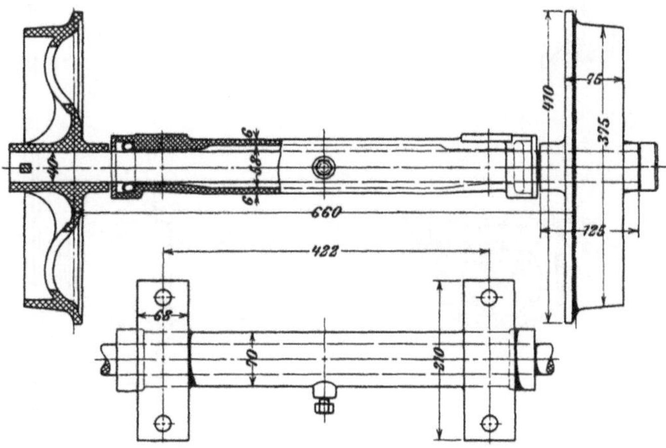

Fig. 13.

Bauart Frantz.

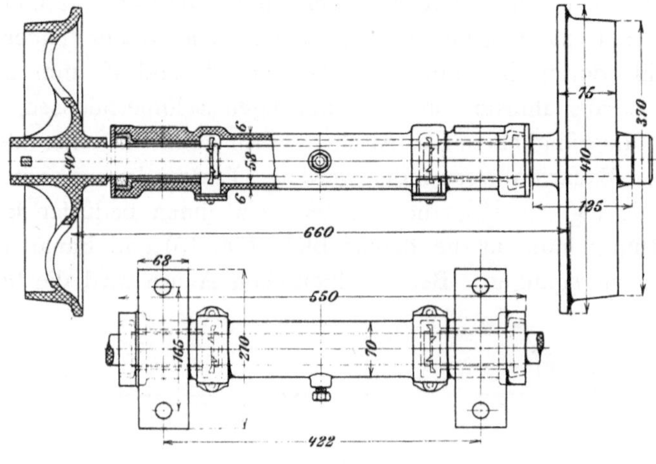

Fig. 14.

Bauart Dingler, Karcher & Co.

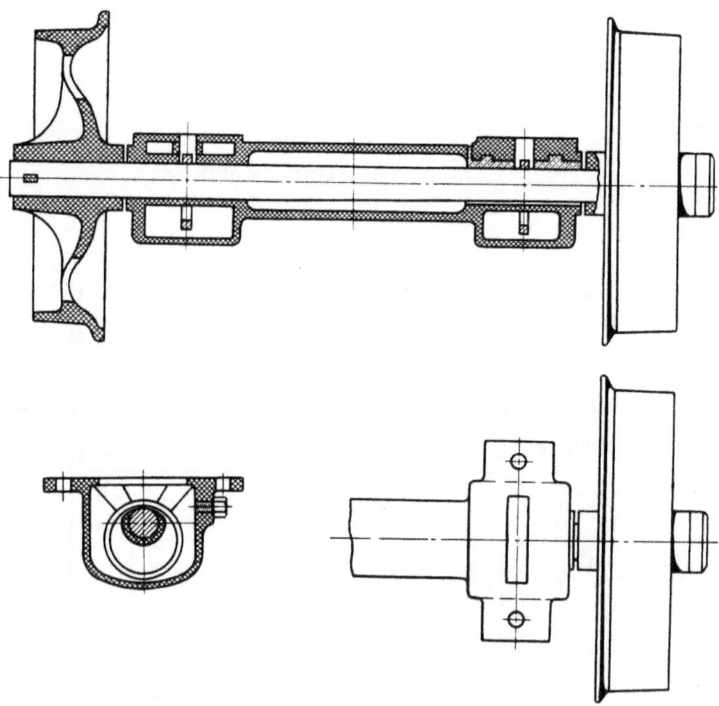

Fig. 15.

Bauart Bick.

und anderen schnellaufenden Maschinen übliche Ringschmierung verwandt, die, wie bekannt, den Vorteil besitzt, nur in der Bewegung, dann aber äußerst gleichmäßig, zuverlässig und dabei sparsam zu schmieren. Durch vollständig dichten Abschluß der Ölkammer ist ein Ausfließen des Öls beim Umdrehen des Wagens auf dem Wipper usw. unmöglich gemacht; dadurch und durch die reichliche Bemessung der Kammer wird fein Nachfüllen von Öl nur in größeren Zeitabschnitten nötig; bei Versuchen auf Grube Heinitz liefen die Wagen durchschnittlich 38 Tage bei der regelmäßigen Förderung, ehe eine neue Füllung der Kammer erforderlich war. Dabei betrug der Verschleiß der reibenden Teile nur

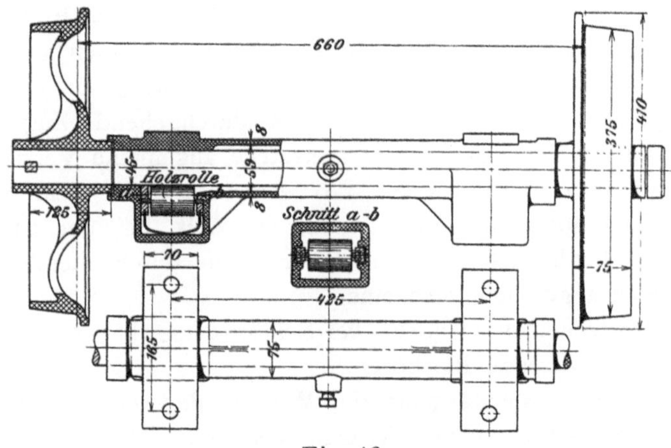

Fig. 16.

Bauart Koch, Siegen.

$^1/_3$ bis $^1/_2$ desjenigen der gewöhnlichen Radsätze und der Lauf der Wagen war ungewöhnlich leicht. Die Einfüllung des Öls geschieht durch die in der Fig. 15 sichtbare Verschlußschraube; sie geht, weil dünnflüssiges Öl verwendet wird, sehr viel bequemer und schneller vor sich als das Einbringen der bei den gewöhnlichen Achshülsen gebrauchten starren Schmiere. Die Vorrichtung ist wegen dieser Vorzüge z. B. auf Grube Heinitz in großem Umfange eingeführt. Eine ähnliche Wirkungsweise wie die Bicksche Bauart hat die Bauart Koch, Siegen (Fig. 16), die Schmierung wird anstelle des Ringes durch eine unter der Achse liegende Holzrolle besorgt, die in einer topfartigen Vertiefung der beide Achslager verbindenden Achshülse verlagert ist. Auch diese Vorrichtung weist gute Erfolge auf, doch steht sie wegen der schwer zugänglichen Lagerung der Rolle wohl der Bickschen Anordnung nach. Endlich sei erwähnt, daß man auf einigen Gruben mit Rollenlagern an den Förderwagen sehr gute Ergebnisse erzielt hat.

Die Förderwagen haben auf den Gruben, wo sie zum Einbringen des Bergeversatzes benutzt werden, öfters eine aufklappbare Kopfwand, auf anderen ist eine solche nur ausnahmsweise vorhanden. Beim Fehlen einer Klappe besitzt der Wagenkasten unter sonst gleichen Verhältnissen eine bedeutend größere Festigkeit. Die nötige Stoßvorrichtung an den Wagenkopfwänden ist meist einfach in der Weise hergestellt, daß das Bodenbrett oder -Blech über die Wagenkopfwände hinausragt und an den vorstehenden Teilen mit einem kräftigen Eisenbeschlag verstärkt ist. Als Zugvorrichtung war früher eine unter dem Boden herlaufende Zugstange in ähnlicher Weise wie bei Eisenbahnwagen angebracht, die unter Zwischenschaltung eines Kettengliedes meist auf einer Seite in einen Haken, auf der anderen in eine geschlossene Öse endigte. Jetzt hat man aber diese Einrichtung, bei der häufig ein Wagen, um angekuppelt werden zu können, erst um 180 ° gedreht werden muß, mit Recht verlassen und bringt an beiden Enden ein Kettenglied mit Haken an. Auch die durchgehende Zugstange wird mit Rücksicht auf die inzwischen eingetretene allgemeine Verstärkung der Wagenbauart meist fortgelassen. Wo eine sehr große Zahl von Wagen zu einem Zuge zusammengestellt wird, wie z. B. bei der Seilförderung von Von der Heydt nach Lampennest kann eine durchgehende Zugstange allerdings noch angebracht erscheinen.

Zum Aufstecken der Gabeln bei Seilförderung haben die Wagen an einer Kopfwand passende Blechösen.

Die allgemeine Verstärkung der Wagen, die schon Nasse a. a. O. von den damals gebräuchlichen Wagen gegenüber den älteren erwähnt, hat inzwischen mit der weiteren Ausbreitung der mechanischen Förderungen und der zunehmenden Geschwindigkeit der Schachtförderung, die eine rauhere Behandlung der Wagen mit sich bringen, weitere Fortschritte gemacht. Während nach Nasse das Gewicht des leichtesten Förderwagens 265, das des schwersten 364 kg betrug, schwankt das Gewicht gegenwärtig zwischen 300 und 400 kg. Der Inhalt der Wagen liegt zwischen 0,56 und 0,68 cbm.

Über drei verschiedene Wagenformen gibt folgende Zusammenstellung Auskunft:

Grube	Im einzelnen Kasten mit Beschlag kg	Im einzelnen 2 Radsätze kg	Gesamtgewicht kg	Wageninhalt cbm	Herstellungskosten M.	Unterhaltungskosten im Jahr M.
Brefeld	203	102	305	0,6	90	13,5
Gerhard	240	120	360	0,6	106	—
Reden	290	110	400	0,7	100	10,5
Heinitz mit Eisenboden	267	120	387	0,7	} 120	15,1
desgl. mit Holzboden	255	120	375	0,7		

Die Nutzlast eines Wagens bei Beladung mit Kohle beträgt im Durchschnitt 500 kg, sodaß das Verhältnis von toter Last zur Nutzlast von 3 : 5 bis 4 : 5, oder das von toter Last zur Gesamtlast von 38 bis 44 % schwankt. Nasse berechnete das letztere Verhältnis für die damaligen Wagen zu 33—40 %. Es ist also in dieser Beziehung seitdem eine wesentliche Verschlechterung eingetreten, die sich aber mit Rücksicht auf die erwähnte Notwendigkeit der Verstärkung auf der einen Seite und die zu wahrende hinlängliche Beweglichkeit und Handlichkeit der Wagen in den Bauen andrerseits nicht wohl vermeiden ließ.

Mehrfach sind Versuche gemacht worden, eiserne Förderwagen einzuführen, jedoch hat sich im allgemeinen immer herausgestellt, daß die Unterhaltung derartiger Wagen teurer ist als diejenige hölzerner. Auch gegenwärtig ist wieder ein größerer derartiger Versuch und zwar auf Grube Reden im Gange. Es sind dort 1000 Stück Wagen der in Fig. 17 dargestellten Art beschafft worden, ihr Preis beträgt 110 M., ist also 10 M. höher als die Kosten eines der dortigen hölzernen Wagen, dabei ist der Inhalt um ein geringes kleiner, er beträgt 0,65 cbm gegenüber 0,68 cbm der hölzernen Wagen; in bezug auf das Eigengewicht steht aber der eiserne Wagen bedeutend günstiger, denn er wiegt nur 355 kg, also 45 kg weniger als der Holzwagen. Die Blechdicke der Muldenseitenwände ist 3 mm, die der Kopfwände 4 mm, die Einzelheiten der Bauart sind aus der Figur hinreichend ersichtlich. Die am oberen Rande der beiden Stirnwände sichtbare ovale Durchbrechung dient dazu, die Wagen mittels Haken an die Laufgestelle der Drahtseilbahn zu hängen, die von den Redenschächten nach dem Landsweiler Schacht führt. Ein Teil der Wagen ist mit den bereits erwähnten Rollenlagern für die Achsen ausgerüstet; die Reibung wird dadurch auch im dauernden Betriebe sehr herabgesetzt.

Über die Unterhaltungskosten hat man unlängst in Reden ausführliche vergleichende Berechnungen angestellt, sie belaufen sich danach im Durchschnitt monatlich auf 0,55 M. für einen hölzernen und auf 0,52 M. für einen eisernen Wagen. Jedoch muß bei diesen Zahlen berücksichtigt werden, daß die eisernen Wagen erst vor mehreren Monaten angeschafft und daher noch wesentlich neuer sind als der Durchschnitt der hölzernen Wagen. Sobald erst der eigentliche Beharrungszustand eingetreten ist, werden sich jedenfalls auch bei diesem Versuche die Unterhaltungskosten der eisernen Wagen als höher erweisen. Sehr stark wirkt in dieser Richtung der Umstand, daß die Eisenwagen bedeutend häufiger durch eine Beschädigung in nicht mehr ausbesserungsfähigen Zustand versetzt werden und vorzeitig ins alte Eisen wandern müssen.

Die Wagen werden durchweg von den Gruben in den eigenen Werkstätten hergestellt und ausgebessert, nur besondere Wagenarten, wie z. B.

die eben erwähnten eisernen Wagen in Reden, werden fertig von Fabriken gekauft. Die Achssätze werden in jedem Falle von Spezialfabriken bezogen. Der naheliegende Gedanke, sämtliche Wagen des Bezirks von einer Fabrik zu erwerben, die sich mit zahlreichen Spezialmaschinen auf eine ungewöhn-

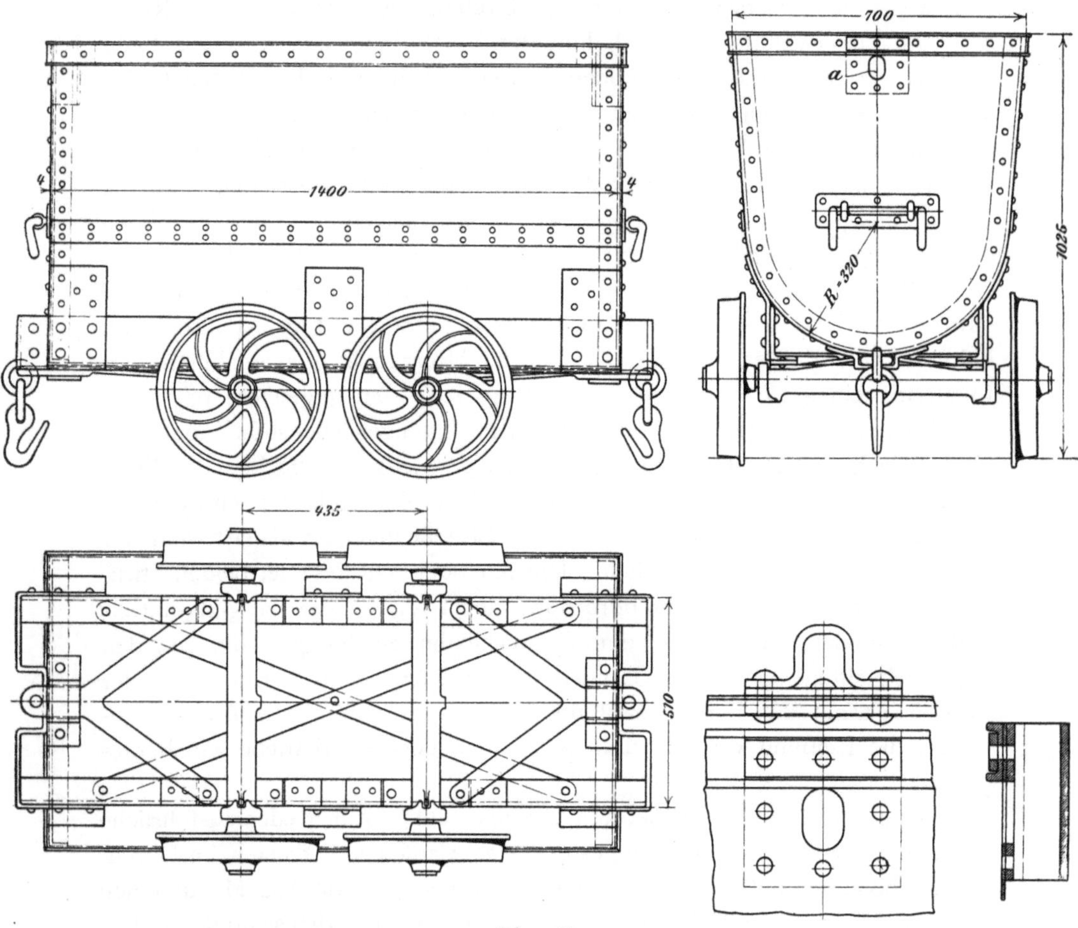

Fig. 17.

Eiserner Wagen der Grube Reden.

lich billige Massenherstellung einrichten könnte, ist wegen der großenteils nicht ohne bedeutende Schwierigkeiten zu beseitigenden Verschiedenheiten der Bauarten der Gruben nicht ausführbar, auch sind die eigenen Werkstätten öfters bei plötzlich auftretendem Bedarf an Wagen schneller imstande zu liefern, als eine Fabrik es vermöchte.

Die Zahl der auf den einzelnen Gruben vorhandenen Förderwagen ist sehr verschieden, sie hängt naturgemäß in weiten Grenzen von der Art des ganzen Grubengebäudes, von der Art und Stärke der Aus- und Vorrichtung und des Abbaues und zahlreichen anderen Umständen ab. Nur ganz im allgemeinen kann man sagen, daß auf den Flammkohlengruben wegen ihrer größeren Förderlängen die Zahl der Wagen im Verhältnis zur Fördermenge höher ist als auf den Fettkohlengruben mit ihrer geschlosseneren Flözablagerung. Um einige Beispiele anzuführen: es kommen auf 1 Förderwagen an täglicher Förderung auf den Gruben der Berginspektion II 0,6 t, auf Grube Reden 0,8 t, auf Grube Brefeld 1,0 t.

Der durchschnittliche Reibungskoeffizient der Wagen, der von Nasse zu nur 0,0078 bis 0,008 angegeben wird, ist kürzlich auf Grube Reden erneut festgestellt worden, indem auf geradem Gleise eine große Zahl von Wagen in dem Zustande der Schmierung, wie sie im gewöhnlichen Betriebe laufen, durch angehängte Gewichte in Bewegung gesetzt wurden. Dabei wurde das Gewicht so lange abgestimmt, bis der Wagen bei etwa 0,5 m Geschwindigkeit in den Beharrungszustand kam. Es ergab sich ein Reibungskoeffizient von 0,0118 bei einem Achsdurchmesser von 45 mm, von 0,0113 bei 38 mm Durchmesser und von 0,0034 bei den oben erwähnten Rollenlagern von 40 mm Achsdurchmesser. Um einen leeren Wagen aus der Ruhe in Bewegung zu setzen, waren bei dem gewöhnlichen Lager und 38 mm Achsdurchmesser 8,85 kg, bei dem Rollenlager 2,85 kg erforderlich.

Nach diesen Feststellungen ist es also zutreffend, wenn, wie es auf den meisten Gruben geschieht, mit Rücksicht auf Krümmungen und Unregelmäßigkeiten des Gestänges bei der Berechnung von mechanischen Förderungen und dergleichen ein Reibungskoeffizient von 0,0125 angenommen wird.

2. Förderbahnen.

Die gegenwärtig gebräuchlichen Schienenprofile, die im allgemeinen noch mit den von Nasse mitgeteilten übereinstimmen, sind folgende:

Profil	Höhe	Breite im			Gewicht für 1 lfd. m	Preis für 1 m
		Kopf	Fuß	Steg		
	mm	mm	mm	mm	kg	M.
2	79	34	62	7	13,0	1,36
3	79	28	61,5	6	11,0	1,15
4	47,5	23	40	5	5,75	0,60

Sämtliche Profile bestehen jetzt aus Flußstahl. Profil 4 wird nur in ziemlich beschränktem Umfange in Strecken mit leichtem Verkehr einzelner Wagen verlegt. Profil 3 ist das bei weitem am meisten gebrauchte und wird in der Mehrzahl der Abbaustrecken sowie in allen Bremsbergen, in Pferdeförderstrecken und auch wohl in schwach beanspruchten Strecken mit mechanischer Förderung benutzt, während das schwere Profil 2 auf den übrigen derartigen Strecken verwendet wird. Für das Rechnungsjahr 1905 beträgt der Bedarf des ganzen Bezirks 240 t des Profils 2, 2000 t des Profils 3 und 430 t des Profils 4. Die einzelne Schiene ist in der Regel 4—5 m lang, bei Profil 2 verwenden einzelne Gruben 6 m lange Schienen und die Berginspektion Louisenthal auch solche von 7 m Länge.

Zu den Schwellen wird bei Profil 4 meist Tannenholz in den Abmessungen 7/10 bis 10/10 cm, bei Profil 3 Eichen- oder Buchenholz von 10/13 bis 10/15 cm, endlich bei Profil 2 Eichenholz von 12/16 cm gebraucht. Statt des Eichenholzes wird neuerdings an einzelnen Stellen mit Teeröl getränktes Tannen- und Buchenholz genommen und zwar, soweit sich bisher beurteilen läßt, mit gutem Erfolge. Der Schwellenabstand beläuft sich auf 80—100 cm.

Die Befestigung der Schienen auf den Schwellen geschieht ausschließlich durch Hakennägel, Unterlagplatten werden nicht verwendet. Die Stöße werden in den Strecken mit mechanischer Förderung, vielfach auch in Bremsbergen mit vierschraubigen Laschen verbunden, sie liegen dann in der Regel wie bei der Eisenbahn zwischen 2 Schwellen (schwebender Stoß), während jeder unverlaschte Stoß, wie sich von selbst versteht, auf einer Schwelle gelagert wird (liegender Stoß). Eine genaue Bemessung des Zwischenraumes zwischen den Schienenköpfen eines verlaschten Stoßes ist auch bei Gleisen über Tage, die größeren Temperaturschwankungen ausgesetzt sind, nicht erforderlich.

Mit eisernen Schwellen sind fortgesetzt auf verschiedenen Gruben Versuche gemacht worden, sie haben jedoch bisher zu keinem recht befriedigenden Ergebnis geführt. Abgesehen von dem meist hohen Preise ist es nur in seltenen Fällen selbst auf Halden über Tage möglich, die Schwellen so fest zu unterstopfen, daß sie an Unbeweglichkeit den Vergleich mit hölzernen Schwellen aufnehmen können. Besonders trifft dies bei der sonst aussichtsreichsten Form aus ⊓-Eisen mit ausgepreßten Nasen zur nagel- und schraubenlosen Befestigung der Schienen zu, die sich bei einigermaßen starkem Verkehr immer wieder durch das Hämmern der darüber rollenden Räder aus der Sohle löst.

Bei den gegenwärtigen Preisen stellen sich die Kosten für das laufende Meter doppelspurigen Gestänges folgendermaßen.

Schienenprofil 3				Schienenprofil 4			
Eichenschwellen		Buchenschwellen		Eichenschwellen		Buchenschwellen	
schmale M.	breite M.	schmale M.	breite M.	schmale M.	breite M.	schmale M.	breite M.
6,66	7,06	6,05	6,28	4,51	4,91	3,90	4,13

Die Gesamtkosten für Schienen betrugen, um ein einzelnes Beispiel anzuführen, auf Grube Brefeld im Rechnungsjahre 1904 auf 1 t Förderung berechnet 0,02 M.

II. Förderung in söhligen Strecken.

1. Pferdeförderung.

Wie in der Abhandlung von Nasse angeführt ist, war zuerst im Jahre 1883 und 1884 auf den Gruben Dudweiler und Jägersfreude die Pferdeförderung, die bis dahin auf allen Gruben an Unternehmer vergeben war, in eigene Verwaltung der Gruben genommen worden. Den Grund für die Übernahme bildeten hauptsächlich die Schwierigkeiten, die sich bei der Vertilgung der Rotzkrankheit unter den Pferden des Unternehmers zeigten. Derselbe Grund sowie die Möglichkeit einer besseren Pflege der Pferde überhaupt und einer besseren Beaufsichtigung der Pferdeführer, die sich bei dem Betriebe in Dudweiler herausstellte, haben dahin geführt, daß jetzt ganz überwiegend die Pferdeförderung in der eigenen Verwaltung der Gruben betrieben wird, nur die Inspektionen Friedrichsthal, Göttelborn, Kronprinz und Grube Brefeld haben sie noch an einen Unternehmer vergeben. Die Übernahme hat auf den meisten Gruben im Laufe der 1890 er Jahre stattgefunden.

Die Erfahrungen, die man mit dieser Maßregel gemacht hat, sind im allgemeinen gut gewesen, es hat sich auf der Mehrzahl der Gruben eine nicht unwesentliche Ersparnis an Betriebskosten ergeben. So betrugen z. B. auf Grube Louisenthal die durchschnittlichen täglichen Kosten für Pferd ohne den Knecht beim Betrieb durch einen Unternehmer:

1895 . . . . . . 4,38 M.
1896 . . . . . . 4,63 »
1897 . . . . . . 4,79 »

Dagegen nach Übernahme in die eigene Verwaltung, bei Berücksichtigung der Tilgung des Anlagekapitals:

1899 . . . . . . 3,66 M.
1900 . . . . . . 3,58 »

Auf Grube Von der Heydt stellten sich die Kosten folgendermaßen für 1 Pferd einschl. Knecht täglich:

1888	6,48 M.
1889	4,63 »
1890	5,06 »
1891	5,37 »

Nach der Übernahme in eigene Verwaltung einschl. Tilgungskosten:

		oder Kosten für 1 t Förderung:	für 1 tkm einschl. Knecht:
1892	4,98 M.	0,46 M.	
1893	5,47 »	0,38 »	
1895	4,49 »	0,33 »	
1897	5,04 »	0,31 »	
1899	7,54 »	0,36 »	0,16 M.
1900	7,38 »	0,40 »	0,15 »
1901	5,64 »	0,26 »	0,13 »
1902	6,58 »	0,35 »	0,12 »
1903	6,27 »	0,34 »	0,11 »

In Dudweiler fielen auf 1 tkm berechnet die Kosten der Pferdeförderung nach der Übernahme von 20 bis 24 Pf. auf 10 bis 13 Pf.

Bei der Berginspektion Camphausen, auf deren Grube Brefeld, wie erwähnt, die Pferdeförderung von einem Unternehmer besorgt wird, während Grube Camphausen sie in eigener Wirtschaft betreibt, erhält der Unternehmer vertragsmäßig 10 Pf. für 1 tkm und bei Förderlängen unter 400 m einen Schichtlohnsatz von 4,00 M. für die 8stündige Schicht, er braucht dafür aber nur die Leute für die Stallbedienung zu stellen, die Pferdeknechte stellt die Grube. Die gesamten wirklichen Kosten betragen durchschnittlich 13 bis 14 Pf. für 1 tkm. Die durchschnittliche Förder länge für die Unternehmerpferde ist rund 600 bis 700 m, die Hälfte der Fördermenge kommt auf Strecken unter 400 m Länge. Demgegenüber ergeben sich bei dem eigenen Betriebe auf Grube Camphausen als Gesamtkosten (einschl. Knecht) 11 bis 13 Pf. für 1 tkm, entsprechend 12 bis 14 Pf. Pferdeförderkosten auf 1 t der Gesamtförderung und 3,70 bis 4,05 M. Kosten für 1 Pferd auf 1 Kalendertag.

Die Gestaltung der Kosten hängt naturgemäß im hohen Maße davon ab, wie groß die von demselben Pferde hintereinander zurückzulegenden Förderlängen sind. Bei Längen unter 300 bis 400 m sind die Kosten infolge der zahlreichen Pausen der Fortbewegung beim Umspannen und der Häufigkeit des kraftraubenden Anziehens verhältnismäßig hoch. Nach den Verträgen mit den Unternehmern der Pferdeförderung war meistens wie es eben von Grube Brefeld erwähnt ist, bis zu den angegebenen Längen die Berechnung nicht nach dem vereinbarten Gedingesatz für 1 tkm, sondern nach dem daneben festgesetzten Schichtlohnsatz vorzunehmen, wodurch bei diesen kürzeren Strecken auch das im Gedinge liegende anstachelnde Moment wegfiel und die Kosten ebenfalls erhöht wurden. Da in neuerer Zeit die mechanischen Förderungen sich auf den Saarbrücker Gruben wie überall sehr verbreitet haben und dadurch ein Teil der für die Pferdeförderung günstigsten Strecken für sie in Wegfall gekommen ist, so mußten die durchschnittlichen Pferdeförderkosten eine Neigung haben zu wachsen, und es war besonders wünschenswert, dagegen nach Möglichkeit Maßregeln zu treffen, was eben nur durch die beim Betriebe in eigener Wirtschaft mögliche schärfere Beaufsichtigung der Knechte und zweckmäßigere Verwendung der Pferde geschehen konnte. Daß dieses Ziel erreicht worden ist, geht aus den oben mitgeteilten Zahlen hervor, bei denen zu bedenken ist, daß vielfach schon ein Stehenbleiben auf der früheren Höhe eine Verbilligung gegenüber dem Betrieb durch Unternehmer bedeutet.

Durch die Übernahme der Pferdeförderung ist aber außerdem eine Reihe nicht unmittelbar in den Kosten zum Ausdruck kommender Vorteile erreicht worden. Nach übereinstimmendem Urteil haben die Pferde überall ein bedeutend besseres Aussehen als zur Zeit des Unternehmerbetriebes, weil sie, abgesehen von einer gegen früher an einzelnen Stellen besseren Fütterung und Stallverpflegung, nach scharf beachteter Vorschrift keine zu langen Züge mehr zu ziehen brauchen und in der Regel nicht in zwei aufeinander folgenden Schichten verwendet werden dürfen. Sie bleiben infolgedessen meist längere Zeit als früher dienstfähig. Die früher zahlreichen Mißhandlungen durch die Knechte sind durch deren strenge Bestrafung bedeutend vermindert worden. An einzelnen Stellen hat man auch mit Erfolg Prämien bis zu 50 Pf. in der Schicht für gutes Aussehen und Unverletztheit der Pferde an die Knechte bezahlt. Alle Pferde werden vor der Indienstnahme gründlich untersucht und dann regelmäßig alle zwei Monate, ebenso wie die Ställe, einer Prüfung auf normalen Zustand unterzogen.

Die Leistung eines Pferdes in einer Schicht ist je nach der Förderlänge, dem Streckenquerschnitt, der Beschaffenheit des Gestänges, dem Zustand der Förderwagen, der Geschicklichkeit der Knechte beim Anspannen, Kuppeln usw. sehr verschieden und schwankt etwa zwischen 30 und 60 tkm. Bei normalen Verhältnissen kann man im großen Durchschnitt etwa 45 tkm annehmen. Das gilt für die in der Regel verwandten großen Pferde, von denen nach der üblichen Annahme eins etwa 10 beladene Förderwagen auf söhliger Bahn mit der üblichen Geschwindigkeit ziehen kann. Die an einzelnen Stellen, hauptsächlich bei niedrigen Strecken, verwandten ponyartigen Pferde leisten bedeutend weniger. Der Preis eines der großen Pferde bewegt sich zwischen rund 650 bis 850 M.

Im ganzen waren am Schluß des Rechnungsjahres 1904 auf den staatlichen Saargruben 1660 Pferde beschäftigt.

2. Ketten- und Seilförderung.

Die Saargruben sind in mehrfacher Beziehung für die Verwendung von mechanischen Streckenförderungen sehr geeignet. Einmal kommt es, wie an anderer Stelle erwähnt ist, wegen der bergigen Beschaffenheit der Tagesoberfläche bei ihnen häufiger als in anderen Steinkohlenbezirken vor, daß die Förderung von verschiedenen verhältnismäßig weit voneinander entfernten Teilen des Grubengebäudes nach einer Stelle hingeschafft werden muß, weil sich an anderer näher gelegener Stelle nicht die nötigen Tagesanlagen, kein Eisenbahnanschluß oder dergl. herstellen lassen, oder weil es möglich ist, mit Hilfe eines Stollens, die Förderung nach einer nur vergleichsweise kleinen Hebung in einem Schacht söhlig zutage zu bringen. Ferner aber sind auf vielen der Saargruben lange, für mechanische Förderung passende Querschläge und Richtstrecken erforderlich, bei den Fettkohlengruben, weil bei ihnen in größerer Teufe die Flözlagerung flach und eine Verkürzung der Ausrichtungsquerschläge durch Anlegung neuer mehr ins Hangende geschobener Förderschächte oft nicht angängig ist, auf den Flammkohlengruben auch wegen der weit voneinander liegenden und doch von derselben Anlage aus zu bauenden Flöze, wodurch ebenfalls lange Ausrichtungsstrecken nötig werden. Besonders bei den Flammkohlengruben empfehlen sich außerdem wegen ihrer vielfach großen streichenden Ausdehnung auch mehrfach mechanische Förderungen in streichenden Strecken. Diese Gründe haben dazu geführt, daß im Saarbezirk mechanische Streckenförderungen schon verhältnismäßig früh Eingang fanden. In jener Zeit war aber für die Betriebsverhältnisse deutscher Gruben zunächst nur die Kettenförderung geeignet, weil die Seilförderung in den Formen, wie sie damals z. B. in England bereits weit verbreitet waren, also hauptsächlich die Förderung mit Seil und Gegenseil und die mit Vorder- und Hinterseil für die auf deutschen und insbesondere den Saarbrücker Gruben in der Regel vorliegenden Verhältnissen nicht passend ist. Beide Arten erfordern zum wirtschaftlichen Betrieb sehr bedeutende Streckenlängen, hohe Fördergeschwindigkeit und die gleichzeitige Beförderung langer Züge. Besonders der letztgenannte Umstand, der nicht kontinuierliche Betrieb und die Unfähigkeit, sich schnell und elastisch dem Grade der Kohlenlieferung aus den Abbauen anzuschließen, ist für Gruben mit ziemlich zerstreuten Arbeitspunkten, wie es die sonst für diese Förderarten noch am meisten geeigneten Flammkohlengruben sind, lästig, weil er große Räume für die Aufsammlung der vollen und leeren Wagen und die Bildung der Züge nötig macht. Nur in drei Fällen ist deshalb auf den Saarbrücker Gruben eine derartige Seilförderung angelegt worden, nämlich in dem Von der Heydt-Stollen von den Krugschächten nach der Von der Heydter Halde und in der in denselben Stollen mündenden Förderung aus der Grubenabteilung Lampennest und im Veltheimstollen der Grube Gerhard. Von diesen 3 Förderungen hat sich aber nur die der Abteilung Lampennest halten können; sie ist noch heute im Betrieb und arbeitet mit Seil und Gegenseil, wobei die eine Maschine an den Lampennestschächten auf der Stollensohle, die andere auf der Von der Heydter Halde steht. Die Länge der mit einer großen Zahl kleinerer Krümmungen versehenen Seilstrecke beträgt 3950 m, es werden Züge von je 120 Förderwagen mit rund 6 m mittlerer Geschwindigkeit befördert.

In allen übrigen Fällen wandte man sich also zunächst, sobald eine Streckenförderung angelegt wurde, der Förderung mit Kette ohne Ende zu, und erst später, als die Technik der Seilförderung mit endlosem Seil sich mehr entwickelt hatte, ging man daran, auch sie zu verwenden. Aus dieser geschichtlichen Entwicklung ist es wohl teilweise zu erklären, daß auch gegenwärtig noch die Kettenförderungen auf den Saargruben einen größeren Teil der vorhandenen mechanischen Streckenförderungen ausmachen als in den meisten anderen Kohlenbezirken. Daneben muß aber hervorgehoben werden, daß ja die Frage, welche der beiden Arten besser ist, durchaus nicht allgemein zugunsten der Seilförderungen entschieden ist und auch nur unter Berücksichtigung jedes einzelnen Falles entschieden werden kann. Die außerordentliche Leichtigkeit, mit der das An- und Abschlagen der Wagen bei der Kette ohne irgend welche bewegliche Mitnehmer, ja meist überhaupt ohne solche geschieht, ist bei der Seilförderung auch heute nicht zu erreichen und bedeutet besonders beim Vorhandensein von Zwischenanschlagsstellen eine große Überlegenheit der Kette über das Seil. Auf der anderen Seite spricht der hohe Preis der Kette, der mindestens viermal so hoch ist als der eines gleich leistungsfähigen Seils, und die Notwendigkeit bei größeren Krümmungen die Kette abzuheben und künstliche Unebenheiten in das Gestänge zu bringen für die Verwendung des Seils. Bei dessen geringerer Masse ist auch die erforderliche Kraft der Antriebsmaschine geringer; auch kann in Strecken mit stärkerer Neigung die Verbindung zwischen Wagen und Zugorgan beim Seil sicherer hergestellt werden als bei der Kette. In starken Streckenkrümmungen wird man ferner bei Seilförderung öfters mit einer geringeren Zahl von Rollen auskommen als bei Kettenförderung. Alle diese und eine Anzahl weiterer Umstände, wie z. B. die Rücksicht auf vorhandene Anlagen und Maschinen würden im Einzelfalle bei der Wahl der Fördereinrichtungen abzuwägen sein.

Die gegenwärtig in Betrieb befindlichen größeren Ketten- und Seilförderungen der Saargruben unter und über Tage sind in der Zusammenstellung am Ende dieses Abschnittes mit Angaben über ihre wichtigsten Betriebsverhältnisse aufgeführt. Es ergibt sich daraus, daß 13 Ketten- und 26 Seilförderungen vorhanden sind, von denen 27 durch Dampf, 7 durch Elektrizität, 2 durch Druckluft angetrieben werden. Eine kleine Zahl von Anlagen erhält den Antrieb von einer der aufgeführten Förderungen aus oder durch die in einem Bremsberg frei werdende Kraft von der Endscheibe einer in diesen eingebauten endlosen Kette oder eines Seils ohne Ende. Die außerordentliche Bevorzugung des Dampfes als Betriebskraft beruht oft darauf, daß die Maschinen in der Nähe der Schächte stehen, in denen Dampfleitungen für Wasserhaltungsmaschinen hinabführen, auch liegt eine nicht ganz kleine Zahl der aufgeführten Förderungen, wie die Übersicht zeigt, ganz oder teilweise über Tage, wodurch die Verwendung von Dampf noch näher gelegt wird.

Die Antriebsmaschinen sind bei Dampf- und Luftbetrieb fast alle als Zwillinge gebaut, bei Verwendung von Elektrizität werden überwiegend Drehstrom und Schleifringmotoren benutzt. Zwischen Antriebsmaschine und Treibscheibe der Förderung ist bei beiden Antriebsarten eine Übersetzung durch Zahnräder oder Riemen vorhanden, weil sonst die wirtschaftlich günstige Umlaufzahl der Maschine nicht erreicht werden kann. Die Geschwindigkeit des Seils oder der Kette liegt, wenn man von der oben erwähnten Lampennester Anlage absieht, zwischen 0,5 und 2,6 m in der Sekunde, der letztgenannte ziemlich hohe Wert wird aber nur bei einer Förderung über Tage erreicht. Ein wesentlicher Unterschied der Geschwindigkeit bei Seil- und Kettenförderungen ist nicht vorhanden. Diese hängt vielmehr bei beiden in gleicher Weise von der zu bewältigenden Leistung, der Zahl der Zwischenpunkte, der Kurven, der Rücksicht auf in der Nähe verkehrende Menschen usw. ab.

Die Antriebsvorrichtung bei den Kettenförderungen besteht entweder in der bekannten Weise aus einer glatten Rillenscheibe mit Gegenscheibe, um die die Kette so oft je $^1/_2$ mal geschlungen ist, als es zur Erzielung der für sicheres Mitnehmen nötigen Reibung erforderlich ist, oder aus einer Greifer- oder Schakenscheibe, die mit ihren Greifern zwischen die Glieder fasst und so die erforderliche Reibung bei $^1/_2$ maliger Umschlingung erzielt. Ihre Achse ist stehend als sog. Königswelle verlagert, ihr Durchmesser entspricht dem Abstande der Gleismitten. Da sich die Kettenglieder mit der Zeit ausarbeiten und dadurch ein Längen der Kette erfolgt, muß die Scheibe Vorrichtungen haben, die Greifer entsprechend der Kettenabnutzung nachzustellen, und da die Greifer selbst einer ziemlich bedeutenden und vor allem nicht bei allen gleichen Abnutzung unterworfen sind, muß jeder Greifer für sich nachstellbar sein. Eine von der Firma G. Heckel angegebene Form, die diesen Erfordernissen entspricht, zeigt die Fig. 18. Die einzelnen Greifer G sitzen mit abgeschrägtem Fuß auf einem kegeligen Scheibenkranz K und schieben sich, sobald dieser in der Richtung der Scheibenachse durch die untere der abgebildeten Schrauben angezogen wird, genau gleichmäßig radial nach außen. Durch Einschieben von Einlagen unter den Fuß kann, wenn nötig, jeder Greifer einzeln eingestellt werden, durch Anziehen der oberen Schraube wird dann der ganzen Scheibe in sich völlige

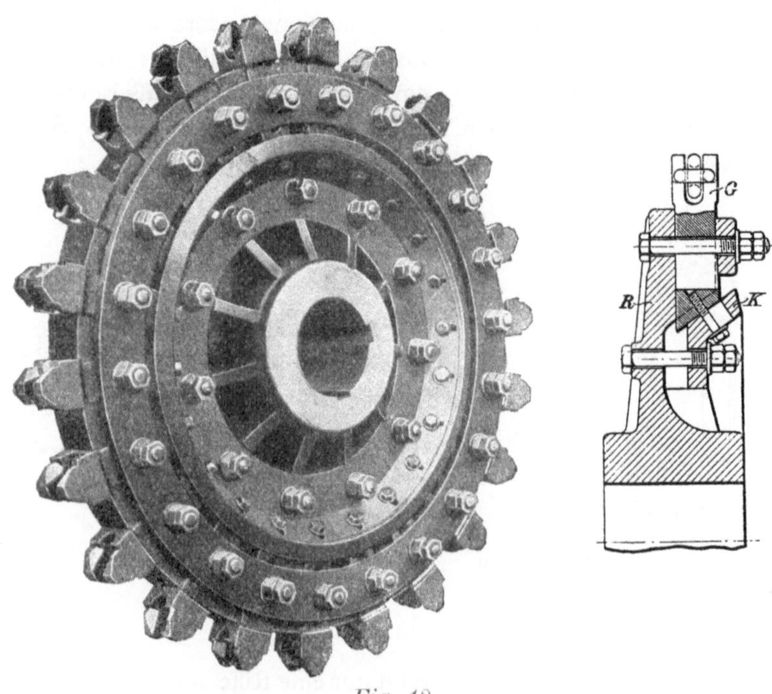

Fig. 18.

Kettengreiferscheibe, Bauart Heckel.

Starrheit gesichert. Die glattrilligen Scheiben für Kettenantrieb sind in der Weise hergestellt, daß die gegossene eiserne Scheibe ein Futter aus mit der Faser radial gestellten Holzklötzen hat, in die die Rillen eingedreht sind. Als Holzart wählt man Weißbuche oder Pappel. Die Gegenscheiben sind entsprechend gestaltet.

Bei den Seilförderungen hat man in der ersten Zeit mehrfach zum Antrieb die von einem Ingenieur der Firma Fowler in Leeds ursprünglich für den Betrieb ihrer Dampfpflüge angegebene sog. Klappenscheibe (clip drum) benutzt, bei der, wie bekannt, die nötige Seilreibung durch den unter dem Druck des Seils erfolgenden Schluß einer großen Zahl sich paarweis gegenüberstehender Klemmbacken erzeugt wird. Man ist von ihrer Benutzung im allgemeinen aber, wie auch in anderen Bezirken, abgekommen, weil die komplizierte Einrichtung der Scheibe teuer ist, öfters zu Unordnungen führt und vor allem durch den zu starken Druck der kniehebelartig wirkenden Backen das Seil sehr angestrengt wird. Die gewöhnlichste Antriebsart bei den Saarbrücker Seilförderungen ist die Rillenscheibe mit Gegenscheibe, die im wesentlichen der erwähnten gleichen Einrichtung bei Kettenförderung entspricht. Die Scheibe erhält auch hier ein Holzfutter, das von der um die Ausgestaltung der Seilfördereinrichtungen verdienten Firma Heckel, um eine leichte und schnelle Auswechselbarkeit zu erzielen, in der aus Fig. 19 ersichtlichen Art von einer Seite auf die im Querschnitt unsymmetrisch gestaltete gußeiserne Scheibe aufgesetzt wird, die einzelnen Klötze werden durch einen Schmiedeeisenring und Schrauben, wie abgebildet, gehalten.

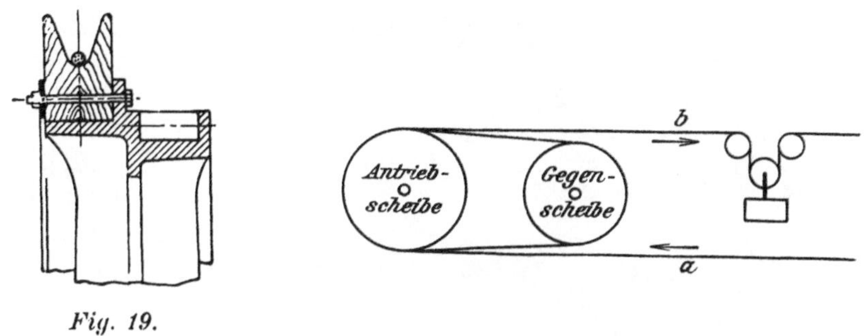

Fig. 19.

Seilscheibe mit auswechselbarem Holzkranz, Bauart Heckel.

Die abgebildete Scheibenform zeigt nur eine Rille und ist bei der üblichen Antriebseinrichtung daher nur dann geeignet, wenn eine halbe Umschlingung des Seils hinreicht, die zum Betriebe nötige Reibung herzustellen. Bei etwas größeren Streckenförderungen ist dies bekanntlich nicht der Fall, und man wendet deshalb, wie erwähnt, mehrrillige Scheiben mit Gegenscheiben an; die dabei befolgte Anordnung zeigt schematisch die Skizze Fig. 20. Sie hat den Vorzug größter Einfachheit und geringen Raumbedarfs, bei großen Förderungen, bei denen der Zug in dem Seil sehr stark sein muß und man deshalb 3 oder 4 Rillen nebeneinander anbringen muß, macht sich aber der Übelstand geltend, daß das Seil, dessen Spannung von dem Trum a ab bis zum Trum b ganz gleichmäßig abnimmt, in den ersten Rillen (von a aus gerechnet) mit sehr viel größerem Druck aufliegt als in den späteren. Dadurch werden die ersten Rillen viel schneller abgenutzt als die letzten, verringern dabei den Scheibendurchmesser und wickeln, da sie mit den übrigen mit gleicher Winkelgeschwindigkeit umgedreht werden, weniger Seil auf als die folgenden Rillen verlangen, es tritt also in den jedesmal zwischen den einzelnen Rillen liegenden Seilstücken eine sehr starke Zugbeanspruchung des Seiles auf, die nur durch teilweises Gleiten des Seils ausgeglichen werden kann. Es kann unter diesen Umständen zu Brüchen an den Scheiben und dem Seile kommen, besonders wenn die einzelnen Rillen der Gegenscheibe starr miteinander verbunden sind, denn entsprechend der verschiedenen Spannung und Geschwindigkeit, die das Seil in seinen einzelnen um die Gegenscheibenrillen laufenden Schleifen hat, wird es diese mit verschiedener Geschwindigkeit umzutreiben versuchen. Mit Rücksicht auf diesen Umstand hat man schon seit längerer Zeit die einzelnen Rillen der Gegenscheibe voneinander unabhängig gemacht, indem man sie bis auf eine lose drehbar auf die Achse setzt. Bei den Treibscheiben hat man dem Übelstande mehrfach dadurch entgegengearbeitet, daß man die einzelnen Rillen von vornherein von verschiedenem Durchmesser herstellte und zwar

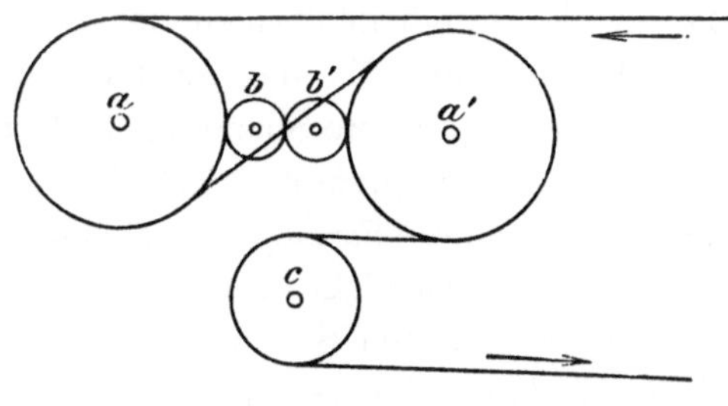

Fig. 21.

so, daß die erste Rille den größten Durchmesser erhielt und derjenige der folgenden entsprechend der abnehmenden Seilspannung verkleinert wurde. Diese z. B. von der Firma Jorissen & Co. in Düsseldorf unter dem Namen »Stufenscheiben« gebaute Anordnung (s. Sammelwerk Bd. 5, S. 119) vermeidet aber den besprochenen Übelstand nicht, vielmehr wird dieser hier nur in umgekehrter Richtung von vornherein herbeigeführt, indem hier die vorhergehende größere Rille mehr Seil heranzieht als die kleinere aufnehmen kann, sodaß also wiederum ein Gleiten eintreten muß. Erst bei der allmählichen Abnutzung der Rillen, durch die sie sich im Durchmesser ähnlicher werden, verringert sich dieses Mißverhältnis.

Einen anderen Weg zur Vermeidung dieser Schwierigkeiten hat die Firma Heckel eingeschlagen. Sie gibt dem Antrieb die in Fig. 21 skizzierte Form. Das Seil wird hier nur je etwa $^3/_4$mal um zwei gleich große Scheiben geschlungen und die nötige Reibung, abgesehen von dieser Vergrößerung des umspannten Scheibenbogens, durch Vermehrung des Durchmessers sowie dadurch erreicht, daß beide mit Zahnkränzen versehene

Scheiben mit Hilfe der Ritzel bb' angetrieben werden. Eins dieser Ritzel ist mit der Maschinenwelle unmittelbar oder durch eine passende Übersetzung verbunden. Die Größe der Scheiben bringt es mit sich, daß der Druck des Seils auf die Flächeneinheit viel kleiner wird als bei der üblichen Größe mehrrilliger Scheiben, was für die Haltbarkeit des Holzfutters von großem Wert ist. Auch wird das Seil wegen des größeren Krümmungsradius mehr geschont. Als gewöhnlichen Durchmesser nimmt die Firma bei etwa 40 PS der Antriebsmaschine 3 m, bei 80 PS 4 m an. Die Anordnung gewährt, wie in einer lesenswerten Abhandlung der Firma Heckel über den Antrieb einer maschinellen Seilförderung des näheren ausgeführt ist, durch die geringe Ausdehnung der nicht für den Seilzug ausgenutzten Scheibenumfangsteile die Möglichkeit, mit einer bedeutend geringeren sog. toten Spannung auszukommen, d. h. man braucht das Gewicht der Spannrolle viel weniger zu belasten, um ein Seilgleiten zu verhüten, als dies bei einem mehrrilligen Antrieb mit Gegenscheibe notwendig ist, bei dem ja die sämtlichen Rillen der Gegenscheibe und die Hälfte aller Rillen der Treibscheibe für die nutzbare Seilreibung nicht in Betracht kommen. Diese geringere tote Spannung äußert sich auch durch eine vorteilhafte Verminderung der gesamten Achsdrücke der Antriebsvorrichtung. Diesen Vorzügen stehen allerdings auch einige Nachteile gegenüber; so ist es offenbar für das Seil nicht sehr günstig, daß es unmittelbar hintereinander nach entgegengesetzten Seiten gebogen wird, und es wird dadurch der vorteilhafte Einfluß des großen Krümmungsradius aufgewogen, ferner ist die Art des Zahnradantriebs der beiden Treibscheiben wegen der Kleinheit der in einander greifenden Ritzel nicht besonders vorteilhaft, und endlich bringt die Notwendigkeit der Rückleitscheibe c, die nicht immer zugleich als Spannvorrichtung ausgebildet werden kann, Unbequemlichkeiten mit sich.

Die auf mehreren Saargruben (z. B. Louisenthal, Heinitz, Reden, Kohlwald) in Betrieb befindliche Vorrichtung arbeitet gut und zeigt in der Tat sehr geringe Abnutzung der Scheibenfütterung und des Seils. Dies ist jedoch wohl, wenn auch die übrigen erwähnten Vorzüge mitsprechen, neben der guten Ausführung der Anlage der Größe der Scheiben zuzuschreiben, die insofern kein wesentlicher Zug der Anordnung ist, als auch bei der mehrrilligen Scheibe ein größerer Durchmesser angewandt werden kann. Wenn dies geschieht, und das ist sehr zu wünschen, so wird auch bei ihr die Abnutzung mit ihren schädlichen oben beschriebenen Folgen sehr herabgehen und das Seil mehr geschont werden. Eine ungleichmäßige Beanspruchung und Abnutzung beider Scheiben tritt, wie übrigens in der erwähnten Heckelschen Abhandlung auch zugegeben wird, wegen der größeren Seilspannung an der ersten Scheibe auch bei dem Heckelschen sog. S-Antrieb auf und sie wird eben nur im wesentlichen durch den

Fig. 22.

Antriebsvorrichtung auf Grube Heinitz.

großen Durchmesser auf ein unschädliches Maß zurückgeführt. Fig. 22 zeigt eine Ansicht der Antriebsvorrichtung in Heinitz, Fig. 23 stellt die der Seilförderung auf der 5. Sohle der Grube Reden dar.

Wo man bei mehrrilligen Antriebsscheiben durch Vergrößerung der Scheiben, die in vielen Fällen wegen ungenügenden Raumes in der Grube schwer angängig ist, die ungleichmäßige Abnutzung nicht genügend verringern kann, wird man sich jedenfalls vielfach dadurch helfen können, daß man auch bei der Treibscheibe die einzelnen Rillen mit Ausnahme der ersten, die stärkste Spannung aufnehmenden, als besondere Scheiben drehbar auf die Achse setzt und nur durch eine Reibungskupplung so fest mit ihr verbindet, daß sie genügend mitziehen, aber den schädlichen Zerrungen im Seil nachgeben können; daß man also das zur Ausgleichung der Wirkungen ungleichmäßiger Abnutzung und ungleicher Seildehnung erforderliche Gleiten nicht zwischen Seil und Scheibenfutter, sondern zwischen den widerstandsfähigeren Teilen der Kupplung stattfinden läßt.

Die Spannvorrichtung bei Seil- und auch bei Kettenförderungen ist jetzt in richtiger Erkenntnis ihres Zwecks so gut wie immer in dem von der Antriebsvorrichtung ablaufenden Seiltrum dicht bei dieser eingeschaltet und wirkt selbsttätig durch ein angehängtes Gewicht. Sie hat ja nur den Zweck, in diesem Trum an der Antriebsvorrichtung einen solchen Gegenzug auszuüben, daß das Seil mit der nötigen Reibung an der Scheibe anliegt. Bringt man die Spannvorrichtung an einer anderen Stelle an, z. B. an der Endscheibe, wie es früher wohl geschah, so muß sie viel schwerer sein, weil sie den ganzen Seilzug, der zur Bewegung des ablaufenden Trums und der darunter befindlichen Wagen dient, überwinden muß, um nicht nutzlos bis zu dem höchsten Punkte ihrer Führung aufgezogen zu werden. Durch ein solches Aufziehen kann bei Seilförderung noch der Übelstand eintreten, daß wegen der starken Heranholung von Seil im auflaufenden Trum, dem kein nennenswertes Wegziehen im ablaufenden Trum gegenübersteht, das Seil auf der Treibscheibe zu gleiten anfängt. Die Spannvorrichtung nimmt auch den durch das Längen des Seils sich bildenden Seilüberschuß auf, um jedoch bei großen Seillängen und demzufolge bedeutendem Überschuß nicht eine unbequem hohe Führung für das Spanngewicht nötig zu haben, wird mitunter eine zweite Spannvorrichtung mit Schraubenanzug eingebaut, die nur zur Ausgleichung des Seilüberschusses dient.

Bei der Kette selbst muß trotz des teuren Preises auf die beste Beschaffenheit des Materials und, sobald die Kette durch eine Greiferscheibe angetrieben wird oder, wie es öfter vorkommt, mit ihrer Endscheibe eine andere Förderung antreibt und die Endscheibe deshalb auch Greifer hat, besonders auf ganz gleiche Länge der Glieder gesehen werden. Die Stärke des Ketteneisens wechselt von 16 bis 26 mm. Ein Schmieren der Kette findet im allgemeinen nicht statt, dagegen ist es für ihre Lebensdauer von großer

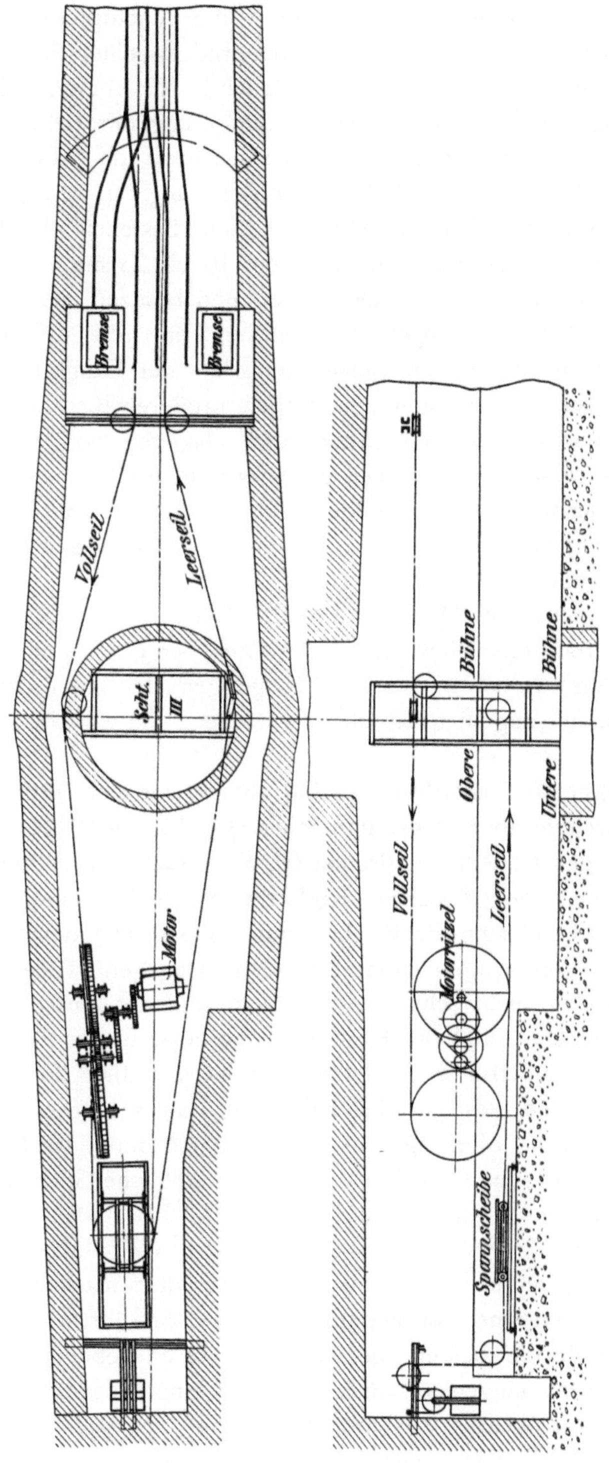

Fig. 23.

Füllort des Redenschachtes III in der 5. Sohle.

Bedeutung, daß sie da, wo sie nicht durch die Feuchtigkeit der Strecke selbst einigermaßen naß gehalten wird, dauernd an einer Stelle, z. B. an der Spannvorrichtung, mit Wasser betropft wird. In Louisenthal hat man nach Einführung der Betropfung eine Verlängerung der Lebensdauer um etwa die Hälfte wahrgenommen. Die Aufliegezeit ist auf 6 bis 7 Jahre zu veranschlagen, doch wird sie bei starker Belastung oft weit geringer. — Die Seile zur mechanischen Streckenförderung bestehen durchweg aus Tiegelstahl, haben einen Durchmesser von 16 bis 25 mm, ein Gewicht von 0,8 bis 3,5 kg für das laufende Meter und besitzen etwa zur Hälfte Langschlag, zur Hälfte Kreuzschlag. Welche Form die bessere ist, ist noch streitig, doch nimmt man vielfach an, daß der Langschlag sich für Strecken mit mehreren Krümmungen wegen größerer Biegsamkeit besser eigne, für das Greifen der Mitnehmer wird dagegen von manchen der Kreuzschlag für besser gehalten, weil ein Kreuzschlagseil keine so glatt abgeschlossene Oberfläche hat als ein Langschlagseil. Die mittlere Lebensdauer eines Seils kann zu zwei Jahren angenommen werden, eine Schmierung findet im allgemeinen nicht statt.

Die Verbindung des Wagens mit der Kette wird in den meisten Fällen nur durch das Gewicht der Kette hergestellt, an einzelnen Stellen, besonders wo etwas stärkere Neigungen der Bahn vorkommen, sind die Wagen mit angenieteten Ohren versehen, die zwischen 2 Kettenglieder fassen.

Als Mitnehmer für Seilförderungen sind sehr verschiedene Vorrichtungen in Gebrauch, bei weitem am häufigsten, nämlich etwa bei der Hälfte der 26 Seilförderungen werden Gabeln mit drehbarem Kopfstück der in Fig. 24 dargestellten oder einer wenig abweichenden Form benutzt. Die Gabel wird an der einen Wagenstirnwand aufgesteckt, hält gut am Seil und kann doch auch leicht gelöst und vom Wagen entfernt werden. Dagegen ist sie beim Vorbeifahren an Rollen nicht sehr bequem, auch sind der Anschaffungspreis (2,40 M. für das Stück) und die Kosten für Ausbesserungen ziemlich hoch, auf Grube Kohlwald betrugen die letzteren z. B. monatlich 50 Pf. für jede Gabel. Die Seiten bb des das Seil haltenden Maules nutzen sich schnell ab und können nicht öfter als ein- oder zweimal durch Nachschmieden ausgebessert werden, dann muß das ganze bewegliche Stück der Gabel ausgewechselt werden. Zur Vermeidung dieses Übelstandes hat man auf der Grube Kohlwald deshalb in der eigenen Werkstatt eine Gabel der in Fig. 25 angedeuteten Art hergestellt, nachdem man mit mehreren anderen Formen Versuche vorgenommen hatte. Bei ihr wird das Maul für das Seil durch die beiden viereckigen Stifte aa gebildet, die in das Querstück nur leicht eingenietet sind. Ist ihre innere das Seil berührende Seite abgenutzt, so werden sie umgedreht, mit den früher nach außen liegenden Seiten nach innen, eingesetzt; sind sie auch in dieser Stellung verbraucht, so kann man sie, weil die Abnutzung nur in dem unteren Teile des Mauls erfolgt, noch in 2 Stellungen mit dem anderen Ende eingenietet gebrauchen, sodaß also jeder Stift in 4 Stellungen benutzt wird. Die Stifte haben ziemlich scharfe Kanten und fassen das Seil gut, eine stärkere Beanspruchung des Seils als früher ist nicht beobachtet worden. Die Kosten für die Herstellung belaufen sich mit Einrechnung des Materialpreises auf nicht mehr als 1,60 M, die für Ausbesserungen auf 15 Pf. für den Monat. — Bei mehreren Förderungen ist, statt der Gabel mit beweglichem Kopfteil die in Westfalen beliebte feste gekröpfte Gabel in Ge-

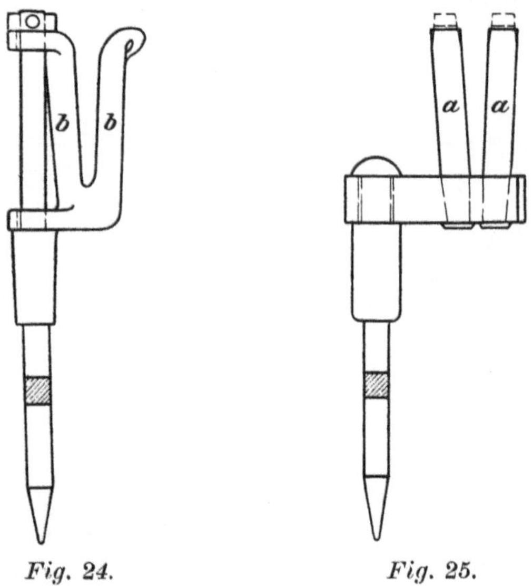

Fig. 24. *Fig. 25.*

brauch, die den Vorteil größter Einfachheit und Widerstandsfähigkeit hat, aber, da sie sich in den Ösen der Wagenwand dreht, diese stärker beansprucht und abnutzt als die anderen beschriebenen Formen.

Werden, wie gesagt, bei der überwiegenden Zahl der Seilförderungen als Mitnehmer Gabeln benutzt, so ist man in den letzten Jahren doch mehrfach dazu übergegangen auch bei Streckenförderung die in Bremsbergen und dergleichen schon länger beliebten Seilschlösser verschiedener Bauart anzuwenden, die sich nicht, wie es Gabeln öfter tun, von selbst vom Seil lösen und, da sie den Wagen vermittelst eines nicht ganz kurzen am Zughaken angreifenden Seil- oder Kettenstückes mitnehmen, viel weniger empfindlich gegen ein Abweichen des Zugseils aus der Gleismittellinie sind. Dadurch lassen sich auch, nachdem es gelungen ist, durch die Form der verwandten Kurvenrollen die Schlösser ohne Schwierigkeiten um sie herumlaufen zu lassen, Krümmungen in der Strecke leicht überwinden. Mehrere der auf den Saargruben gebrauchten Seilschloßbauarten sind in den Fig. 26—31 dargestellt, wobei bemerkt sei, daß einige der abgebildeten

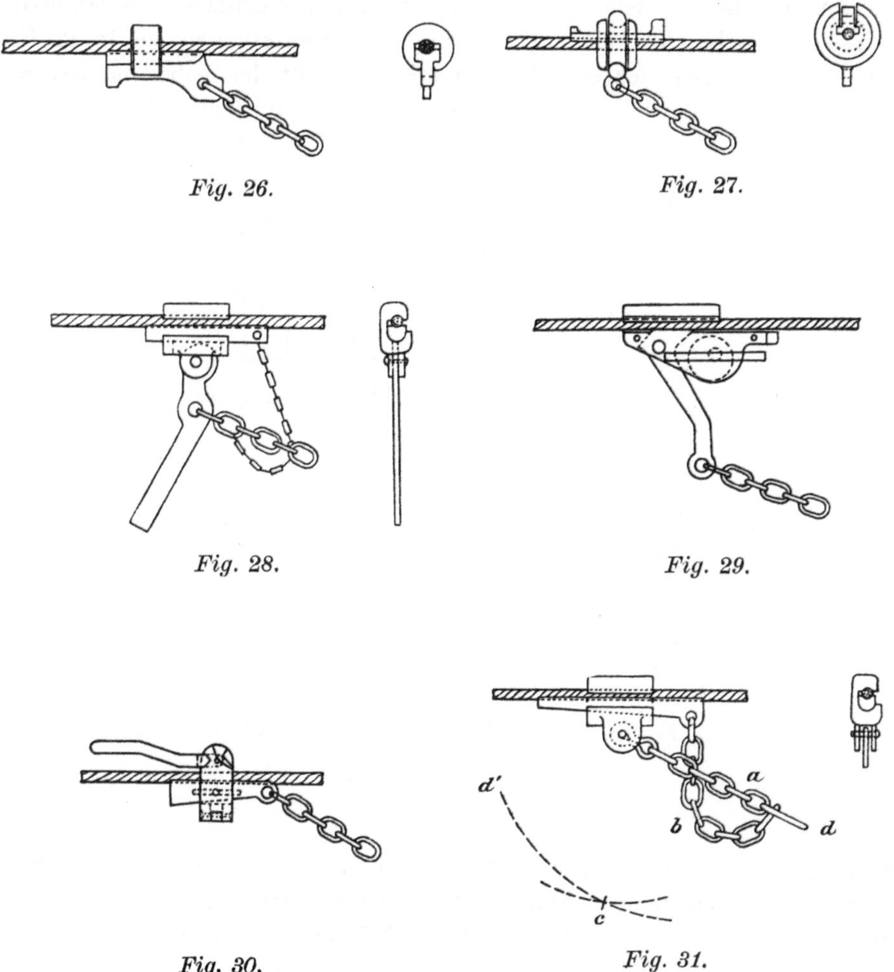

Fig. 26. Fig. 27.

Fig. 28. Fig. 29.

Fig. 30. Fig. 31.

Formen hauptsächlich bei der Bremsbergförderung mit Seil ohne Ende benutzt werden. Sie sind wegen der bequemen Vergleichung hiermit neben die andern gestellt. Ihre Wirkungsweise erfordert keine Erklärung, die Hauptunterschiede für den praktischen Betrieb liegen in der größeren oder geringeren Schwierigkeit das Schloß vom Seil zu lösen. Eine besonders sichere Verbindung bei wechselnder Neigung, bei der also der Wagen stellenweise vom Seil nicht gezogen, sondern zurückgehalten werden muß und die übrigen Keilschlösser wegen des umgekehrten Zuges auf den Keil sich hin und wieder lösen, bietet das z. B. auf Grube Reden verwandte Schloß (Fig. 31). Die Länge der beiden Ketten a und b und die Lage ihrer Befestigungspunkte am Schloß ist so gewählt, daß, wenn der Wagen, wie in der Figur angenommen, vom Seil gezogen wird, die auf die Keilhülse wirkende Kette a, wenn er zurückgehalten werden soll, also die Verbindungskette

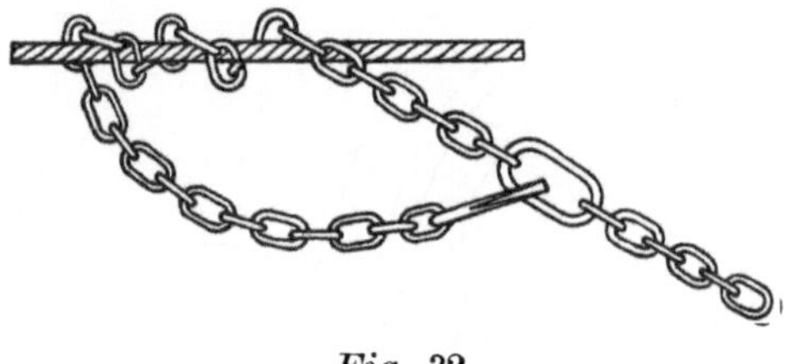

Fig. 32.

in der Richtung nach d' liegt, die am Keil befestigte Kette b sich spannt, während im ersten Falle b, im zweiten a schlaff ist. In beiden Fällen wirkt demnach der Zug auf ein festeres Andrücken des Keils ein.

Außer den Gabeln und Schlössern kommt auch der Anschlag mit einfachenAnschlußkettchen (Fig. 32) bei Seilförderungen vor, z. B. auf Grube

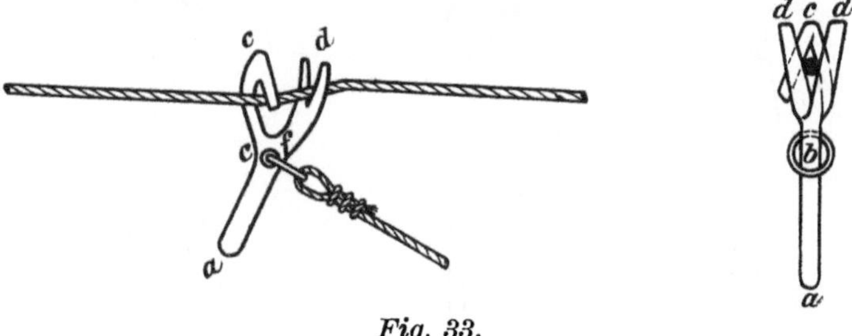

Fig. 33.

Klemme von Spengler.

König, außerdem sind verschiedene Seilklemmen in Gebrauch, die sich durch besondere Bequemlichkeit beim An- und Abschlagen und auch durch geringe Beanspruchung des Seils gegenüber den Keilschlössern auszeichnen. Drei der zweckmäßigsten Formen sind in Fig. 33—35 dargestellt. Die Gascardsche Klemme (Fig. 35) hält wegen der symmetrischen Form sowohl, wenn das Seil zieht, als wenn der Wagen vorläuft, bei den beiden anderen fängt im letzteren Falle die Klemme an zu gleiten. Von dem Gebrauch von Seilknoten zum Mitnehmen der Wagen ist man auf den Saargruben hauptsächlich wegen der schwierigen, teuren Unterhaltung und wegen des

Gebundenseins an den unveränderlichen Knotenabstand überall abgekommen.

Die Vorrichtungen zur Überwindung von Kurven zeigen bei den Streckenförderungen der Saargruben im allgemeinen keine besonderen Eigentümlichkeiten. Es kommen, wie hervorgehoben werden muß, bei

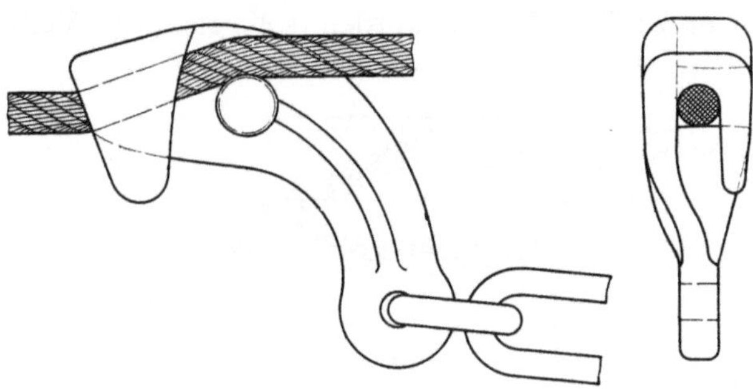

Fig. 34.

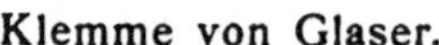

Klemme von Glaser.

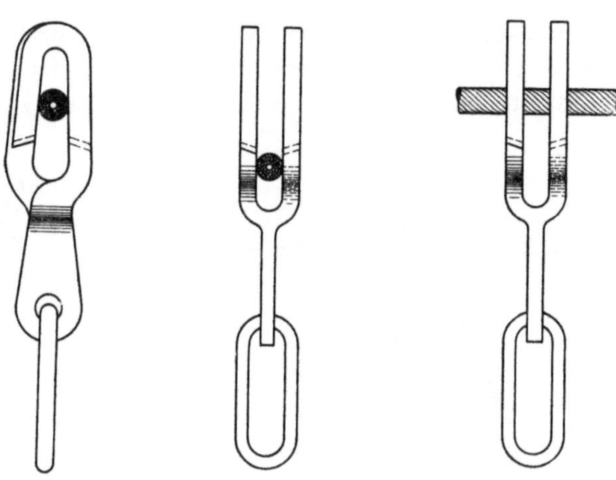

Fig. 35.

Klemme von Gascard.

vielen der Strecken überhaupt keine oder nur wenige oder geringe Krümmungen vor, 15 Förderungen verlaufen vollständig in gerader Linie. Bei Kettenförderungen werden in der allgemein üblichen Weise die Wagen vor der Krümmung auf einen kleinen Ablaufberg im Gestänge geführt, dort durch Abheben der Kette losgelassen und nach freiem Durchlaufen der Krümmung durch das Gewicht der sich wieder auf sie senkenden Kette von neuem angeschlagen. Die zur Tragung und Ablenkung der Kette dienenden Rollen bestehen aus Gußeisen mit oder ohne Holzfutter.

Bei den Seilförderungen bleibt der Wagen auch in den Krümmungen angeschlagen. Um dies bei Gabeln zu ermöglichen, ist es notwendig, die Rollen mit einer flachen, sehr breiten Rille zu versehen, in der der Gabelkopf Platz findet, wenn man nicht, wie es bei 4 Förderungen geschieht, Sternrollen anwendet, die aber den Nachteil haben, teuer zu sein, sich

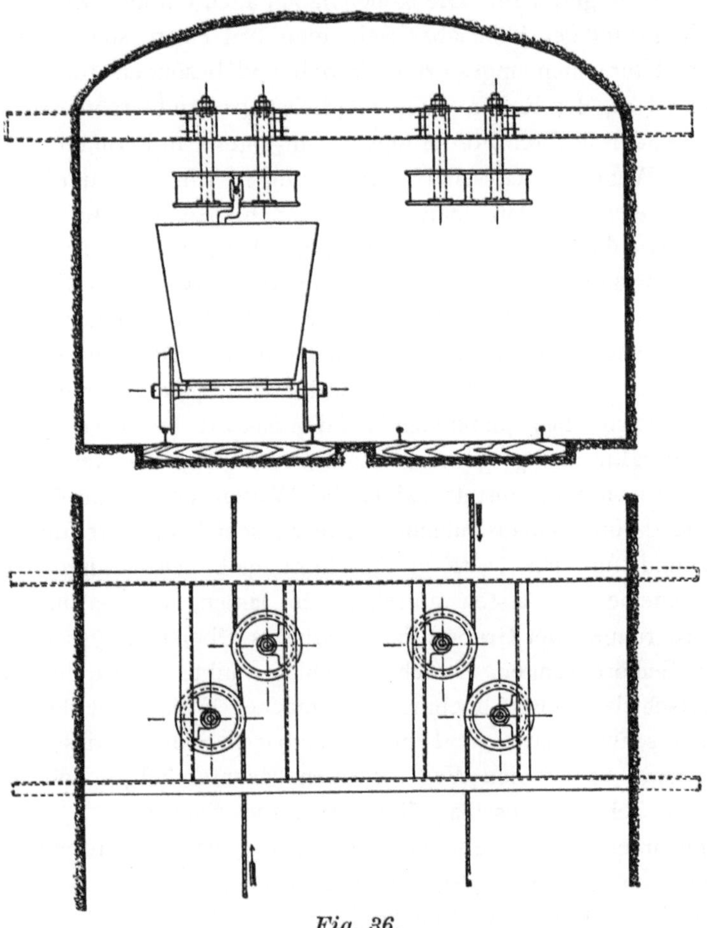

Fig. 36.

schnell abzunutzen und hin und wieder Zusammenstöße zwischen einer Sternspitze und der Gabel herbeizuführen. Verwendet man Rollen mit flacher Rille, so vermag der flache Rand öfters nicht ohne weiteres das Herunterfallen des Seils zu verhindern, und es werden, um ein sicheres Tragen zu erreichen, deshalb besondere Rollen dicht bei der Hauptrolle angebracht, die das Seil gegen diese mit der nötigen Kraft andrücken. Eine ähnliche Anordnung, die in Fig. 36 angedeutet ist, wird dort in gerader Strecke angewandt, wo das Seil wegen der Einmündung einer Nebenstrecke oder aus anderen Gründen getragen werden muß. — Bei Anschlag der

Wagen mit Hilfe von Schlössern kann die Rille der Rollen ohne Schwierigkeiten so tief gestaltet werden, daß das Seil mit Sicherheit von dem unteren, öfters breiteren, Rande getragen wird. Manchmal ist dies auch dadurch erreicht, daß die Rollenachse schief verlagert ist. Die Ebene der Rolle ist dann geneigt, und das auf der höher liegenden Seite laufende Seil wird sicher getragen. Die Rollen haben auch hin und wieder Holzfutter, in der Mehrzahl der Fälle aber sieht man von einem solchen ab. — Von Wichtigkeit für einen ungestörten Betrieb und besonders für die Schonung des Seils ist es, den Rollen einen möglichst großen Durchmesser zu geben, er geht bei den neueren Förderungen nicht unter 1 m herunter. Das Durchlaufen der Wagen durch scharfe Krümmungen wird von der Firma Heckel dadurch erleichtert, daß man dort die Schienen unterbricht und durch breite ⊔-Eisenkurven ersetzt, in denen die Wagenräder mit großem Spiel auf den Spurkränzen laufen. Es ist auf diese Weise bei Gabelförderung möglich eine Gleisrichtungsänderung von 90° mit einer ganz kurzen Kurve und einer einzigen Rolle besonders großen Durchmessers zu durchfahren, wie es z. B. auf Grube Altenwald über Tage geschieht.*)**)

Zwischenanschlagspunkte sind bei den Saarbrücker Streckenförderungen nur in verhältnismäßig geringer Zahl vorhanden, bei Kettenförderungen zieht man es oft vor, anstatt zahlreiche Wagen an einem Zwischenpunkt unter eine darüber hinauslaufende Kette zu schieben, dort die eine Kette endigen und für den weiteren Abschnitt eine selbständige Kette durch die Endscheibe der ersten antreiben zu lassen, wie es u. a. bei den Kettenförderungen der Grube Friedrichsthal (s. Übersicht) geschehen ist. — Wo bei Seilförderungen Zwischenanschlagspunkte vorhanden sind, wird das Unterschieben und Abnehmen in einfacher Weise bewirkt, indem mit Hilfe einer schwenkbaren und hochdrückbaren Seilrolle das Seil so weit gehoben wird, daß es den Weg für einen darunter hergeschobenen Wagen freigibt und bei Gabelanschlag über der Gabel schwebt.

Eine interessante Vielseitigkeit in der ganzen Anordnung zeigt die Kettenförderanlage der Berginspektion Louisenthal im Veltheimstollen zwischen den Viktoriaschächten und der Kanalhalde und es sei deshalb etwas näher auf sie eingegangen. Sie besteht in der Hauptsache aus 4 Teilen, einer von den Viktoriaschächten ausgehenden mit 9° einfallenden 410 m langen Strecke, zwei in derselben Richtung hinter einander sich an diese anschließenden söhligen Streckenteilen von 1350 und rd. 2200 m Länge, von denen das erstere von dem Fußende der einfallenden Strecke bis

---

*) Vgl. Vortrag von Glinz im Bericht über den 9. Deutschen Bergmannstag S. 142ff.

**) Die Bildstöcke zu mehreren der vorstehenden Abbildungen sind von der Firma G. Heckel in St. Johann-Saarbrücken zur Verfügung gestellt worden.

nach der Landhalde
Waschprodukte
nach Albertschacht
Josepha-
Schacht
Einfallen 10°30'
Einfallen 3°30'
Einfallen 3°
Maschine
horizontal
Albert-
Schacht
Antrieb
Viktoria-
Schächte
I
II

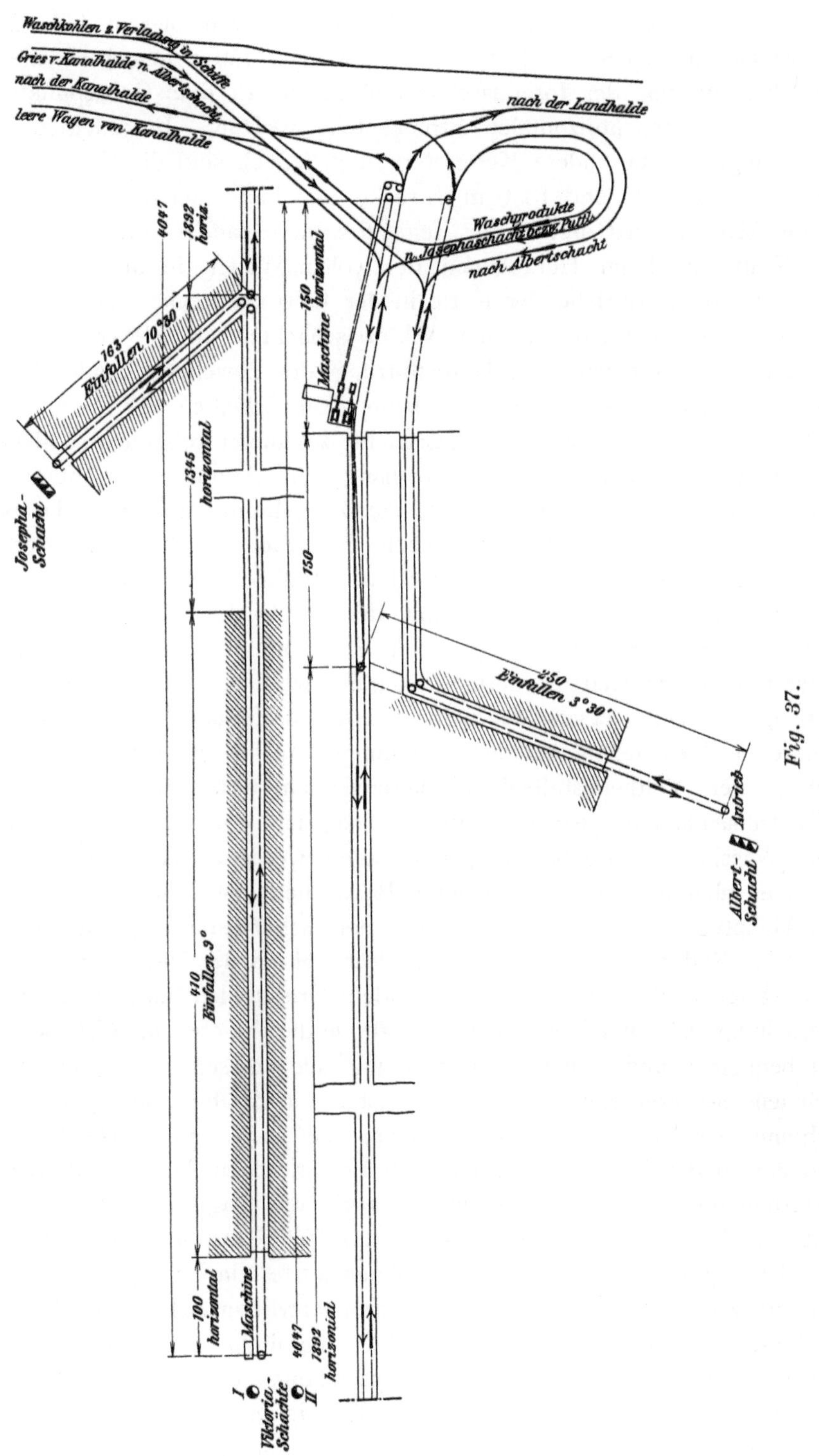

Fig. 37.

in die Nähe des Josephaschachtes, das letztere von diesem bis auf die Kanalhalde an der Saar reicht, endlich aus einer 160 m langen einfallenden Strecke, die von der Josephaschachtanlage bis zu dem Grenzpunkte der beiden erwähnten horizontalen Streckenteile verläuft. In jedem der vier Teile liegt eine besondere Kettenförderung, jedoch sind die Scheiben derjenigen in der 400 und 1350 m-Strecke am Fuße der ersteren auf dieselbe Achse gesetzt und in der Regel fest mit einander verbunden, sodaß die Kraft, die beim Herablaufen der vollen Wagen in der Einfallenden frei wird, dem Antriebe der Kette in der 1350 m-Strecke zugute kommt. Es ist aber außerdem an den Viktoriaschächten ein Elektromotor vorhanden, der nötigenfalls zur Unterstützung der Bewegung beider Kettenförderungen herangezogen werden kann. Die Scheiben der am Fuße der 160 m-Einfallenden, am Josephaschacht zusammenstoßenden 3 Kettenförderungen haben keinen Zusammenhang, ihre Anordnung geht aus der Fig. 37 hervor. Diese zeigt auch die Einrichtung am Ende der Kette auf der Kanalhalde und die ziemlich verwickelte Anlage der dortigen Hauptverteilungsstelle. Es müssen dort nämlich, wie teilweise schon an früherer Stelle bemerkt ist, die mit der beschriebenen Kettenförderung herangebrachten Kohlen, soweit sie in Saarschiffe verladen werden sollen, einer besonderen Kettenförderung zugeführt werden, die sie an dem Fluß entlang nach der etwas oberhalb gelegenen Verladestelle bringt. Die übrigen Kohlen gehen von der Verteilungsstelle aus auf einer zuerst dicht neben der Veltheimstollenkette herlaufenden Kettenstrecke nach der Albertschachtanlage, wo sie entweder sogleich oder nach Durchlaufung der Wäsche in Eisenbahnwagen verladen werden. Aus der Wäsche kommen aber auf der letztgenannten Bahn auch gewaschene Kohlen nach der Hauptverteilungsstelle, um weiter der Schiffsverladung zugeführt zu werden. Endlich gehen die in der Rätterei an der Verladestelle durch das Absieben der Stückkohlen fallenden Grieskohlen zurück nach der Verteilungsstelle und über die Kettenbahn in die Wäsche am Albertschacht; zur bequemen und sicheren Abwickelung aller dieser verschiedenen und sich teilweise kreuzenden Bewegungen ist die in der Figur angegebene Einrichtung der Verteilungsstelle getroffen, die nach dem vorhergehenden und den in der Figur eingeschriebenen Bemerkungen keiner näheren Erläuterung mehr bedarf. Aus ihr ist auch die Lage des Antriebs der Kette in der 2200 m langen Strecke des Veltheimstollens zu erkennen. Bei dieser Kette ist noch eine erwähnenswerte Einrichtung getroffen, zu der die zweite in der Figur ersichtliche Antriebsmaschine gehört. Die Kettenstrecke hat nahe der Kanalhalde, um unter der Straße hindurch gehen zu können, eine starke Muldeneinsenkung. Es zeigte sich nun, daß die aus 20 mm dickem Eisen hergestellte Hauptkette, die bei der bedeutenden Streckenlänge stark gespannt sein mußte, in der Mulde nicht mit der nötigen Reibung auf den Wagen auflag, um sie sicher mitzunehmen. Hätte man ihre Stärke so vergrößert, daß dies erreicht worden wäre, so hätte man außer den sehr erheblichen Mehrkosten der Kette selbst die Antriebsmaschine und alle übrigen Teile der ganzen Förderanlage in sehr ungünstiger Weise beansprucht. Man hat deshalb den Ausweg eingeschlagen, die Muldensenkung vermittelst einer besonderen schweren Hülfskette von 26 mm Eisenstärke zu überwinden. Die Hauptkette wird im Stollen von den Wagen, kurz ehe diese die Mulde erreichen, abgehoben und ohne mit den Wagen mehr in Berührung zu kommen, zu der vor dem Stollenmundloche gelegenen Antriebsmaschine geführt und an ihrer Stelle werden die Wagen durch die im Stollen am Anfange der Mulde um eine Endscheibe laufende Hülfskette erfaßt, die nur eine geringe Spannung zu haben braucht. Sie geht, wie die Figur zeigt, zuerst mit beiden Trummen dicht neben einander, von der Maschine zu der Halde und wird dort durch Umkehrscheiben über die beiden Gleismitten geführt. Die Vorrichtung arbeitet sehr gut. Die Lebensdauer der Hauptkette ist durch sie sehr verlängert worden, sie beträgt über 5 Jahre.

Über die Einrichtung der von der Hauptverteilungsstelle nach der Rätterei der Schiffsverladung führenden Kettenförderung ist in der Beschreibung dieser Verladestelle von Althans in der Zeitschrift Glückauf 1904 S. 1209 näheres mitgeteilt.

Eine eigenartige Anordnung von Ketten- und Seilförderungen, die dadurch, daß die Ketten in einem Bremsberge liegen und ihre Kraft an die söhligen Seilförderungen abgeben, selbsttätig wirkt, ist vor einigen Jahren auf der Grube Schwalbach getroffen worden, um den durch den östlichen Hauptsprung verworfenen, bei Knausholz zu Tage ausgehenden Teil des Schwalbacher Flözes mit dem Eisenbahnschacht zu verbinden. Die Anlage ist in ihren wesentlichen Teilen im Bande 50 der Ministerialzeitschrift beschrieben (S. 366 f.) und abgebildet und es kann hier deshalb auf sie verwiesen werden.

Ebenso kann auf die in dem Bericht über Versuche und Verbesserungen im Bande 53 der Ministerialzeitschrift S. 100 enthaltene Besprechung einer ungewöhnlichen Förderung mit endlosem Seil in einer alten eingleisigen Strecke auf Grube Friedrichsthal Bezug genommen werden. Es werden dort gleichzeitig 2 Züge von je 14—18 Wagen an den entgegengesetzten Streckenenden mit Hilfe eines Führerwagens mit lösbarer Schraubenklemme an das Seil angeschlagen. An der Begegnungsstelle ist die Strecke auf Zuglänge erweitert und zweigleisig ausgebaut.

Leistungen und Kosten. Die Leistungen der vorhandenen mechanischen Streckenförderungen in einer Schicht weichen sehr erheblich von einander ab, sie liegen zwischen 1800 und etwa 100 t. Berechnet man die Leistung nach Tonnenkilometern, so sind die Verschiedenheiten noch größer, sie liegen dann zwischen den Grenzen 2200 und rd. 50 tkm. Die genannte größte Leistung nach der ersteren Art berechnet, weist die Kettenförderung im Veltheimstollen der Grube Gerhard vom Josephaschacht bis zur Kanalhalde auf, es folgt mit 1600 t die Kettenförderung Albertschacht - Kanalhalde, dann mit 950 t die Lampennester Förderung mit Seil und Gegenseil, mit je 900 t die Kettenförderung in dem Veltheimstollen vom Viktoriaschachte bis zum Josephaschachte und die Kettenförderung der Grube Schwalbach, darauf diejenige in der Mittelsohle des Folleniusschachtes der Grube Kohlwald. Daran schließen sich mit allmählich kleiner werdenden Leistungen die übrigen Anlagen.

Um eine Vergleichung der Kosten vorzunehmen, ist es zunächst erforderlich, die Förderungen mit ganz geringen Leistungen, mögen diese nun durch die geringe Bedeutung der Anlage oder nur durch noch unvollständige Ausnutzung veranlaßt sein, auszuscheiden, weil sie unnormal hohe Kosten haben. Aus dem gleichen Grunde muß z. B. die elektrisch angetriebene Seilförderung in der 5. Sohle der Grube Reden außer Betracht bleiben, weil die sie speisende elektrische Zentrale wegen ungenügender Belastung noch sehr teuer arbeitet.

Die übrigbleibenden Anlagen sind, um einen bequemeren Überblick über den Zusammenhang zwischen Bahnlänge, Leistung und Betriebskosten zu ermöglichen, in der nebenstehenden Tabelle nach steigenden Betriebskostenklassen zusammengestellt.

Von den in dieser Übersicht eingesetzten Zahlen für die Betriebskosten gilt dasselbe, was weiter unten von den Kostenangaben der Schachtförderungen gesagt ist. Es mußten die von den einzelnen Gruben berechneten Zahlen benutzt werden, trotzdem diese notwendigerweise und ungeachtet der Bemühungen, möglichste Einheitlichkeit in der Berechnungsart zu erreichen, stellenweise auf erheblich von einander abweichenden Grundlagen gewonnen sind. Es können aus diesem Grunde aus der Tabelle auch nur ganz wenige und oberflächliche Schlüsse gezogen werden. Eine eingehendere Erörterung könnte sich nur auf sehr vielen besonderen Beobachtungen bei jeder einzelnen Förderung aufbauen, die schon wegen des außerordentlich großen, dafür notwendigen Zeitaufwandes für die vorliegende Ausarbeitung nicht inbetracht kommen konnten.

In der Übersicht fällt zunächst auf, daß die Streckenlängen der Kettenförderungen fast sämtlich bedeutend größer sind als die der Seilförderungen. Die längste Seilförderung, diejenige mit Seil und Gegenseil auf Grube Von der Heydt übertrifft allerdings mit ihren 3950 m bei weitem alle Kettenstrecken, sie ist aber in der Zusammenstellung weggelassen, weil ihre Kosten wegen der gänzlich abweichenden Betriebsart nicht ohne weiteres mit denjenigen der Förderungen mit endlosem Zugorgan verglichen werden können. Ihre Kosten sind übrigens verhältnismäßig

Kosten für 1 tkm in Pf.	Leistungen und Kosten der Streckenförderungen					
	Kettenförderungen			Seilförderungen		
	Länge	Leistung		Länge	Leistung	
	m	t	tkm	m	t	tkm
2—3	950	900	855	480	200	96*)
3—4	1270	580	737	—	—	—
	1855	900	1670			
	2000	1800	3600			
	2150	825	1774			
4—5	—	—	—	600	300	180
				1900	500	950
5—6	550	1600	880	550	200	110
				1100	342	376
				1100	600	660
				1100	750	825
				1500	260	390
				1980	420	830
6—7	1280	850	1090	390	180	70
				820	150	123
7—8	—	—	—	800	492	394
8—9	--	—	—	1060	520	571
				1100	200	220
				1980	450	890
9—10	—	—	—	512	360	185
				700	360	250
				800	615	490
				1540	400	616
10—11	1245	180	224	700	200	140

*) Automotorisch.

hoch (7,2 Pf. für 1 tkm), was wohl in dem Vorhandensein zweier nur mit längeren Pausen arbeitender Maschinen und den Löhnen ihrer Wartung begründet ist.

Sehr auffällig ist in der obigen Tabelle dann ferner, wie viel billiger die überwiegende Zahl der Kettenförderungen arbeitet als die Seilförderungen. Daß dies wirklich der Fall ist und nicht etwa auf anderer Berechnung beruht, geht daraus hervor, daß die Berechnung öfters von demselben Beamten für eine Seil- und eine Kettenförderung vorgenommen ist. Hängt diese Erscheinung offenbar mit der eben besprochenen bedeutend

Fortsetzung des Textes auf Seite 152.

Ketten- und Seilförderungen auf

Laufende Nummer	Berginspektion	Grube	Art und Lage der Förderung	Jahr des Einbaues	Antriebsmaschine: Lieferant	Art des Betriebsmittels	Bauart	Stärke PS	Umlaufzahl in der Minute	Übersetzung zwischen Maschinenwelle und Treibscheibe	Durchmesser der Treibscheibe m
1	I	Schwalbach	Kettenförderung v. Ensdorfer Schachte nach dem Eisenbahnschachte, unterirdisch	1891	Dingler, Masch.-Fabrik Zweibrücken	Dampf	Zwilling	25	68	1 : 4,5 Zahnräder	2
2	II	Gerhard und Viktoria	Kettenförderung im Veltheimstollen								
3			a) Viktoriaschacht bis Fuß der einfallenden Strecke am Josephaschacht	1894	--	Dampf	Zwilling	20	160	1 : 9 Treibriemen und Zahnräder	1,3
4			b) Vom Fuß der einfallenden Strecke am Josephaschacht bis Kanalhalde	1899	Dingler	„	Verbund mit Kondensation	80	96	1 : 4 Zahnräder	1,6
		„	Seilförderung in der 7. Tiefbausohle								
5			a) Vom Heinrichflöz nach Flügelort Beustflöz	1895	A. E. G.	Elektromotor	Drehstrom 500 Volt	30	250	1 : 5 Treibriemen u. Zahnräder	1,64
6			b) Vom Beustflöz n. Rudolfschacht	1903	Schuckert	„	desgl.	25	1000	1 : 4,5	1,5
7		Serlo	Kettenförderung auf der Kanalhalde	1890	Ehrhardt & Sehmer	Dampf	1 zylindrig	55	—	—	1,3
8		„	Seilförderung im Cäcilieflöz	1900	Dingler	„	„	35	90	—	1,5
9		„	Kettenförderung von Albertschacht bis Kanalhalde	} 1898	Pokorny & Wittekind	„	Verbund	—	—	—	} 1,2
10		„	Seilförderung von Rudolfschacht nach Albertschacht								1,3
11		„	Seilförderung von Maxflöz nach Rudolfschacht	1898	Lahmeyer	Elektrizität	Drehstrom 500 Volt	8	—	1,8	1,5
12	II	Fettkohlengrube	Horizontale Seilförderung Clarenthaler Schacht (unter Tage)	1903	Dingler	Preßluft	Zwilling	15	90	1 : 7 doppelte Zahnräder	1,3

den Saarbrücker Staatsgruben.

Seil oder Kette											
Durchmesser mm	Material und Gewicht für 1 m	Mittlere Geschwindigkeit m/sek.	Abstand der Wagen m	Wird mehr als 1 Wagen gleichzeitig angeschlagen?	Art der Mitnehmer	Länge der Strecke m	Anzahl der Kurven mit Rollen	Art der Rollen	Leistung in einer Schicht t	Förderkosten Pf	Bemerkungen
23 Gliederstärke	Schweißeisen 10,5 kg	1,6	22	nein	Gabel	950	eine	Gußeiserne Rollen mit Holzfutter	900	2,77 für 1 t = 2,92 für 1 tkm	Zwischenanschlagspunkte nicht vorhanden
26	Eisen 13 kg	1,4	25	nein	Feste Gabel	1855	keine	—	900	3,5 für 1 tkm	
20	Eisen 8 kg	2	20	„	—	2000	„	—	1800	„	
16 Langschlag	Gußstahl	1,3	30	„	Bewegliche Gabel	1980	eine	gewöhnl. Rollen	380	6 für 1 tkm	Die Kurve befindet sich an der Antriebsstation; die Wagen laufen frei durch die Kurve
16	„	1,7	30	„	„	1500	keine	—	260	6,4 für 1 tkm	
20	Schmiedeeisen	2	20	nein	—	320	keine	—	mögliche Höchstleistung 1400	—	Die Antriebsmaschine betreibt zugleich die Separation. Deswegen und wegen der sehr wechselnden Ausnutzung ist kein Kostendurchschnitt anzugeben.
16	Gußstahl 8 kg	1	40	„	Keilschlösser	rd. 200	keine	—	125	—	Kosten wegen sehr schwacher Ausnutzung nichtanzugeben.
25	Schmiedeeisen 12,5 kg	1,9	20	„	—	550	eine	gewöhnl. Rollen	1600	5,5 für 1 t	Die gemeinsame Antriebsmaschine treibt außerdem die Rätterei an.
16	Gußstahl	1,9	25	„	Bewegl. Gabeln	1900	keine	—	500	2,2 für 1 tkm	
18	„	1	30	„	desgl. und Keilschlösser	1740	eine	Rollen ohne Futter	200	7,2 für 1 tkm	Der Motor wirkt in der Regel als Bremse; die Förderung arbeitet automotorisch
16 Langschlag	Tiegelgußstahl 1 kg	0,75	12	nein	Drehbare Seilgabel	800	keine	—	492	5,7 für 1 t = 7,1 für 1 tkm	

Laufende Nummer	Berg-inspektion	Grube	Art und Lage der Förderung	Jahr des Einbaues	Antriebsmaschine: Lieferant	Art des Betriebsmittels	Bauart	Stärke PS	Umlaufzahl in der Minute	Übersetzung zwischen Maschinenwelle und Treibscheibe	Durchmesser der Treibscheibe m
13	II	Fettkohlengrube	Horizontale Seilförderung Clarenthaler Schacht (unter Tage)	1903	Dingler	Preßluft	Zwilling	15	90	1 : 7 doppelte Zahnräder	1,3
14	III	v. d. Heydt	Kettenförderung im v. d. Heydtstollen (nach den Krugschächten)	1886	Englert & Künzer, Eschweiler-Aue	Dampf	Zwilling	50	25	1 : 2 Zahnräder	1,5
15		„	Seilförderung mit Seil- und Gegenseil im v. d. Heydtstollen (nach den Lampennestschächten)	1882	Dingler	„	Zwilling eine ebensolche an den Lampennestschächten	70	60	1 : 3,3 Zahnräder	2,5
16		„	Kettenförderung im Burbachstollen (nach den Kirschheckschächten)	1874	Englert & Künzer, Eschweiler-Aue	„	Zwilling (liegend)	50	25	1 : 2 Zahnräder	1,5
17	V	Sulzbach	Seilförderung zum Transport der Berge nach der Halde bei den Mellinschächten	1894	Dingler	Dampf	Zwillingshaspel	15	60	1 : 6 Zahnräder	1,2
18	V	Altenwald	Seilförderung zum Befördern der Berge von den Eisenbahnschächten nach der Bergehalde	1900	Westfalia in Lünen a. d. Lippe	Dampf	Zwilling	30	100	1 : 6,5 Zahnräder	1,2
19		„	Seilförderung zwisch. Gegenortschacht und Eisenbahnschächten, teils über Tag, teils im Flottwellstollen	1904	Werkstätte der Grube Altenwald	„	„	15	200	1 : 3,4 Riemen	1,2
20		„	Seilförderung im Flöz 3, 3. Tiefbausohle, Querschlag 1	1894	A. E. G.	Elektrizität	4 poliger Motor	12	845	1 : 4,2 Riemen	1,2
21		„	Seilförderung im Querschlag 1a Nord, 4. Tiefbausohle	1898	„	„	„	10	800	1 : 10 Riemen	1,06
22		„	Seilförderung in der Hauptförderstrecke, Querschlag 6, 2. Tiefbausohle	—	—	Automotorisch durch die überschüssige Kraft in einem Bremsberg	—	—	—	—	—
23	VI	Reden	Seilförderung I über Tage nach der Bergehalde	1863	Köln. Masch.-A.-G., Bayenthal	Dampf	Zwilling	20	70	1 : 7 Zahnräder	1,20

[Fortsetzung]

Seil oder Kette									Leistung in einer Schicht	Förderkosten	Bemerkungen
Durchmesser mm	Material und Gewicht für 1 m	Mittlere Geschwindigkeit m/sek.	Abstand der Wagen m	Wird mehrals 1 Wagen gleichzeitig angeschlagen?	Art der Mitnehmer	Länge der Strecke m	Anzahl der Kurven mit Rollen	Art der Rollen	t	Pf	
16 Langschlag	Tiegelgußstahl 1 kg	0,75	25	10 Wagen	Seilklemmen an Ketten	1100	1	gewöhnl. Rollen	342	6 für 1 t = 5,4 für 1 tkm	
18	Holzkohleneisen	2	24	nein	keine	2150	1	Gußeisen mit Holzfutter	825	3,1 für 1 tkm	
18 Langschlag	Holzkohleneisen 1,2 kg	6	Die Wagen werden zu Zügen von je 120 Stück zusammengestellt (Vor- und Hinterseil)			3950	Große Anzahl kleiner Kurven	Gußrollen ohne Futter	950	7,2 für 1 tkm	
18	Holzkohleneisen	1,5	30	nein	keine	1245	1	Gußeisen mit Holzfutter	180	10,1 für 1 tkm	
16	Gußstahl 1 kg	0,5	30	nein	Gabeln zum Aufstecken auf die Wagen	390	keine	—	180	6,5 für 1 tkm	
16 Langschlag	Gußstahl 1 kg	0,6	40	nein	Gewöhnl. exzentrisch wirkende Gabeln	530	3	Flachkranzrollen	120	6 für 1 tkm	
„	„	0,6	25	„	„	600	5	„	300	4 für 1 tkm	
„	„	0,6	40	„	„	820	1	„	150	6,7 für 1 tkm	1 Zwischenstation, keine besondere Einrichtung. Das Einstellen der Wagen geschieht an der Zwischenstation in der Weise, daß das Seil von Hand aufgehoben und der Wagen untergeschoben wird
„	„	0,5	30	„	„	550	3	„	200	5,9 für 1 tkm	
„	„	0,5	30	„	„	480	1	„	200	2,3 für 1 tkm	
18 Kreuzschlag	Tiegelgußstahl	0,6	40	3—5 Wagen	Keilschlösser und Seilklemmen Syst. Glaser	850	3	Stahlgußrollen von 90 mm Durchm. mit weitem Maul	315	17 für 1 t	

Laufende Nummer	Berg-inspektion	Grube	Art und Lage der Förderung	Jahr des Einbaues	Antriebsmaschine						
					Lieferant	Art des Betriebsmittels	Bauart	Stärke PS	Umlaufzahl in der Minute	Übersetzung zwischen Maschinenwelle und Treibscheibe	Durchmesser der Treibscheibe m
24	VI	Reden	Seilförderung II über Tage von Schacht 2 nach der Rätteranlage	1863	Köln. Masch.-A.-G., Bayenthal	Dampf	Zwilling	10	60	1 : 4 Zahnräder	0,70
25		„	Seilförderung 5. Tiefbausohle, Querschlag ins Liegende und Richtstrecke nach Flöz Thiele	1905	—	Elektrizität	Drehstrommotor	100	580	1 : 90 Zahnräder	3,00
26	VII	Heinitz	Horizontale Seilförderung IV. Sohle	1905	—	Elektrizität	Drehstrommotor	50	575	1 : 180 Zahnräder	3
27		„	Horizontale Kettenförderung III. Sohle	1887	Köln. Masch.-A.-G., Bayenthal	Dampf	Zwilling	180	65	1 : 4 Zahnräder	2,7
28		„	Kettenförderung von Heinitzschacht IV nach Geisheck (über Tage)	1902	Dingler	„	„	100	55	1 : 2 Zahnräder	1,8
29	VIII	König	Bei den Wilhelmschächten 5° ansteigend, zur Bergeförderung von der Hängebank nach der Halde Seil	1899	Kgl. Hüttenamt Gleiwitz	Dampf	Zwilling	60	70	Zahnräder	1,8
30	VIII	Kohlwald	Kettenförderung auf der Mittelsohle Folleniusschacht	1869	Masch.-Fabrik Dahlbruch	Dampf	Zwilling	40	65—68	1 : 3,5 Vorgelege	2
31		„	Seilförderung in der Richtstrecke nach dem Gegenortschacht	—	—	(s. Bemerkung zu 30.)	—	—	—	—	2

*) Einschl. Amortisation. — **) Hierbei ist keine Amortisation gerechnet, weil die Anlage schon weit über 10 Jahre in

[Fortsetzung]

Seil oder Kette									Leistung in einer Schicht	Förderkosten	Bemerkungen
Durchmesser mm	Material und Gewicht für 1 m	Mittlere Geschwindigkeit m/sek.	Abstand der Wagen m	Wird mehr als 1 Wagen gleichzeitig angeschlagen?	Art der Mitnehmer	Länge der Strecke m	Anzahl der Kurven mit Rollen	Art der Rollen	t	Pf.	
15 Kreuzschlag	Tiegelgußstahl	1,0	10	8—10 Wagen	Keilschlösser	70	keine	—	485	4,3 für 1 t	
22 Kreuzschlag	„	1,0	100	„	Seilklemmen Syst. Glaser	1400	1 mit 3 Rollen	Stahlgußrollen von 90 mm Durchm. mit weitem Maul	450	12,8 für 1 tkm einschließl. Beleuchtung	Elektrische Zentrale noch nicht voll belastet, da neue Rätteranlage und Wäsche noch nicht angeschlossen
23 Langschlag	Tiegelgußstahl 1,3 kg	0,5	12	nein	horizontal drehbare Gabeln	1980	1	Schmiedeeiserne Scheibe	450	8,85*) für 1 tkm	Das Seil wird an jeder Zwischenstation durch je 2 horizontal drehbare Tragrollen hoch gehalten
Gliedstärke 23	Schmiedeeisen 10 kg	2,3	20	„	ohne	1540	1	Gußeiserne Rollen mit gerillter Holzfütterung	400	9,51**) für 1 tkm	
Gliedstärke 20	Schmiedeeisen 8 kg	2,6	25	„	„	1110	keine	—	600	4,2*) + 1,47 Amortisat. = 5,67 für 1 tkm	
25 Langschlag	Stahl 3,5 kg	0,75	10	nein	Kettchen Das eine Ende greift in die Zugstange des Wagens, das andere wird um das Förderseil geschlungen	512	keine	—	360	5 für 1 t = 10 für 1 tkm	
20	Eisen 8,6 kg	1,79	25	nein	keine	1280	1	Rollen mit Holzfutter	850	7 für 1 tkm	Die Endscheibe dieser Kettenförderung ist mittels einer Reibungskupplung zugleich Antriebsscheibe der Seilförderung in der Richtstrecke nach dem Gegenortschacht
18 Kreuzschlag	Gußstahl 1,31 kg	0,85	18	„	Seilgabeln	1100	keine	—	750	5,4 für 1 tkm	Die Beförderung der Wagen bei den Zwischenstationen geschieht durch schiefe Ebene

Betrieb ist (Amortisation 10% gerechnet, also Amortisation in 10 Jahren).

Laufende Nummer	Berg-inspektion	Grube	Art und Lage der Förderung	Jahr des Einbaues	Antriebsmaschine: Lieferant	Art des Betriebsmittels	Bauart	Stärke PS	Umlaufzahl in der Minute	Übersetzung zwischen Maschinenwelle und Treibscheibe	Durchmesser der Treibscheibe m
32	IX	Friedrichsthal	Seilförderung nach der Bergehalde im Saufang	1895	Dingler	Dampf	1 zylindrig	20	65—70	1 : 8 Winkelzahnräder	1,2
33		„	Doppel-Kettenförderung zwischen Separation u. Schacht Helene einerseits und zwischen Separation und Schacht I bezw. Schacht II anderseits auf der Grühlingsstollensohle	1894	„		Zwilling (jedoch ist eine Seite ausgeschaltet)	50	65—70	1 : 4 Winkelzahnräder	1,4 Briartsche Scheibe
34		„	Kettenförderung III. Tiefbausohle beim Schacht II	1888	„	„	Zwilling	75	60	zweifach: 1 : 2,5 1 : 2,7 Winkelzahnräder	2,1 Briartsche Scheibe
35		„	Eingleisige Seilförderung im Saarstollen Saarsohle Schacht I	1856	Köln. Masch.-A.-G., Bayenthal	„	1 zylindrig	15	70—80	1 : 7	0,65
	XI	Camphausen	Seilförderung in der 1. Tiefbausohle:								
36			a) Ostfeld	1868	Köln. Masch.-A.-G., Bayenthal	Dampf	Zwilling	22	75	12 : 1 Treibriemen u. Zahnräder	1,25
37			b) Westfeld								1.25
			Seilförderung in der 2. Tiefbausohle:								
38			a) Ostfeld	1900	Ehrhardt & Sehmer	„	1 zylindrig	30	90	16 : 1 Treibriemen u. Zahnräder	1,25
39			b) Westfeld								1,25

[Schluß]

Seil oder Kette: Durchmesser mm	Material und Gewicht für 1 m	Mittlere Geschwindigkeit m/sek.	Abstand der Wagen m	Wird mehr als 1 Wagen gleichzeitig angeschlagen?	Art der Mitnehmer	Länge der Strecke m	Anzahl der Kurven mit Rollen	Art der Rollen	Leistung in einer Schicht t	Förderkosten Pf	Bemerkungen
20 Kreuzschlag	Tiegelgußstahl 1,8 kg	0,5	40 bis 50	nein	drehbare Seilgabel	700	keine	—	200	10,5 für 1 tkm	
20	Weiches, zähes Eisen 8 kg	1,3 bis 1,5	15 bis 20	„	gewöhnl. Kettengabel	400 u. 1300	„	—	1600 bis 1800	1,25 für 1 t	Kettenförderung von Separation bis Schacht II 2 Systeme; Zwischenanschlagspunkt beim Schacht I Stollensohle; Rückleitscheibe für 1. System u. Antriebsscheibe für 2. System, letztere mit Zahnkupplung auf sogenannt. Königsstock
27 auf 870 m Länge, 24 auf 400 m Länge	Zähes Eisen 15 u. 12 kg	1	15 u. 25	„	„	1270	„	—	580	rd. 4 für 1 t	3 Systeme: 1. III. Tfbs. 2. III.-IV. Tfbs. 3. IV.-V. Tfbs. Antrieb der unter 2 und 3 bezeichneten Systeme erfolgt durch Briart-Scheiben mit Zahnkupplungen von der Endscheibe des Systems 1
Kreuzschlag	Tiegelgußstahl 0,8 kg	0,8	—	16—18 Wagen zugweise	Klemmschloß, welches v. Führer gelöst werden kann	1400	2 Kurven mit 21 Rollen	Gußeisen	115 bis 130	8,5 für 1 tkm	
16 Langschlag	Gußstahl	0,5	25	1—2 Wagen	Gekröpfte Seilgabel	1100	4	Sternrollen	200	8,6*) für 1 tkm	Beide Seilförderungen werden von einer gemeinsamen Dampfmaschine angetrieben
„	„	0,5	25	„	„	1060	5	„	520	„	
„	„	0,6	25	„	„	700	4	„	360	9,6*) für 1 tkm	Beide Seilförderungen werden von einer gemeinsamen Dampfmaschine angetrieben
„	„	0,6	25	„	„	800	1	„	615	„	

*) Einschl. Amortisation, Löhne usw., 1 t Dampf zu 2 M. gerechnet.

größeren Streckenlänge, sowie öfters mit dem günstigeren Streckenverlauf der Kettenförderungen ursächlich zusammen, so ist der Unterschied doch zu groß und zu entschieden, um ihn allein darauf zurückzuführen, denn eine ganze Reihe von Seilförderungen kommt z. B. mit 1100 m Länge der Kettenförderung von 1270 m Länge ziemlich nahe und fördert doch über 2 Pf. teurer als diese. Es scheint also in der Tat für längere Strecken die Kette ein billigeres Bewegungsmittel als das Seil. Die hohen Kosten der zuletzt aufgeführten Kettenförderung, derjenigen im Burbachstollen der Inspektion Von der Heydt erklären sich aus der sehr geringen Leistung. — Bei den Seilförderungen tritt nur ganz undeutlich der schädigende Einfluß kurzer Strecken, so gut wie gar nicht ein solcher der geringeren Leistungen hervor.

Die folgende nach Berechnungen der Inspektion Louisenthal aufgestellte Tabelle zeigt, wie sich bei vier Seilförderungen der Berginspektion II die Betriebskosten im einzelnen zusammensetzen.

	Bezeichnung der Förderung	Auf eine Tonne der beförderten Menge auf die Länge der Förderstrecke							
		Dampfkosten Pf.	Schürerlöhne Pf.	Reinigung, Ausbesserung, Wartung der Primärmaschine Pf.	Wartung, Schmierung und Ausbesserung des Motors und der Strecke Pf.	Kosten für Seilgabeln Pf.	Seilkosten Pf.	Gegenwärtige tägl. Leistung t	Summe Pf
1	Heinrichflöz—Flügelort Beustflöz	0,83	0,07	1,74	7,72	0,36	1,22	420	11,94
2	Flügelort Beustflöz — Rudolfschacht. . . .	0,06	0,12	0,03	6,97	0,36	0,63	520	8,17
3	Maxflöz — Rudolfschacht*) . . .	—	—	—	11,46	0,32	1,14	400	12,92
4	Rudolfschacht—Albertschacht (über Tage) . .	0,26	0,06	0,16	2,99	0,36	0,45	1000	4,18

*) Automotorisch, nur ausnahmsweise durch Elektromotor getrieben. Viele Bedienungsmannschaften.

Die Förderungen 1 und 3 sind voll belastet, d. h. sie fördern soviel, als dem von ihnen bedienten Abbaufelde entspricht. Die Förderungen 2 und 4 werden noch in ihrer Leistung gesteigert werden und zwar 2 auf 800, 4 auf 1200 t täglich; ihre Förderkosten werden sich dann etwa auf 5,7 und 3,4 Pf. stellen.

3. Lokomotivförderung.

Auf der 5. Tiefbausohle der Grube Altenwald werden seit Anfang des Jahres 1905 Benzinlokomotiven der Gasmotorenfabrik Deutz in der Hauptförderstrecke und den von ihr abgehenden Querschlägen benutzt, sie bringen die Förderung aus den Querschlägen 2, 3, 3a und 5 zum Eisenbahnschacht II. Die größte Entfernung vom Abgangspunkte im Querschlag 5 bis zu diesem Schachte beträgt 2,5 km.

Die Strecke hat nach dem Schachte zu ein durchschnittliches Gefälle von 1 : 170, das Gestänge, das auf der ganzen Länge doppelspurig ist, besteht aus Schienen des Profils 2 von 8 m Länge, die mit starken vierschraubigen Laschen verbunden und mit Unterlagsplatten und Schrauben auf Eichenschwellen befestigt sind. Der Schwellenabstand beläuft sich auf 1 m. Die engsten vorkommenden Gleiskrümmungen haben einen Halbmesser von 8 m. An den Stationen ist das erforderliche Umsetzen der Lokomotive von einem Gleise ins andere durch einfache Verbindungsweichen ermöglicht, die zu befördernden Züge werden während der Abwesenheit der Lokomotive fertig zusammengestellt und verkuppelt, sodaß die Lokomotive von dem größten Teil der zeitraubenden und unvorteilhaften Rangierarbeit befreit ist. Am Schachte wird sie jedoch regelmäßig dazu benutzt, den vollen Zug, den sie bis an das Füllort gefahren hat, nachdem sie abgekuppelt und in ein dort zwischen den beiden Hauptgleisen verlegtes 100 m langes drittes Gleis gefahren ist, mit Hilfe eines Seils mit Haken vollends bis auf die Füllortbühne zu bringen. Ist dies geschehen, so setzt sie sich vor den bereit stehenden leeren Zug und zieht ihn in die Baue. Gegenwärtig sind meist 2 Lokomotiven gleichzeitig in Betrieb, eine dritte steht in Reserve.

Jede Lokomotive hat eine Stärke von 8 PS., wiegt in betriebsfertigem Zustande rd. 3500 kg und vermag, bei einer Zugkraft von rd. 260 kg auf gerader söhliger Strecke, in Altenwald bis zu 70 mit Kohle gefüllte Wagen von je 500 kg Nutzlast nach dem Schachte und bis zu 50 leere Wagen in die Baue, also gegen die Steigung der Strecke zu ziehen, doch sind bisher meist nur 40 Wagen im Zuge. Die durchschnittliche Geschwindigkeit beträgt rd. 1,5 m in der Sekunde.

Die Bauart der Lokomotiven ist in ihren wesentlichsten Teilen in Fig. 38 angedeutet, von der Wiedergabe einer genaueren Zeichnung mußte leider infolge eines Wunsches der Gasmotorenfabrik Deutz abgesehen werden. Wie man sieht, zeichnet sich die Lokomotive durch sehr gedrungene, kräftige Ausführung und einen kurzen Radstand aus, der für das Durchfahren der in der Grube meist unvermeidlichen engen Krümmungen vorteilhaft ist. Der Antrieb erfolgt durch eine einzylindrige, einfach wirkende Viertaktmaschine der allgemein bekannten Bauart, die für den

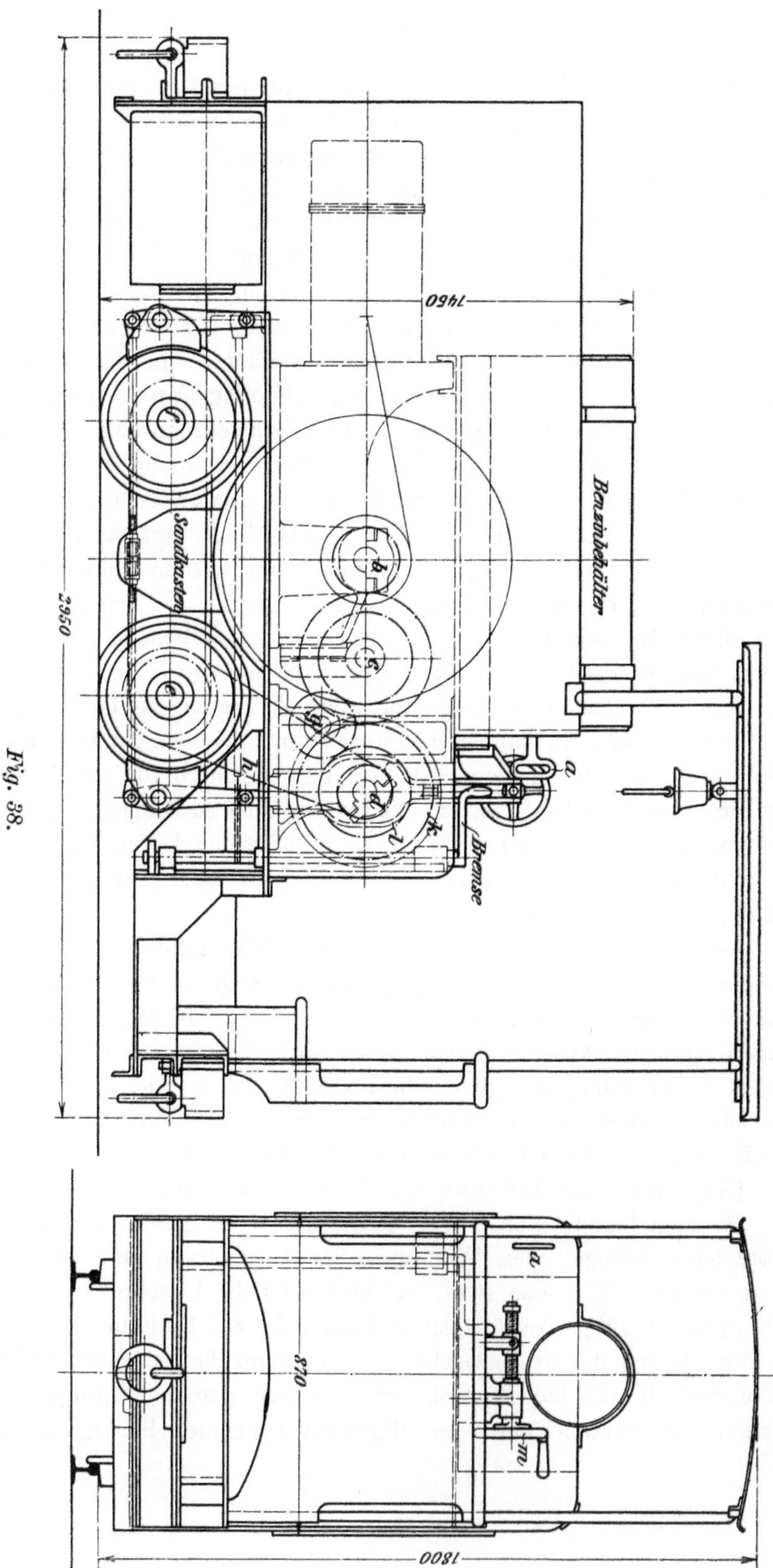

Fig. 38.

Betrieb mit Benzin eingerichtet ist, nach Vornahme einiger nicht bedeutender Änderungen aber auch mit Spiritus betrieben werden kann. Das Benzin befindet sich, wie die Figur zeigt, in einem den obersten Teil der Lokomotive bildenden Kessel, der mit seiner unteren Hälfte in das Kühlwassergefäß hineinreicht. Er hat 50 l Inhalt, eine Füllung reicht für rd. 18 Betriebsstunden aus. Zur Wiederauffüllung bezw. Auswechselung gegen einen neuen gefüllten Behälter kann der Kessel leicht abgenommen werden. Der Kühlwasserbehälter faßt 140 l und braucht nur von Zeit zu Zeit nachgefüllt zu werden.

Aus dem Kessel fließt das Benzin zuerst in ein kleines Schwimmergefäß und durch dessen Wirkung mit stets gleichem Druck nach der Brennstoffdüse, die es, sobald die Maschine ansaugt, zerstäubt und mit der Verbrennungsluft innig mischt. Das Gemenge tritt dann durch das Einströmventil in den Zylinder. Die Regelung der Brennstoffzufuhr geschieht, wie bei den meisten der Großgasmaschinen, durch Veränderung der Menge des Betriebsgemisches, während dessen Zusammensetzung fast unverändert bleibt. Die bei den kleineren Gasmaschinen der Deutzer Fabrik vielfach benutzte Regelung durch Aussetzer findet wegen der dabei unvermeidlichen Ungleichförmigkeiten des Ganges keine Anwendung. Die Veränderung der Lademenge wird durch verschieden hohes Anheben des Einströmventils bewirkt, das durch eine auf der Steuerwelle der Maschine verschiebbare, von einem kräftigen Schwungkugelregler eingestellte Nockenhülse hervorgebracht wird. Durch verschieden starke Spannung einer dem Belastungsgewicht des Reglers entgegenwirkenden Feder kann außerdem in ziemlich weiten Grenzen die Umlaufzahl der Maschine verändert werden und das geschieht mit Hilfe der Zugstange a zur Verminderung der Höchstfahrgeschwindigkeit der Lokomotive. Während diese bei 300 Umläufen des Schwungrades 6,3 km in der Stunde (1,7 m in d. Sek.) beträgt, kann sie während der Fahrt durch einfache Verstellung von a bis auf rd. 3 km in der Stunde herabgebracht werden.

Die Zündung des Brennstoffgemenges geschieht durch einen magnetelektrischen Apparat der üblichen Form. Die aus dem Zylinder ausgestoßenen Verbrennungsgase, die bei früheren Ausführungsformen derartiger Grubenlokomotiven durch ihren starken Geruch sich sehr unbequem bemerkbar machten, werden in einen besonders gestalteten, teilweise mit Wasser gefüllten Auspufftopf geführt. Sie werden dort durch das Wasser, indem sie es teilweise verdampfen, gebunden und führen keine merkbare Verschlechterung der Wetter herbei. Zum Füllen des Topfes wird ein kleiner Teil des aus dem Kühlmantel der Maschine abfließenden Wassers benutzt, während dessen größter Teil durch eine von der Maschinenwelle angetriebene Pumpe im Kreislauf erhalten wird.

Die Bewegung der mit zwei Schwungrädern besetzten Maschinenwelle b wird mit Hilfe der gleich noch näher zu beschreibenden Übersetzungen auf ein Kettenrad der Achse d und von dort mittels der Gelenkkette h auf die Treibradachse e übertragen. Durch eine zweite Gelenkkette i ist e mit der anderen Treibachse f gekuppelt, sodaß also beide Achsen als Treibachsen wirken und das ganze Gewicht der Lokomotive für die Zugkraft ausgenutzt wird. Da die Maschine, wie alle Explosionsmaschinen, nicht von selbst und nicht unter Last anlaufen und man deshalb nicht bei jedem Stillstand der Lokomotive die Maschine stillsetzen kann, ist es erforderlich, in das Zwischengetriebe zwischen Maschinen- und Treibachse eine leicht lösbare Kupplung einzuschalten. Diese sitzt auf der Achse d und ist als Doppelkupplung so eingerichtet, daß sie auch zur Herbeiführung des Vorwärts- und Rückwärtsgangs dient. Zu dem Zwecke bewegt die Maschinenachse b mit zwei an ihren beiden Enden sitzenden Zahnrädern zwei verschiedene Gruppen von Übersetzungsrädern, nämlich auf der einen Seite 2 Räder auf den Achsen c und d, auf der anderen solche auf den Achsen c, g und d. Die Endräder k und l beider Gruppen drehen sich also in entgegengesetzter Richtung auf Achse d und es läßt sich nun in einfachster Weise das Antriebsrad der Gelenkkette auf Achse d durch Reibkupplung entweder mit k oder mit l in Verbindung setzen oder durch Mittelstellung der Kupplung ganz ausschalten. Auf diese Weise wird durch einfaches Drehen des die Kupplungen bedienenden Handrades m die Lokomotive zum Vorwärts- oder Rückwärtsfahren oder Stillstehen gebracht. Außerdem tritt bei schwachem Andrücken einer der Kupplungen ein teilweises Gleiten der beiden Reibflächen auf einander ein, und man macht hiervon besonders beim Anfahren der Lokomotive Gebrauch und bewirkt dadurch ohne Schwierigkeit, daß der Zug allmählich ohne Stoß in Bewegung kommt; auch zwischen den Geschwindigkeiten, die den verschiedenen Stellungen der Zugstange a entsprechen, lassen sich, wenn nötig, auf diese Weise Übergänge schaffen.

Die Lokomotive ist, wie die Figur zeigt, mit einer einseitig auf beide Treibräder einwirkenden Handbremse versehen und durch ein Blechgehäuse allseitig dicht verkleidet. Das in der Abbildung angedeutete Schutzdach über dem Führerstand ist in Altenwald nicht vorhanden. Ein besonderer am Maschinenrahmen hängender Blechkasten dient zum Schutze der Gelenkkette, die durch das von der Maschine ablaufende, sich im Kasten sammelnde Öl ständig geschmiert wird. Aus einem zwischen den Triebrädern angeordneten Kasten kann zur Erhöhung des Reibungswiderstandes Sand auf die Schiene gestreut werden.

Die Hauptabmessungen der Lokomotive sind aus der Figur ersichtlich. Nach den auf Grube Altenwald vorgenommenen Berechnungen, die aber wegen der noch unvollkommenen Ausnutzung der Lokomotiven nur eine vorläufige Geltung haben, stellen sich die Betriebskosten ohne Berücksichtigung der Tilgung und Verzinsung auf etwa 6 Pf. für 1 tkm, entsprechen also etwa den mittleren Kosten der Seilförderungen, bei vollständiger Ausnutzung der Lokomotiven werden sie sich jedenfalls noch bedeutend günstiger gestalten. Der Benzinverbrauch beträgt rd. 2 kg in der Stunde oder rd. 0,05 kg für 1 tkm.

Größere Ausbesserungen sind während des bisherigen Betriebes noch nicht erforderlich gewesen, was bei der verhältnismäßig verwickelten Bauart der Lokomotive besonders hervorgehoben zu werden verdient. Auch ist die Verteilung der Massen der Lokomotive so zweckmäßig getroffen, daß sie während des Stillstandes durch die weiterlaufende Maschine nur sehr wenig erschüttert wird. Das erste Ingangsetzen des Motors geschieht nach einfacher Umstellung einiger Steuerungsteile mit Hilfe einer auf die Schwungradachse b aufgesetzten Anlaßkurbel.

Auf den ausgedehnten Tagesanlagen bei den Heinitzschächten wird eine elektrische Lokomotive zur Bewegung der Grubenwagen usw. zwischen verschiedenen Betriebsgebäuden benutzt. Sie entnimmt den zu ihrem Betriebe verwandten Gleichstrom aus einer Oberleitung und bietet keinerlei Besonderheiten dar. Da über ihre Betriebskosten keine näheren Berechnungen vorliegen und bei der außerordentlich wechselnden und von häufigen Pausen unterbrochenen Inanspruchnahme auch sich kaum zutreffend anstellen lassen, sei auf diese Förderung nicht näher eingegangen.

III. Förderung in Bremsbergen und einfallenden Strecken.

Da im allgemeinen auf den Saargruben ein flaches Einfallen überwiegt, so ist es verhältnismäßig nicht oft erforderlich, in den Bremsbergen mit Gestell zu fördern und man läßt meist wegen der bei Anwendung eines Gestells nötigen größeren Streckenhöhe mit ihren Unannehmlichkeiten besonders in schwachen Flözen noch bei einem Einfallen bis 18 und 20^0 die Wagen unmittelbar auf dem Bremsberggestänge laufen. Wo ein Gestell vorhanden ist, hat es eine der auch in anderen Revieren üblichen Formen und nimmt in der Regel nur einen Wagen auf. Durch Benutzung von Gestellen für 2 Wagen kann allerdings, wie es vor einer Reihe von Jahren auf Grube König im Flöz Braun bei 25^0 Einfallen durch Versuche festgestellt ist, die Leistung des Bremsberges nahezu verdoppelt werden und, wo dies entweder wegen des dadurch erreichbaren schnelleren Verhiebes des Bremsbergfeldes im Interesse eines konzentrierten Betriebes und geringerer Streckenunterhaltungskosten oder wegen starken Kohlenbedarfs wünschenswert ist, werden stellenweise Gestelle für 2 Wagen angewendet.

Die Einrichtungen der Bremsberge unterscheiden sich im allgemeinen wenig von denen in anderen Steinkohlenrevieren, wie sie im Bande 5 des westfälischen Sammelwerks ausführlich beschrieben sind. Als Bremsvorrichtung werden immer mehr anstelle der früher üblichen Trommelbremsen einfache horizontale Scheibenbremsen der bekannten Arten gebraucht, die den Vorteil viel größerer Beweglichkeit und weit geringeren Raumbedarfs haben. Häufig besonders beim Aufhauen schwebender Strecken, z. B. auf Grube Maybach wird die Bremsscheibe auf einem Wagengestell verlagert, das auf dem Gestänge stehen bleibt und durch Ketten an einem passend eingebauten Stempel sowie an dem Gestänge selbst befestigt wird.

Im Interesse einer flotten und ungestörten Förderung im Bremsberg wird in der Regel das Bremsbergfeld nur einseitig verhauen d. h. auch wenn der Abbau zweiflügelig geführt wird, werden zu gleicher Zeit nur Örter auf einer Seite belegt. Aus dem gleichen Grunde beschränkt man die Zahl der in einem Bremsberg gleichzeitig belegten Arbeiten soweit, als es die Rücksichten auf hinreichende Leistung und auf die Vermeidung hoher Unterhaltungskosten infolge länger dauernden Verhiebs des Bremsbergfeldes zulassen.

In immer größerem Umfange richtet man die Bremsberge zur Förderung mit Seil ohne Ende, mit „Rundseil", wie es auf einzelnen Gruben genannt wird, ein; auf Gruben, die durchgehend flaches Einfallen haben, z. B. auf Grube Maybach, ist abgesehen von im Aufhauen begriffenen Strecken, ausschließlich diese Förderart vorhanden. Ihre Vorteile, die hauptsächlich in der Verminderung der von den beladenen Wagen zu überwindenden Reibung bestehen, sind hinlänglich bekannt. Die Wagen werden an das Seil mit Hilfe eines der bereits bei Besprechung der Streckenförderungen abgebildeten Seilschlösser angeschlagen und zwar in den Abbaubremsbergen ganz überwiegend einzeln, sodaß also nie mehr als ein voller und ein leerer Wagen unter dem Seil läuft. Trotzdem bei dieser Betriebsart hin und wieder ein Schlepper längere Zeit vor dem Abbremsen seines Wagens warten muß, als wenn mehrere Wagen gleichzeitig angeschlagen werden, hat es sich doch herausgestellt, daß im ganzen Durchschnitt und bei zweckmäßiger Anordnung des Betriebes die Leistung des Bremsberges meist höher ist, wenn einzelne als wenn mehrere Wagen angeschlagen werden. Bei einer Bremsberglänge von 150—250 m lassen sich in der 8stündigen Schicht mit Einzelanschlag bei einem Fallen von 10—15^0 ohne Schwierigkeiten durchschnittlich 250 Wagen abbremsen, in Bremsbergen von nicht mehr als 150 m Länge gelingt dies meist auch noch bei einem Einfallen von 5—6^0. Die hohe Leistung ist darauf zurückzuführen, daß die beim gleichzeitigen Anschlag mehrerer Wagen nicht selten vorkommenden Störungen durch unrichtiges und vorschriftswidriges Anschlagen so gut wie ganz fortfallen und daß Störungen aller Art viel schneller beseitigt werden können. Außerdem ist der Betrieb mit Einzelanschlag auch in sicherheitlicher Beziehung überlegen. Bei noch flacherem und besonders bei wechselndem Einfallen ist es aber naturgemäß nicht zu umgehen, mehrere Wagen gleichzeitig anzuschlagen, ebenso geschieht dies regelmäßig in Hauptbremsbergen, die zur durchgehenden Förderung von einer Sohle zur anderen dienen, weil bei ihnen der sonst hauptsächlich zu gunsten des Einzelanschlags sprechende Grund, daß mehrere Anschlagspunkte bedient werden müssen, wegfällt.

Bei der Förderung mit Seil ohne Ende wurde früher ebenso wie bei der Bremsbergförderung mit offenem Seil die Bremsscheibe am oberen Ende des Bremsberges verlagert, wobei man die Spannung des Seils durch eine mittelst Schraubenspindel andrückbare Spannscheibe am unteren Ende hervorbrachte. Neuerdings wählt man aber bei flacher Lagerung sehr vielfach die umgekehrte Anordnung und ist dadurch imstande, einen Arbeiter zu ersparen, weil derselbe Mann erst den leeren Wagen am Seil anschlagen und dann die Bremse bedienen kann. Ferner wird aber durch diese Anordnung die Sicherheit des Betriebes sehr vermehrt, denn es wird kaum jemals vorkommen, was bei oben liegender Bremse nicht selten geschieht, daß die Bremse gelüftet wird, nachdem der volle, ehe aber der leere Wagen an das Seil angeschlagen ist, und daß so der beladene Wagen beim Niederrollen Zerstörungen anrichtet und Leute gefährdet. Um den Mann an der Bremse nach Möglichkeit zu sichern, steht er nicht unmittelbar bei ihr, sondern meist in einer etwas oberhalb des Bremsbergfußes im Stoß hergestellten kleinen Kammer und bedient die Bremse von dort aus mit Hilfe eines Drahtzuges. Endlich ist bei der Aufstellung der Bremse unter dem Bremsberg ein selteneres Versetzen erforderlich und die Bremskammer ist dem Gebirgsdruck weniger ausgesetzt.

Meist genügt es zur Herstellung der erforderlichen Reibung bei mittlerem Einfallen, das Seil $^1/_2$ mal um die Bremsscheibe zu schlingen, bei größerem Einfallen dagegen, etwa von 10^0 an, muß es in der Regel $1^1/_2$ oder wohl gar $2^1/_2$ mal umgeschlungen werden. Der Seilverschleiß ist dabei naturgemäß erheblich stärker, läßt sich aber durch Anwendung einer breit gestalteten Seilrinne doch in erträglichen Grenzen halten. In einem Bremsberg der Grube Maybach, in dem, weil er in der oberen Hälfte ein sehr geringes Gefälle hatte, gleichzeitig 4 beladene Wagen angeschlagen werden mußten, wurde sobald diese auf den unteren steilen Teil des Bremsberges kamen soviel Kraft frei, daß das Seil auf der Bremsscheibe beim Bremsen trotz $1^1/_2$ maliger Umschlingung stark rutschte; man konnte diesem Übelstande zwar nicht ganz, aber in hohem Maße dadurch abhelfen, daß man die Rinne der Bremsscheibe, die, wie es üblich ist, aus Gußeisen bestand, mit Schmiedeeisen ausfütterte. Die Reibung des Seils auf dem Schmiedeeisen erwies sich als so viel größer, daß nur noch ein mäßiges Seilgleiten eintrat, wie sich am deutlichsten an der Lebensdauer der Scheibe zeigte. Während diese bei der gußeisernen Scheibe nur etwa 14 Tage betragen hatte, weil dann das Seil durch das fortwährende Schleifen den Scheibenkranz fast vollständig durchschnitten hatte, konnte eine Scheibe mit Schmiedeeisenfutter mehrere Monate benutzt werden. Das Futter wurde dadurch hergestellt daß man in die Seilrinne Schmiedeeisenbänder einnietete und dann in dem Schmiedeeisen die Rinne in der üblichen Form eindrehte.

Die obere Grenze des Einfallens, bis zu der die Anordnung der Bremsscheibe am unteren Bremsbergende zweckmäßig ist, liegt bei etwa 16—18°, bei steilerer Lagerung tritt der Nachteil ein, daß der obere, um die Spannscheibe geschlungene Teil des Seils sehr stark angespannt, der untere dagegen gelockert wird, wodurch die gerade bei dem steilen Einfallen besonders nötige Reibung des Seils auf der Bremsscheibe empfindlich sinkt. Öfters nimmt die Lockerung einen solchen Grad an, daß das Seil aus der Scheibenrinne herabfällt. Bis zu einem gewissen Grade kann man dem Übelstande des Lockerwerdens durch die auf Grube Friedrichsthal angewandte Anordnung entgegentreten, bei der die Spannung des Seils nicht mit Hilfe einer Spannschraube an der Endscheibe, sondern in der Weise hervorgebracht wird, daß man die Bremsscheibe auf einem Wagen verlagert und so selbst zur Spannscheibe macht. Außer dem eigenen Gewicht des Bremswagens liefert ein an ihn angehängtes besonderes Gewicht die Kraft zur Hervorbringung der nötigen Spannung.

Da bei der zunehmenden Verbreitung des Versatzbaues immer häufiger das Bedürfnis auftritt, in den Bremsbergen Berge aufwärts fördern zu können, so wird in steigendem Maße anstelle der einfachen Bremsvorrichtung ein Lufthaspel angewendet, dessen Gebrauch bei dem in allen Gruben vorhandenen ausgedehnten Preßluftnetz fast überall ohne Schwierigkeiten möglich ist. Die verwandten Bauarten sind sehr verschieden, sind aber den im 5. Bande des westfälischen Sammelwerks (S. 218 ff) beschriebenen und abgebildeten Formen im allgemeinen sehr ähnlich, sodaß von einer näheren Beschreibung hier abgesehen werden kann. Es ist stets eine Ausrückvorrichtung angebracht, die die Haspeltrommel oder Seilscheibe von dem Maschinengetriebe zu lösen und auf diese Weise wie eine einfache Bremse zu benutzen gestattet. Die eigentliche Bremse besteht aus einem, meist gefütterten, Stahlbande und greift unmittelbar an den Körben oder der Scheibe, nicht an einer Vorgelegewelle an. Die Verwendung der Haspel geschieht in verschiedener Weise, entweder arbeiten sie mit offenem Seil, wobei wieder entweder für jedes Bremsberggestänge ein besonderes Seil vorhanden ist und dementsprechend der

Haspel 2 getrennte Seiltrommeln besitzt oder ein für beide Gestänge gemeinsames Seil um die Trommel oder Scheibe des Haspels geschlungen ist, oder neuerdings vielfach auch mit endlosem Seil, das einmal um die Haspeltrommel herumläuft. Um die Reibung des Seils auf der Trommel genügend groß zu machen und zugleich einen ruhigeren Lauf des Seils zu erzielen, wird auf die Trommel nicht selten eine schmale eiserne Seilrinne aufgenietet. Die Aufstellung des Haspels geschah bisher meist am Kopf des Bremsberges, neuerdings hat man ihn aber auf Grube Heinitz auch an dessen Fuß aufgestellt, wobei die für die gleiche Aufstellung der Bremse oben angeführten Vorteile, teilweise in erhöhtem Maße, erreicht werden.

In den Feldesteilen, wo zum Versatz reichliche Mengen von fremden Bergen gebraucht werden, nutzt man deren Gewicht insofern aus, als man sie von der oberen Sohle in den Bremsbergen herabgehen und dabei die Förderung auf diese hinaufheben läßt, also eine Art Unterwerksbetrieb einrichtet. Aber auch dann, wenn die Bergemengen zu dieser Art der Förderung nicht ausreichen, ist es bei der Leichtigkeit und Bequemlichkeit des Lufthaspelbetriebes öfters vorteilhaft, die aus den oberen Strecken eines Bremsberges kommende Förderung nicht zur tieferen Sohle abzubremsen, sondern im Bremsberg auf die obere zu heben. Dabei gibt man besonders auf Grube Maybach, da, wo aus mehreren Abbaustrecken gefördert wird, um die sonst nötige Verwendung von Seilausgleichstücken (sog. Notseilen) mit ihren Unbequemlichkeiten zu vermeiden, neuerdings die Vorteile des zweitrümmigen Bremsbergbetriebes auf und fördert mit nur einem Seile, indem man an ihm abwechselnd den mit Kohlen gefüllten Wagen heraufzieht und den leeren oder mit Bergen beladenen Wagen herabläßt.

Um beim Auffahren von Bremsbergen das Bremsseil der Zunahme der Streckenlänge entsprechend schnell verlängern zu können, verfährt man vielfach so, daß man dem Seil eine für den ganzen Bremsberg ausreichende Länge gibt und den zunächst überschüssigen Teil an einem Seilende in Ringen aufrollt; der Wagen wird dann an diesem Ende vor den zusammengebundenen Seilringen mit einem Seilschloß befestigt.

Gegen die untere Strecke ist der Bremsberg meist durch eine Wand aus starken Stempeln oder durch eine kräftige Mauer abgeschlossen. An der Einmündung der Abbaustrecken braucht wegen des meist geringen Fallens in der Regel das Gestänge in seiner Neigung nicht geändert zu werden. Es wird dort durch Ausfüllung des Zwischenraumes zwischen den Schienen mit starken Bohlen eine einfache glatte Bühne hergestellt, auf der der aus der Strecke kommende Wagen, mit seinen Spurkränzen quer über die Bretter und die Schienen laufend, bis über das Gleis gefahren wird, in dem er hinabgehen soll. Gegen ein Abrutschen oder vorzeitiges Drehen ist er dabei durch einige quer auf die Bühne genagelte Leisten geschützt. Er wird dann angeschlagen und durch den Schlepper ohne Schwierigkeit gedreht und ins Gestänge gebracht. Ist das Bremsbergeinfallen größer als 20°, so wird die Gestängeneigung an den Mündungen der Strecken bis auf 15—20° verflacht. Bei ganz flacher Lagerung führt man mit gutem Erfolg auf Grube Brefeld das Gestänge der Abbaustrecken mit einer Weiche in das Bremsberggestänge ein, indem man es in einer engen Kurve nach dem oberen Ende des Bremsbergs hin krümmt. Um das bei dem gewöhnlichen zweigleisigen Bremsbergbetriebe bei jedem zweiten Abbremsen nötige Hinüberstoßen des beladenen Wagens über das augenblickliche Leergleis zu vermeiden, läßt man da, wo nur von einer Seite in den Bremsberg gefördert wird, mehrfach z. B. auf Grube Maybach die mit Förderung gefüllten Wagen immer auf demselben, der Förderseite des Bremsberges zunächst liegenden Gleise herabgehen und ermöglicht dies dadurch, daß man bei jedem zweiten Treiben die beiden Seiltrumme kreuzt. Die dadurch herbeigeführte stärkere Abnutzung des Seiles hält sich nach den gemachten Erfahrungen in sehr mäßigen Grenzen. Sobald in dem Bremsberg zugleich Versatzberge gehoben werden, läßt sich das Verfahren, da die Bergewagen bedeutend schwerer sind als die mit Kohle beladenen, manchmal mit Vorteil so umkehren, daß man das der Förderseite zunächst liegende Gleis dauernd für die heraufkommenden Wagen benutzt.

Der Abschluß der Strecken gegen den Bremsberg erfolgt ganz überwiegend durch Barrieren einfachster Art aus Stangen oder Seilen; die bekannten verwickelteren Vorrichtungen haben im allgemeinen keinen Eingang gefunden, da die Gefahren, gegen die sie schützen sollen, bei der flachen Lagerung der meisten Gruben nur gering sind.

Die Länge der Bremsberge wechselt naturgemäß sehr, doch sind 150—200 m die verbreitetste Länge. An einzelnen Stellen sind bedeutend längere Bremsberge zur dauernden Förderung von einer Sohle zur anderen vorhanden, ihre Einrichtungen sind der längeren Betriebsdauer und größeren Belastung entsprechend stärker und sorgfältiger ausgeführt als die der gewöhnlichen Abbaubremsberge, unterscheiden sich aber sonst im wesentlichen nicht von diesen.

Auch die an einer Reihe von Stellen, wenn auch nur in verhältnismäßig geringer Zahl, benutzten saigeren Gesenke zeigen keine besonderen Eigentümlichkeiten; auch bei ihnen wird jetzt fast immer nicht eine einfache Bremse, sondern ein kräftiger Lufthaspel benutzt.

Über die Leistungen und Betriebskosten der Förderung in Bremsbergen, Gesenken und einfallenden Strecken lassen sich wegen der außerordentlich wechselnden Verhältnisse noch weniger als bei der Strecken- und Schachtförderung nur einigermaßen zutreffende Mittelzahlen angeben. Es sei deshalb nur als ganz ungefährer Anhalt angeführt, daß man auf Grube Reden die tägliche Leistung eines normalen Abbaubremsberges bei 2 Schichten und einseitiger Zuförderung zu 250—275 t, auf Grube Brefeld zu 180—200 t annimmt. Die Kosten betragen an der letztgenannten Stelle einschließlich aller Löhne usw. 15—20 Pfg. auf die Tonne, etwa dieselben Werte hat man auf den Gruben Reden, Itzenplitz und Heinitz festgestellt.

IV. Schachtförderung.

Allgemeines.

Konnte Nasse in seiner Abhandlung über den technischen Betrieb der staatlichen Saargruben sagen, daß man sich bei den neueren Schachtförderungen der damaligen Zeit die Fortschritte der Technik in hohem Maße zunutze gemacht habe, so kann dies ebenso wohl auch von den Neuanlagen der letzten Jahre behauptet werden. Und gerade gegenwärtig sind mehrere Schachtförderanlagen geplant, bei denen grundlegende Neuerungen der jüngsten Zeit wie die Verwendung elektrischer Fördermaschinen mit Köpescheibe usw. berücksichtigt sind. Aber auch die älteren Anlagen sind meist, soweit es die vorliegenden Verhältnisse zuließen, umumgeändert und verbessert worden. Hauptsächlich gab dazu das Tieferwerden der Schächte mit seinen sehr erhöhten Anforderungen an die gesamten Fördereinrichtungen den Anstoß. Und wie es in der Zeit vor dem Erscheinen der Nasseschen Arbeit die damals neuen Gruben im Fischbachtale, Camphausen, Brefeld (damals Kreuzgräben genannt) und Maybach waren, die durch die bis dahin im Saarbezirk nicht erreichte Tiefe ihrer Schächte eine Reihe von neuen Aufgaben stellten, so haben in den letzten Jahren in erster Linie die tiefen Schächte der auf den Flammkohlengruben Serlo und Reden eröffneten Fettkohlenabteilungen zur Überwindung neuer Schwierigkeiten angespornt. Naturgemäß entsprangen diese aus denselben Wurzeln wie damals, hauptsächlich aus dem in seinen unbequemen Wirkungen stets zunehmenden vermehrten Seilgewicht, der Schwierigkeit, die immer größer werdende Seillänge auf der Maschinentrommel unterzubringen u. a. Sie wurden aber noch vermehrt durch die Notwendigkeit, zur gehörigen Ausnutzung des Schachtes die Nutzlast und Fördergeschwindigkeit erheblich zu vergrößern, wofür die Tragfähigkeit des Seils und des ganzen gehenden Zeuges, vor allem die Kraft der Maschine sehr verstärkt werden mußte. Dies zog wieder an den meisten Teilen und Zubehörstücken der übrigen Fördereinrichtungen weitgehende Veränderungen nach sich.

In der am Schlusse dieses Abschnittes folgenden Übersicht sind die vorhandenen größeren Schachtförderungen in ihren wichtigsten Teilen und Betriebsverhältnissen aufgeführt.

Fördermaschine.

Im Jahre 1905 waren im ganzen auf den Saargruben an Fördermaschinen auf Hauptschächten 70 Stück vorhanden mit einer Gesamtstärke von rd. 35 300 PS, während Nasse die entsprechenden Zahlen zu 60 und 11 985 PS angibt. Man erkennt aus dem Vergleich, daß, wie es schon von vornherein zu erwarten war, die Zahl der Maschinen mäßig, die Zahl der Pferdestärken dagegen sehr bedeutend, auf etwa das dreifache, gestiegen ist. Es ergibt sich daraus, in welch weitem Umfang ein Ersatz alter Maschinen durch stärkere neue stattgefunden hat. Tatsächlich sind seit dem Jahre 1880 nicht weniger als 48 neue Maschinen aufgestellt worden.

Die nachstehende Zusammenstellung gibt einen Überblick über die Stärke der einzelnen Maschinen.

Zahl der Maschinen	von je PS
19	1000—1200
1	800—1000
3	600—800
17	400—600
18	200—400
12	unter 200

Bis gegen Mitte der 1880er Jahre war auf den Saargruben ausschließlich die Zwillingsmaschine in Anwendung, die erste Verbundmaschine wurde im Jahre 1884 und zwar auf dem Skalleyschachte I der Grube Dudweiler dem Betriebe übergeben. Seitdem hat sich bei den Neuanschaffungen die Verhältniszahl beider Maschinenarten in den einzelnen Jahren sehr verschieden gestaltet, wie aus der folgenden kleinen Übersicht zu erkennen ist.

Bauart	1880–1885	1886–1890	1891–1895	1896–1900	nach 1900	Summe
Zwilling	2	6	8	6	5	27
Verbund	1	2	11	2	1	17
Zwillingstandem . . .	—	—	—	—	4	4
Zusammen	3	8	19	8	10	48

Es wurden also in den auf die Aufstellung der ersten Verbundmaschine folgenden 5 Jahren nur 2 neue derartige Maschinen beschafft, in den dann folgenden 5 Jahren aber, in denen überhaupt die bei weitem größte Zahl von Neuanschaffungen stattfand, nicht weniger als 11, also weit mehr als Zwillingsmaschinen. Nach dieser Zeit geht dann ihre Zahl wieder außerordentlich zurück und beträgt für die 5 letzten Jahre nicht mehr als eine einzige Verbundmaschine; allerdings sind in den beiden letzten Jahren dafür 4 Zwillingstandem-Maschinen, die ja auch nach dem Verbundsystem arbeiten, in Betrieb gekommen. Die einfache Zwillingsmaschine hält sich aber mit 27 der seit 1880 beschafften 48 Maschinen noch immer siegreich im Felde.

Der Grund dafür liegt in der von keiner der anderen Bauarten erreichten Leichtigkeit und Sicherheit des Arbeitens bei jeder Stellung der Förderschalen im Schachte und jeder Lage der Kurbeln und in den verhältnismäßig geringen Ansprüchen an die Aufmerksamkeit des Maschinenführers. Er braucht bei der Zwillingsmaschine nur stets in gleicher Weise den Steuerhebel, die Bremse und meist die Drosselklappen zu bedienen, um auf ein gehorsames Folgen der Maschine rechnen zu können. Anders ist es bei der Verbundfördermaschine. Bei ihr wird dadurch, daß die dem Niederdruckzylinder zugeführte Dampfmenge nicht beliebig bestimmbar, sondern von dem Grade der Füllung des Hochdruckzylinders genau abhängig ist, in Verbindung mit dem Umstand, daß die Steuerung des Hoch- und des Niederdruckzylinders notwendigerweise von demselben Steuerhebel aus bewegt wird, also nicht in der dem augenblicklichen Arbeiten jedes Zylinders zuträglichsten verschiedenen Art gehandhabt werden kann, eine Reihe von Schwierigkeiten hervorgerufen. Hat, wie es sich in den meisten Fällen als zweckmäßig ergibt, der Niederdruckzylinder den doppelten Inhalt des Hochdruckzylinders, so wird, ganz unabhängig von der Dampfspannung, die Maschine bei etwa halber Füllung des Niederdruckzylinders am wirtschaftlichsten arbeiten. Wendet man diese aber an, so kann die Maschine, wenn infolge ihrer augenblicklichen Lage beim Anheben der Niederdruckzylinder die Hauptarbeit leisten muß, nicht genügende Kraft äußern und man müßte jedesmal mit der aus anderen Gründen stets vorhandenen besonderen Leitung Frischdampf in den Aufnehmer geben, wodurch der Dampfverbrauch der Maschine sehr steigen und außerdem unter Umständen durch die vermehrte Aufnehmerspannung und den größeren Gegendruck gegen den Hochdruckkolben die Wirkung des Hochdruckzylinders empfindlich beeinträchtigt werden würde. Man muß deswegen die Steuerung so anordnen, daß sie bei ganzer Auslegung des Steuerhebels dem Niederdruckzylinder größere Füllung gibt. Dabei hat man drei Möglichkeiten, man kann entweder die Füllungen beider Zylinder stets um das gleiche Maß verändern oder dem Niederdruckzylinder mit weiterer Auslage des Steuerhebels eine größere Füllung geben als dem Hochdruckzylinder oder endlich umgekehrt, die Füllung des Hochdruckzylinders schneller wachsen lassen als die des Niederdruckzylinders. Die letztgenannte, nach einer Mitteilung der Dinglerschen Maschinenfabrik von ihr einige Male bei sehr großer Dampfspannung angewandte Anordnung hat besonders wegen des entstehenden hohen Gegendrucks auf den Hochdruckkolben keine besonderen Ergebnisse gehabt. Gibt man dagegen dem Niederdruckzylinder gegenüber dem Hochdruckzylinder größere Füllungen, so tritt ein sehr hoher Spannungsabfall im Aufnehmer ein und die Ausnutzung des Dampfes ist nicht günstig. Verändert man endlich die Füllungen beider Zylinder stets in gleichem Grade, so macht sich der letztgenannte Übelstand bei größeren Füllungen als 0,5 ebenfalls, wenn auch weniger stark bemerkbar und verschwindet, wenn man auf die günstigste Füllung zurückgeht. Es ergibt sich aus diesen Überlegungen, daß es vorteilhaft ist, die Füllung beider Zylinder in der letztgenannten Weise stets gleichmäßig zu verändern und die Zeit, die mit größerer als der günstigsten Füllung gefahren werden muß, durch geeignete Berechnung der Maschine möglichst abzukürzen, also den Zylindern hinreichend große Abmessungen zu geben. Inbetreff der Grundlagen für diese Berechnung hat die Firma Ehrhardt & Sehmer interessante und wichtige Ermittelungen angestellt. Die Anregung dazu gaben Beobachtungen an der Verbundmaschine dieser Firma auf dem Skalley-Schachte II der Grube Dudweiler. Die Indikatordiagramme dieser Maschine wiesen eine bedeutend größere Arbeitsleistung auf, als nach den auftretenden Anhubmomenten angenommen war, was auf den unerwartet großen Arbeitsbedarf für die Beschleunigung der Massen des gesamten gehenden Zeuges (Seile, Schalen, Wagen, Nutzlast, Unterseil) zurückzuführen war. Die darauf hin angestellten Untersuchungen der Firma zeigten, daß diese Beschleunigungsarbeit, wenn man die mittlere Fördergeschwindigkeit nach etwa 5—6 Maschinenumgängen erreichen will, nicht selten 60—70 % der zum Anheben notwendigen Arbeit, also einen sehr hohen Wert erreicht. Bisher wurde dieser Umstand bei der Berechnung der Zylinderabmessungen meist nicht berücksichtigt und so kommt es, daß die Verbundmaschinen nicht selten zu schwach gebaut sind, die volle Geschwindigkeit daher erst nach einer viel größeren Zahl von Umgängen erreichen und, da sie bis dahin mit den unvorteilhaften hohen Füllungen arbeiten müssen, die Vorteile des Verbundsystems nur sehr unvollkommen auszunutzen imstande sind. Dazu kommt, daß öfters die Maschine später mit einer größeren als der berechneten Belastung arbeiten muß, wodurch auch bei zunächst genügender Größe die beschriebenen Übelstände eintreten.

Es läßt sich aus dem Vorstehenden entnehmen, daß es bei ungünstigen Erfahrungen mit Verbundmaschinen nicht gerechtfertigt ist, diese ohne weiteres der Bauart zuzuschreiben, daß der Grund vielmehr häufig in der nicht genügenden Anpassung der Maschine an die Verhältnisse des Einzelfalls liegt, wie sich schon daraus ergibt, daß an vielen anderen Stellen die Verbundmaschinen zufriedenstellend arbeiten und den vorausgesetzten niedrigeren Dampfverbrauch wirklich aufweisen.

Abgesehen von dem Vorhandensein ungeeigneter Maschinenabmessungen kann aber bei den Verbundmaschinen, wie sich aus den oben erwähnten Vorgängen bei der Bewegung der Steuerung ergibt, weit mehr als bei Zwillingsmaschinen die Art der Maschinenführung zu einem ungünstigen Ergebnis mitwirken. Läßt der Maschinenführer den Steuerhebel länger, als es angemessen ist, weit ausgelegt stehen, so treten natürlich auch bei Zwillingsmaschinen durch die größere Füllung und das meist notwendige Bremsen mit Gegendampf Dampfverluste ein, bei der Verbundmaschine sind sie aber weit empfindlicher, und es macht sich außerdem öfters ein unangenehmer Einfluß auf den Gang der Maschine bemerkbar. Der Maschinenführer muß deshalb bei Verbundmaschinen viel genauer darauf achten, möglichst bald mit dem Steuerhebel aus der größten Ausweichung in die Lage der günstigsten Füllung zurückzugehen. Hat er also schon insofern eine größere Aufmerksamkeit als bei einer Zwillingsmaschine nötig, so kommt hinzu, daß er noch einen Hebel mehr zu bedienen hat, nämlich den, der Frischdampf in den Aufnehmer strömen läßt, wie es regelmäßig beim Beginn der Förderschicht, wenn der Aufnehmer ohne Dampf ist, aber auch sonst hin und wieder bei längeren Förderpausen erforderlich ist; ferner verlangen das Etagenwechseln und ähnliche kurze Bewegungen auch bei guter Einrichtung der Maschine größere Geschicklichkeit als bei der Zwillingsanordnung.

Bei der Zwillingstandem-Maschine zeigen sich, soweit die geringen Erfahrungen, die bisher mit ihnen im Saarbrücker Bezirk gemacht sind, urteilen lassen, die Schwierigkeiten der Verbundmaschinen in weit geringerem Maße, während der Hauptvorteil des Verbundsystems, die Dampfersparnis, deutlich zu Tage tritt. Naturgemäß sind aber diese Maschinen mit ihren vier Zylindern, den vielen Steuerungsteilen u. dergl. nur für sehr große Leistungen vorteilhaft. Zur Bewegung ihrer Steuerung ist stets ein Hilfszylinder erforderlich, der zwar, wie die bei Walzenreversiermaschinen u. a. zahlreich angebrachten entsprechenden Apparate zeigen, bei zweckmäßiger Bauart zuverlässig wirkt, aber doch eine größere Geschicklichkeit oder wenigstens Gewöhnung des Führers verlangt, als die unmittelbare Handhabung der Steuerung. Bei den vier Zwillingstandem-Maschinen der Saarbrücker Gruben, die in je zwei vollkommen gleichen Ausführungen von der Dinglerschen Maschinenfabrik und der Firma Ehrhardt & Sehmer geliefert sind, machten die Steuermaschinen auch zunächst einige Schwierigkeiten, indem an einer Stelle das Übertragungsgestänge zwischen der Steuermaschine und der Steuerung zu schwach war und federte, an der anderen durch die Expansion des Dampfes in dem Steuerzylinder eine unbeabsichtigte Nachbewegung der

Steuerung eintrat. Jedoch konnten diese Übelstände nach einiger Zeit dort durch Verstärkung des Gestänges, hier durch richtige Drosselung des Dampfes vor dem Schieberkasten des Steuerzylinders behoben werden.

Zusammenfassend wird man nach den Erfahrungen im Saarbrücker Bezirk über die drei in Betracht kommenden Bauarten sagen können, daß die Zwillingsmaschine in der Kraft und Zuverlässigkeit ihres Ganges und der Leichtigkeit ihrer Bedienung an der Spitze steht, daß aber die der Verbundmaschine in diesen Beziehungen anhaftenden Mängel bei sachgemäßer Einrichtung, besonders bei reichlicher Bemessung der Zylinder und nach Eingewöhnung der Führer nicht so groß sind, wie sie öfters hingestellt werden, und daß andererseits ihr Vorteil besserer Dampfausnutzung mit der zunehmenden Notwendigkeit der Selbstkostenerniedrigung und dem allmählich steigenden Dampfdruck der Gruben immer größeres Gewicht erhält. Die Zwillingstandem-Maschinen endlich verbinden in ziemlich weitgehendem Maße die Vorteile der beiden anderen Bauarten und sind, wo entsprechend große Leistungen verlangt werden, empfehlenswert, auch wegen der viel geringeren Zylinderdurchmesser gegenüber gleich starken Zwillings- oder Verbundmaschinen.

Als Steuerorgan kommt bei einigermaßen kräftigen Maschinen der Schieber wegen seiner Schwere und des zu seiner Bewegung nötigen großen Kraftaufwandes nicht in Betracht, er findet sich auf den Saarbrücker Gruben nur noch an einigen kleinen alten Maschinen der Gruben Kohlwald und Wellesweiler. Alle übrigen Maschinen besitzen als Abschlußorgane Doppelsitzventile, die in senkrecht neben den Zylindern stehenden Gehäusen arbeiten. Sie erhalten in der ganz überwiegenden Zahl der Fälle ihre Bewegung unter Vermittelung einer Stephensonschen oder Goochschen Kulisse durch zwei dreiarmige Hebel, von denen jeder ein Aus- und ein Einlaßventil steuert. Die hinreichend bekannte Anordnung ist aus der Zeichnung der Zwillingstandem-Maschinen Taf. 4 u. 5 zu erkennen. Da bei ihr, sobald kleine Füllungen angewandt werden, gefährliche Kompressionsgrade auftreten können, sind die Auslaßventile bei den neueren Maschinen mit einer ihren Schluß verzögernden sog. Verschleppvorrichtung von Ehrhardt & Sehmer oder von Dingler ausgestattet. Die beiden Bauarten sind in den Figuren 39 u. 40 dargestellt und bedürfen an dieser Stelle keiner weiteren Erläuterung. Der Anordnung von Ehrhardt & Sehmer wird nachgerühmt, daß sie weitergehend wirksam wäre als die Dinglersche, jedoch hat auch diese gute Erfolge aufzuweisen und besitzt den Vorzug, daß durch die aus Fig. 40 ersichtliche Verstellbarkeit der Nase f der Augenblick des Abgleitens des Winkelhebelendes n und damit die Dauer der Schlußverzögerung des Auslaßventils leicht verändert werden kann. — Die Krafftsche Daumensteuerung, die in anderen Revieren eine so ausgedehnte Verbreitung gefunden hat, ist auf den Saargruben nur an drei

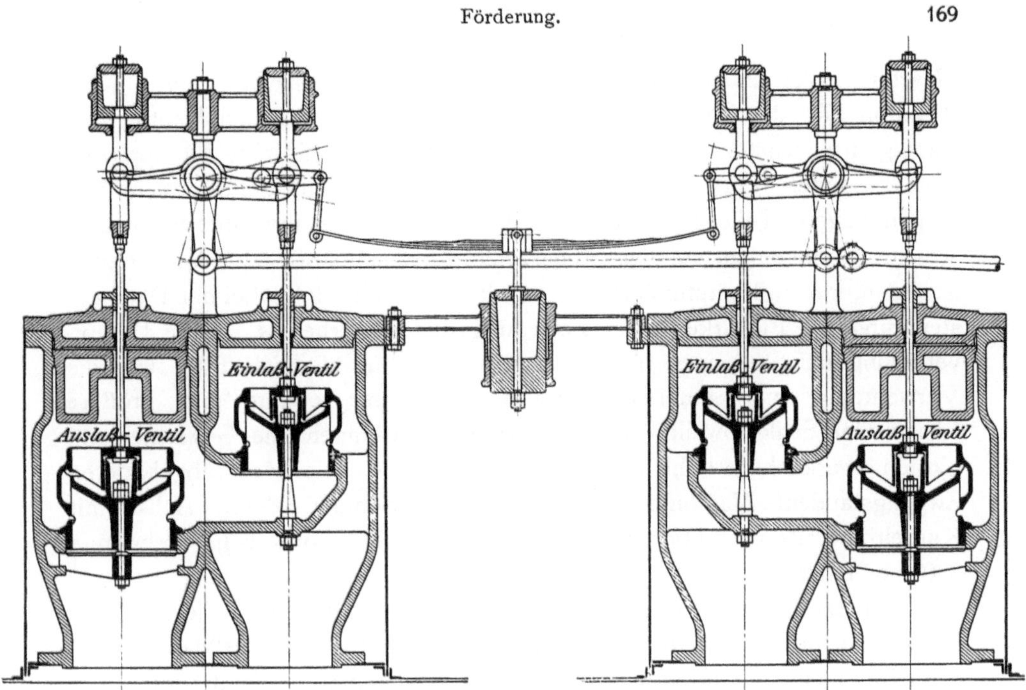

Fig. 39.
Verschleppvorrichtung von Ehrhardt & Sehmer.

Fig. 40.
Dinglers Verschleppvorrichtung.

Maschinen vorhanden. Sie hat den Vorteil, daß man bei ihrer Konstruktion für die Gestaltung der Bewegung jedes einzelnen Ventils vollständig freie Hand hat und deshalb z. B. eine unerwünschte Kompression ohne besondere Vorrichtung vermeiden kann, aber den Nachteil, mehr und empfindlichere Teile zu besitzen als die andere, eben erwähnte Steuerung. Vor allem die lange, auf der Steuerwelle verschiebbare Steuerdaumenhülse ist ein teurer und empfindlicher Bestandteil. Auch erfolgt bei der Daumensteuerung die Einwirkung der Bewegung des Steuerhebels auf die Dampfverteilung bei Stellungen nahe der Mittellage nur ziemlich träge und die Verwendung einer Steuerwelle anstatt der Kulisse verlangt eine größere Länge der Seilkorbwelle, die bei großen Maschinen die Gewichte und Kosten merklich erhöht. Bei einer Maschine wie der abgebildeten Zwillingstandem - Maschine von Ehrhardt & Sehmer, deren Achse mit Kurbeln bereits jetzt über 26 t wiegt, würde die erforderliche Mehrlänge 300 mm betragen.

An der Mehrzahl der Maschinen, besonders an denen, die auch zur Seilfahrt benutzt werden, sind in die Dampfzuleitung Drosselklappen eingeschaltet und der größere Teil der Maschinenführer benutzt sie auch ziemlich regelmäßig gegen Ende des Treibens. Das bringt zwar die bekannten mit der Verwendung der Dampfdrosselung verbundenen Kraftverluste mit sich, erleichtert aber gegenüber dem Fahren mit der Steuerung allein, wie es z. B. auf Grube Maybach in Gebrauch ist, sehr die Handhabung der Steuerung, weil diese bei der durch das Drosseln herabgesetzten Dampfspannung weiter ausgelegt werden kann. Die Drosselverluste werden bei einigen der neueren Maschinen außerdem dadurch eingeschränkt, daß man je eine Drosselklappe unmittelbar vor die Einströmventile legt.

Die Seiltrommelachse ist bei den neueren Maschinen durchweg nur zweimal gelagert, ein bei einigen älteren Maschinen angewandtes Unterstützungslager in der Mitte zwischen den Trommeln hat sich nicht als vorteilhaft erwiesen. Die Achsen bestehen bei den neuen mächtigen Maschinen aus bestem geschmiedeten Siemens-Martin-Stahl der Firma Krupp oder des Georgs-Marien-Bergwerks- und Hüttenvereins und sind zur Gewinnung eines Probekerns der Länge nach durchbohrt.

Die Seiltrommeln haben, mit Ausnahme von 5 Schächten, wo Bobinen und 4, wo konische Körbe vorhanden sind, zylindrische Form und bestehen aus gußeisernen Naben, Sternen und Ringen und schmiedeeisernen Speichen und Mänteln. Das Seil rollt sich auf einem Belag von Buchenholz auf, doch ist statt dessen in den letzten Jahren mehrfach mit sehr gutem Erfolge sog. Rilleneisen von wellenförmigem Querschnitt benutzt worden. Die Rillen entsprechen in ihrer Breite mit geringem Spiel dem Durchmesser des Seiles und laufen schraubenförmig um den Korb. Der gute

Erfolg eines derartigen Belages, der sich trotz seines verhältnismäßig hohen Preises bald bezahlt macht, beruht darauf, daß die einzelnen Seilumschläge sich nicht, wie es bei Holzbelag geschieht, seitlich berühren und zusammendrücken können und daß die auf dem Seile befindliche Schmiere so gut wie ganz auf ihm bleibt. Bei Holzbelag wird sie nach kurzer Zeit abgestrichen. Endlich bleibt auch der Durchmesser der Trommel stets gleich, während er sich bei Holzbelag, wie bekannt, bald an einzelnen Stellen merklich vermindert. — Bei den meisten Förderungen ist eine Trommel, manchmal sind auch beide zum Umstecken eingerichtet, die Verbindung besteht meist aus einem einfachen Schraubenbolzenverschluß; um jedoch ein schnelleres Umstecken und eine nur geringe Drehung der Trommeln gegeneinander zu ermöglichen, sind in einigen Fällen, z. B. bei der Zwillingstandem-Maschine von Ehrhardt & Sehmer Zahnkuppelungen angebracht, deren einer Teil an der Nabenscheibe, deren anderer an den Trommelarmen befestigt ist. Das Ein- und Ausrücken der beiden Zahnbögen, deren im ganzen drei Paar angewandt sind, erfolgt durch Drehen einer Schraubenspindel. Bei Versetzung um einen Zahn verschieben sich die beiden Trommeln von 8 m Durchmesser am Umfange um 28 cm gegeneinander. Das Umstecken dauert mit dieser Vorrichtung etwa 6 Minuten.

Eine Koepeförderung ist bisher nur auf einem Schachte, dem Itzenplitzschacht II, in Betrieb und auch sie ist, wie auf S. 28 bereits erwähnt ist, provisorischer Art. Man hat deshalb eine alte, bereits 1875 gebaute Maschine benutzt und auch sonst die Einrichtungen in einfacherer und billigerer Weise hergestellt, als es bei einer dauernden Anlage der Fall sein würde. Trotzdem sind die Erfahrungen günstig und man wird jedenfalls in Zukunft, besonders mit der in Aussicht stehenden allmählichen Einführung elektrischer Fördermaschinen, mehr und mehr zur Anwendung der Koepeförderung kommen; für einige geplante Anlagen ist sie, wie erwähnt, bereits in Aussicht genommen. Die Treibscheibe der Förderung auf Itzenplitzschacht ist mit Weißbuchenholz gefüttert, die Seilrinne wird mit flüssigem Kolophonium ausgestrichen, das man mittels Ballen aus Putzwolle aufbringt. Durch diese Behandlung wird ein bedenkliches Seilrutschen verhütet. Die Förderung ist mit der von der Firma Heckel angegebenen Spannscheibe ausgerüstet, wegen deren Einrichtung und Vorteile auf die Beschreibung in dem Festbericht über den 9. Deutschen Bergmannstag (S. 164 f) bezug genommen werden kann. Die Scheibe, zu der man eine gewöhnliche Seilscheibe benutzt hat, liegt außerhalb des Maschinenhauses im Freien, sie dreht sich, weil ihre Ebene, um ein richtiges Auflaufen des Seils auf die beiden Rillen der Treibscheibe zu sichern, aus der Vertikalebene abweicht, in einer Art Spurlager, das mit steifem Fett und Staufferbüchse geschmiert wird. Irgend welche Schwierigkeiten haben sich beim

Betriebe der Scheibe nicht gezeigt, es hat sich jedoch die interessante Tatsache ergeben, daß ein starkes Seilgleiten auf der doch leer mitlaufenden Scheibe eintritt. Dies wurde bemerkt, als man die Bewegung des Teufenzeigers in der Annahme, damit einen vollständig sicheren Antrieb für ihn zu erhalten, nicht von der Achse der Treibscheibe, sondern derjenigen der Spannscheibe ableitete. Das Gleiten war so stark, daß die dadurch bewirkte Unzuverlässigkeit des Teufenzeigers bedeutend größer war, als bei der Ableitung von der Treibscheibenachse. Da sie aber auch, wie meist bei Koepeförderung, bei dieser unter Umständen eine bedenkliche Größe erreichen konnte, so hat man mit gutem Erfolg nach der Angabe des Maschinenwerkmeisters Ziervogel die Anordnung getroffen, daß der Teufenzeiger ganz unabhängig von der Stellung der Treib- oder der Spannscheibe durch eine vermittelst einer kräftigen Feder unmittelbar an das Seil angepreßte, mit Leder gefütterte Scheibe angetrieben wird. Seit Anbringung dieser Vorrichtung gibt der Zeiger stets mit genügender Zuverlässigkeit die Stellung der Schalen im Schachte an.

Die älteren Maschinen ruhten auf gußeisernen oder auf schmiedeeisernen Balkenrahmen, neuerdings ist mit dem Stärkerwerden der Maschinen der nachteilige Biegungsbeanspruchungen vermeidende und eine leichte, genaue Montage ermöglichende Bajonettrahmen mehr und mehr in Aufnahme gekommen.

Bei den Tandemmaschinen muß besondere Sorgfalt auf zweckmäßige Verlagerung der schweren hintereinander liegenden Zylinder verwendet werden, weil sie sich, besonders bei Benutzung überhitzten Dampfes, die z. B. in Louisenthal stattfindet, stark dehnen und bei fester Verlagerung Verbiegungen und Brüche veranlassen könnten. Es ist deshalb nur der der Kurbel am nächsten liegende Zylinder mit dem Maschinengestell (der Geradführung) fest verschraubt, der andere ruht mit seinen Füßen verschiebbar auf und ist mit dem ihm zugekehrten Ende des vorderen Zylinders unter Vermittlung eines durchbrochenen röhrenförmigen Zwischenstücks verbunden. Insoweit ist die Anordnung bei der Dinglerschen und Ehrhardt & Sehmerschen Maschine gleich, sie unterscheiden sich aber dadurch voneinander, daß Ehrhardt & Sehmer den Niederdruckzylinder ans Ende legen, Dingler dagegen ihn in der Mitte, d. h. zwischen Hochdruckdruckzylinder und Kurbel anordnet. Die erstere Bauart hat den großen Vorteil, daß man beide Kolben ohne Schwierigkeiten durch den großen Zylinder ausziehen kann, aber den Nachteil, daß der kleine Zylinder, der durch den frischen Dampf besonders stark erhitzt wird, bei seiner Ausdehnung den schweren großen Zylinder vor sich herschieben muß. Bei der Dinglerschen Bauart bewegt sich der in der Mitte liegende große Zylinder wegen seiner niedrigen Temperatur nur wenig und der frei am Ende liegende kleine Zylinder kann sich ungehindert strecken. Ein Ausbauen des großen

Kolbens in der einfachen Weise wie bei Ehrhardt & Sehmer ist nicht möglich, es ist aber die Einrichtung getroffen, daß man ihn durch eine Aussparung des Zylinderzwischenstückes herausnehmen kann, sodaß die Unbequemlichkeit nicht sehr bedeutend ist. Die praktische Erfahrung muß ergeben, welcher der beiden Anordnungen etwa der Vorzug einzuräumen ist. Bei der Maschine von Ehrhardt & Sehmer ist, wie die Taf. 4 zeigt, die Kolbenstange des am Ende liegenden Zylinders durch den hinteren Deckel nicht durchgeführt, teils weil eine zu vielfache Unterstützung der Kolbenstange wegen der nicht erreichbaren gleichen Belastung aller Bahnen eine ungünstige Beanspruchung ergibt und ferner weil sonst das Maschinengebäude, um den erforderlichen Raum zum Ausziehen der Stange zu schaffen, bedeutend größer hätte werden müssen. Die Kolbenstange ist bei beiden Bauarten zwischen den Zylindern durch einen in dem Zwischenstück angebrachten Bock unterstützt und zwar bei der Dinglerschen Maschine unter Vermittlung einer um zwei Zapfen schwingenden Lagerschale. Um ein Ausschleifen des großen Zylinders durch seinen schweren, am freien Stangenende sitzenden Kolben möglichst zu verhüten, machen Ehrhardt & Sehmer den Kolben sehr breit. Ob damit der beabsichtigte Zweck genügend erreicht wird, muß ebenfalls erst der praktische Betrieb lehren.

Den Bremsen der Fördermaschinen ist in der neueren Zeit mit der Zunahme der Fördergeschwindigkeiten und infolge der Untersuchungen, die in Westfalen bei Bearbeitung der Frage der sog. Fördermaschinen-Sicherheitsapparate über die Leistungen der bis dahin üblichen Bremsvorrichtungen vorgenommen worden sind, von den Bergbehörden und den Fabriken erhöhte Aufmerksamkeit zugewandt worden. Sie sind dementsprechend im Durchschnitt stärker als früher gewählt und in der Anordnung ihres Gestänges für ein möglichst sicheres und schnelles Eingreifen eingerichtet worden. Wie schon früher, wird an jeder Seiltrommel eine Bremse angebracht, beide werden gemeinsam von dem Dampfbremszylinder oder durch Drehen eines Rades unmittelbar von Hand angezogen. Es werden ausschließlich Backenbremsen verwandt. Die Backen bestehen aus Buchen- oder Pappelholz, dessen Faser meist in der Reibebene und in der Tangentenrichtung liegt. Die Bremsringe sind, wie es nach den Untersuchungen Kleins (s. Glückauf 1903, S. 387 ff.) zur Erzielung einer möglichst starken Reibung vorteilhaft ist, sauber abgedreht. Bei der Tandemmaschine von Ehrhardt & Sehmer ist die Bremse so eingerichtet, daß ein freihängendes Gewicht etwa 30 % der vollen Bremskraft ausübt; es wird jedoch im normalen Zustande durch den Dampfdruck unter dem Bremskolben in der Schwebe gehalten. Soll gebremst werden, so läßt man den Dampf aus und kann durch Dampfeinlassen auf die andere Bremskolbenseite den Bremsdruck bis zum Höchstwert beliebig verstärken. Bei einem Bruch der Dampfzuleitung tritt die Bremse außerdem von selbst in Tätigkeit.

Förderseile.

Die auf den Saargruben ganz überwiegend gebrauchte Form des Seils bei Hauptförderungen, ist das eiserne oder stählerne Rundseil, immerhin ist aber, wie die Übersicht am Ende dieses Abschnittes zeigt, die Zahl der benutzten Bandseile nicht ganz gering. Mit der allmählichen Ersetzung der mit ihnen arbeitenden durchweg älteren Maschinen durch neuere, ist in absehbarer Zeit ihr vollständiges Verschwinden zu erwarten. Das zu ihrer Herstellung verwandte Material ist Tiegelfluß- oder Tiegelgußstahl.

Die Rundseile bestehen ebenfalls ausschließlich aus diesem Material, nachdem im Jahre 1904 die letzten beiden Holzkohleneisenseile des Bezirks auf dem Folleniusschachte der Grube Kohlwald abgelegt worden sind, und zwar werden in 13 Schächten Fluß-, in 53 Schächten Gußstahlseile gebraucht.

Die Bruchbelastung der Drähte aus beiden Stahlsorten wechselt stark, man verwendet aber grundsätzlich, soweit es mit der Rücksicht auf einen nicht zu großen Seildurchmesser zu vereinigen ist, Drähte der mittleren Festigkeit von etwa 100—120 kg auf 1 qmm und geht nur ausnahmsweise zu solchen der größten Festigkeit von 150—180 kg über, weil diese weniger dehnbar und empfindlicher gegen Biegungen, Stöße usw. sind. Bei den Seilen der Zwillingstandemmaschine auf dem Richardschacht in Louisenthal hat man eine Bruchbelastung von 150 kg gewählt.

Die Seile sind ausschließlich in der gewöhnlichen Weise aus in der Regel 6, manchmal 7 Litzen zusammengeschlagen, patentverschlossene Seile haben bisher keine Verwendung gefunden. Erwähnenswert in dieser Beziehung dürfte sein, daß bei der Wahl des eben erwähnten Seils für den Richardschacht auf eine Anfrage bei der Firma Felten & Guillaume wegen der Abmessungen eines passenden patentverschlossenen Seiles sich ergab, daß das von ihr für den Schacht empfohlene Seil nicht einen geringeren, sondern einen nicht unbedeutend größeren Durchmesser als das nach gewöhnlicher Weise hergestellte erhalten würde. Allerdings war das angebotene nicht ein patentverschlossenes Seil in dem gewöhnlichen Sinne, ein solches wollte die Firma für die in Betracht kommenden Verhältnisse nicht empfehlen, sondern ein Litzenseil, bei dem die einzelnen Litzen in verschlossener Konstruktion hergestellt sein sollten. Die zu Grunde gelegte Bruchfestigkeit war 130—140 kg, also nicht bedeutend geringer als bei dem Seil gewöhnlicher Art.

Ein deutlicher Unterschied in der Haltbarkeit zwischen Langschlag- und Kreuzschlagseilen ist nicht festgestellt worden, beide Arten sind in fast genau gleicher Zahl vertreten.

Zwischen über- und unterschlägigen Seilen ist ebenfalls kein nennenswerter Unterschied der Lebensdauer hervorgetreten.

Auf den folgenden Seiten ist nach der von der Königl. Bergwerksdirektion zu Saarbrücken bearbeiteten Statistik der Förderseile eine Zusammenstellung über die Bauart, die Leistungen und die Kosten der im Jahre 1904 auf den Saargruben abgelegten Förderseile gegeben.

Es geht aus der Tabelle hervor, daß nicht nur die Aufliegezeit der einzelnen Seile, sondern auch die Gesamtleistung jedes einzelnen außerordentlich stark wechseln, und daß die in der Zusammenstellung aufgeführten, für die Lebensdauer und die Leistung bedeutsamen, sowie eine große Zahl anderer nicht aufnehmbarer Umstände (Zustand des Schachtes, Art der Maschinenführung, Bauart und Güte der Aufsatzvorrichtung usw.) so verwickelt in einander greifen, daß der Zusammenhang nur selten einigermaßen erkannt werden kann. In ganz allgemeinen Umrissen macht sich bei der Gesamtleistung natürlich der Einfluß einer beschränkten, die Anlage nicht ausnutzenden Förderung, die Verschiedenheit bei ganz überwiegender Massenförderung und bei regelmäßig eingeschobener Seilfahrt u. a. bemerkbar.

Im folgenden ist noch aus der erwähnten Statistik eine Übersicht derjenigen Seile wiedergegeben, die seit dem Jahre 1885 während des Betriebes plötzlich gerissen sind.

Jahr	Zahl der abgelegten Seile	Zahl der gerissenen Seile	Prozentsatz der gerissenen Seile
1885	80	—	—
1886	55	1	1,82
1887	46	—	—
1888	59	1	1,69
1889	59	—	—
1890	57	1	1,75
1891	63	3	4,76
1892	48	1	2,08
1893	54	1	1,85
1894	64	1	1,56
1895	51	—	—
1896	62	4	6,45
1897	59	3	5,08
1898	76	4	5,26
1899	68	2	2,94
1900	78	—	—
1901	74	1	1,35
1902	75	—	—
1903	81	—	—
1904	71	1	1,41

Fortsetzung des Textes auf Seite 184.

Im Jahre 1904 abgelegte Schachtförderseile

Berg-inspektion	Name des Schachtes	Teufe der betriebenen Schachtfördersohlen und wirkliche Förderhöhe m	Material des Seils	Durchmesser des Rundseils mm	Ob Hanfseele im Seile oder auch in den Litzen, bezw. von welchem Durchmesser mm	Zahl der Litzen des Seils	Zahl der Drähte in jeder Litze	Durchmesser des Drahts in mm: in den Litzen	Durchmesser des Drahts in mm: in den Seelen der Litzen	Durchschnittliches Gewicht eines m Seil kg	Gesamtzahl der Aufzüge des Seils	Gefördert sind an Kohlen, Bergen und Wasser aufwärts kg
												Rund-
												a. Gehämmertes
VIII	Follenius-schacht	77,34	gehämmertes Eifeler Holzkohleneisen	33	im Seile 15	6	16	2,8	1,9	4,5	515 642	500 724 000
	„	77,34	„	33	„	6	16	2,8	1,9	4,5	515 562	500 724 000
												b. Tiegel-
III	Krug-schacht III	76	Tiegel-flußstahl	18	6 und 3	6	6	2	—	1,2	81 108	57 571 250
	„	76	„	18	6 und 3	6	6	2	—	1,2	80 720	57 377 000
	Amelung-schacht I	328	Tiegel-flußstahl	39	—	6	18	2,5	2,6	6,15	74 859	140 783 000
	„	328	„	39	—	6	19	2,5	2,6	6,15	65 816	124 458 000
	Kirschheck-schacht I	93,33; 176,06 269,39	Tiegel-flußstahl	31	im Seile 17	6	19	2	—	3,9	88 259	104 885 500
	Kirschheck-schacht III	103; 279,6	Tiegel-flußstahl	31	im Seile 17	6	19	2	—	3,9	63 260	—
	Lampennest-schacht III	47,67; 154,57 202,24	Tiegel-flußstahl	31	Hanfdrahtseele im Seile 17	6	19	2	—	3,9	251 306	199 043 600
	„	47,67; 154,57 202,24	„	31	„	6	19	2	—	3,9	251 306	199 043 600
VI	Itzenplitz-schacht III	170,8; 228,9	Tiegel-flußstahl	46	25 bezw. 5	7	20	2,5	—	7,2	197 107	208 793
	„	170,8; 228,9	„	46	25 bezw. 5	7	20	2,5	—	7,2	197 107	208 793

der Saarbrücker Staatsgruben.

mit dem Seile an Menschen zu 75 kg, Pferden zu 200 kg und Material auf- und abwärts kg	Wie häufig und womit wurde das Seil geschmiert	Wann wurde das Seil aufgelegt	abgelegt	Grund der Ablegung	Dauer des Aufliegens in Tagen	Kosten des Seils M	Gesamtleistung des Seils tkm	Kosten des Seils für 1 tkm Pf.	Bemerkungen über besondere örtliche Verhältnisse, die auf das Ergebnis von wesentlichem Einfluß sind
seile.									
Eifeler Holzkohleneisen.									
5 140 600	alle 14 Tage mit Seilschmiere	13. 10. 01	10. 1. 04	allgemeine Abnutzung	819	573,30	38 952	1,47	Seil teilweise unbedeckt, oberschlägig. Schacht naß.
4 976 725	„	13. 10. 01	10. 1. 04	„	819	573,30	38 939	1,47	Seil unterschlägig, sonst wie vor.
flußstahl.									
1 172 000	alle 4 Wochen mit Seilschmiere	8. 12. 03	4. 12. 04	Verschleiß	361	108,00	4 464	2,42	Seil oberschlägig, zur Seilfahrt benutzt, sonst wie vor.
1 126 000	„	12. 9. 03	4. 9. 04	„	360	108,00	4 446	2,43	Seil unterschlägig, sonst wie vor.
10 741 000	alle 4 Wochen mit erwärmter Seilschmiere	1. 1. 03	13. 3. 04	Bruch zweier Drähte	437	1623,60	49 700	3,27	Seil oberschlägig, sonst wie vor.
5 430 000	„	3. 9. 03	1. 11. 04	Bruch verschiedener Drähte und Verschleiß	425	1608,84	42 603	3,78	Seil unterschlägig, sonst wie vor.
2 801 000	alle 4 Wochen mit Seilschmiere	7. 4. 02	10. 4. 04	Verschleiß. Hat bereits als oberschlägiges Seil bei Kirschheckschacht III aufgelegen	733	773,18	25 767	3,00	Seil oberschlägig, sonst wie vor.
41 768 000	alle 4 Wochen mit Seilschmiere	24. 12. 99	4. 8. 01	zur Seilfahrt nicht mehr zu benutzen, die weitere Ausnutzung erfolgt auf Kirschheckschacht I.	588	927,81	11 678	7,94	wie vor.
32 854 500	„	1. 11. 01	14. 8. 04	Verschleiß	1017	875,16	37 411	2,34	Seil teilweise unbedeckt, zur Seilfahrt benutzt, oberschlägig, Schacht naß.
32 854 500	„	1. 11. 01	14. 8. 04	„	1017	875,16	37 411	2,34	Seil unterschlägig, sonst wie vor.
122 609 750	„	25. 4. 02	2. 6. 04	allgemeine Abnutzung und Verschleiß verschiedener Drähte	768	1545,12	73 318	2,11	Seil oberschlägig, Schacht trocken, sonst wie vor.
122 609 750	„	25. 4. 02	2. 6. 04	„	768	1545,12	73 318	2,11	wie vor.

Berg-inspektion	Name des Schachtes	Teufe der betriebenen Schacht-fördersohlen und wirkliche Förderhöhe m	Material des Seils	Durchmesser des Rundseils mm	Ob Hanfseele im Seile oder auch in den Litzen, bezw. von welchem Durchmesser mm	Zahl der Litzen des Seils	Zahl der Drähte in jeder Litze	Durchmesser des Drahts in mm		Durchschnittliches Gewicht eines m Seil kg	Gesamtzahl der Aufzüge des Seils	Gefördert sind
								in den Litzen	in den Seelen der Litzen			an Kohlen, Bergen und Wasser aufwärts kg
												c. Tiegel-
I	Eisenbahnschacht	263	Tiegelgußstahl	42	25	6	20	2,5	—	6,6	142 325	380 735 000
	„	263	„	42	25	6	20	2,5	—	6,6	142 325	380 735 000
II	Josephaschacht östliches Trumm	238,9	weicher Gußstahl	39	—	6	19	2,5	—	6,2	297 681	280 557 700
IV	Gegenortschacht	60; 283; 346; 414	Tiegelgußstahl	31	—	6	19	2	2	4,05	20 880	10 000 150
	Skalleyschacht I	348	Tiegelgußstahl	40	im Seile 19	6	19	2,5	2,5	5,80	60 809	255 083 500
	„	348	„	40	„	6	19	2,5	2,5	5,80	113 064	183 246 500
	Skalleyschacht III	412	„	54	im Seile 30	7	29	—	2	10,10	110 035	299 767 000
V	Mellinschacht I	300; 362	weicher Gußstahl	37	im Seile 20	7	20	2	—	4	112 831	217 854 500
	„	300; 362	„	37	„	7	20	2	—	4,8	134 856	261 726 500
	Mellinschacht II	300; 362	„	37	„	7	20	2	—	4,8	119 665	223 341 500
	Venitzschacht	8; 143; 205; 268	„	37	im Seile 20	7	20	2	—	4,8	89 972	39 660 000
	Mathildeschacht, östliches Trumm	371,3	„	37	im Seile 16	7	18	7 à 2; 11 à 2,5	—	5,07	35 014	2 600 000
	Eisenbahnschacht I, östliches Trumm	375	weicher Gußstahl	50	im Seile 28	7	28	6 à 1,6 22 à 2,5	—	9	63 657	177 894 000
	westliches Trumm	375	„	50	„	7	28	6 à 1,6 22 à 2,5	—	9	72 001	201 379 000
VI	Redenschacht II	149,72; 209,57 300,36	weicher Tiegelgußstahl	46	im Seile	7	20	2,5	—	7,41	235 069	429 903 000

[Fortsetzung.]

mit dem Seile an Menschen zu 75 kg, Pferden zu 200 kg und Material auf- und abwärts kg	Wie häufig und womit wurde das Seil geschmiert	Wann wurde das Seil aufgelegt	Wann wurde das Seil abgelegt	Grund der Ablegung	Dauer des Aufliegens in Tagen	Kosten des Seils M.	Gesamtleistung des Seils tkm	Kosten des Seils für 1 tkm Pf.	Bemerkungen über besondere örtliche Verhältnisse, die auf das Ergebnis von wesentlichem Einfluss sind.
gußstahl.									
3 915 000	nach Bedarf mit Heckelschem Seilfett	1. 8. 01	1. 2. 04	allgemeine Abnutzung	914	2047,32	101 162	2,02	Seil unbedeckt, ungestückt, zur Seilfahrt nicht benutzt, oberschlägig. Schacht saiger und naß.
4 012 000	„	1. 8. 01	1. 2. 04	„	914	2047,32	101 188	2,02	wie vor.
26 637 650	je nach Bedarf mit gewöhnlicher Seilschmiere	29. 7. 02	17. 1. 04	verminderte Tragfähigkeit	537	1674,00	73 389	2,28	Liegende Verbundfördermaschine. Seil teilweise unbedeckt zur Seilfahrt benutzt, unterschlägig, Schacht saiger und naß.
2 578 000	wöchentlich einmal mit Seilschmiere	23. 8. 02	20. 11. 04	das Seil war zu kurz	819	1174,50	6289	18,68	Liegende Zwillingsfördermaschine. Seil teilweise unter freiem Himmel, zur Seilfahrt benutzt, nicht gestückt, unterschlägig. Schacht saiger und naß.
77 599 250	alle 2 bis 3 Wochen mit Seilschmiere	28. 9. 02	25. 2. 04	verschlissen, zur Seilfahrt nicht mehr zulässig	533	1547,44	115 774	1,34	Liegende Verbundmaschine. Seil teilweise unbedeckt, zur Seilfahrt benutzt, nicht gestückt, oberschlägig. Schacht saiger und naß.
51 461 500	„	27. 12. 03	24. 12. 04	„	362	1547,44	93 883	1,65	Seil unterschlägig, sonst wie vor.
35 717 950	„	11. 1 03	20. 3. 04	„	434	3456,22	134 194	2,58	Seil oberschlägig, sonst wie vor.
2 443 425	alle 14 Tage mit Seilschmiere	9. 11. 02	28. 8. 04	Abnutzung	657	1136,80	76 188	1,49	Liegende Zwillingsfördermaschine. Seil unter freiem Himmel, zur Seilfahrt benutzt, nicht gestückt, oberschlägig. Schacht saiger und ziemlich naß.
1 553 900	„	16. 6. 02	31. 7. 04	„	775	2022,72	91 748	2,20	Seil unterschlägig sonst wie vor.
4 044 050	„	2. 2. 02	17. 4. 04	„	804	1387,68	74 395	1,87	Wie vor.
68 860 050	„	13. 4. 02	10. 4. 04	„	727	1123,20	22 274	5,04	Seil oberschlägig, sonst wie vor.
49 922 000	alle 8 Tage mit Seilschmiere	1. 5. 02	25. 9. 04	zu kurz geworden	877	1915,20	19 485	9,86	Liegende Zwillingsmaschine. Seil teilweise unter freiem Himmel, zur Seilfahrt benutzt, nicht gestückt, oberschlägig. Schacht saiger und naß.
13 078 200	alle 8 Tage mit Seilschmiere	1. 11. 03	11. 9. 04	allgemeine Abnutzung	313	3780,—	71 614	5,28	Liegende Zwillingsmaschine. Seil teilweise unbedeckt, zur Seilfahrt benutzt, nicht gestückt, oberschlägig. Schacht saiger und naß.
14 623 200	„	4. 9. 03	30. 10. 04	„	421	3780,—	81 000	4,67	Seil unterschlägig, sonst wie vor.
26 162 000	alle 4 Wochen mit Seilschmiere	20. 9. 01	11. 9. 04	„	1085	2045,16	72 081	2,84	Maschine direkt wirkend. Seil teilweise unbedeckt, zur Seilfahrt benutzt, nicht gestückt, oberschlägig. Schacht saiger und etwas naß.

Berg-inspektion	Name des Schachtes	Teufe der betriebenen Schachtfördersohlen und wirkliche Förderhöhe m	Material des Seils	Durchmesser des Rundseils mm	Ob Hanfseele im Seile oder auch in den Litzen, bezw. von welchem Durchmesser mm	Zahl der Litzen des Seils	Zahl der Drähte in jeder Litze	Durchmesser des Drahts in mm: in den Litzen	Durchmesser des Drahts in mm: in den Seelen der Litzen	Durchschnittliches Gewicht eines m Seil kg	Gesamtzahl der Aufzüge des Seils	Gefördert sind an Kohlen, Bergen und Wasser aufwärts kg
VI	Redenschacht IV	210	weicher Tiegelgußstahl	46	im Seile	7	20	2,5	—	7,41	11 258	253 252 000
	"	210	"	46	"	7	20	2,5	—	7,41	130 969	249 094 000
VII	Heinitzschacht II	330	Tiegelgußstahl, nicht zu hart	43	im Seile 25	7	19	2,5	—	6,8	291 676	252 614 965
	Heinitzschacht III	250; 325; 385	bester Tiegelgußstahl	32	im Seile 15	6	16	2,15	—	3,63	181 720	35 862 396
	"	250; 325; 385	"	32	"	6	16	2,15	—	3,63	181 720	35 862 396
	Geisheckschacht II	346	Tiegelgußstahl, nicht zu hart	43	im Seile 25	7	19	2,5	—	6,8	392 575	346 767 250
	"	346	"	43	im Seile 25	7	19	2,5	—	6,8	281 251	251 319 650
	Dechenschacht II	318	Patent-Tiegelgußstahl	43	25	7	19	2,5	—	6,88	120 666	229 518 650
VIII	Wilhelmschacht I	232	Tiegelgußstahl	29	im Seile 14	6	16	2	1,6	3,10	172 174	161 566 000
	"	232	"	29	im Seile 14	6	16	2	1,6	3,10	148 160	138 678 000
	Wilhelmschacht III	307; 232	"	39	im Seile 13	6	19	2,5	2,5	5,75	62 043	102 004 000
	"	307; 232	"	39	im Seile 13	6	19	2,5	2,5	5,75	62 043	102 004 000
	Kohlwald-Gegenortschacht östliche Seite	238,05; 370,25;	weicher Gußstahl	38	im Seile 10	6	19	2,5	—	6,2	23 814	9 796 600
	Wellesweiler-Gegenortschacht	53,10; 26,55; 79,35; 52,80; 149,00; 122,45	weicher Gußstahl	24	im Seile 10	6	16	1,6	1,6; 1,2	2,11	120 016	48 862 500
	"	53,10; 26,55; 79,35; 52,80; 149,00; 122,45	"	24	"	6	16	1,6	1,6; 1,2	2,11	138 650	88 653 500
IX	Schacht Helene, Haupttrumm	51; 159; 205; 563; 36; 134; 180; 538	Tiegelgußstahl	57	34	7	26 à 2,5 6 à 2,0	2,5	2	10,7	106 377	230 647 500
	"	51; 159; 205; 563; 36; 134; 180; 538	"	57	34	7	26 à 2,5 6 à 2,0	2,5	2	10,7	105 835	228 730 750
	Schacht Albert, Haupttrumm	460	"	54	32	7	24 à 2,5 5 à 2,0	2,5	2	9,97	108 458	199 756 125

[Fortsetzung.]

mit dem Seile an Menschen zu 75 kg, Pferden zu 200 kg und Material auf- und abwärts kg	Wie häufig und womit wurde das Seil geschmiert	Wann wurde das Seil aufgelegt	Wann wurde das Seil abgelegt	Grund der Ablegung	Dauer des Aufliegens in Tagen	Kosten des Seils M.	Gesamtleistung des Seils tkm	Kosten des Seils für 1 tkm Pf.	Bemerkungen über besondere örtliche Verhältnisse, die auf das Ergebnis von wesentlichem Einfluß sind
13 436 000	alle 4 bis 6 Wochen mit Seilschmiere	19. 10. 02	21. 2. 04	Bruch einzelner Drähte	490	1667,25	56 004	2,98	Wie vor.
13 311 000	„	13. 11. 02	27. 3. 04	„	501	1667,25	55 105	3,03	Seil unterschlägig, sonst wie vor.
23 992 779	alle 4 Wochen mit Seilschmiere	22. 2. 02	4. 1. 04	Bruch des Seiles nach einem Stillstande von 8 Tagen	681	1991,04	91 248	2,18	Liegende Verbundfördermaschine. Seil teilweise unbedeckt, zur Seilfahrt benutzt, unterschlägig. Schacht saiger und naß.
12 078 169	„	14. 5. 03	12. 11. 04	allgemeine Abnutzung	547	1052,70	14 413	7,30	Liegende, direkt wirkende Zwillingsfördermaschine. Seil teilweise unbedeckt, zur Seilfahrt benutzt, oberschlägig. Schacht saiger u. naß.
12 078 169	„	14. 5. 03	12. 11. 04	„	547	1052,70	14 413	7,30	Seil unterschlägig, sonst wie vor.
35 078 100	alle 2 Wochen	6. 9. 02	29. 5. 04	allgemeine Abnutzung	631	2074,00	132 118	1,57	Liegende Zwillingsfördermaschine, Seil teilweise unbedeckt, zur Seilfahrt benutzt, oberschlägig. Schacht saiger und naß.
25 016 870	„	18. 7. 03	18. 9. 04	„	427	2074,00	95 612	2,17	Seil unterschlägig, sonst wie vor.
13 498 650	alle 4 Wochen mit einer fetthaltigen Seilschmiere	18. 1. 03	12. 3. 04	allgemeine Abnutzung u. Drahtbrüche	419	2064,00	77 280	2,67	Liegende Verbundmaschine. Seil teilweise unbedeckt, zur Seilfahrt benutzt, unterschlägig. Schacht saiger und ziemlich naß.
23 602 000	alle 14 Tage mit Seilschmiere	14. 12. 02	5. 6. 04	nicht mehr genügende Sicherheit zur Seilfahrt	539	680,76	42 959	1,59	Seil teilw. unbedeckt, zur Seilfahrt benutzt, oberschlägig. Schacht naß.
20 649 000	„	4. 1. 03	20. 3. 04	wie vor	381	680,76	36 962	1,84	Seil unterschlägig, sonst wie vor.
23 887 000	„	23. 10. 02	30. 11. 04	Auflegen eines stärkeren Seiles für größere Belastung	768	1525,76	34 388	4,44	Seil oberschlägig, sonst wie vor.
23 887 000	„	23. 10. 02	30. 11. 04	„	768	1525,76	34 388	4,44	Seil unterschlägig, sonst wie vor.
3 399 250	„	2. 1. 02	11. 12. 04	Bruch einiger Drähte und zu kurz	1075	2332,44	4 480	52,06	Wie vor.
10 002 600	alle 14 Tage mit Seilschmiere	28. 7. 01	12. 5. 04	allgemeine Abnutzung und zu kurz geworden	1017	320,30	4252	7,53	Seil teilweise unbedeckt, zur Seilfahrt benutzt, oberschlägig, Schacht naß.
11 327 600	„	30. 4. 99	12. 5. 04	„	1837	296,03	7393	4,00	Seil unterschlägig, sonst wie vor.
39 587 800	alle 14 Tage mit erwärmter Seilschmiere	15. 6. 01	16. 10. 04	Verschleiß	1218	4776,48	105 123	4,54	Seil oberschlägig, Schacht trocken, sonst wie vor.
38 673 900	„	14. 6. 01	9. 10. 04	„	1218	4776,48	104 250	4,58	Seil unterschlägig, sonst wie vor.
55 350 421	wöchentlich einmal mit erwärmter Seilschmiere	19. 5. 02	13. 8. 04	Bruch einiger Drähte	816	3708,84	117 349	3,16	Seil oberschlägig, Schacht naß, sonst wie vor.

Berg-inspektion	Name des Schachtes	Teufe der betriebenen Schachtfördersohlen und wirkliche Förderhöhe m	Material des Seils	Durchmesser des Rundseils mm	Ob Hanfseele im Seile oder auch in den Litzen, bezw. von welchem Durchmesser mm	Zahl der Litzen des Seils	Zahl der Drähte in jeder Litze	Durchmesser des Drahts in mm		Durchschnittliches Gewicht eines m Seil kg	Gesamtzahl der Aufzüge des Seils	Gefördert sind
								in den Litzen	in den Seelen der Litzen			an Kohlen, Bergen und Wasser aufwärts kg
IX	Schacht Albert Hilfstrumm	493; 525	Tiegelgußstahl	37	15 bezw. 2,8	6	11 à 2,5 7 à 2,0	2,5	2	5,25	70 199	94 308 375
	„	493; 525	„	37	„	6	11 à 2,5 7 à 2,0	2,5	2	5,25	76 002	102 398 625
	Schacht Frieda	493	„	54	32	7	24 à 2,5 5 à 2,0	2,5	2	9,8	118 382	312 142 125
	„	493	„	54	32	7	24 à 2,5 5 à 2,0	2,5	2	9,8	118 382	312 142 125
X	östl. Schacht	80; 155; 240	Tiegelgußstahl	29	nein	6	16	2	1,6	3,10	138 962	134 413 600
	westl. Schacht	80; 155	„	29	nein	6	16	2	1,6	3,10	132 126	122 905 800
	Dilsburg, flacher Schacht	180; 360	„	18	nein	6	5	2	2	1,3	9 594	4 797 000
	„	180; 360	„	18	nein	6	5	2	2	1,3	21 463	32 194 000
XI	Schacht I	496	mittelharter Tiegelgußstahl	54	im Seile 32	7	29	2,5	2	10,18	94 150	233 324 750
	„	496	„	54	„	7	29	2,5	2	10,18	94 150	233 324 750
	Schacht II	496; 567	„	54	„	7	32	2,5	2	11	40 212	104 611 800
	„	388; 496; 567	„	57	„	7	32	2,5	2	11	61 003	149 730 350
	Wetterschacht II, West	548	mittelharter Tiegelgußstahl	21	im Seile 10	6	19	1,4	—	1,78	14 755	9 571 400
	„	548	„	21	„	6	19	1,4	—	1,78	14 755	9 571 400
	„	548; 600	„	21	„	6	19	1,4	—	1,78	4 519	2 739 250
	„	548; 600	„	21	„	6	19	1,4	—	1,78	4 519	2 739 250
	Brefeldschacht II	510; 560	„	57	im Seile 32	7	32	2,5	2	11,4	78 777	185 208 000
	Friedrichschacht	490	„	18	im Seile 10	6	7	2	—	1,3	5 386	26 933 000

[Schluß.]

mit dem Seile an Menschen zu 75 kg, Pferden zu 200 kg und Material auf- und abwärts kg	Ob bezw. wie häufig das Seil geschmiert wurde, und welches war die Art der Schmiere	Wann wurde das Seil aufgelegt	Wann wurde das Seil abgelegt	Grund der Ablegung	Dauer des Aufliegens in Tagen	Kosten des Seils M.	Gesamtleistung des Seils tkm	Kosten des Seils für 1 tkm Pf.	Bemerkungen über besondere örtliche Verhältnisse, die auf das Ergebnis von wesentlichem Einfluss sind
19 061 610	wöchentlich einmal mit erwärmter Seilschmiere	20. 1. 01	21. 5. 04	Bruch zweier Drähte und verminderte Biegungsfähigkeit der Drähte	1217	2338,88	56 894	4,11	Wie vor.
19 647 335	„	8. 12. 00	21. 5. 04	„	1260	2409,75	61 171	3,94	Seil unterschlägig, sonst wie vor.
42 334 500	„	17. 12. 01	9. 10. 04	Bruch eines Drahtes	1026	4268,88	174 757	2,44	Seil oberschlägig, sonst wie vor.
42 334 500	„	17. 12. 01	9. 10. 04	Bruch zweier Drähte	1026	4268,88	174 757	2,44	Seil unterschlägig, sonst wie vor.
3 602 900	wöchentlich einmal mit erwärmter Seilschmiere	1. 11. 02	24. 4. 04	allgemeine Abnutzung	540	737,18	21 934	3,36	Seil oberschlägig, sonst wie vor.
3 756 225	„	18. 1. 03	10. 4. 04	einzelne Drahtbrüche	448	485,46	19 586	2,53	Seil unterschlägig, sonst wie vor.
—	„	20. 8. 03	4. 10. 04	allgemeine Abnutzung	410	471,25	474	99,42	Seil teilweise unbedeckt, oberschlägig. Schacht tonnlägig, trocken. 15° Einfallen.
—	„	18. 2. 02	12. 7. 04	„	875	471,25	2 871	16,41	Seil unterschlägig, sonst wie vor.
36 213 000	alle 14 Tage bis 3 Wochen mit konsist. Seilschmiere	14. 12. 02	25. 9. 04	verschlissen	650	3975,97	133 691	2,97	Liegende Zwillingsmaschine. Seil teilweise unbedeckt, zur Seilfahrt benutzt, nicht gestückt, oberschlägig. Schacht saiger u. ziemlich trocken.
36 213 000	„	14. 12. 02	25. 9. 04	„	650	3975,97	133 691	2,97	Seil unterschlägig, sonst wie vor.
116 755 600	„	27. 9. 03	7. 8. 04	„	314	5517,60	65 927	8,37	Liegende Verbundmaschine. Seil oberschlägig, sonst wie vor.
172 766 750	„	1. 3. 03	1. 5. 04	„	426	5517,60	96 940	5,69	Liegende Verbundmaschine. Seil teilweise unbedeckt, zur Seilfahrt benutzt, nicht gestückt, unterschlägig. Schacht saiger und ziemlich trocken.
781 500	alle 14 Tage mit konsist. Seilschmiere	14. 9. 98	15. 4. 04	verschlissen	2038	627,98	5591	11,23	Liegende Zwillingsmaschine. Seil teilweise unbedeckt, zur Seilfahrt benutzt, nicht gestückt, oberschlägig. Schacht saiger und naß
781 500	„	14. 9. 98	15. 4. 04	„	2038	627,98	5591	11,23	Seil unterschlägig, sonst wie vor.
373 050	„	15. 4. 04	23. 10. 04	zum weiteren Abteufen zu kurz	191	650,41	1743	37,32	Seil oberschlägig, sonst wie vor.
373 050	„	15. 4. 04	23. 10. 04	„	191	650,41	1743	37,32	Seil unterschlägig, sonst wie vor.
30 253 400	alle 14 Tage mit Seilschmiere	1. 6. 02	10. 1. 04	verschlissen	587	5814,00	112 173	5,18	Liegende Verbundmaschine. Seil teilweise unbedeckt, zur Seilfahrt benutzt, nicht gestückt, oberschlägig, Schacht saiger und ziemlich trocken.
—	„	23. 4. 02	1. 7. 04	„	799	471,90	1320	35,75	Liegende Zwillingsmaschine. Seil teilweise unbedeckt, zur Seilfahrt benutzt, nicht gestückt, unterschlägig, Schacht saiger und naß.

Die Zahl der plötzlich gerissenen Seile ist also besonders in den letzten Jahren erfreulich niedrig gewesen, da mehrfach überhaupt keine und während der letzten 5 Jahre im ganzen nur 2 plötzliche Brüche vorgekommen sind. Daß die Prozentzahlen besonders im Vergleich mit den entsprechenden westfälischen Angaben stark schwanken und in einzelnen Jahren gegen diese ziemlich hoch erscheinen, hat hauptsächlich in der viel geringeren Gesamtzahl der abgelegten Seile seinen Grund, bei der schon ein einziger plötzlicher Bruch einen weit größeren Prozentsatz ausmacht als in Westfalen. Einen ungünstigen Schluß auf die Beschaffenheit oder Behandlung der Saarbrücker Seile kann man also aus den obigen Zahlen nicht ziehen.

Seilgewichtsausgleichung.

Mit dem Tieferwerden der Schächte ist das Bedürfnis nach einer Ausgleichung des Gewichtes des niedergehenden Seiles stark gewachsen, auf der anderen Seite ist man nach den früheren Erfahrungen im Saarbrücker Bezirk und nach denjenigen in anderen Bergrevieren von der Verwendung komplizierterer Mittel wie eiserner Ausgleichketten, Spiralkörbe usw. ganz abgekommen, vor allem hat auch die bekannte Ausgleichvorrichtung der Maschine am Camphausenschachte I mit besonderem Spiralkorb und Ausgleichschacht, so sinnreich sie an sich ist und so gut und vollkommen sie auch ihren Zweck erfüllt, aus Rücksicht auf ihre Umständlichkeit, ihren Raum- und Kraftbedarf und ihre Kosten keine Nachfolge gefunden.

Man verwendet jetzt überall da, wo eine Ausgleichung notwendig scheint, das einfache Unterseil, geht jedoch nur in ziemlich seltenen Fällen bis zu einer vollständigen Gewichtausgleichung, meist begnügt man sich damit, die durch das Übergewicht des Förderseils auftretenden negativen Momente nur soweit zu verkleinern, daß dem Maschinenführer die sichere Führung der Maschine möglich bleibt. Man kann bei diesem Verfahren das Unterseil bedeutend leichter nehmen als bei völliger Ausgleichung und spart dadurch an Last für das Förderseil, das ja das ganze Unterseil mit tragen muß.

Zu Unterseilen benutzt man öfters abgelegte Förderseile, jedoch nicht in unverändertem Zustande, sondern nachdem sie zu Bandseilen umgesponnen sind, weil sie in dieser Form sich leichter biegen und bei schneller Förderung weniger schlagen als Rundseile. Sie hängen im Schachttiefsten entweder frei oder sie sind, um ein Verschlingen zu verhüten, unter einem oder zwei durch den Schacht gespreizten Hölzern lose durchgezogen.

Im ganzen haben 23 Schächte gegenwärtig ein Unterseil, mehrere davon ein solches aus Aloe.

Förderschalen.

Die Förderschalen der Hauptschächte haben 2, 3 oder 4 Etagen für je 2 Wagen, die in der größeren Zahl der Fälle neben-, sonst hintereinander stehen. Man gibt auch bei runden Schächten, bei denen die zweckmäßige Unterbringung der Schalen mit nebeneinander stehenden Wagen schwieriger ist als bei rechteckigen, oft dieser Anordnung den Vorzug, weil sich die Wagen schneller und bequemer abziehen lassen und weil bei vorhandenem Unterseil dieses ohne zu stören durch die Schale zwischen den Wagen hindurch geführt und an dem Seileinbande des Oberseils befestigt werden kann. Gegenwärtig haben Schalen mit 2 Etagen 27, mit 3 Etagen 18 und mit 4 Etagen 2 Förderungen.

Das Material der Schalen, das nach Nasses Mitteilung damals bei neueren Schalen meist Flußstahl war, ist jetzt bei der Hälfte aller Schalen in der Hauptsache Schmiedeeisen, die andere Hälfte besteht aus Flußeisen verschiedener Festigkeit. Doch ist an beiden Arten auch meist eine Reihe von Teilen aus der anderen Eisensorte. Dem Vorzug des Flußeisens, geringere Abmessungen und dadurch geringere Gewichte zuzulassen, steht der Nachteil gegenüber, daß es empfindlicher ist, sorgfältigere Behandlung bei der Anfertigung und der Unterhaltung der Schale verlangt und weniger leicht ausgebessert werden kann.

Das Eigengewicht der Schale im Verhältnis zum Gewicht der vollbelasteten Schale schwankt zwischen 35 und über 60 v. H., wie folgende Übersicht zeigt.

	Das Eigengewicht beträgt:					
	unter 40	41—45	46—50	51—55	56—60	über 60%
bei den Schalen von	7	27	20	10	2	1 Förderungen

Fangvorrichtungen, die bisher von der Aufsichtsbehörde nicht als unerläßlicher Bestandteil einer zur Seilfahrt benutzten Fördereinrichtung angesehen werden, finden sich nur bei einer kleineren Zahl von Förderungen. Durch ihr Fehlen ist es bei den übrigen möglich, das Verhältnis des Eigengewichts der Schale zur Gesamtlast verhältnismäßig niedrig zu halten.

Die Bauart der Schalen ist möglichst einfach und weist, wie auch die auf Tafel 6 gegebene Abbildung der vieretagigen Schale der Grube Reden zeigt, keine besonderen Eigentümlichkeiten auf.

Verbindung des Seils mit der Schale.

Die Notwendigkeit, bei der Verbindung der Schale mit dem Seile durch Zwieselketten außerordentliche Sorgfalt auf die Auswahl und Bearbeitung des Kettenmaterials zu verwenden, und die Schwierigkeit, wenn nicht Unmöglichkeit, die Ketten während des Betriebes regelmäßig wie das Seil mit Sicherheit auf ihren jeweiligen Festigkeitszustand zu prüfen, sowie die kaum ganz zu beseitigende Gefahr des Klinkens der Kettenglieder hat bereits seit langer Zeit zu einer verhältnismäßig seltenen Verwendung von Zwieselketten geführt. Die Verbindung erfolgt vielfach ganz ohne Ketten oder nur durch ein oder zwei Kettenglieder zwischen dem Seileinband und dem Bügel oder der Königsstange der Schale. Bei einer derartigen Verbindung muß aber streng darauf geachtet werden, worauf schon Nasse in seiner Abhandlung hinweist, daß kein stärkeres Hängeseil entsteht, das ein gefährliches Stauchen des Seils herbeiführen würde. Man hat aus diesem Grunde auch verschiedene Vorrichtungen zum bequemen Kürzen etwa durch Längen entstandenen Hängeseils angebracht, die meist die Kürzung durch Verstellen eines längeren senkrechten Schraubenbolzens bewirken. Der eigentliche Seileinband besteht in der Regel entweder in einem sog. Seilschlupf, um den das Seilende gebogen und oberhalb dessen es durch Klemmen mit dem anderen Seilteile verbunden wird, oder in einer kegelförmigen Seilbüchse, in der das aufgedrehte Seilende vergossen wird. — Ziemlich stark eingebürgert hat sich auch die Baumannsche Seilklemme, die mit gutem Erfolg gerade bei großen Schalen Anwendung findet. So ist z. B. die auf Tafel 6 abgebildete vieretagige Schale der Zwillingstandem-Maschine auf Grube Reden mit ihr ausgestattet. Sie trägt die Schale unter Vermittlung einer starken Schraubenfeder, die das Seil vor schädlichen Stößen und Beanspruchungen bewahren soll. Eine Überspannung der Feder wird durch eine über das Seil gestreifte entsprechend lange Holzröhre verhütet. Um ein etwaiges Lösen der Klemmbacken der Seilklemme bei einer Stauchung des Seils unmöglich zu machen, werden die Backen durch einen sog. Sicherheitsring zusammengehalten. Das Seil geht, wie die Zeichnungen zeigen, unterhalb der Seilklemme durch die ganze Länge der Schale, sein Ende ist dicht unter deren Boden in einer Büchse vergossen, die, falls die Seilklemmme auf dem Seile rutschen sollte, das Schalengewicht abfängt. Außerdem ist an sie das obere Ende des Bandunterseils angeschlossen.

Bei Förderungen mit Unterseil müssen die Schalen, wenn sie wegen des Hintereinanderstehens der Wagen die Durchführung des Seils nicht gestatten, entsprechend stärker gebaut sein, um dem Zug des unter ihrem Boden befestigten Unterseils widerstehen zu können, oder man muß, wie es bei den Schächten der Grube Maybach s. Z. zuerst geschehen ist, das Unterseil mittels eines die Schale umfassenden Rahmens an das obere Seil hängen. Die letztere Anordnung ist gut, aber etwas kompliziert und unbequem.

Schachtleitungen.

Die Schachtleitungen liegen mit ganz wenigen Ausnahmen an der Seite der Schale und bestehen überwiegend aus Eisen verschiedener Querschnittsform, vor allem aus ⊔Eisen, Doppel⊤Eisen und Schienen, die an den Einstrichen mit Schrauben und Winkeln, öfters auch mit Hilfe besonderer Gußstücke befestigt sind. Die Stoßstellen der einzelnen Eisenlängen werden stets sorgfältig verlascht und teils auf einen Einstrich, teils zwischen zwei solche gelegt. Die an den Leitungen laufenden Führungsschuhe der Schale bestehen aus Stahl oder auch harter Bronze. Da wo, wie es bei annähernd der Hälfte der Förderungen geschieht, die Führungen nur an einer Seite der Schale liegen, bestehen sie aus einem solchen Profileisen, daß der Führungsschuh sie ganz umfassen und so die Schale auch gegen Abpendeln von der Leitung schützen kann.

Die Holzleitungen, die in etwas geringerer Zahl als die Eisenleitungen vorhanden sind, bestehen aus Eichenholz und sind naturgemäß stets auf beiden Seiten der Schale angebracht. Sie sind an den Stößen meist stumpf zusammengestoßen und werden durch versenkte Schrauben an den Einstrichen befestigt.

Aufsatzvorrichtungen.

Die auf den Saargruben benutzten Aufsatzvorrichtungen besitzen keine besonderen Eigentümlichkeiten. Bei so gut wie allen größeren Schächten werden die bekannten Vorrichtungen von Stauß, Westmeyer, Haniel & Lueg und ihre Abänderungen benutzt, um das zeitraubende und außerdem für den Maschinenführer sehr lästige Anheben der Schale vor dem Zurückziehen der Aufsatzklauen zu ersparen. Bei der mehrfach erwähnten Zwillingstandem-Maschine der Grube Reden hat die Staußsche Bauart Anwendung gefunden, die, trotzdem sie die erste einfache Lösung der Aufgabe war, von den späteren, im Grunde auf demselben Gedanken beruhenden Vorrichtungen nicht übertroffen wird.

Schachtverschlüsse.

Die mehrfach auch im Saarbezirk versuchsweise benutzten mannigfachen Vorrichtungen zum selbsttätigen Öffnen und Schließen der Schachtverschlüsse haben sich nicht einzuführen vermocht. Der vom sich nähernden Korbe erteilte, zur Betätigung der Vorrichtung nötige Anstoß ist auch bei verlangsamter Bewegung noch so groß, daß die Vorrichtung und das Seil darunter auf die Dauer empfindlich leiden.

Man ist deshalb zu den einfachsten Formen senkrecht oder wagerecht beweglicher und in ersterem Falle durch Gegengewichte in jeder Lage im Gleichgewicht gehaltener Verschlußtüren zurückgegangen und läßt sie durch die Anschläger bedienen. Eine übermäßige Belastung ist für diese damit nicht verbunden und auch eine Beeinträchtigung der Betriebssicherheit tritt wohl kaum ein.

Seilscheibengerüste.

Mit Ausnahme ganz weniger älterer sind sämtliche Seilscheibengerüste der Saarbrücker Gruben als freistehende Eisenkonstruktionen ausgeführt. Ihre Höhe hat naturgemäß mit dem Tieferwerden der Schächte und der dadurch meist notwendig gewordenen Vergrößerung der Seiltrommeln der Maschine, sowie der Etagenzahl der Schalen in den letzten Jahrzehnten sehr zugenommen. Während Nasse als größte damals vorhandene Höhe 26,3 m angibt, ist z. B. das in dem letzten Jahre gebaute Gerüst des Redenschachtes III von der Hängebank bis zu den Seilscheiben 29 m und dasjenige des Richardschachtes zu Louisenthal sogar 32 m hoch. Rechnet man die Höhe von der Rasenhängebank ab, so hat der Redenschacht III das höchste Gerüst des Bezirks (32,9 m).

Als gewöhnliche Bauart ist die auf Tafel 7 in Seitenansicht dargestellte angenommen worden. Über dem Schacht ist ein aus Eisen-Fachwerk bestehender Führungsturm aufgeführt, an dessen hintere Seite sich die Strebe anlehnt. Die Achslager stehen im Schnittpunkte der Strebenmittellinie und der hinteren Seite des Führungsturms, wodurch Biegungsbeanspruchungen des Gerüstes nach Möglichkeit vermieden sind. Die Strebe besteht ebenfalls aus Eisenfachwerk und hat in der Regel von dem Maschinenhause gesehen, eine trapezförmige Form, seltener werden statt dessen, wie es die Abbildung des bereits erwähnten Gerüstes auf Redenschacht III (Fig. 41)*) zeigt, zwei sich unter den Seilscheiben vereinigende, nach unten auseinanderlaufende Strebenbeine angewandt. Sie werden bei hohen Gerüsten gewählt, weil auf diese Weise die nötige Steifheit sich mit geringeren Eisenmassen herstellen läßt, als wenn man die dann in ihrem unteren Teil sehr breit werdende einheitliche Strebe benutzt. Die Mittellinie der Strebe wird meist in die Mittelrichtung der Resultanten beider Seilzüge gelegt, bei den gebräuchlichen Abmessungen der Gerüste fällt dann in der Regel keine der Resultanten wesentlich aus dem Strebenquerschnitt heraus. Die dem Gerüste ein bezeichnendes Aussehen verleihende, von der Senkrechten abweichende Stellung der Hinter-

---

*) Die Bildstöcke zu den Fig. 41 u. 42 sind von der Firma B. Seibert in Saarbrücken, die die Gerüste geliefert hat, für die vorliegende Arbeit bereitwilligst zur Verfügung gestellt worden.

seite des Führungsturmes ist aus dem Bestreben hervorgegangen, den Schachtzugang an der Hängebank nach Möglichkeit freizuhalten. Würde

Fig. 41.

Seilscheibengerüst auf dem Redenschacht III.

nämlich die Hinterseite des Turmes, deren Ebene, wie bemerkt, durch die Achslager gehen muß, senkrecht niedergeführt, so würde, wie Tafel 7 zeigt, das Gerüst eine bedeutend größere Breite (in der Zeichnungsebene gerechnet) erhalten, als das Fördertrum des Schachtes und dadurch den Zugang zu diesem erschweren.

Eine wesentlich von der eben beschriebenen Bauart abweichende Form hat man dem erwähnten Gerüste des Richardschachtes in Louisenthal gegeben, es ist auf Tafel 8 und in Fig. 42 (in dieser während des Baues) dargestellt. Der Hauptgesichtspunkt bei seiner Konstruktion war, den Schacht von allen Seiten möglichst zugänglich zu erhalten, besonders das Einbringen und Herausnehmen der großen vieretagigen Förderschalen von der Seite aus, das bei dem gewöhnlichen Gerüste wegen des seitlich fest geschlossenen Führungsturmes nicht geschehen kann, möglich zu machen. Man wandte deshalb eine ganz außerhalb der Schachtscheibe stehende senkrechte Stütze zur Aufnahme der Saigerdrucke an, deren Form aus Tafel 8 hinlänglich ersichtlich ist. Durch die torartige Gestalt des unteren Stützenteils ist auch von der Seite der Stütze her der Schachtzugang im weitesten Maße freigehalten. Die Form der Strebe und die Art der Aufnahme der Beanspruchungen weicht im übrigen nicht wesentlich von denen des oben beschriebenen Gerüstes ab. Für die Befestigung der Schachtleitungen ist über der Hängebank, wie die Abbildungen zeigen, ein ganz leichtes Führungsgerüst angebracht, das zugleich eine Verankerung für das Gerüst bildet, auf die unten noch zurückgekommen werden wird.

Den Verhältnissen der einzelnen Schächte entsprechend zeigt naturgemäß eine Anzahl von Gerüsten mannigfache, teilweise sehr wesentliche Abweichungen von den hier beschriebenen Formen, so wird z. B. an mehreren Schächten dadurch, daß die Fördermaschine in der Verbindungslinie der beiden Fördertrümmermitten und also die Seilscheiben über einander liegen, die Form des Gerüstes und die Art der auftretenden Kräfte sehr wesentlich verändert, ebenso z. B. beim Gegenortschacht der Grube Kohlwald dadurch, daß das Gerüst 4 Seilscheiben für zwei an gegenüberliegenden Seiten des Schachtes befindliche Fördermaschinen zu tragen hat. Es ist an dieser Stelle nicht möglich, auf die verschiedenen Bauarten näher einzugehen. Ganz kurz muß dies aber geschehen bei einer Bauart, die man auf dem Heleneschacht der Grube Friedrichsthal angewandt hat, weil sie an sich besonders interessant ist und zugleich Gelegenheit gibt zu zeigen, daß eine später von anderer Seite als neu eingeführte und patentierte Einrichtung im wesentlichen bereits lange vorher von dem die Konstruktion und Berechnung der Schachtgerüste für die staatlichen Saargruben besorgenden Konstruktionsbureau der Königlichen Bergwerksdirektion Saarbrücken angegeben und praktisch ausgeführt worden ist. Den Anstoß zu der fraglichen Konstruktion gab der Umstand, daß der Baugrund am Heleneschacht nicht als vollständig festliegend angesehen werden konnte und man daher befürchten mußte, daß ein Schachtgerüst der üblichen Art, d. h. eine in sich starre Konstruktion bei etwa eintretenden, auch geringfügigen ungleichmäßigen Bodensenkungen sehr

Fig. 42.

Seilscheibengerüst auf dem Richardschacht.

leiden und gefährlichen, unübersehbaren Beanspruchungen ausgesetzt werden würde. Man wählte daher eine aus senkrechter Stütze und Strebe bestehende Bauart, die sich nur an drei Punkten und zwar unter Vermittlung von Kugelgelenken auf den Boden stützt und bei der auch die Verbindungsstelle von Stütze und Strebe als bewegliches Gelenk ausgebildet ist. Fig. 43 zeigt den Heleneschacht, der mit zwei derartigen Gerüsten versehen ist. Das untere spitz zulaufende Ende der Stütze jedes Gerüstes stützt sich auf das im Mauerwerk des Schachtes selbst verlagerte Gelenk. Zum bequemeren Verständnis sei nebenbei bemerkt, daß der Schacht nicht unmittelbar zu Tage fördert, sondern auf die Grühlingsstollensohle abhebt. Das Lager der Seilscheibenachse liegt so dicht wie möglich an dem Strebe und Stütze verbindenden Gelenk. Vergleicht man die Konstruktion dieser beiden in den Jahren 1892 und 1893 ausgeführten Gerüste mit der der Firma Aug. Klönne in Dortmund vom 25. April 1903 ab unter Nr. 158 157 patentierten, so erkennt man, daß alle wesentlichen Teile übereinstimmen. Im einzelnen kann dies hier nicht nachgewiesen werden, es sei nur, um ein vorläufiges eigenes Urteil zu ermöglichen, der Patentanspruch der Firma Klönne wiedergegeben: „Ein Fördergerüst mit geneigt angeordnetem, aus Fachwerk bestehendem Strebenpaar und mit demselben verbundenem, senkrechten Stützgerüst, dadurch gekennzeichnet, daß das Stützgerüst, das auch als Führungsturm für das Fördergestell ausgebildet sein kann, aus einem Pendelpfeiler mit oberem Gelenk und unterem Gelenk besteht.“ Wie man sieht, unterscheiden sich die beiden in Frage stehenden Bauarten nur dadurch, daß Klönne die Strebe aus zwei Beinen bestehen läßt, während sie auf Heleneschacht, wie die Fig. 43 zeigt, eine einheitliche Fachwerkskonstruktion bildet. Für die Art der auftretenden Beanspruchungen und ihre Aufnahme ist dieser Unterschied völlig gleichgültig. Die von der Firma Klönne ihrer Bauart nachgerühmten Vorzüge einer statisch vollständig klar zu berechnenden Konstruktion, einer zentralen, alle Biegungskräfte vermeidenden Beanspruchung, eines bei gleicher Stabilität geringeren Gewichts gegenüber den anderen Bauarten und geringeren Verschleißes sind auch bei den Gerüsten des Heleneschachtes vorhanden und diese haben noch den Vorzug, daß durch die ganz dicht neben dem oberen Gelenke gewählte Lagerung der Seilscheibenachse die Übertragung der Kräfte auf Strebe und Stütze einfacher und klarer erfolgt.

Über das bei der Berechnung der Seilscheibengerüste der staatlichen Saargruben beobachtete Verfahren sei kurz mitgeteilt, daß man einmal annimmt, die zu fördernde Schale werde im Schachte festgehalten. Das Gerüst muß dann so stark sein, daß es den vollen Seilzug ohne gefährliche Gestaltveränderung aushält, es muß ferner so fest fundamentiert und verankert sein, daß es nicht als Ganzes durch den Seilzug seitlich verschoben werden kann. Außerdem aber nimmt man an, die Schale werde mit voller Geschwindigkeit gegen die unter den Seilscheiben regelmäßig angebrachten

Fig. 43.
Seilscheibengerüst auf Heleneschacht.

Fangträger gezogen, dann muß die Verankerung des Führungsturmes genügend sein, ein Abreißen vom Schachte zu verhindern. Um die letztgenannte Verankerung herzustellen, wird der Führungsturm, wie Tafel 7 und 8 zeigen, an einige unter der Hängebank in die Schachtmauer eingebaute kräftige Träger angeschlossen. Bei dem Gerüst des Richardschachtes dient, wie erwähnt, das leichte Führungsgerüst dazu, die Verankerung der Fangträger herzustellen. Bei der Berechnung wird als Belastung das achtfache der wirklich zu erwartenden Höchstbelastung zu grunde gelegt und eine Materialbeanspruchung bis zu 13 kg auf 1 qmm zugelassen.

Die Seilscheiben werden meist unten mit Blechkästen verkleidet und von oben durch ein Blechdach geschützt, wegen des starken Winddrucks läßt man bisweilen auch beides weg. Regelmäßig wird jedoch eine Konstruktion über den Seilscheiben angebracht, die erlaubt, einen Flaschenzug zu befestigen, um die Seilscheiben ohne Schwierigkeiten aufbringen zu können.

Signal- und Sicherheits-Einrichtungen.

Bei der mit den zunehmenden Förderteufen stets wachsenden Geschwindigkeit und Hast der Schachtförderung müssen an die Zuverlässigkeit und schnelle Wirkung der Signalvorrichtungen erhöhte Ansprüche gestellt werden und der Umfang ihrer Verwendung sich erweitern. Man hat sich dementsprechend die Fortschritte der Elektrotechnik zu nutze gemacht und z. B. bei einigen Schachtanlagen zur Verständigung der Anschläger unter einander und mit dem Maschinenwärter lautsprechende Fernsprechapparate aufgestellt, die sich gut bewähren.

Zur Abgabe der im laufenden Betriebe erforderlichen Signale dienen indes wie schon vor Jahren ausschließlich Magnet-Induktoren, die Wechselstrom liefern und polarisierte Wecker in Tätigkeit setzen. Diese zuerst von der Firma Siemens & Halske für die Signalgebung der Eisenbahn angegebene Einrichtung besitzt in der Einfachheit ihrer Apparate, der durch die Anwendung des polarisierten Elektromagneten erreichten Sicherheit des Ansprechens der Glocken bei großer Unempfindlichkeit gegenüber kleineren Isolationsfehlern und der fast unbegrenzten Dauerhaftigkeit derartige Vorzüge vor anderen Vorrichtungen, daß sie auch unter den gegenwärtigen Verhältnissen noch ihre Aufgabe auf das beste erfüllt und deshalb überall das Feld behauptet. Die bei Förderung von verschiedenen Sohlen, beim Betrieb von Zweigleitungen u. dergl. erforderlich werdenden Schalt- und Umstellvorrichtungen verlangen zwar aufmerksame Behandlung und eine genaue Gebrauchsanweisung an die Bedienungsmannschaften, sind aber auch so einfach und übersichtlich wie möglich gestaltet.

Die Anordnung der Signalvorrichtungen geschieht stets so, daß der Anschläger im Füllort demjenigen auf der Hängebank das Signal gibt und dieser es durch eine besondere Leitung dem Führer der Fördermaschine weiter gibt. Von der früher hin und wieder gewählten Anordnung, dem Führer auch unmittelbar aus dem Füllort Signale zukommen zu lassen, ist man wegen der leicht eintretenden Verwechselungen der verschiedenen Signale umsomehr abgekommen, als der Maschinenführer jetzt ohnehin durch die Vergrößerung der Seiltrommeln und der Stärke der Maschine, die bei Verbundmaschinen öfters auftretenden Ungleichheiten der Maschinenwirkung u. a. stark in Anspruch genommen ist.

Neben der Induktor-Signaleinrichtung ist immer noch mindestens eine andere Einrichtung als Reserve vorhanden, vielfach einfache Glockenzüge, die zwar in der Regel nur mit einiger Anstrengung zu handhaben sind, aber besonders den Vorteil haben, ohne weiteres von jeder Stelle des Schachtes aus in Tätigkeit gesetzt werden zu können. Außerdem ist, wie erwähnt, stellenweise eine Fernsprechleitung durch den Schacht geführt. Zwischen Hängebank und Maschinenhaus ist oft noch ein Sprachrohr vorhanden.

Von der allgemeineren Einführung der mehrfach angegebenen und versuchten Vorrichtungen, eine ununterbrochene Signalverbindung der Förderschale mit der Hängebank herzustellen, ist man wegen ihrer Umständlichkeit und Unzuverlässigkeit abgekommen. Für etwa während des Treibens notwendig werdende Signale von der Schale aus benutzt man Pfeifen oder Glocken.

Als Sicherheitseinrichtungen sind an sämtlichen Fördermaschinen Warnglocken angebracht, deren Schlag das herannahende Ende des Treibens anzeigt. Außerdem wird durch den Teufenzeiger beim Aufsteigen der Schale über einen bestimmten Punkt oberhalb der Hängebank die Dampfbremse eingeworfen und ferner finden sich an den meisten Schachtgerüsten kräftige Fanglager, die ein Anstoßen der übertriebenen Schale an die Seilscheiben verhindern. Diese Vorrichtungen sind gegenwärtig um so notwendiger, als von der früher bestehenden bergpolizeilichen Vorschrift, daß zwischen Seileinband und Unterkante der Fanglager oder Seilscheiben bei aufsitzender Schale eine mindeste freie Höhe gleich der vollen Länge des Seiltrommelumfangs vorhanden sein müsse, wegen der sehr gewachsenen Trommeldurchmesser abgegangen werden mußte. Seilauslösevorrichtungen, die man in anderen Bezirken an diesen Fanglagern angebracht hat, sind auf den Saargruben nicht gebräuchlich, weil sie keine volle Sicherheit gegen unzeitige Auslösung des Seils gewähren. Der

Teufenzeiger wird bei den neueren Maschinen regelmäßig so eingerichtet, daß er für jede Seiltrommel eine besondere Anzeige- und Antriebsvorrichtung erhält, sodaß er sich beim Umstecken der Körbe stets ohne weiteres für die andere Sohle einstellt; außerdem werden bei seinem Antriebe längere Schnüre und andere veränderliche Übertragungsmittel nach Möglichkeit vermieden, weil mit dem Größerwerden des Seiltrommel-Durchmessers und der nicht möglichen wesentlichen Vergrößerung der Teufenzeigerskala gegen früher das Verhältnis zwischen dem vom Teufenzeiger und dem von der Schale zurückgelegten Wege sich wesentlich verschlechtert hat und eine durch toten Gang im Teufenzeigergetriebe hervorgerufene kleine Unrichtigkeit in der Anzeige schon einen gefahrbringenden Unterschied in der Stellung der Schalen bedeuten kann.

An einem großen Teile der Fördermaschinen sind Geschwindigkeitsmesser verschiedener Bauart, öfter auch solche mit selbsttätiger Aufzeichnung des Ganges vorhanden. Darüber, ob man den Geschwindigkeitsmesser zweckmäßig so einrichtet, daß sein Stand von dem Maschinenführerstande aus erkannt werden kann, sind die Ansichten geteilt. Die Gegner der Sichtbarmachung begründen ihre Ansicht damit, daß die Beobachtung des Geschwindigkeitszeigers mit einem gewissen Zwange die Aufmerksamkeit des ohnehin durch die Bedienung der vielen Hebel und die Beobachtung der Maschine besonders bei künstlicher Beleuchtung sehr angestrengten Maschinenführers von dem in erster Linie wichtigen Verfolgen des Teufenzeigers und der etwaigen Marken auf den Seiltrommeln abziehe und dadurch eine Gefahr mit sich bringe. Die entgegengesetzte Ansicht stützt sich darauf, daß die leichte jederzeitige Erkennbarkeit der augenblicklichen Geschwindigkeit dem Führer gerade das Gefühl einer größeren Sicherheit gebe. Beide Ansichten dürften in gewissem Umfange recht haben. Die Anbringung eines sichtbaren Geschwindigkeitszeigers wird wohl den daran noch nicht gewöhnten Maschinenführer zunächst etwas ungünstig beeinflussen, nach einiger Eingewöhnung wird er meist, soweit er nicht etwa besonders erregbar ist, keine Beeinträchtigung seiner Aufmerksamkeit mehr und in manchen Fällen auch das Gefühl größerer Sicherheit empfinden, obgleich in letzterer Beziehung zu bemerken ist, daß ein erfahrener Führer auch ohne Geschwindigkeitsmesser die augenblickliche Schnelligkeit der Bewegung mit Sicherheit beurteilt. — Von der Anbringung einer Schreibvorrichtung an dem Geschwindigkeitsmesser gelten ähnliche Überlegungen, sie ist jedoch wegen der später jederzeit möglichen Prüfung jedes einzelnen Treibens sehr wertvoll. Besondere Vorteile erreicht man noch bei Verwendung des bekannten Karlikschen Quecksilberdreirohr - Apparates, weil dieser in bisher von keinem anderen Geschwindigkeitsmesser erreichter Genauigkeit und Größe den ganzen Verlauf des Treibens jederzeit erkennen läßt und man deshalb auf Grund seiner Aufzeichnungen Unregelmäßigkeiten des Maschinenganges und vor allem die so häufige unvorteilhafte Handhabung der Steuerung durch den Führer feststellen und beseitigen kann.

Sicherheitsapparate im engeren Sinne, d. h. Vorrichtungen zur Erzwingung der erforderlichen Verlangsamung gegen Ende des Treibens sind nur in ganz beschränktem Umfange auf den Saarbrücker Gruben in Gebrauch und zwar vornehmlich solche der Römerschen Bauart, außer dieser findet sich die Bauart von Baumann und von Müller. Man ist mit den Apparaten zufrieden, jedoch ist ein Fall, wo sie deutlich einen Unglücksfall verhütet hätten, noch nicht vorgekommen.

Förderleistung.

Die größte Leistung aller Saarbrücker Förderschächte besitzt, wie die unten folgende Zusammenstellung zeigt, gegenwärtig der Folleniusschacht der Grube Kohlwald, der täglich 1700 t, allerdings nur aus einer Teufe von 77 m, hebt, ihm folgen der Viktoriaschacht II der Berginspektion Louisenthal mit 1560 t, der Skalleyschacht III der Grube Gerhard mit 1500 t, der Redenschacht IV mit 1470 t, der Skalleyschacht I und der Eisenbahnschacht I der Grube Altenwald mit je 1250 t, der Eisenbahnschacht II derselben Grube, der Dechenschacht II und der Wilhelmschacht III der Grube König mit je 1200 t, der Ensdorfer Schacht der Grube Schwalbach mit 1175 t, der Geisheckschacht II der Grube Heinitz mit 1160 t und noch 3 Schächte mit mehr als 1000 t täglicher Förderung. Alle diese Schächte fördern auf zwei Schichten, deren Länge auf den einzelnen Gruben verschieden ist und zwischen 7 und 9 Stunden liegt. Berechnet man deshalb zum Vergleich die durchschnittliche stündliche Leistung, so steht von den genannten Schächten der Viktoriaschacht II mit 110 t in der Stunde an der Spitze, es schließen sich an Folleniusschacht (106 t), Redenschacht IV (105 t), Skalleyschacht III (84 t), Geisheckschacht II (78 t), bei den übrigen übersteigt die Leistung nicht 75 t in der Stunde.

Die größte stündliche Leistung überhaupt besitzt jedoch keiner der genannten Schächte, sondern der nur in einer Schicht fördernde Eisenbahnschacht der Grube Ensdorf, sie beträgt dort 123 t. Eine hohe stündliche Leistung weist endlich noch der ebenfalls nur in einer Schicht fördernde Itzenplitzschacht I mit 97 t auf.

Wie man sieht, ist unter den Schächten mit großer Leistung von den vier, mit den mächtigen Zwillings-Tandemmaschinen ausgestatteten, nur der Wilhelmschacht III und auch dieser ist gegenwärtig noch bei weitem nicht mit seiner ganzen Leistungsfähigkeit in Anspruch genommen.

Diese ungenügende Belastung läßt bei allen 4 Maschinen noch kein Urteil über ihre Ergebnisse in wirtschaftlicher Beziehung zu.

Dampfverbrauch.

Über den Dampfverbrauch der Saarbrücker Fördermaschinen liegen nur äußerst spärliche und zudem nicht nach denselben Gesichtspunkten gewonnene Angaben vor, sodaß es leider unmöglich scheint, daraus richtige Schlüsse zu ziehen. Vor allem kann der interessante und auch wirtschaftlich wichtige Vergleich des Dampfverbrauchs der Zwillings- und der Verbundmaschinen nicht durchgeführt werden, weil gerade bei ihm, um nicht irrige Folgerungen zu ziehen, besonders genau die bei den Messungen vorhanden gewesenen Betriebsbedingungen, vor allem, wie aus den früheren Ausführungen über die Verbundmaschinen hervorgeht, auch die Angemessenheit der Maschinenbauart und Größe berücksichtigt werden müssen, und dafür die nötigen Unterlagen fehlen.

Nach ganz kürzlich während einer Woche mit großer Sorgfalt angestellten Versuchen auf dem Geisheckschacht II der Grube Heinitz beträgt bei der dortigen Fördereinrichtung, die eine an die Kondensation angeschlossene Zwillingsmaschine, Unterseil und Schalen für 4 Wagen besitzt, der Dampfverbrauch für eine Schachtpferdstunde rd. 25,5 kg, wobei der Bedarf der Kondensationsmaschine eingerechnet ist. Die Zahl, die wegen der langen Dauer und der den Verhältnissen des praktischen Betriebes entsprechenden Ausführung der Versuche als durchaus zuverlässig angesehen werden kann, erscheint umsomehr recht günstig, als die Dampfspannung nur 5 Atmosphären beträgt. Für die mit Unterseil und 6 Wagen auf der Schale arbeitende Förderung im Haupttrum des Heleneschachtes der Grube Friedrichsthal hat man, trotzdem keine Kondensation vorhanden ist, ebenfalls rd. 25 kg gefunden. Bei der mit einer Verbundmaschine ohne Kondensation und nicht mit Unterseil versehenen Förderung des Heinitzschachtes II wurde ein Verbrauch von rd. 33 kg ermittelt. Auch dieses Ergebnis muß als günstig bezeichnet werden, da z. B. im Bande 5 des westfälischen Sammelwerks (S. 464) bei mittleren Maschinengrößen und beim Vorhandensein von Kondensation, Seilausgleich und sonstigen günstigen Bedingungen 30 kg als etwa erreichbarer Wert angegeben werden.

An der öfters erwähnten Zwillingstandemmaschine der Berginspektion zu Louisenthal hat man ebenfalls eingehende Messungen über den Dampfverbrauch vorgenommen und zwar wurden zwei getrennte, je 4 Stunden dauernde Versuchsreihen, eine mit Heißdampf, die andere mit Sattdampf angestellt. Die Ergebnisse waren folgende:

	Versuch mit Heißdampf	Versuch mit Sattdampf
Dampfdruck an der Maschine im Mittel	6,8 at	6,6 at
Dampftemperatur	228 °C	—
Luftleere	53,3 %	59,4 %
Höchste Fördergeschwindigkeit . . .	15,33 m/sek.	15,6 m/sek.
Dauer eines Treibens	94 sek.	93,2 sek.
Es wurden gefördert in 114 Treiben 57 Kübel zu 6000 kg =	342 000 kg	128 Treiben 64 Kübel zu 6000 kg
57 « « 5650 « =	322 050 «	64 « « 5600 «
	664 050 kg Wass.	745 600 kg
Gesamtdauer der Treiben 114 . 94,1 Sekunden =	178,7 Min.	128 . 93,2 sek. = 198,8 Min.
der Pausen 4 . 60 — 178,7 « =	61,3 «	4 . 60 — 198,8 = 41,2 «
Dauer einer Pause durchschnittlich . .	32 sek.	19,3 sek.
Fördertiefe	666,5 m	666,5 m
Nutzleistung während der Versuchszeit 664 050 . 666,5 . . . . =	442 589 325 mkg	745 600 . 666,5 = 496 942 400 mkg
Auf 1 Sek. berechnete Nutzleistung .	409,5 PS.	460 PS.
Gewicht des Kondensats	37 . 400	48 . 400 = 19 200 kg
	1 . 500	1 . 200 = 200 «
	15 300 kg	19 400 kg
Kondensat der Ölpumpe	40 . 10,2 = 408 kg	51,25 . 10,2 = 525 «
« « Dampfmäntel	41 . 9,2 = 377 «	55 . 9,2 = 506 «
« aus dem Wassersammler der Abdampfleitung	10 . 10,2 = 102 «	28 . 10,2 = 285 «
« des Luftleerezylinders . .	5 . 10,2 = 51 «	14 . 10,2 = 143 «
zus. in 4 Std.	16 238 kg	20 860 kg
Demnach Wasserverbrauch für 1 Std.	4 059,5 kg	5215 kg
Daraus Dampfverbrauch für 1 Nutzpferdekraftstunde . . . . d. h. eine Schachtpferdestunde	9,913 «	11,33 «
Geleistete Metertonnen	442 589,3 mt	496 042,4 mt
Dampfverbrauch für 1 mt	0,0366 kg	0,942 kg

Zur richtigen Beurteilung dieser Ergebnisse muß aber berücksichtigt werden, daß während der kurzen Dauer der Versuche die im laufenden Betriebe unvermeidlichen und den Dampfverbrauch sehr ungünstig beeinflussenden Pausen umsomehr vermieden wurden, als nicht die normale Förderung gehoben, sondern aus dem Schachttiefsten mit Kübeln Wasser gezogen wurde. Auch wurde die Dampfmenge aus der niedergeschlagenen Wassermenge, nicht, wie es in der Regel sonst geschieht, aus der verbrauchten Speisewassermenge bestimmt. Zwischen den Ergebnissen beider Bestimmungsarten findet sich aber, wie M. Schröter und A. Koob durch einen besonderen Versuch an einer 250 pferdigen Fabrikstandemmaschine festgestellt haben*), selbst wenn keine Undichtigkeiten bemerkbar sind, ein bedeutender Unterschied zum Nachteil der Speisewassermessung. Bei der von den Genannten untersuchten Maschine betrug er rd. 7%, bei einer Fördermaschine wird er in der Regel noch größer sein. Jedoch bleibt, auch wenn man mit Rücksicht auf die erwähnten günstigen Umstände die ermittelten Dampfverbrauchszahlen der Louisenthaler Maschine mit einem erheblichen Zuschlag versieht, das Ergebnis noch außerordentlich günstig. Ein Dampfverbrauchversuch im laufenden, normalen Betriebe hat noch nicht stattfinden können, weil der Schacht bisher nicht in dauernde Förderung getreten ist.

Förderkosten.

Ein Vergleich der Kosten der Schachtförderung ist mit außerordentlichen Schwierigkeiten verbunden, weil auf die Kosten nicht nur eine große Menge in ihren Wirkungen nicht zu übersehender Umstände einwirkt, sondern vor allem auch die Berechnung im allgemeinen trotz aller dahingerichteten Bemühungen nicht an allen Stellen auf gleichen Grundlagen vorgenommen werden konnte. Z. B. konnte schon die Bestimmung der einen bedeutenden Teil der Förderkosten ausmachenden Dampfkosten nicht genügend gleichmäßig auf allen Gruben stattfinden, denn der mittlere Dampfverbrauch der Fördermaschinen ist, wie eben erwähnt, meist nur sehr ungenügend bekannt, ebenso kennt man meist die Kondensationsverluste der Dampfleitungen nicht. Eine fernere Schwierigkeit ist die Verwendung und sehr verschiedene Bewertung sehr ungleicher Heizstoffsorten bei der Kesselfeuerung, endlich kann die Berechnung des auf die Fördermaschine fallenden Anteils der Schürer- und anderer Löhne nach sehr verschiedenen Gesichtspunkten erfolgen. Und wie mit der Bestimmung der Dampfkosten verhält es sich mit derjenigen der übrigen die Förderkosten zusammensetzenden Posten.

---

*) Zeitschrift des Vereins deutscher Ingenieure, Jahrg. 1903, S. 1287.

Die Folge dieser nicht zu beseitigenden Ungleichheiten ist es, daß die Angaben der einzelnen Gruben, ohne im eigentlichen Sinne falsch zu sein, außerordentlich von einander abweichen und nicht zu einem eingehenderen Vergleich benutzt werden können.

Ein Blick in die letzten Spalten der unten (S. 202ff) folgenden Zusammenstellung zeigt die Verschiedenheiten im stärksten Maße. Die dort verzeichneten Kosten für 1 t der Förderung auf die gewöhnliche Förderteufe geben ein gänzlich verworrenes Bild, und die letzte Spalte, in der trotz der naheliegenden Bedenken gegen eine derartige Berechnung bei der Schachtförderung, die Kosten für 1 tkm eingesetzt sind, um zu versuchen, ob etwa mit ihrer Hilfe sich deutlichere Beziehungen finden ließen, läßt bei einer darauf gerichteten Prüfung erst recht im Stich.

Um wenigstens noch einen Versuch zu machen, eine Abhängigkeit der Förderkosten für 1 t auf Schachttiefe von der Förderteufe zu erkennen, sind in der folgenden Zusammenstellung für die Mehrzahl der großen, mit genügender Ausnutzung arbeitenden Anlagen die Kostenangaben der Gruben nach Inspektionen und nach steigenden Förderteufengruppen von je 100 m getrennt eingetragen worden.

Berg-inspektion	Bei der Förderteufe von				
	100–200	200–300	300–400	400–500	über 500 m
	betragen die Förderkosten für 1 t auf die Förderhöhe in Pfennig n				
I	—	—	—	—	—
II	—	16,6; 21,9	14,2; 19,8	—	—
III	10; 9	16; 19	—	—	—
IV	10; 9; 27	16; 19	14; 20	—	—
V	—	—	13; 13,2; 13,2	13	—
VI	11,4; 21,7	12; 21,2	—	16,6	—
VII	—	17,5	11,8; 22,5; 24,4; 24,8	—	—
VIII	28,6	8	11; 13	—	—
IX	5,8; 11,1	—	13,1	9,4; 10,8; 11	17
X	—	—	—	—	—
XI	—	—	—	26,6	27; 20,1; 24,5

Eine nur einigermaßen gesetzmäßige Zunahme der Kosten mit der Teufe läßt sich danach nicht feststellen, wenn ja auch an einzelnen Stellen, besonders bei den Angaben der Inspektion IX, eine Neigung in dieser Richtung sich bemerkbar zu machen scheint.

Fortsetzung des Textes auf Seite 222.

Die Schachtförderungen der

Lfd. Nr.	Berginspektion	Grube	Schacht	Form und Grösse der Schachtscheibe	Maschine: Jahr der Aufstellung	Maschine: Lieferant	Maschine: Entfernung Seilkorbachse bis Fördertrummitte m	Maschine: Stärke PS	Maschine: Bauart
1	I	Schwalbach	Eisenbahnschacht	rechteckig, mit gewölbten Seitenstößen 6,9×2,1	1901	Dingler	55	600	Zwilling
2		„	Ensdorfer Schacht	„	1891	„	24	600	„
3		„	desgl. Hilfstrum	„	1888	„	12,25	200	„
4		„	Schwalbacher Schacht	kreisrund mit 3,30 m lichtem Durchmesser	1886	Eisenhütte Prinz Rudolf in Dülmen	14,1	150	„
5	I	Geislautern	Geislauterner Förderschacht	rechteckig 3,50 m lang 1,75 m breit	1867	Noring, Bögel & Co. in Isselburg	13,8	110	Zwilling
6		„	Flacher Schacht Wehrden	—	1878	Dingler	—	125	„
7	I	Rosseln	Rosselschacht* Haupttrum	rund mit 5 m lichtem Durchmesser	—	—	27,14	60	Zwilling
8		„	desgl. Hilfstrum	„	1861	Dingler	25	300	„
9	II	Viktoria	Viktoriaschacht I	rund 4,4 m Durchm.	1872	Köln. Maschinenbau-A.-G.	27,3	427	Zwilling
10		„	Viktoriaschacht II	„	1884	Friedrich Wilhelms-Hütte in Mülheim a. d. Ruhr	33,8	1000	„
11		„	Aspenschacht	rund 4 m Durchm.	1898	Dingler	39	400	„
12		Gerhard und Rudolfschacht	Mathildeschacht	rund 4,4 m Durchm.	1875	„	42,7	400	„
13		„	Josephaschacht	rechteckig	1892	Köln. Maschinenbau-A.-G.	32	1000	Verbund
14		„	Rudolfschacht	kreisrund 5 m Durchm.	1894	„	46	1000	„
15	II	Serlo	Albertschacht	rechteckig	1865	Köln. Maschinenbau-A.-G.	43	200	Zwilling
16		„	Richardschacht	kreisrund 5 m Durchm.	1904	Ehrhardt & Sehmer, Schleifmühle	54	1200	Zwillingstandem

*) Vorläufig noch Haspelförderung mit 1 Wagen; später sollen Gerippe mit 8 Wagen eingebaut werden.

Saarbrücker Staatsgruben.

Art der Steuerung	Betriebsspannung vor dem Ventilkasten	Seilkorb		Seilscheiben		Seil			Seilausgleichung?	Schachtleitungen		Ist die Maschine an eine Kondensation angeschlossen?
		Form	Durchmesser	Durchmesser	Höhe über Hängebank	Material	Form	Gewicht für 1 m		Material und Form	Wo den Korb führend?	
	atm		m	m	m			kg				
Stephensonsche Kulissensteuerung	7,0	zylindrisch	6	3,70	12,25 bis Mitte Achse	Tiegelflußstahldraht	Rundseil Langschlag	6,6	nein	Schweißeisen Vignoles Profil	Seitenführung einseitig	nein
„	5,4	„	6	3,72	21	„	„	7,0	„	„	„	ja
„	5,4	Bobine	2,8—5,2	3,50	15	„	Bandseil	5,2	in der Bobine	„	„	nein
„	5,4	„	2,25—3,0	2,50	12	„	„	5,2	„	„	„	„
Goochsche Kulisse	4	Bobine	1,9—3,25	2,3	9	Tiegelflußstahldraht	Bandseil	2,4	in der Bobine	Flußeisen ⊥	Seitenführung einseitig	nein
Stephensonsche Kulisse	4	zylindrisch	3	—	—	„	Rundseil Kreuzschlag	2,0	—	—	—	„
Stephensonsche Kulisse	10	zylindrisch	2	2	jetzt 15,65 später 30	Tiegelflußstahl	Rundseil Kreuzschlag	2,3	nein	Flußeisen I	Seitenführung einseitig	nein
„	7	Bobine	3,2—5,3	3,5	jetzt 15,65 später 30	„	Bandseil	6,8	in der Bobine	„	„	„
Goochsche Kulissensteuerung	4	zylindrisch	5	4,66	21,5	Gußstahl	Rundseil Kreuzschlag	5,6	Aloebandseil 5 kg für 1 m	Flußeisen I	Seitenführung einseitig	ja
Knaggensteuerung	5	„	6	4,66	21,5	„	„	9	„	„	„	„
Stephensonsche Kulissensteuerung	7	„	4	4	18	„	„	4,4	keine	„	„	nein
„	5	Bobine	3,80/5,26	4,66	22	„	Bandseil	6,9	teilweise durch Bobine	„	„	„
Kulissensteuerung	5,5	zylindrisch	6	5	22	weicher Gußstahl	Kreuzschlag	6,2	Aloebandseil	⊔-Eisen	Seitenführung zweiseitig	„
„	5,5	„	6	5	22	„	„	9,1	„	I-Eisen	Seitenführung einseitig	ja
Kulissensteuerung	4	zylindrisch	5	4,66	21,5	weicher Gußstahl	Kreuzschlag	5,6	Aloebandseil	⊔-Eisen	Seitenführung zweiseitig	nein
„	7	„	8	6	32	harter Gußstahl	„	10,7	Gußstahldraht-Bandseil	„	Kopfführung zweiseitig	ja

Die Schachtförderungen der

Lfd. Nr.	Berginspektion	Grube	Schacht	Förderschale: Material	Zahl der Etagen	Gesamtzahl der Wagen	Stehen die Wagen auf einer Etage neben- oder hintereinander?	Fangvorrichtung	Art der Verbindung mit dem Seil	Nutzlast kg	Gewicht der leeren Wagen kg
1	I	Schwalbach	Eisenbahnschacht	Schweißeisen und Stahl	2	4	nebeneinander	nein	Seilschlüpfe mit je 4 Seilschlössern	2000	1300
2		„	Ensdorfer Schacht	„	2	4	„	„	„	2000	1300
3		„	Hilfstrum	„	2	2	—	„	„	1000	650
4		„	Schwalbacher Schacht	„	2	2	—	„	„	1000	650
5	I	Geislautern	Geislauterner Förderschacht	Schweißeisen und Stahl	1	1	—	nein	Seilschlüpfe mit Seilschlössern	500	350
6		„	Flacher Schacht Wehrden	„	—	8	—	—	—	4000	2800
7	I	Rosseln	Rosselschacht* Haupttrum	Flußeisen und Holzkohleneisen	1	1	—	nein	Seilschlüpfe mit Seilschlössern	500	350
8		„	desgl. Hilfstrum	„	2	2	—	„	„	1000	700
9	II	Viktoria	Viktoriaschacht I	Flußeisen	3	3	—	nein	Baumannsche Seilklemme	1500	1050
10		„	Viktoriaschacht II	„	3	6	hintereinander	„	„	3000	2100
11		„	Aspenschacht	„	2	2	—	„	mit Seilkausche	1000	700
12		Gerhard und Rudolfschacht	Mathildeschacht	„	2	4	hintereinander	„	„	2000	1400
13		„	Josephaschacht	Stahl und Schmiedeeisen	2	4	nebeneinander	„	mit Zwieselkette	2000	1500
14		„	Rudolfschacht	Stahl	3	6	hintereinander	„	Baumannsche Seilklemme	3000	2250
15	II	Serlo	Albertschacht	Stahl	1	2	nebeneinander	ja	mit Zwieselkette	1000	750
16		„	Richardschacht	Stahl und Schmiedeeisen	4	8	„	nein	Seilkausche mit 4 Seilschlössern	4000	3000

*) Vorläufig noch Haspelförderuug mit 1 Wagen; später sollen Gerippe mit 8 Wagen eingebaut werden.

Saarbrücker Staatsgruben. [Fortsetzung]

Eigengewicht der Schale	Gewicht der vollbelasteten Schale	Also beträgt die Nutzlast von dem Gewicht d. belasteten Schale	Also beträgt das Eigengewicht d. Schale von dem Gewicht d. belasteten Schale	Fördertiefe gewöhnliche	Fördertiefe grösste	Leistung: Grösste Seilgeschwindigkeit	Leistung: Mittlere Dauer eines Treibens einschl. Anschlagen	Leistung: Förderzeit am Tage	Leistung: Förderleistung auf den Tag	Förderkosten für 1 t auf die gewöhnl. Teufe	Förderkosten für 1 tkm	Bemerkungen
kg	kg	%	%	m	m	m	Sek.	Std.	t	Pf.	Pf.	
3400	6700	29,9	50,8	263	263	17	45	8	988	18	69	Ohne Seilkosten und Anschlägerlöhne
3400	6700	29,9	50,8	350	350	17	65	16	1175	17	47	
1600	3250	30,8	49,2	282	350	9	150 (Nur 1 Gerippe)	16	22	34	98	
1600	3250	30,8	49,2	200	200	8	90	8	53	123	610	
900	1750	28,6	51,5	161	161	6	60	8	17 (hebt nur Berge und Kesselkohlen)	46	273	Einschließlich Seilkosten, aber ohne Anschlägerkosten
—	—	—	—	453	513	4,5	—	8	230	12	66	
950	1800	27,7	52,8	490	490	3,5	200	16	90 (dient nur für Aus- und Vorrichtungsbetriebe)	30	61	
1600	3300	33,3	48,4	430	490	16	120	16	77 desgl.	28	65	
3087	4637	32,3	45	284	440	12	80	14	880	16,6	58,4	
4200	9300	32,3	45,2	324	324	15	90	14	1560	14,3	44,2	
2290	3990	25,1	57,4	278	278	10	70	3—4	—	—	—	Die Fördermaschine dient zur Seilfahrt, zum Materialtransport und zum Heben der Nahrungskohlen und der Berge. Die Kosten für 1 t und 1 tkm sind daher nicht angegeben
2900	6300	31,7	46	410	410	10	70	3—4	—	—	—	
2400	5900	34	40	239	239	10	60	15	1128	21,9	89,6	
3130	8380	36	37	330	330	12	100	15	1051	19,8	59,9	
1752	3502	29	50	320	320	10	60	7—8	—	—	—	Hat wenig Förderung
3900	10900	37	36	666	666	18	nicht in Betrieb			—	—	

Lfd. Nr.	Berginspektion	Grube	Schacht	Form und Grösse der Schachtscheibe	Maschine				
					Jahr der Aufstellung	Lieferant	Entfernung Seilkorbachse bis Fördertrummitte m	Stärke PS	Bauart
17	III	v. d. Heydt und Lampennest	Krugschacht I	rechteckig 5,7×2,07 m	1860	Köln. Maschinenbau-A.-G.	8,95	330	Zwilling
18		„	Krugschacht II	rechteckig 7,06×2,04 m	1877	Nolten & Mehler, Aachen	23,06	300	„
19		„	Krugschacht III	rechteckig 2,56×2,10 m	1872	„	11,3 / 12,7	90	„
20		„	Lampennestschacht I	rechteckig 5,7×1,9 m	1867	Darmstädter Masch.-Fabr.	35	300	„
21		„	Lampennestschacht III	rund 4,20 m Durchm.	1895	Dingler	35	300	Verbund
22		„	Kirschheckschacht I	rechteckig 5,7×2,0 m	1878	Weber & Co. in Barmen	15,08	220	Zwilling
23		„	Kirschheckschacht III	rechteckig 4,2×3,1 m	1892	Dingler	26,1	250	„
24		Burbachstollen	Amelungschacht I	rund 4,2 m Durchm.	1892	„	33,3	400	Verbund
25		„	Amelungschacht II	rund 4,65 m Durchm.	1905	—	46	700	Zwilling
26	IV	Jägersfreude	Schacht I	rechteckig 3,8×2,04 m	1876	Isselburger Hütte	25	88	Zwilling
27	IV	Dudweiler	Skalleyschacht I	rechteckig 5,46 m / 2,45 m	1884	Dingler	17,2	240	Verbund
28		„	Skalleyschacht II	rund 4,5 m Durchm.	1898	Ehrhardt & Sehmer	56,76	1000	„
29		„	Skalleyschacht III*	rechteckig 7,288 m / 2,720 m	1891	Dingler	43,00 / 45,82	1000	„
30	V	Altenwald	Eisenbahnschacht I	rechteckig 6,3×2,1 m	1886	Isselburger Maschinenbau-A.-G.	66	1000	Zwilling
31		„	Eisenbahnschacht II	„	1887	Dingler	66	1000	„
32	V	Sulzbach	Mellinschacht I	Ellipse	1899	Dingler	40,5	270	Zwilling
33		„	Mellinschacht II	rechteckig	1900	„	41,7	270	„
34		„	Venitzschacht	„	1891	Köln. Maschinenbau-A.-G.	21,5	220	„

*) Bei Schacht III steht die Maschine in der Längsrichtung des Schachtquerschnitts, die beiden Seilscheiben liegen daher

[Fortsetzung]

Art der Steuerung	Betriebsspannung vor dem Ventilkasten	Seilkorb		Seilscheiben		Seil			Seilausgleichung	Schachtleitungen		Ist die Maschine an eine Kondensation angeschlossen?
		Form	Durchmesser	Durchmesser	Höhe über Hängebank	Material	Form	Gewicht für 1 m		Material und Form	Wo den Korb führend?	
	atm		m	m	m			kg				
Stephenson	5	konisch	4,85 / 5,16	2,35	7,45	Flußstahldraht	Langschlag	3,9	—	Eichenholz rechteckig	zweiseitig	nein
Gooch	5	zylindrisch	5,5	4	20,68	„	„	3,9	—	„	„	„
„	5	„	2,5	2	11,5 / 13,8	„	„	1,2	—	„	„	„
„	5,5	„	4,5	4	22,6	„	„	3,9	—	„	„	„
Stephenson	5,5	„	4,5	4	22,55	„	„	3,9	—	Flußeisen T-Form	einseitig	„
Kraft	5,5	„	4	3,2	11,37	„	„	3,9	—	Eichenholz rechteckig	zweiseitig	„
Stephenson	5,5	„	4,5	4,0	24	„	„	3,9	—	Schmiedeeisen ⊔	Seitenführung zweiseitig	„
Stephenson	5,5	„	6	4	24	Flußstahldraht	Langschlag	6,15	—	Flußeisen T-Form	einseitig	nein
„	5,5	„	7	5	25	„	„	9,00	—	„	„	„
Kulissen-Ventilsteuerung	5	zylindrisch	3	3	13	Tiegelgußstahl	rund	1,55	nein	Eichenholz quadratisch	seitlich zweiseitig	nein
Ventil	6,5	zylindrisch	5,6	3,77	16,8	Tiegelgußstahl	Langschlag	5,8	Unterseil	Holz □	Seitenführung zweiseitig	ja
„	6,5	„	7,5	5	21,6	„	„	10,10	„	I-Eisen	Seitenführung einseitig	„
„	6,5	„	7	5 / 6	21,75 / 26,9	„	„	10,10	„	Holz □	Seitenführung zweiseitig	„
Gooch	6	zylindrisch	7	5	25	Gußstahl	rund Langschlag	9	Unterseil	Eichenholz rechteckig	Seitenführung zweiseitig	ja
Stephenson	6	„	7	5	25	„	„	9	„	„	„	„
Gooch	6,5	zylindrisch	5,2	3,8	18	Gußstahl	Langschlag	4,7	—	Hölzerne Leitungen mit rechteckigem Querschnitt	an 2 Seiten	nein
„	6,5	„	5	3,8	18	„	„	4,7	Aloeunterseil		„	„
Stephenson	4	„	5,1	2,19	18	„	„	4,7	„		„	„

hintereinander; daher die verschiedenen Durchmesser und Entfernungen.

Lfd. Nr.	Berginspektion	Grube	Schacht	Förderschale							
				Material	Zahl der Etagen	Gesamtzahl der Wagen	Stehen die Wagen auf einer Etage neben- oder hintereinander?	Fangvorrichtung	Art der Verbindung mit dem Seil	Nutzlast kg	Gewicht der leeren Wagen kg
17	III	v. d. Heydt und Lampennest	Krugschacht I	Schmiedeeisen	1	2	nebeneinander	—	Seilschlupf	1000	700
18		„	Krugschacht II	„	1	2	„	Gezahnte Keile	„	1000	700
19		„	Krugschacht III	„	1	1	—	—	„	500	350
20		„	Lampennestschacht I	„	1	2	nebeneinander	—	„	1000	700
21		„	Lampennestschacht III	„	1	2	hintereinander	—	Seilbüchse	1000	700
22		„	Kirschheckschacht I	„	1	2	nebeneinander	—	Seilschlupf	1000	700
23		„	Kirschheckschacht III	„	1	—	—	nein	Seilbüchse	—	—
24		Burbachstollen	Amelungschacht I	Schmiedeeisen	2	4	hintereinander	—	Seilbüchse	2000	1400
25		„	Amelungschacht II	„	3	6	„	—	„	3000	2100
26	IV	Jägersfreude	Schacht I	Schweiß- und Flußeisen	1	1	„	nein	Handschuh mit Seilschlössern	500	320
27	IV	Dudweiler	Skalleyschacht I	Eisen	2	4	nebeneinander	nein	Schlupf	2000	1520
28		„	Skalleyschacht II	„	3	6	hintereinander	„	„	3000	2280
29		„	Skalleyschacht III	„	3	6	nebeneinander	„	„	3000	2280
30	V	Altenwald	Eisenbahnschacht I	Stahl	3	6	nebeneinander	nein	Baumannsche Seilklemme	3000	2100
31		„	Eisenbahnschacht II	„	3	6	„	„	„	3000	2100
32	V	Sulzbach	Mellinschacht I	Stahl	2	4	nebeneinander	—	Seilschlupf, um einen gußeisernen Handschuh geschlungen	2000	1280
33		„	Mellinschacht II	„	2	4	„	—		2000	1280
34		„	Venitzschacht	„	2	4	„	—		2000	1280

[Fortsetzung]

Eigengewicht der Schale	Gewicht der vollbelasteten Schale	Also beträgt die Nutzlast	das Eigengewicht d. Schale	Fördertiefe gewöhnliche	Fördertiefe grösste	Leistung: Grösste Seilgeschwindigkeit	Leistung: Mittlere Dauer eines Treibens einschl. Anschlagen	Leistung: Förderzeit am Tage	Leistung: Förderleistung auf den Tag	Förderkosten für 1 t auf die gewöhnl. Teufe	Förderkosten für 1 tkm	Bemerkungen
		von dem Gewicht d. belasteten Schale										
kg	kg	%	%	m	m	m	Sek.	Std.	t	Pf.	Pf.	
1500	3200	31	47	175	249	8	45	9	350	10	57	
1965	3665	27	54	258	334	10	55	14	345	16	62	
600	1450	34	41	76	76	6	30	9	310	7	96	
1680	3380	30	50	202	307	8	60	20	350	19	93	
1560	3260	31	48	155	202	10	40	14	570	9	59	
1400	3100	32	45	176	269	8	50	8,5	90	27	152	
1230	—	—	—	280	280	4	—	—	—	—	—	Seilfahrtmaschine
2505	6205	32	40	328	328	16	70	16	530	14	43	
3660	8760	34	42	381	435	16	90	8	150	20	53	
450	1270	38	35	87	87	8	40	9	150	6	69	
1950	5470	37	36	340	340	16	70	18	1250	10	29	
4000	9280	32	43	280	400	16	90	18	780	11	35	
3200	8480	35	38	400	400	18	80	18	1500	13	32	
4000	9100	33	44	375	435	18	100	16	1250	13	32,5	
4000	9100	33	44	435	435	18	110	16	1200	13	32,5	
2650	5930	34	45	362	362	13	70	18	900	13,2	36,4	
2650	5930	34	45	300	362	13	70	9	550	13,2	36,4	
2460	5740	35	43	268	268	13	Die Maschine dient nur zur Menschen- und Materialförderung					

Lfd. Nr.	Berginspektion	Grube	Schacht	Form und Grösse der Schachtscheibe	Maschine				
					Jahr der Aufstellung	Lieferant	Entfernung Seilkorbachse bis Fördertrummitte m	Stärke PS	Bauart
35	VI	Reden	Schacht II	rund 5,20 m	1901	Dingler	42,5	500	Zwilling
36		"	Schacht III	rund 5,20 m	1903	Ehrhardt & Sehmer	37,54	1200	Tandem Zwilling
37		"	Schacht IV	rund 5,00 m	1890	Dingler	38	470	Zwilling
38	VI	Itzenplitz	Schacht I	Rechteck 7,06 × 2,06	1901	Dingler	39	500	Zwilling
39		"	Schacht II	rund 5,00 m	1905 gebaut 1875	Köln. Maschinenbau-A.-G.	22	—	"
40		"	Schacht III	rund 5,18 m Durchm.	1886	Dingler	28,5	470	"
41	VII	Heinitz	Heinitz-schacht II	rechteckig 11,20 qm	1894	Dingler	45,15	400	Verbund
42		"	Heinitz-schacht III	11,20 qm	1876	"	26,25	300	Zwilling
43		"	Heinitz-schacht IV	11,40 qm	1885	"	38,94	400	"
44		"	Geisheck-schacht II	kreisförmig 5 m Durchm.	1900	"	40,22	400	"
45	VII	Dechen	Schacht I	Ellipse $\frac{6,72}{2,60}$ m	1902	Dingler	32	400	Zwilling
46		"	Schacht II	desgl. $\frac{5,54}{2,91}$ m	1897	"	30	400	Verbund
47	VIII	Kohlwald	Follenius-schacht	rechteckig 6,60 × 2,05 m	1875	Dingler	19,3	100	Zwilling
48		"	Gegenort-schacht I	rund 4,5 m Durchm.	1869	Darmstädter Masch.-Fabr.	26	35	"

[Fortsetzung]

Art der Steuerung	Betriebsspannung vor dem Ventilkasten atm	Seilkorb Form	Seilkorb Durchmesser m	Seilscheiben Durchmesser m	Seilscheiben Höhe über Hängebank m	Seil Material	Seil Form	Seil Gewicht für 1 m kg	Seilausgleichung?	Schachtleitungen Material und Form	Schachtleitungen Wo den Korb führend?	Ist die Maschine an eine Kondensation angeschlossen?
Ventilsteuerung mit Stephensonscher Kulisse	6,5	zylindrisch	6	5	20	Tiegelgußstahl	rund Kreuzschlag	7,2	nein	Stahlschinen I	Seitenführung einseitig	ja
Schlepp-Ventilsteuerung mit Goochscher Kulisse	8	„	8	6	29	„	„	11,11	Unterseil	„	„	„
Ventilsteuerung mit Goochscher Kulisse	6,5	„	6	5	22	„	„	7,2	nein	„	„	„
Ventilsteuerung	5—5,5	zylindrisch	6	5	20	Tiegelgußstahl	Kreuzschlag	7,5	nein	Flußstahl Vignoles	an den Seiten zweiseitig	nein
„	4	Koepescheibe	5	3,5	18 bezw. 22	„	„	4,4	Unterseil	„	an den Seiten einseitig	„
„	5—5,5	zylindrisch	6	5	24	„	„	7,5	nein	„	„	„
Kulissensteuerung von Gooch	5	zylindrisch	6	3,73	11,20	Tiegelgußstahl	Langschlag	6,8	nein	Eichenholz rechteckig	zweiseitig	nein
„	5	„	5,40	3,75	15,74	„	Kreuzschlag	3,63	„	„	„	„
„	5	„	5	3,76	24,38	„	Langschlag	6,8	„	„	„	„
„	5	„	6	3,74	25,00	„	„	6,8	Unterseil	„	„	ja
Ventilsteuerung Stephenson	6	zylindrisch	7	4	21	Tiegelgußstahl	Langschlag	7,28	nein	Eichenholz 18/8 cm	Seitenführung zweiseitig	ja
„	6	„	6	4	21	„	„	6,88	„	„	„	„
Kulissenventil	5	konisch	3 u. 3,4	2,8	11	Gußstahldraht	rund Kreuzschlag	4,35	nein	Holz rechteckig	an den Seiten zweiseitig	nein
Kulissenschieber	5	Bobine	0,8	1,58	24	„	Bandseil Kreuzschlag	2,5	„	Eisen Grubenschienen	„	ja

Lfd. Nr.	Berginspektion	Grube	Schacht	Förderschale							
				Material	Zahl der Etagen	Gesamtzahl der Wagen	Stehen die Wagen auf einer Etage neben- oder hintereinander?	Fangvorrichtung	Art der Verbindung mit dem Seil	Nutzlast kg	Gewicht der leeren Wagen kg
35	VI	Reden	Schacht II	Schweiß- und Flußeisen	2	4	nebeneinander	nein	Baumannsche Seilklemme	2000	1600
36		„	Schacht III	„	4	8	„	„	„	4000	3200
37		„	Schacht IV	„	2	4	„	„	„	2000	1600
38	VI	Itzenplitz	Schacht I	Flußeisen	2	4	nebeneinander	nein	Baumannsche Seilklemme	2000	1600
39		„	Schacht II	„	2	4	hintereinander	„	„	2000	1600
40		„	Schacht III	„	2	4	„	„	„	2000	1600
41	VII	Heinitz	Heinitzschacht II	Flußeisen und Schweißeisen	2	4	nebeneinander	keine	Königsschraube mit Feder	2000	1520
42		„	Heinitzschacht III*	„	1	2	„	„	„	1000	760
43		„	Heinitzschacht IV	„	2	4	„	„	„	2000	1520
44		„	Geisheckschacht II	„	2	4	„	„	„	2000	1520
45	VII	Dechen	Schacht I	Flußeisen Böden aus Stahl	2	4	nebeneinander	nein	Rolle mit Holzfutter Klemmschlösser	2000	1500
46		„	Schacht II	„	2	4	„	„	„	2000	1500
47	VIII	Kohlwald	Folleniusschacht	Schweißeisen	1	2	nebeneinander	ja	Gewöhnliche Seilschlösser	1000	700
48		„	Gegenortschacht I	„	1	1	—	nein	„	500	350

[Fortsetzung]

Eigen-gewicht der Schale	Gewicht der vollbelasteten Schale	Also beträgt die Nutzlast	das Eigengewicht d. Schale	Fördertiefe gewöhnliche	grösste	Leistung Grösste Seilgeschwindigkeit	Mittlere Dauer eines Treibens einschl. Anschlagen	Förderzeit am Tage	Förderleistung auf den Tag	Förderkosten für 1 t auf die gewöhnl. Teufe	für 1 tkm	Bemerkungen
		von dem Gewicht d. belasteten Schale										
kg	kg	%	%	m	m	m	Sek.	Std.	t	Pf.	Pf.	
2556	6156	32,5	41,5	150	210 bis 300	15	30	8	553	11,36	75	
4602	11802	33,8	39	490	490	15	120	14	901	16,6	33,2	
2830	6430	31,1	44	210	210	18	50	14	1467	12,12	57,7	
2600	6200	32	42	228	316	15	60	9	876	21,2	105	Beide Kesselanlagen hängen zusammen, ein Auseinanderhalten der Kosten ist nicht gut möglich. Auch sind nur die Kosten der Fördermaschinen bei den Förderkosten in Ansatz gebracht.
2500	6100	33	41	170	170	12	50	9	650	20,1	118	
2600	6200	32	42	170	228	15	50	9	655	20,7	127	
3150	6670	30	47	330	330	14	65	15	Kohl. 1100 Berg. 45	22,5	68,2	
1890	3650	28	51	385	385	—	—	—	Kohl. 80 Berg. 30	59,92	155,6	*) Der Schacht wird zur Seilfahrt während der Schicht und zum Transport benutzt.
3150	6670	30	47	330 u. 250	385	15	65	15	Kohl. 810 Berg. 35	24,40	83,12	
3150	6670	30	47	347	347	14	65	15	Kohl. 1160 Berg. 40	24,86	71,64	
3500	7000	29	50	240	375	15	60	16	600	17,46	56,69	
3500	7000	29	50	322	322	12	60	16	1200	11,83	36,74	
1200	2900	34	41	77	77	6,5	30	16	1700	1,25	16,12	
910	1760	28	52	132	263	6	8,5	16	180	28,58	21,6	

Lfd. Nr.	Berginspektion	Grube	Schacht	Form und Grösse der Schachtscheibe	Maschine: Jahr der Aufstellung	Maschine: Lieferant	Maschine: Entfernung Seilkorbachse bis Fördertrummitte m	Maschine: Stärke PS	Maschine: Bauart
49	VIII	Kohlwald	Gegenortschacht II	rund 4,5 m Durchm.	1901	Dingler	53,65	400	Verbund
50		"	Hermineschacht	rund 5 m Durchm.	1903	"	45	1000	Zwillingstandem
51		"	Annaschacht	"	1869	"	20	60	Zwilling
52	VIII	Wellesweiler	Gegenortschacht	rechteckig 4,30×2,05 m	1874	Fr. W. Köttgen in Barmen	27	34	Zwilling
53	VIII	König	Wilhelmschacht I	aus 4 flachen Bogen zusammengesetzt, große Achse 5,5 m, kleine Achse 2,56 m	1869	A. Weber in Barmen	20,5	300	Zwilling
54		"	Wilhelmschacht II	aus 4 flachen Bogen zusammengesetzt, große Achse 6,7 m, kleine Achse 3,12 m	1893	Dingler	30,59	500	Verbund
55		"	Wilhelmschacht III	aus 4 flachen Bogen zusammengesetzt, große Achse 7,45 m, kleine Achse 3,4 m	1904	"	41	1000	Zwillingstandem
56	IX	Maybach	Albertschacht	kreisrund 5,186 m Durchm.	1883	FriedrWilhelms-Hütte in Mülheim	45	1000	Zwilling
57		"	Marieschacht	kreisrund 5,186 m Durchm.	1890	Dingler	43,95	1000	Verbund
58		"	Friedaschacht	kreisrund 4,800 m Durchm.	1901	Ehrhardt & Sehmer	50	1000	Zwilling
59	IX	Friedrichsthal	Schacht I	rechteckig bis Saarsohle, 6,75×2,5 m; rund von Saarsohle bis I. Tiefbau, 4,9 m Durchm.	1865	Köln. Maschinenbau-A.-G.	45	230	Zwilling

[Fortsetzung]

Art der Steuerung	Betriebsspannung vor dem Ventilkasten	Seilkorb		Seilscheiben		Seil			Seilausgleichung	Schachtleitungen		Ist die Maschine an eine Kondensation angeschlossen?
		Form	Durchmesser	Durchmesser	Höhe über Hängebank	Material	Form	Gewicht für 1 m		Material und Form	Wo den Korb führend?	
	atm		m	m	m			kg				
Kulissenventil	9	zylindrisch	7	6	24	Gußstahldraht	rund Kreuzschlag	6,2	nein	Eisen Grubenschienen	an den Seiten zweiseitig	ja
„	9	„	7,5	6	26	„	„	10,35	„	Holz rechteckig	„	nein
Kulissenschieber	4	konisch	1,95 u. 2,49	1,8	12	„	„	2,25	„	Eisen I schienen	an einer Seite	„
Kulissenschieber	5	zylindrisch	2,1	2,5	11	„	rund Kreuzschlag	2,11	„	Holz rechteckig	an den Seiten zweiseitig	nein
Kulissenventil	5	konisch	4,7 bezw. 5	4,5	16,34	Tiegelgußstahl	Kreuzschlag	3,1	„	Eichenholz rechteckig	an beiden Seiten	nein
„	5	zylindrisch	6	4,5	24,14	„	„	6,25	„	„	„	„
„	8	„	7	6	24	„	„	9,5	„	„	„	„
Kraftsche Daumen-Ventilsteuerung	6	zylindrisch	9	5	22,50	Tiegelgußstahldrahtseil	Langschlag	9,80	Unterseil	I-Stahl	Seitenführung einseitig	ja
Ventilsteuerung mit Goochschen Kulissen	6	zylindrisch	7,5	5	22,50	Tiegelgußstahldrahtseil	Langschlag	9,80	Unterseil	I-Stahl	Seitenführung einseitig	ja
„	6	„	8	5	22,50	„	„	9,80	„	„	„	„
Stephensonsche Kulisse	5	zylindrisch	4,40	5	18	Tiegelgußstahl	Kreuzschlag	4,5	nein	Eichenholz	Seitenführung zweiseitig	nein

Lfd. Nr.	Berginspektion	Grube	Schacht	Förderschale: Material	Zahl der Etagen	Gesamtzahl der Wagen	Stehen die Wagen auf einer Etage neben- oder hintereinander?	Fangvorrichtung	Art der Verbindung mit dem Seil	Nutzlast kg	Gewicht der leeren Wagen kg
49	VIII	Kohlwald	Gegenort-schacht II	Schweißeisen	3	3	—	nein	Gewöhnliche Seilschlösser	1500	1050
50		„	Hermine-schacht	„	3	6	nebeneinander	ja	„	3000	2100
51		„	Annaschacht	„	1	1	—	nein	„	500	350
52	VIII	Wellesweiler	Gegenort-schacht	Schweißeisen	1	1	—	ja	Gewöhnliche Seilschlösser	500	320
53	VIII	König	Wilhelm-schacht I	Schmiedeeisen	1	2	nebeneinander	ja	Königsstange mit Kettenglied und Wirbel	1000	640
54		„	Wilhelm-schacht II*	„	2	4	„	„	Königsstange und 2 Laschen	2000	1280
55		„	Wilhelm-schacht III	„	3	6	„	„	„	3000	1920
56	IX	Maybach	Albertschacht	Flußeisen	3	6	hintereinander	nein	Baumannsche Seilklemme	3000	1950
57		„	Marieschacht	Flußeisen	3	6	nebeneinander	nein	Baumannsche Seilklemme	3000	1950
58		„	Friedaschacht	„	3	6	„	„	„	3000	1950
59	IX	Friedrichsthal	Schacht I	Eisen	1	2	nebeneinander	keine	gewöhnl. Seilschlüpfe u. Zwieselkette	1000	660

[Fortsetzung]

Eigengewicht der Schale	Gewicht der vollbelasteten Schale	Also beträgt die Nutzlast von dem Gewicht d. belasteten Schale	Also beträgt das Eigengewicht d. Schale von dem Gewicht d. belasteten Schale	Fördertiefe gewöhnliche	Fördertiefe grösste	Leistung: Grösste Seilgeschwindigkeit	Leistung: Mittlere Dauer eines Treibens einschl. Anschlagen	Leistung: Förderzeit am Tage	Leistung: Förderleistung auf den Tag	Förderkosten für 1 t auf die gewöhnl. Teufe	Förderkosten für 1 tkm	Bemerkungen
kg	kg	%	%	m	m	m	Sek.	Std.	t	Pf.	Pf.	
2000	4550	33	44	212	362	15	120	16	65	88,4	39,5	
3355	8455	35	40	298	460	15	124	6	45	49,79	16,70	
815	1665	30	49	160	370	7	60	16	90	54,03	33,80	
950	1770	28	54	53	140	6	29	8	149	3,06	57,90	
1900	3540	28	54	232	232	14	40	16	800	8	36	
3200	6480	30	50	307	307	14	66	16	—	11	35,8	* Ist außer Betrieb gesetzt zum Ausmauern
3500	8420	36	42	307	417	15	80	16	1200	13	31	
3750	8700	34	43	460	460	12	92	7,5	500	9,4	20,40	
3770	8720	34	43	460	460	12	88	15	1000	11	23,90	
3770	8720	34	43	493	493	15	90	15	1000	10,8	21,9	
1780	3440	29	52	113	113	8	45	9	520	5,8	51,3	

Lfd. Nr.	Berginspektion	Grube	Schacht	Form und Grösse der Schachtscheibe	Maschine: Jahr der Aufstellung	Maschine: Lieferant	Maschine: Entfernung Seilkorbachse bis Fördertrummitte m	Maschine: Stärke PS	Maschine: Bauart
	IX	Friedrichsthal	Schacht II	rund 5.66 m Durchm.					
60			a. Haupttrum		1892	Dingler	45,5	800	Verbund
61			b. Hilfstrum		1874	Kautz & Westmeyer in St. Johann	31,5	130	Zwilling
		"	Schacht Helene	rund 5,18 m l. Durchm.					
62			a. Haupttrum		1900	Ehrhardt & Sehmer	53	1000	"
63			b. Hilfstrum		1894	Dingler	46	400	"
64	X	Göttelborn	Westlicher Schacht	Kreisform 5,10 m Durchm.	1895	Dingler	42,4	250	Zwilling
65		"	Östlicher Schacht	"	1893	Rob. Küchen in Bielefeld	44,5	350	Verbund
66	X	Dilsburg	Tonnlägiger Schacht 15° einfallend	—	1886	Dingler	—	60	Verbund
67	XI	Camphausen	Camphausenschacht I	kreisrund 5,186 m Durchm.	1879	Dingler	44	1000	Zwilling
68		"	Camphausenschacht II	"	1892	"	42,7	1000	Verbund
69	XI	Brefeld	Brefeldschacht I	kreisrund 5,186 m Durchmesser	1877	Ehrhardt & Sehmer	40	1000	Zwilling
70		"	Brefeldschacht II	"	1892	Dingler	40	1000	Verbund

[Fortsetzung]

Art der Steuerung	Betriebsspannung vor dem Ventilkasten	Seilkorb		Seilscheiben		Seil			Seilausgleichung	Schachtleitungen		Ist die Maschine an eine Kondensation angeschlossen?
		Form	Durchmesser	Durchmesser	Höhe über Hängebank	Material	Form	Gewicht für 1 m		Material und Form	Wo den Korb führend?	
	atm		m	m	m			kg				
Stephensonsche Kulisse	4	zylindrisch	5,5	3,5	18	Tiegelgußstahl	Kreuzschlag	6,3	ja	I-Stahl	auf einer Seite	nein
Goochsche Kulisse	4	„	3,5	2,5	15,5	„	„	1,5	nein	Eichenholz	zweiseitig	„
Goochsche Kulisse	7	„	8	5	14,5	„	„	10,7	ja	I-Stahl	auf einer Seite	„
Stephensonsche Kulisse	5	„	5,5	3,5	15	„	„	4,5	nein	„	„	„
Stephensonsche Kulisse	5	zylindrisch	3,4	4	24	Gußstahl	Kreuzschlag	3,1	nein	I-Stahl	Seitenführung einseitig	Zentral-Kond.
Goochsche Kulisse	5	„	5	4	24	„	„	3,1	„	„	„	„
Stephensonsche Kulisse	7	zylindrisch	2,5	—	—	Gußstahl	Langschlag	1,3	—	—	—	nein
Stephensonsche Kulisse mit Ventilen	6	zylindrisch	8	5	20	Gußstahl	Langschlag	10,18	Gerhardsche Seilausgleichung	Eichenholz 13 auf 13 cm	Seitenführung zweiseitig	Zentral-Kond.
Goochsche Kulisse mit Ventilen	6	„	7,5	5	20	„	„	11,2	Bandseil*) als Unterseil das m 6,6 kg	„	„	„
Kulissensteuerung mit Ventilen	6	zylindrisch	6,8	6	17	Tiegelgußstahl	Langschlag	6,8	Unterseil	Eichenholz mit quadr. Querschnitt von 130/130 mm	Seitenleitung zweiseitig	nein
„	6	„	7,5	6	17	„	„	11,0	„	„	„	„

*) Aus umgesponnenen alten Förderseilen.

Lfd. No.	Berginspektion	Grube	Schacht	Förderschale							
				Material	Zahl der Etagen	Gesamtzahl der Wagen	Stehen die Wagen auf einer Etage neben- oder hintereinander?	Fangvorrichtung	Art der Verbindung mit dem Seil	Nutzlast kg	Gewicht der leeren Wagen kg
	IX	Friedrichsthal	Schacht II								
60			a. Haupttrum	hauptsächlich Stahl, untergeordnet Eisen	2	4	hintereinander	nein	Baumannsche Klemme	2000	1320
61			b. Hilfstrum	„	1	1	—	„	„	500	330
		„	Schacht Helene								
62			a. Haupttrum	„	3	6	„	„	„	3000	1980
63			b. Hilfstrum	„	2	2	„	„	„	1000	660
64	X	Göttelborn	Westlicher Schacht	Schweißeisen	1	2	nebeneinander	nein	Konische Seilbüchse	1000	700
65		„	Östlicher Schacht	„	1	2	„	„	„	1000	700
66	X	Dilsburg	Tonnlägiger Schacht 15° einfallend	Schweißeisen	—	3	hintereinander gekuppelt	nein	Ketten	750	—
67	XI	Camphausen	Camphausenschacht I	Schweißeisen und Stahl	3	6	nebeneinander	nein	Baumannsche Seilklemme	3000	1800
68		„	Camphausenschacht II	„	3	6	„	„	„	3000	1800
69	XI	Brefeld	Brefeldschacht I	Flußstahl	2	4	nebeneinander	nein	Seilschlösser	2000	1200
70		„	Brefeldschacht II	„	3	6	„	„	Baumannsche Seilklemme	3000	1800

[Schluß]

Eigengewicht der Schale	Gewicht der vollbelasteten Schale	Also beträgt die Nutzlast (von dem Gewicht d. belasteten Schale)	Also beträgt das Eigengewicht d. Schale (von dem Gewicht d. belasteten Schale)	Fördertiefe: gewöhnliche	Fördertiefe: grösste	Leistung: Grösste Seilgeschwindigkeit	Leistung: Mittlere Dauer eines Treibens einschl. Anschlagen	Leistung: Förderzeit am Tage	Leistung: Förderleistung auf den Tag	Förderkosten: für 1 t auf die gewöhnl. Teufe	Förderkosten: für 1 tkm	Bemerkungen
kg	kg	%	%	m	m	m	Sek.	Std.	t	Pf.	Pf.	
3200	6520	31	49	343	343	12	65	16	480	13,1	39	
609	1439	35	42	158	158	5	60	9	165	11,1	70	
3300	8280	36	40	34, 158 u. 540*	540	12	120	18	520	17	30,6	*) 540 m beträgt die gewöhnliche Fördertiefe
1650	3310	30	50	34 u. 158	540	12	50—60	9	115	19	119,7	
1625	3325	30	49	155	155	14	30	8 1/2	650	—	—	Zuverlässige Durchschnittsberechnung der Kosten nicht möglich.
1625	3325	30	49	155	240	11	35	8 1/2	650	—	—	
—	—	—	—	flach 372	flach 550	3	70	9	75—80	—	—	
3500	8300	36	42	496	496	15—18	120	14 1/2	750 Kohlen 50 Berge	26,6*	53*	* Einschl. Amortisation, die t Dampf zu 2 M. gerechnet
3500	8300	36	42	567	567	15—18	150	14 1/2	800 Kohlen 70 Berge	27,7*	49*	
2500	5700	35	44	510	510	16	75	15	750	20,07	39,35	
3500	8300	36	42	560	560	15	120	15	500	24,50	43,75	

Wie die Förderkosten sich auf die einzelnen sie zusammensetzenden Posten verteilen, läßt die nachstehende Übersicht für einige größere, in voller Förderung stehende Anlagen erkennen:

Grube	Schacht	Gewöhnliche Förderteufe	Kosten für 1 t				
			Maschinenwartung und -unterhaltung	Kesselwartung u. Kohlen	Seilkosten	Löhne der Anschläger und Signalgeber	Summe Pf.
Viktoria	Viktoria I	284	3,4	4,7	0,8	7,7	16,6
«	« II	324	1,9	4,8	0,6	7,0	14,3
Gerhard	Josepha	239	2,3	12,2	0,5	6,4	21,4
«	Rudolf	330	2,7	8,1	0,9	8,1	19,8
Heinitz	Heinitz II	330	2,4	7,2	0,6	12,3	22,5
«	« IV	330 u. 250	3,1	6,1	0,9	14,3	24,4
«	Geisheck II	347	3,1	7,5	0,8	13,2	24,6
Dechen	Dechen I	240	4,1	10,0	0,7	2,7	17,5
«	« II	322	2,7	7,5	0,3	1,3	11,8

C. Wasserhaltung.

I. Wasserzugänge.

Die Saarbrücker Gruben haben von jeher unter Wasserzuflüssen, die ja in den meisten anderen deutschen Steinkohlenbezirken dem Bergmann große Schwierigkeiten und Kosten bereiten, im ganzen nur wenig zu leiden gehabt. Die gesamten auf allen staatlichen Gruben des Bezirks in der Minute auftretenden Zugänge überschreiten auch zur Zeit des stärksten Zuflusses kaum die Menge, die z. B. auf der wegen ihrer Wasserschwierigkeiten bekannt gewordenen Grube Karsten-Centrum in Oberschlesien allein wiederholt längere Zeit hindurch hat gehoben werden müssen. Die Zugänge sind, weil das Saarbrücker Steinkohlengebirge zum großen Teil zutage ausgeht und die Niederschläge deshalb verhältnismäßig leicht und schnell in ihm versinken, mit der Jahreszeit und der Witterung sehr wechselnd und steigen in manchen Jahren vorübergehend bis auf das doppelte der durchschnittlichen Menge. Man muß deshalb bei der Wahl der Maschine eine gegenüber den durchschnittlichen Zuflüssen sehr reichliche Leistungsfähigkeit vorsehen, wenn man nicht etwa zur Wältigung der den Durchschnitt überschreitenden Mengen eine sonst stillstehende Reservemaschine zur Verfügung hat.

Einen Überblick über die durchschnittlichen und größten Zugänge der einzelnen Gruben während der drei Jahre 1901, 1902 und 1903 gibt die folgende Zusammenstellung:

Wasserzuflüsse der Saarbrücker Staatsgruben in cbm in der Minute.

Grube	1901		1902		1903	
	durchschn.	grösste	durchschn.	grösste	durchschn.	grösste
	Menge		Menge		Menge	
	cbm	cbm	cbm	cbm	cbm	cbm
I. Schwalbach . . .	1,2	1,5	1,6	2,1	1,4	2,3
Geislautern . . .	0,8	1,3	0,9	1,9	0,7	1,0
II. Gerhard	1,1	1,6	1,3	1,8	1,2	1,4
Serlo	0,4	0,5	0,4	0,4	0,3	0,4
Viktoria	0,7	1,0	0,9	1,2	0,8	0,9
III. Krugschacht . . .	0,4	0,5	0,4	0,6	0,4	0,6
Lampennest . . .	0,6	0,9	0,5	0,9	0,5	0,9
Burbachstollen. .	0,3	0,3	0,4	0,6	0,4	0,6
IV. Dudweiler	3,8	5,2	3,9	5,2	3,8	5,2
Jägersfreude . . .	0,5	0,6	0,5	0,6	0,6	0,7
V. Sulzbach.	2,3	3,3	1,9	4,0	1,2	2,5
Altenwald	1,0	1,3	0,4	1,2	0,8	1,4
VI. Reden	3,8	7,8	4,4	11,0	3,5	4,4
Itzenplitz	1,0	2,0	1,2	2,0	0,9	2,0
VII. Heinitz	Die Heinitzer Wasser werden mit in Dechen gehoben.					
Dechen	3,6	6,3	4,2	6,4	3,2	4,4
VIII. König	2,6	2,7	2,8	3,4	2,8	2,9
Wellesweiler . .	0,6	0,9	0,7	1,1	0,5	1,5
Kohlwald	1,5	3,4	2,7	3,5	1,7	2,9
IX. Friedrichsthal . .	2,7	5,3	2,7	6,7	2,1	5,8
Maybach.	1,0	1,2	0,9	1,0	0,8	0,9
X. Göttelborn. . . .	2,7	2,9	2,3	3,3	2,5	3,4
Dilsburg.	1,2	1,3	1,2	1,4	1,2	1,4
XI. Camphausen. . .	0,3	0,3	0,3	0,4	0,3	0,4
Brefeld	0,2	0,2	0,2	0,2	0,2	0,2
Summe . .	34,3	52,3	36,7	59,9	31,8	48,3

Die durchschnittliche Gesamtmenge betrug also etwas über 30 cbm. Sie hat sich allmählich mit dem Tieferwerden der Gruben vergrößert, denn sie betrug nach Nasses Angaben im Jahre 1875 rund 18 cbm, im Jahre 1880, das ungewöhnlich wasserreich war, rund 27 cbm und im Jahre 1883 rund 23 cbm; die entsprechenden Höchstmengen waren 28, 41 und 35 cbm, während sie gegenwärtig, wie die vorstehende Übersicht zeigt, ungefähr 50 cbm betragen.

II. Die vorhandenen Maschinenanlagen.

Wie in allen Bergrevieren fanden im Saarbrücker Bezirk zunächst nur oberirdische Wasserhaltungsmaschinen einfachster Bauart ohne Expansion nach englischem Muster Eingang; erst im Jahre 1868 wurden Gestängemaschinen mit Expansion aufgestellt, die die älteren Maschinen bald aus dem Felde schlugen. Sie erhielten aber sehr bald selbst einen gefährlichen Wettbewerber in den unterirdischen Maschinen, deren erste 1873 auf der Grube Friedrichsthal errichtet wurde. Im Jahre 1884 hatten die unterirdischen Maschinen der Zahl, wenn auch nicht ihrer Stärke nach bereits das Übergewicht erlangt. Es waren nämlich nach Nasse Ende 1884 vorhanden

20 oberirdische Gestängemaschinen	mit	2797	eff. PS
29 unterirdische Maschinen	»	2564	» »

Seitdem ist die Verdrängung der oberirdischen Maschinen schnell weiter fortgeschritten, und gegenwärtig sind nur noch vier oberirdische Maschinen vorhanden, die teilweise auch nur noch zur Aushilfe betrieben werden. Es braucht deshalb auf sie hier nicht näher eingegangen zu werden, nur sei ganz kurz erwähnt, aus welchen Gründen die Verdrängung der Gestängemaschinen im Saarbrücker Bezirk soviel früher und durchgreifender vor sich gegangen ist als in den anderen Bergbaubezirken. Die Ursache liegt im wesentlichen in der erwähnten Geringfügigkeit der Wasserzuflüsse auf den Saarbrücker Gruben. Die großen Vorzüge der unterirdischen Maschinen, Billigkeit der Anlage, bessere Ausnutzung der Expansion durch die höhere Geschwindigkeit und durch das Vorhandensein eines Schwungrades und geringerer Raumbedarf im Schachte, waren auch in den anderen Revieren bald erkannt worden. Bei den dortigen starken Wasserzuflüssen glaubte man aber, daß die Gefahr des Ersaufens der Maschine und die Unmöglichkeit, die ersoffene Maschine sich wieder frei pumpen zu lassen, diese Vorzüge bei weitem aufwögen. Dazu kam, daß die unterirdischen Maschinen in der ersten Zeit einen sehr hohen Dampfverbrauch aufwiesen und daß dieser in Verbindung mit dem bedeutenden Kondensationsverlust in der Dampfleitung die unterirdischen Maschinen mindestens ebenso teuer arbeiten ließ wie die oberirdischen. Nasse gibt in seiner Schrift über den technischen Betrieb der Saarbrücker Gruben noch für das Jahr 1883 die Betriebskosten von vier Gestängemaschinen mit Expansion zu 3, 4 bis 9,7 Pf. für 1 PS/st, diejenigen von vier unterirdischen Maschinen ohne Expansion zu 6,0 bis 28,0 Pf., von 12 einzylindrigen unterirdischen Maschinen mit Expansion zu 5—17 Pf. und endlich von 9 Verbundmaschinen zu 3 bis 18 Pf. an. Nur die letztgenannte Bauart konnte also einigermaßen mit den Gestängemaschinen an

Wirtschaftlichkeit wetteifern. Auch die ungünstige Einwirkung der heißen Dampfleitung auf die Zimmerung des Schachtes hat z. B. in Westfalen mit seinen damals ziemlich zahlreichen älteren, nur in Holz stehenden und einem bedeutenden Gebirgsdrucke ausgesetzten Schächten vielfach gegen die unterirdischen Maschinen den Ausschlag gegeben.

Auf den Saarbrücker Gruben brauchte auch in dieser Beziehung meist keine ängstliche Rücksicht genommen zu werden, und so ist, wie bereits erwähnt, die oberirdische Maschine hier bis auf vier Stück ganz verschwunden. Sieht man von diesen ab, so sind im ganzen 54 Wasserhaltungen vorhanden. Etwas weniger als die Hälfte dieser Anzahl, nämlich 22, vermögen je 1,6 bis 2,0 cbm Wasser in der Minute zu heben, 10 leisten bis 1 cbm; 13 1,1—1,5 cbm; 4 zwischen 2 und 3, 1 zwischen 3 und 4, 4 zwischen 4 und 5 cbm.

Stellt man die Maschinen nach ihrer Stärke geordnet zusammen, so ergibt sich folgendes Bild:

Anzahl der Pferdestärken:	bis 50	51—100	101—150	151—200	201—300	301—400	Summe
Zahl der Maschinen	8	14	17	6	8	5	58

Die ganz überwiegende Zahl der Maschinen besitzt also eine nur mäßige Stärke und beweist das oben über die verhältnismäßig geringe Bedeutung der Wasserhaltung für die Saarbrücker Gruben gesagte.

In der nachstehenden Übersicht sind die Maschinen nach ihrer Bauart zusammengefaßt:

Verbund-maschinen	Ein-zylindrige Maschinen	Tandem-maschinen	Drei-zylindrige Verbund-maschinen	Zwillings-maschinen	Ober-irdische maschinen	Elektrisch angetr. Pumpen	Summe
26	16	4	1	1	4	6	58

Nähere Auskunft über die wichtigsten Betriebsverhältnisse der einzelnen Anlagen gewährt die Zusammenstellung am Ende dieses Abschnittes.

Die bereits erwähnte erste im Saarbrücker Bezirk aufgestellte unterirdische Maschine auf Grube Friedrichsthal ist noch jetzt im Betriebe und arbeitet ohne Anstände, jedoch, wie die Übersicht zeigt, recht teuer. Sie hat eine ganz ungewöhnliche Bauart, nämlich einen Hochdruckzylinder, der die Kondensatorpumpe betreibt, und zwei zu seinen beiden Seiten liegende Niederdruckzylinder von demselben Durchmesser, welche die Druckpumpen antreiben. Diese waren zuerst Kolbenpumpen, sind aber später gegen die üblichen Plungerpumpen ausgewechselt worden, auch sonst sind mehrfach Veränderungen vorgenommen, um den Wirkungsgrad, der besonders wegen der großen Füllung im Hochdruckzylinder und der dadurch herbeigeführten ungenügenden Dampfausnutzung nicht befriedigend war, zu erhöhen. Die Maschine ist von Breuer im Bande 22 der Ministerialzeitschrift S. 190 ff. beschrieben.

Wie die obige Tabelle zeigt, sind die gegenwärtig vorherrschenden Bauarten die Einzylinder- und die Verbundmaschine gewöhnlicher Anordnung. Die Einzylindermaschinen, die den Vorteil haben, eine nur mäßig große Maschinenstube zu erfordern, sind jedoch wegen ihrer unvollkommeneren Dampfausnutzung im Rückgang begriffen, seit einer Reihe von Jahren ist keine derartige Maschine mehr aufgestellt worden. Wegen ihrer Anordnung und Einrichtung kann auf die Beschreibung der ersten Maschine dieser Art, die 1877 bei dem Wasserhaltungsschachte der Grube Reden eingebaut wurde, im Bande 25 der Ministerialzeitschrift Bezug genommen werden. Die Kolbenstange treibt an ihrem einen Ende das Schwungrad, am anderen die Druckpumpen an, eine Kondensatorpumpe ist nicht vorhanden, der Dampf bläst nur in den Sumpf aus.

Auch die ersten beiden Verbundmaschinen, die im Jahre 1881 beim Josephaschachte der Grube Gerhard aufgestellt wurden, sind in der Ministerialzeitschrift beschrieben und zwar von Nasse im Bande 31, S. 13. Seitdem hat sich die Bauart im großen und ganzen wenig geändert, wenn auch die inzwischen gemachten Erfahrungen fortdauernd berücksichtigt worden sind. Besonders an der Steuerung des Dampfzylinders sind Fortschritte gemacht worden. Während man früher einfache flache Schieber anbrachte, hat man sie zur Entlastung vom Dampfdruck als Kolbenschieber*) ausgebildet und bringt auch an dem Hochdruckzylinder einen Meyerschen oder Riderschen Expansionsschieber an. Ventilsteuerungen, die in anderen Bergbezirken in neuerer Zeit bei Wasserhaltungsmaschinen mehrfach benutzt worden sind, finden sich an den Saarbrücker Maschinen nicht, was vielleicht daraus zu erklären ist, daß in den letzten Jahren außer den elektrisch angetriebenen, auf die noch eingegangen werden wird, wenige neue große Maschinen eingebaut worden sind.

In der Regel ist die Anordnung der Verbundmaschinen derart, daß der Hochdruckzylinder die Druckpumpe, der Niederdruckzylinder die Pumpe des stets vorhandenen Kondensators antreibt. Die Kondensatorpumpe wirft das Wasser den Druckpumpen zu, sodaß diese keine Saugarbeit zu leisten brauchen. Bei den auf den Saarbrücker Gruben vorliegenden Betriebsverhältnissen reicht oft die von den Druckpumpen zu hebende Wassermenge zur schnellen Kondensation der ausgestoßenen Dampfmenge nicht aus, und

*) Bei der von Nasse beschriebenen Maschine sind auch bereits entlastete Kolbenschieber angewandt.

die Kondensatorpumpe muß einen Überschuß an Wasser ansaugen, der nachher in den Sumpf zurückfällt und also nur einen Kreislauf zum Zwecke der Rückkühlung vollführt.

Die Druckpumpen der Verbund- und der anderen Maschinen sind meist Doppelplungerpumpen, nur bei wenigen Maschinen sind 2 einfache Plunger mit Umführungsgestänge verwandt.

Die Ventile sind sämtlich freigängig und haben meist einfache Teller- oder Ringform, es kommen aber auch Glockenventile, Etagenventile, Kugelventile u. a. vor. Eingehendere vergleichende Untersuchungen über die Vor- und Nachteile der verschiedenen Bauarten sind bisher nicht vorgenommen worden.

Eine der in letzten Jahren erbauten Verbundmaschinen, nämlich die 1902 in Betrieb gekommene auf der 6. Sohle des Wilhelmschachtes III der Grube König, zeigt die Tafel 9, sie ist von der Firma Ehrhardt & Sehmer in Schleifmühle geliefert und besitzt sowohl hinter dem Hochdruck- wie hinter dem Niederdruckzylinder eine Druckpumpe und einen Kondensator nebst Luftpumpe. Bei dieser Anordnung kann, falls, wie es z. B. auch bei der Maschine auf der Mittelsohle der Grube Maybach geschehen ist, entsprechende Rohrverbindungen hergestellt sind, jede Maschinenseite in Notfällen nach Abkupplung der Nachbarseite als einzylindrige Expansionsmaschine betrieben werden.

Als Beispiel der elektrisch angetriebenen Wasserhaltungsmaschinen, die sämtlich in der allerletzten Zeit entstanden sind und in ihrer wesentlichen Anordnung übereinstimmen, seien die Maschinen in der 5. Sohle der Grube Heinitz ganz kurz beschrieben. Es sind zwei ganz gleiche Maschinensätze, von denen jeder 2 cbm Wasser in der Minute auf 410 m Höhe zu heben vermag. Taf. 10 zeigt einen von ihnen. Der Elektromotor, von der Allgemeinen Elektrizitäts-Gesellschaft geliefert, arbeitet unmittelbar mit der von der Drehstromzentrale der Grube erzeugten Spannung von 5200 V und leistet bei 145—150 Umläufen in der Minute 250 PS. Sein Rotor dient zugleich als Schwungrad. Er besitzt Anlaßschleifringe, Kurzschluß- und Bürstenabhebevorrichtung und weist keine besonderen Eigentümlichkeiten auf. Zum Anlassen wird ein Flüssigkeitsanlasser verwandt, der für Anlauf unter voller Last berechnet ist. Die Stromzuleitung erfolgt durch ein dreifaches verseiltes und mit Eisendraht bewehrtes Bleikabel. — Von den Kurbeln der Motorwelle wird ohne Übersetzung die Pumpe angetrieben, die von der Firma Ehrhardt & Sehmer in Schleifmühle geliefert und nach der dieser Firma unter dem Namen Expreßpumpe Schleifmühle geschützten Bauart ausgeführt ist. Sie besitzt auf jeder Maschinenseite zwei einfach wirkende Plunger, die durch ein Umführungsgestänge verbunden sind. Die Anordnung des ganzen Gehäuses und besonders der Ventile ist so getroffen, daß dem Wasserstrom möglichst geringe Hindernisse in den Weg gelegt werden und einem Abreißen der Wassersäule, das bei dem schnellen Gang der Pumpe sonst leicht eintritt, vorgebeugt wird. Zu dem Zwecke sind auch sehr geräumige Saug- und Druckwindkessel vorhanden. Es ist auf diese Weise tatsächlich erreicht, daß die Pumpen noch bei 4 m Saughöhe einen durchaus ruhigen und stoßlosen Gang haben. Die Ventile sind aus Bronze und haben einfache Ringform. Der Pumpenkörper und die Lufthauben bestehen wegen der hohen entstehenden Druckbeanspruchungen aus Stahlguß. Zum Ersatz der aus den Druckhauben entwichenen Luft dient ein stehender Stufenkompressor mit elektrischem Antrieb und Riemenübersetzung. Der Plungerdurchmesser beträgt 114 mm, der Hub 350 mm. Die reine Förderhöhe 410 m, die Widerstandshöhe 420 m. Die Druckleitung (für beide Pumpenseiten gemeinsam) hat eine lichte Weite von 250 mm. Der volumetrische Wirkungsgrad jeder Pumpe beträgt je nach dem Zustande der Stopfbüchsen 94—98 %, der mechanische Wirkungsgrad von Motor und Pumpe 80—84 %. Die bisher allerdings nur 12,5 Stunden täglich mit einem Maschinensatz laufende Anlage arbeitet ohne alle Anstände. Bei den im März 1904 vorgenommenen Abnahmeversuchen sind, wie die folgenden dabei erhaltenen Angaben erkennen lassen, sehr günstige Ergebnisse erzielt worden.

		Dampfdynamo III belastet durch Pumpe I	Damdfdynamo III belastet durch Pumpe II	Dampfdynamo III belastet durch Pumpe I u. II
Dampfmaschinenleistung	PSi	281	280	511
„	KW	207	206	376
Leistung der Dynamo	KW	157	153	309
„ des Motors	KW	141	139	276
„ „ „	PS	191	189	374
Pumpenleistung	PS	180	182	366
berechnet aus Förderhöhe mal gehobene Wassermenge.				
Wirkungsgrad der Dampfmaschine	%	85,5	82,70	89,40
„ „ Dynamo	%	90	90	92
„ „ Dampfdynamo	%	76,07	74,45	82,24
„ des Kabels	%	99,30	99,35	98,40
„ „ Motors	%	91	91	91
„ der Pumpe (mech.)	%	94,30	95,60	97,60
„ „ „ (volum.)	%	95,20	96,70	96,60
Somit Gesamtwirkungsgrad der Übertragung		64,80	64,30	71,90

III. Dampfverbrauch und Kosten.

Über den Dampfverbrauch von Wasserhaltungen sind in den letzten Jahren eingehende Untersuchungen nicht angestellt worden, innerhalb der Jahre 1884 bis 1896 sind jedoch solche in größerer Zahl von dem Kesselrevisor Schmelzer der Königlichen Bergwerksdirektion vorgenommen worden, deren Hauptergebnisse hier teilweise wiedergegeben seien.

Standort der untersuchten Maschine	Dampfverbrauch für 1 ind. PS/st	Dampfverbrauch für 1 Schachtpferdestde.	Kohlenverbrauch für 1 ind. PSst.	Kohlensorte	Dampfdruck atm	Bemerkungen
Dudweiler, 5. Sohle	8,4 kg	—	1,7 kg	2. Sorte Dudweil.	4,5	
Dechen, 4. Sohle . .	7,9 „	—	—	—	5	
Reden, 2. Sohle . .	9,2 „	—	—	—	6	
König, 4. Sohle, Masch. Nr. 1 . . .	8,1 „	—	—	—	8	Dampf sehr naß
Dudweiler, 5. Sohle Maschine von 1899	—	22,4	—	—	4,5	

Die Maschinen sind sämtlich von Ehrhardt & Sehmer geliefert und sämtlich Verbundmaschinen von im wesentlichen gleicher Bauart.

Über die Schwierigkeiten der vergleichsfähigen Feststellung der Wasserhebungskosten gilt annähernd dasjenige, was bei den Kosten der Schachtförderung angeführt wurde. Aus den dort mitgeteilten Gründen zeigen auch die Kostenangaben der am Schlusse dieses Abschnittes folgenden Zusammenstellung außerordentliche Schwankungen, die sich großenteils auf die verschiedene Art der Berechnung zurückführen lassen. Um zu sehen, ob sich eine regelmäßige Abhängigkeit der Kosten von der Teufe oder dem Alter der Maschine erkennen läßt, ist die nachstehende Übersicht zusammengestellt, wobei alle Maschinen, deren Kostenangaben ohne weiteres erkennen ließen, daß sie nicht vergleichsfähig berechnet sind und auch diejenigen veralteter Bauart, weggelassen sind.

Fortsetzung des Textes auf Seite 238.

Wasserhaltungsmaschinen der

Lfd. Nr.	Berginspektion	Grube	Standort	Schachtteufe	Jahr der Aufstellung	Erbauer	Betriebsmittel	Stärke der Antriebsmaschine	Bei Dampf-		
									Dampfdruck		Bauart der Maschine
									in den Kesseln	vor der Maschine	
				m				PS	atm	atm	
1	I	Schwalbach	Eisenbahnschacht X. Sohle	258,7	1902	Dinglersche Maschinenfabrik	Dampf	250	8	6,8	Zwilling
2		„	Ensdorfer Schacht IX. Sohle	211,67	1882	dgl.	dgl.	100	6	—	Verbund
3		„	Ensdorfer Schacht X. Sohle	282,17	1896	Ehrhardt & Sehmer	dgl.	35	6	—	Tandem
4	I	Geislautern	Kunstschacht Geislautern Masch. über Tage Pumpe II. Sohle	90	1880	Noring, Bögel & Co. in Isselburg	Dampf	45	4	4	1 Zylinder
5		„	Förderschacht Geislautern III. Sohle	161,4	1880	Dinglersche Maschinenfabrik	dgl.	80	4	3,5	dgl.
6	II	Viktoria	Viktoriaschächte I u. II IX. Tiefbausohle	440	1892	Ehrhardt & Sehmer	Dampf	150	6	5	Verbund
7	II	Gerhard	Josephaschacht V. Sohle	240	1881	Ehrhardt & Sehmer	Dampf	105	6,5	6	Verbund
8		„	dgl.	240	1881	dgl.	dgl.	105	6,5	6	dgl.
9		„	dgl.	240	1883	dgl.	dgl.	105	6,5	6	dgl.
10		„	Albertschacht V. Sohle	320	1891	dgl.	dgl.	105	6,5	5,5	dgl.
11		„	dgl.	320	1901	dgl.	dgl.	105	6,5	5,5	dgl.
12	III	von der Heydt	Krugschacht II III. Tiefbausohle	332	1880	Ehrhardt & Sehmer	Dampf	90	5,5	5	1 Zylinder
13		„	dgl.	332	1880	dgl.	dgl.	90	5,5	5	dgl.
14		„	Krugschacht II V. Tiefbausohle	332	1878	Weber & Co. in Barmen	dgl.	110	5,5	5	dgl.
15		„	dgl.	332	1878	dgl.	dgl.	110	5,5	5	dgl.
16		„	Kirschheckschacht I II. Tiefbausohle	269	1890	Wolf & Meinel in Halle	dgl.	60	6	5,5	dgl.
17		„	Amelungschacht II	435	1904	Ehrhardt & Sehmer	Drehstrom	175	—	—	—

Saarbrücker Staatsgruben.

antrieb		Bei elektrischem Antrieb				Pumpen					Kosten für 1 Std/PS in gehobenem Wasser	Bemerkungen
Art der Steuerung	Kondensation vorhanden?	Spannung vor der Maschine	Art des Anlassers	Umlaufzahl	Wie wird die Kraft auf die Pumpen übertragen?	Zahl der Hübe	Bauart	Art der Ventile	Förderhöhe	Gehobene Wassermenge in der Minute		
		V							m	cbm	Pf.	
Guhrauer	ja	—	—	—	—	bis 75	Zwilling-Doppel-plunger	ungesteuerte Ringventile	268	bis 4	4,706*	* Für 1 cbm gehobenes Wasser
dgl.	ja	—	—	—	—	bis 70	Doppelplunger	dgl.	175	bis 2	—	Stehen in Reserve
dgl.	ja	—	—	—	—	bis 80	dgl.	dgl.	75	bis 2	—	
Katarakt	nein	—	—	—	—	bis 4	Einfachplunger	ungesteuerte, mit Eisenblech belegte Lederklappen	90	bis 0,5	5,7*	* Für 1 cbm gehobenes Wasser
Expansions-Schiebersteuerung	ja	—	—	—	—	bis 65	Doppelplunger	ungesteuerte Ringventile	164	bis 1,5	4,9*	* Für 1 cbm gehobenes Wasser
Rider	ja	—	—	—	—	60—80	Zwillingsdoppelplungerpumpe	Metallventile mit Hartgummidichtung, nicht gesteuert	450	1,11	3,45	
Kolbenschieber	ja	—	—	—	—	65—75	1 Doppelplunger	Ringventile, frei	240			
dgl.	ja	—	—	—	—	65—75	dgl.	dgl.	240	1,164	5,22	
dgl.	ja	—	—	—	—	65—75	dgl.	dgl.	240			
dgl.	ja	—	—	—	—	65—75	4 einfachwirkende Plungerpumpen	dgl.	240	1,44	4,68	
dgl.	ja	—	—	—	—	65—75	dgl.	dgl.	240			
Kolbensteuerung	ja	—	—	—	—	50	Einzylinder, doppelt wirkend	Glockenventile, frei	176	2,00	6	
dgl.	ja	—	—	—	—	50	dgl.	dgl.	176	2,00	6	
Schieber	ja	—	—	—	—	40	dgl.	Tellerventile, frei	88	1,00	12	
dgl.	ja	—	—	—	—	40	dgl.	dgl.	88	1,00	12	
dgl.	ja	—	—	—	—	40	dgl.	Kugelventile, frei	180	0,60	7	
—	—	500	Wasser	160	direkt	160	Expreßpumpe Schleifmühle	Tellerventile, frei	385	0,50	1,5	

Lfd. Nr.	Berginspektion	Grube	Standort	Schachtteufe	Jahr der Aufstellung	Erbauer	Betriebsmittel	Stärke der Antriebsmaschine	Bei Dampf-		
									Dampfdruck		Bauart der Maschine
									in den Kesseln	vor der Maschine	
				m				PS	atm	atm	
18	IV	Dudweiler	V. Tiefbausohle	390	1899	Ehrhardt & Sehmer	Dampf	320	5	4,5	Verbund
19		„	dgl.	390	1893	dgl.	dgl.	320	5	4,5	dgl.
20		„	Saarsohle	60	1904	Klein, Schanzlin & Becker in Frankenthal	dgl.	60	5	4,5	Tandem-Duplex-Pumpe
21	V	Sulzbach	Mellinschächte IV. Tiefbausohle	362	1892	Englert & Cünzer in Eschweiler Aue	Dampf	200	6	5,8	Verbund
22		„	dgl.	362	1892	dgl.	dgl.	200	6	5,8	dgl.
23	V	Altenwald	Eisenbahnschächte über Tage	435	1884	Isselburger Maschinenbau-A.-G.	Dampf	400	6	5,9	Woolf 2zylindrig
24		„	Gegenortschacht	401	1905	—	Drehstrom	275	—	—	—
25	VI	Itzenplitz	Wildseitersschacht I. Tiefbausohle	232	1879	Ehrhardt & Sehmer	Dampf	120	5—6	3,5-4,5	1zylindrig
26		„	dgl.	232	1886	dgl.	dgl.	120	5—6	3,5-4,5	dgl.
27		„	dgl.	232	1883	dgl.	dgl.	120	5—6	3,5-4,5	dgl.
28	VI	Reden	Schacht I über Tage fördert aus d. Saar- u. I. Tiefbausohle	—	1868	Nöring, Bögel & Co. in Isselburg	Dampf	200	6,5	6	Stehend 1zylindrig
29		„	Schacht I II. Tiefbausohle	210	1893	Ehrhardt & Sehmer	dgl.	200	6,5	6	Verbund
30			dgl.	210	1899	dgl.	dgl.	200	6,5	6	dgl.
31		„	Klinketalschacht I. Tiefbausohle	—	1877	Dinglersche Maschinenfabrik	dgl.	83	4,5	3,5	1zylindrig
32		„	dgl.	—	1877	dgl.	dgl.	83	4,5	3,5	dgl.
33		„	Schacht III V. Tiefbausohle	—	1904	dgl.	dgl.	290 bei Dauerleistung	—	—	—

[1]) Die Wasser werden entweder nur nach dem Bodelschwingh-Stollen gehoben oder zu Tage. — [2]) Die Kosten lassen sich

[Fortsetzung]

antrieb		Bei elektrischem Antrieb				Pumpen					Kosten für 1 Std/PS in gehobenem Wasser	Bemerkungen
Art der Steuerung	Kondensation vorhanden?	Spannung vor der Maschine V	Art des Anlassers	Umlaufzahl	Wie wird die Kraft auf die Pumpen übertragen?	Zahl der Hübe	Bauart	Art der Ventile	Förderhöhe m	Gehobene Wassermenge in der Minute cbm	Pf.	
Rider	ja	—	—	—	—	57 max.	Zwillings-Doppelplunger	Ringventile, frei	390	1,8	3	
dgl.	ja	—	—	—	—	dgl.	dgl.	dgl.	390	1,8	3	
Schiebersteuerung	nein	—	—	—	—	55	dgl.	dgl.	60	1,5	3	
Rider und Meyer	ja	—	—	—	—	60	Zwillings-Doppelplunger	Ringventil mit Hub-Begrenzung	362	2	3,7 *	* Für 1 cbm gehobenes Wasser
dgl.	ja	—	—	—	—	60	dgl.	dgl.	362	2	3,7 *	* Für 1 cbm gehobenes Wasser
Kataraktsteuerung	ja	—	—	—	—	4	Einfache Plungerpumpe	gewöhnliche Metallventile, frei	445	2	5,7	
—	—	2000	Metall	150	durch direkt gekuppelten Motor	147	Expreß	Ringventile mit Lederdichtung, frei	410	2	5 *	* Für 1 cbm gehobenes Wasser
Schleppschieber	ja	—	—	—	—	50	Doppelplungerpumpe	Doppelsitzventile mit Lederdichtung, frei	130[1]) bezw. 240	bis 2		
Meyersche Schiebersteuerung	ja	—	—	—	—	65	dgl.	dgl.	dgl.	bis 2	2,4 bis 3*	* Für 1 cbm gehobenes Wasser
dgl.	ja	—	—	—	—	65	dgl.	dgl.	dgl	bis 2		
Ventilsteuerung	ja	—	—	—	—	2—4	Einfach wirkende Plungerpumpe	Glockenventile, frei	90/150	1,8 bis 3,6	2,28 *	* Für 1 cbm gehobenes Wasser
Ridersteuerung und Trickschieber am Niederdruckzylinder	ja	—	—	—	—	45—63 Doppelhübe	Zwillings-Doppelplungerpumpe	Mehrfache Ringventile, frei	210	4—4,6	2,56 *	* Für 1 cbm gehobenes Wasser
dgl.	ja	—	—	—	—	45 - 63	dgl.	dgl.	210	4—4,6	2,56 *	* Für 1 cbm gehobenes Wasser
Meyersche Schiebersteuerung	ja	—	—	—	—	40 Doppelhübe	Einfache Doppelplungerpumpe	Glockenventile, frei	—	2	—	Nicht in Betrieb
dgl.	ja	—	—	—	—	dgl.	—	—	—	2	—	Nicht in Betrieb
—	—	1900	Flüssigkeits-Anlasser, Sodawasser	145	direkte Kupplung	290 Doppelhübe	Expreßpumpe Schleifmühle	Mehrfache Ringventile, frei	490	2	2)	

noch nicht ermitteln, da die Pumpe erst vor kurzem in Betrieb gesetzt und die elektrische Zentrale noch nicht voll belastet ist.

Lfd. Nr.	Berginspektion	Grube	Standort	Schachtteufe	Jahr der Aufstellung	Erbauer	Betriebsmittel	Stärke der Antriebsmaschine	Bei Dampf-		
									Dampfdruck		Bauart der Maschine
									in den Kesseln	vor der Maschine	
				m				PS	atm	atm	
34	VII	Heinitz[1])	Heinitzschacht III V. Tiefbausohle	385	1904	Ehrhardt & Sehmer	Drehstrom	218	—	—	—
35		„	dgl.	385	1904	dgl.	dgl.	218	—	—	—
36	VII	Dechen	Dechenschacht III IV. Tiefbausohle	326,5	1893	Ehrhardt & Sehmer	Dampf	360	6	5	Verbund
37		„	dgl.	326,5	1893	dgl.	dgl.	360	6	5	dgl.
38	VIII	König	Wilhelmschacht III III. Tiefbausohle	417	1888	Dinglersche Maschinenfabrik	Dampf	150	10	8	Verbund
39		„	Wilhelmschacht I IV. Tiefbausohle	—	1894	Ehrhardt & Sehmer	dgl.	140	10	8	dgl.
40		„	Wilhelmschacht II IV. Tiefbausohle	—	1882	Dinglersche Maschinenfabrik	dgl.	90	10	8	dgl.
41		„	Wilhelmschacht II VI. Tiefbausohle	—	1902	Ehrhardt & Sehmer	dgl.	255	10	8	dgl.
42	VIII	Kohlwald	Folleniusschacht über Tage	154	1871	Maschinenfabrik Union in Essen	Dampf	50	6	5	1 zylindrig
43		„	Folleniusschacht Mittelsohle	154	1881	Ehrhardt & Sehmer	dgl.	50	6	5	Verbund
44		„	Gegenortschacht	375	1900	dgl.	dgl.	145	9	8	dgl.
45		„	Annaschacht	364	1904	Klein, Schanzlin & Becker	dgl.	25	5	4	1 zylindrig
46		„	Wellesweiler	149	1894	dgl.	dgl.	50	6	5	Verbund

[1]) Ein Maschinensatz ist vorläufig täglich nur 12,5 Stunden in Betrieb, der andere dient zur Reserve; beide stehen in 0,15 Pf., Kraftkosten (KW/Std. 4,3 Pf.) 3,63 Pf., zusammen 4,86 Pf. Dazu kommen noch 0,98 Pf. für Tilgung.

[Fortsetzung]

antrieb		Bei elektrischem Antrieb				Pumpen					Kosten für 1 Std/PS in gehobenem Wasser	Bemerkungen
Art der Steuerung	Kondensation vorhanden?	Spannung vor der Maschine V	Art des Anlassers	Umlaufzahl	Wie wird die Kraft auf die Pumpen übertragen?	Zahl der Hübe	Bauart	Art der Ventile	Förderhöhe m	Gehobene Wassermenge in der Minute cbm	Pf.	
—	—	5200	Wasseranlasser	150	direkt gekuppelt	150 Doppelhübe	Expreßpumpe Schleifmühle	freifallende Ringventile	410	2	4,36[2])	
—	—	5200	dgl.	150	dgl.	dgl.	dgl.	dgl.	410	2	—	
Am Hochdruckzylinder durch Regulator beeinflußte Ridersteuerung	ja	—	—	—	—	60	Zwillings-Doppelplungerpumpe	Ringventile	326,5	5	3,5 *	* Für 1 cbm gehobenes Wasser
dgl., am Niederdruckzylinder einfache Flachschiebersteuerung	ja	—	—	—	—	60	dgl.	dgl.	326,5	5	3,5 *	* Für 1 cbm gehobenes Wasser
Schieber	ja	—	—	—	—	80	doppelt wirkend	Ringventile, frei	250	2	4	
dgl.	ja	—	—	—	—	80	Zwilling doppelt wirkend	dgl.	325	2	4,5	
dgl.	ja	—	—	—	—	80	doppelt wirkend	dgl.	190	1,5	4,5	
dgl.	ja	—	—	—	—	96	Zwilling doppelt wirkend	dgl.	455	2	5,8	
Katarakt	nein	—	—	—	—	3—4	1 einfacher Plunger	einfache Klappen (Leder)	93	2	5	
Schieber	ja	—	—	—	—	75	1 Doppelplunger	Ringventile mit Lederdichtung	93	1,5	3,7	
dgl.	ja	—	—	—	—	80	2 Doppelplunger	Ringventile ohne Steuerung	370	1,75	2,87	
dgl.	ja	—	—	—	—	90	1 Doppelplunger	Ringventile mit Metalldichtung	160	0,5	2,65	
dgl.	ja	—	—	—	—	65	dgl.	Metall-Etagenventile mit Gummidichtung	116	2	3,5	

demselben Raum. — [2]) Die Kosten setzen sich folgendermaßen zusammen: Maschinenwärterlöhne 0,58 Pf., Schmier- und Putzmaterial

Lfd. Nr.	Berginspektion	Grube	Standort	Schachtteufe m	Jahr der Aufstellung	Erbauer	Betriebsmittel	Stärke der Antriebsmaschine PS	Bei Dampf- Dampfdruck in den Kesseln atm	 vor der Maschine atm	 Bauart der Maschine
47	IX	Friedrichsthal	Schacht I Saarsohle	134,5	1873	Dinglersche Maschinenfabrik	Dampf	70	7	5	3zylindrig (Verbund)
48		„	Schacht II I. Tiefbausohle	208	1878	Klein, Schanzlin & Becker	dgl.	100	6	5	1zylindrig
49		„	Schacht II II. Tiefbausohle	268	1882	Ehrhardt & Sehmer	dgl.	100	6	5	dgl.
50		„	Schacht II III. Tiefbausohle	343	1886	dgl.	dgl.	220	6	5	Verbund
51	IX	Maybach	Mittelsohle	460	1890	Ehrhardt & Sehmer	Dampf	150	6,5	5,5	Verbund
52	X	Göttelborn	I. Tiefbausohle	155	1895	A. Wever & Co., Barmen	Dampf	120	5—6,5	4,5	Verbund
53		„	II. Tiefbausohle	240	1902	Ehrhardt & Sehmer	dgl.	130	5—6,5	4,5	dgl.
54	X	Dilsburg	II. Tiefbausohle	550	1891	Englert & Cünzer in Eschweiler-Aue	Dampf	28	7—8	5,5—6	1zylindrig
55		„	II. Tiefbausohle	550	1897	Maschinenbau-Anstalt Humboldt	dgl.	30	7—8	5,5—6	dgl.
56	XI	Camphausen	bei den Camphausen-schächten Wettersohle	567	1890	Kgl. Hüttenamt Gleiwitz	Dampf	60	6	5,6	Zwillings-Tandem
57	XI	Camphausen	II. Tiefbausohle	567	1890	Kgl. Hüttenamt Gleiwitz	Dampf	60	6	5,4	Zwillings-Tandem
58	XI	Brefeld	Brefeldschacht II III. Tiefbausohle	620	1904	—	Drehstrom	250	—	—	—

[Schluß]

antrieb		Bei elektrischem Antrieb				Pumpen					Kosten für 1 Std/PS in gehobenem Wasser	Bemerkungen
Art der Steuerung	Kondensation vorhanden?	Spannung vor der Maschine V	Art des Anlassers	Umlaufzahl	Wie wird die Kraft auf die Pumpen übertragen?	Zahl der Hübe	Bauart	Art der Ventile	Förderhöhe m	Gehobene Wassermenge in der Minute cbm	Pf.	
Meyersche Expansion	ja	—	—	—	—	50	Zwillingsdoppelplunger	Ringventile mit Hartgummidichtung	113 bis Stollen, 135 bis Hängebank	2,5max. (1904 = 0,9 im Durchschnitt)	16	
dgl.	ja	—	—	—	—	40	1 Plunger doppelt wirkend	dgl.	208	1,7max.	—	Die Pumpen sind nur ausnahmsweise in Betrieb
Feste Expansion mit Ehrhardtscher Verschleppung	ja	—	—	—	—	55	dgl.	dgl.	268	1,4max.	—	
Rider	ja	—	—	—	—	50	Zwillingsplunger	dgl.	343	2,5max. (1904 = 1,1 im Durchschnitt)	12	
Schieber	ja	—	—	—	—	80	Zwillings-Doppelplunger	Ringventile, frei	150 u. 460	0,25	4,3	
Schiebersteuerung	ja	—	—	—	—	60	dgl. mit Umführungsgestänge	dgl.	80	3	8	
dgl.	ja	—	—	—	—	60—70	dgl.	dgl.	160	3	12	
Schiebersteuerung	ja	—	—	—	—	60	dgl.	dgl.	90	0,50	29	
dgl.	ja	—	—	—	—	60	dgl.	dgl.	90	1	14	
Vom Regulator beeinflußte Rider- und Meyersche Steuerung	ja	—	—	—	—	60	Zwillings-Doppelplungerpumpe	Freie Tellerventile	388	0,864	2,50	
wie bei lfd. Nr. 56	ja	—	—	—	—	60	Zwillings-Doppelplungerpumpe	Freie Tellerventile	179	1,278	2,50	
—	—	2100	Oelanlasser	145	direkt gekuppelt	145	Expreßpumpe Schleifmühle	ungesteuerte Ringventile	623	1,0	2	

Wasserhaltungen nach den Betriebskosten geordnet.

Kosten für 1 PSst. in gehob. Wasser	Verbundmaschinen		Einzylindermaschinen		Elektrische Maschinen		Bemerkungen
	Teufe	Jahr der Aufstellung	Teufe	Jahr der Aufstellung	Förderhöhe	Jahr der Aufstellung	
unter 2	—	—	—	—	385	1904	Von d. Heydt, Gas-Dynamo, Gaskosten nicht eingesetzt.
2—3	179	1890	160	1904	623	1904	
	370	1900	—	—	—	—	
	388	1890	—	—	—	—	
	390	1899	—	—	—	—	
	390	1903	—	—	—	—	
3—4	116	1894	—	—	—	—	
	93	1881	—	—	—	—	
	250	1888	—	—	—	—	
	450	1892	—	—	—	—	
4—5	150	1890	93	1871	410	1904	Elektr. Anlage in Heinitz. Schwache Belastung der Zentrale.
	190	1882	—	—	—	—	
	240	1891	—	—	—	—	
	240	1901	—	—	—	—	
	325	1894	—	—	—	—	
5—6	240	1881	176	1880	—	—	
	240	1881	176	1880	—	—	
	240	1883	—	—	—	—	
	455	1902	—	—	—	—	
6—7	—	—	180	1890	—	—	

Die Zusammenstellung läßt nach keiner der beiden genannten Richtungen hin eine nur einigermaßen deutliche Gesetzmäßigkeit erkennen. Nur ganz verschwommen kann man daraus für die Verbundmaschinen vielleicht herauslesen, daß die in den letzten Jahren aufgestellten Maschinen, sei es wegen besserer Bauart, sei es wegen der noch geringen Abnutzung billiger arbeiten. In bezug auf die Maschinenbauart läßt sich sagen, daß, wie zu erwarten, die Verbundmaschinen ziemlich merkbar den Einzylindermaschinen voranstehen, jedoch leidet die Sicherheit dieses Schlusses unter der geringen Zahl der vergleichbaren Einzylindermaschinen. Die elektrischen Maschinen endlich scheinen sehr vorteilhaft zu arbeiten, doch liegen bei ihnen allen noch zu kurze Betriebszeiten vor, um endgültig urteilen zu können.

D. Wetterführung.

I. Beschaffenheit der Wetter.

1. Chemische Zusammensetzung.

Die Beschaffenheit der Grubenwetter wird seit einer Reihe von Jahren durch regelmäßige vierteljährliche Untersuchungen in dem bergfiskalischen Laboratorium der Bergfaktorei für die einzelnen Hauptwetterströme jeder Grube festgestellt und zwar erstrecken sich die Untersuchungen stets auf den Gehalt des ausziehenden Stroms an Kohlensäure und Grubengas, sowie auf die Temperaturen im Wetterkanal des Ventilators und in den Grubenbauen. Die am Ende dieses Abschnitts befindliche Zusammenstellung macht ersichtlich, welche Ergebnisse diese Untersuchungen für das Rechnungsjahr 1904 gehabt haben.

Nach dieser Übersicht schwankte der Kohlensäuregehalt, der bei der gewöhnlichen Zusammensetzung der atmosphärischen Luft bekanntlich 0,04 Volumprozente beträgt, zwischen 0,15 % im Weststrom der Grube Göttelborn und 0,92 % in der Wetterabteilung Gegenortschacht der Grube Kohlwald, er erreichte also an keiner Stelle die Menge von 1 %, die Pettenkofer noch als für Zimmerluft zulässig ansieht, und blieb im Durchschnitt noch unter der von ihm für gute Zimmerluft aufgestellten Zahl 0,7 %. Auf 1 t Förderung berechnet zeigen sich sehr bedeutende Verschiedenheiten, die sich teilweise daraus erklären, daß die Wettermenge einer Wetterabteilung in der Hauptsache von der Zahl der in ihr beschäftigten Arbeiter und Pferde abhängt, die Menge der Förderung aber bei derselben Belegschaftszahl je nach der Art der Betriebe sehr verschieden sein kann. So wird z. B. bei einer viele Querschlags- und Vorrichtungsbetriebe enthaltenden Wetterabteilung der auf 1 t der Förderung berechnete CO_2-Gehalt voraussichtlich größer sein, als bei einer in der Hauptsache Abbaue enthaltenden Abteilung. Zum großen Teil wird aber die Verschiedenheit der CO_2-Abgabe auf die Ungleichheiten der Ausdehnung der Grubenbaue in den Wetterabteilungen zurückzuführen sein, die, wie Schondorff*) nachgewiesen hat, für die Wetterverschlechterung in erster Linie maßgebend sind, weil $^8/_9$ der Kohlensäurevermehrung als die Folge von Oxydationsvorgängen der Bestandteile der Baue selbst, besonders der Zimmerung anzusehen ist, während nur $^1/_9$ auf die Rechnung der Atmung von Mensch und Tier kommt. Eine regelmäßige Abhängigkeit

*) Ministerialzeitschrift Bd. 24. B. S. 73 ff.

der entwickelten Kohlensäuremenge von der Art der gebauten Flöze läßt sich in keiner Weise feststellen.

Untersuchungen über die Größe des in der Grube eintretenden Sauerstoffverlustes der Wetter werden nicht regelmäßig vorgenommen.

Besonders genau geschieht dagegen die Prüfung der regelmäßig aus allen Teilströmen entnommenen Wetterproben auf ihren Gehalt an CH_4 im Schondorffschen Apparat. Wenn man von der völlig schlagwetterfreien Wetterabteilung Knausholz II der Grube Schwalbach absieht, so liegt der Grubengasgehalt des ausziehenden Stromes nach der Zusammenstellung für 1904 zwischen 0,026 % in der Abteilung Wildseitersschacht der Grube Itzenplitz und 1,03 % in der Fettkohlengrube Louisenthal. Schließt man letztere, auf die sogleich noch näher eingegangen werden soll, aus, so ist der höchste Grubengasgehalt 0,97 % im Beustflöz-Weststrom der Grube Gerhard festgestellt worden. Zwischen diesen Grenzen bewegen sich die Zahlen für die einzelnen Ströme ohne übersichtliche Abhängigkeit von der Art der gebauten Flöze, wie es natürlich ist, weil auf den Grad der schließlichen Verdünnung der Schlagwetter eine große Menge sich gegenseitig durchkreuzender Einflüsse einwirken. Auch bei der auf 1 t der Förderung berechneten durchschnittlichen Menge der 24stündigen Grubengasentwickelung wirken derartige Einflüsse stark mit, es läßt sich nur im ganzen deutlich erkennen, daß größere Tiefe der Gruben eine Steigerung der Schlagwetterentwickelung mit sich bringt. Z. B. treten Ausströmungen von 15 bis 30 cbm auf die Tonne Förderung von wenigen Ausnahmen abgesehen nur in den tiefen Fischbachgruben auf, sonst halten sie sich meist zwischen 5 und 15 cbm. — Eine ganz besondere Stellung nimmt die Fettkohlengrube Louisenthal ein, indem dort nicht weniger als 249 cbm Grubengas auf 1 t Förderung entwickelt werden. Dabei ist allerdings zu berücksichtigen, daß diese Grube noch in der ersten Entwickelung steht und deshalb eine sehr geringe Kohlenförderung hat. Trotzdem bleibt die Ausströmung außerordentlich stark, wofür wohl neben der bedeutenden Teufe die bisherige Unverritztheit des Feldes den Grund abgibt. Im ganzen wurden aus den wenigen Streckenbetrieben dieser Grube im Jahre 1904 nicht weniger als täglich durchschnittlich 27 000 cbm CH_4 entbunden.

Vergleicht man, wie es in der folgenden Übersicht geschehen ist, die in der Abhandlung von Nasse für die Hauptströme einiger Gruben angegebenen damaligen Gehaltszahlen mit den jetzigen, so findet man, daß die Gehalte gegenwärtig so gut wie überall bedeutend niedriger sind als damals und zwar ganz besonders die obere Grenze, aber auch die untere ist mit Ausnahme der Gruben Serlo und König wesentlich heruntergegangen. Dieses Ergebnis läßt einen um so erfreulicheren Schluß auf die Verbesserung der Wetterversorgung der Saarbrücker Gruben zu, als mit der zunehmenden Teufe die Schwierigkeiten der Wetterführung und mit der stetig wachsenden Förderung die täglich entblößte Flözfläche und damit die entwickelte Gasmenge sich unzweifelhaft sehr vergrößert haben.

Grube	Gehalt an CH_4	
	nach Nasse in den 1880er Jahren	gegenwärtig
Reden	0,053—1,653 v. H.	0,026—0,383 v. H.
Serlo	0,087—1,090 »	0,646 »
Burbachstollen	0,282—0,645 »	0,185—0,459 »
Dudweiler.	0,473—1,463 »	0,045—0,251 »
König	0,194—0,568 »	0,206—0,638 »
Altenwald	0,128—0,278 »	0,067—0,123 »

Die Schlagwetter treten ganz überwiegend in gleichmäßigem allmählichem Ausströmen aus dem Gebirge, plötzliche heftige Ausbrüche sind bisher nicht vorgekommen und auch größere Bläser sind verhältnismäßig selten. Diese Umstände erleichtern die Wetterführung und lassen die Bildung gefährlicher Schlagwetteransammlungen meist ohne besondere Schwierigkeiten vermeiden und das besonders, weil durch die außerordentliche Zunahme des Versatzbaues im Verhältnis zum Bruchbau innerhalb des letzten Jahrzehnts die Menge der schwer hinreichend abzuschließenden oder mit dem Wetterstrom zu bestreichenden Hohlräume des altes Mannes sehr bedeutend abgenommen hat.

Eine Verstärkung der Gasausströmung bei plötzlichem Barometerfall ist vielfach im allgemeinen nachweisbar, in größerem Umfange und scharf begrenzt ist sie jedoch nur in einzelnen Flözen öfters zu bemerken. So war es z. B. in dem schlagwetterreichsten Flöz der Grube Maybach, dem Flöz 3, nach einem Barometerfall von 760 auf 740 mm am 13. Jan. 1905 nur durch reichliches Ausströmenlassen von Preßluft an vielen Stellen möglich, die starken Grubengasentladungen hinreichend zu verdünnen, während diese vorher sehr gering gewesen waren. Nach einigen Stunden ließen die Ausströmungen nach und gingen allmählich auf den gewöhnlichen Stand zurück.

Gefährlicher Kohlenstaub tritt auf den tiefen Fischbachgruben auf und wird durch die dort eingeführte Berieselung unschädlich gemacht. Genauere Untersuchungen des Staubes sind bisher nicht vorgenommen worden.

2. Feuchtigkeit und Temperatur.

Wenn, wie Nasse angibt, zur Zeit des Erscheinens seiner Abhandlung die Grubenwetter der Fischbachgruben im Gegensatz zu den als mit Feuchtigkeit gesättigt anzusehenden Wettern der anderen Gruben einen verhältnismäßig geringen Feuchtigkeitsgrad aufwiesen, so ist darin, wohl durch die Einführung der Berieselung, eine Wandlung eingetreten. Gegenwärtig sind auch die Wetter der Fischbachgruben mit Feuchtigkeit bis nahe zu ihrem Sättigungspunkte beladen, wie aus dem nicht selten eintretenden „Regnen" im ausziehenden Schacht zu erkennen ist. Auch macht sich der hohe Wassergehalt durch die bekannte Schwüle der Wetter bemerkbar.

Über die Temperatur des Wetterstromes im Kanal zum Ventilator gibt die am Schlusse dieses Abschnittes befindliche Zusammenstellung ebenfalls Auskunft, ebenso über die höchsten in den Grubenräumen beobachteten Temperaturen. Im Wetterkanal schwanken die Temperaturen zwischen 13° im Westfelde von Göttelborn und 25° in der Ostabteilung von Camphausen, sowie 26° in der Beustflözabteilung von Von der Heydt; im allgemeinen ist es, wie zu erwarten, unverkennbar, daß sie bei den tiefen Gruben höher sind als bei den flacheren, wenn auch im einzelnen mehrfach Ausnahmen vorhanden sind.

Deutlicher zeigt sich diese Beziehung an den in Spalte 13 der Zusammenstellung aufgeführten Höchsttemperaturen in der Grube. Sie bewegen sich im allgemeinen für die mittleren Sohlen der Flamm- und Magerkohlengruben zwischen 19 bis 22°, betragen für die Sulzbachgruben etwa 23—26° und steigen in den Fischbachgruben von etwa 27°—30°.

Mehrere Grade höher als die Temperatur der Wetter in der Grube ist in der Regel diejenige der in der Nähe des Meßpunktes gelegenen Teile des Flözes oder Gesteins. Einen näheren Einblick in diese Beziehungen geben eingehende Messungen, die unlängst auf Grube Maybach angestellt worden und auszugsweise in der folgenden Übersicht auf Seite 243 und 244 wiedergegeben sind.

Der Unterschied der beiden Temperaturen steigt also an einer Stelle bis zu $7^3/_4$° C. an. Bemerkenswert ist auch der stellenweise bedeutende Temperaturunterschied zwischen Kohle und Gestein, der wohl aus einer größeren Wärmeleitfähigkeit des Gesteins zu erklären ist.

Eine regelmäßige Abhängigkeit der Gesteinstemperatur von der Teufe ist aus den beobachteten Werten nicht zu ersehen.

Auf der bei 620 m Teufe liegenden 3. Sohle der Grube Brefeld wurde im Flöz 7a in letzter Zeit die Temperatur der Wetter zu 21°, die des Flözes zu 25°, die des Nebengesteins zu 26° bestimmt.

Verzeichnis über Gesteinstemperaturen auf Grube Maybach.

Lfd. Nr.	Ort der Messung	Temperatur des durchziehenden Wetterstromes C.	Temperatur in den Bohrlöchern in der Kohle C.	Temperatur in den Bohrlöchern im Gestein C.
	Messungen in der Kohle.			
	Wettersohle = — 80,5 z. N. N.			
1	Vor Ort des westl. Grundstreckenpfeilers Flöz 3[1])	$27^3/_4$	$30^1/_2$	—
2	Vor der neu aufgefahrenen Grundstrecke — O — Flöz 2	27	$30^1/_4$	—
	Mittelsohle = — 161 z. N. N.			
3	Vor Ort des unteren westlichen Grundstreckenpfeilers Flöz 4, westl. Bremsberg 3	28	31	—
4	Vor dem östl. Strebstoße aus Bremsberg 2 — W — Flöz 6	24	29	—
5	Vor Ort des Bremsbergs — 3 — O — Flöz 5, östl. vom blinden Schacht 6 — O[2])	26	31	—
6	Westl. Strebstoß aus Bremsberg 3a — O — Flöz 3	28	$31^1/_4$	—
	I. Tiefbausohle = — 194 z. N. N.			
7	Vor dem östl. Strebstoße aus Bremsberg 3 — W — Flöz 3	26	$31^1/_2$	—
8	In der Grundstrecke — O — Flöz 3 zwischen Bremsberg 4 u. 5 — O —	$24^1/_2$	30	—
	II. Tiefbausohle = — 227 z. N. N.			
9	Grundstrecke — O — Flöz 3, zwischen Bremsberg 2 u. 3 — O —	$22^1/_2$	31	—
10	Anhauen von Streben im Bremsberg 1 — W — Flöz 4	$26^1/_2$	$31^1/_2$	—
	10 m seiger unter Tage = + 288 z. N. N.			
11	In der einfallenden Strecke im Flöz A	16	$17^3/_4$	—
	Messungen in Gesteinbetrieben.			
12	Überbrechen des blinden Schachtes 17 — W —[2])	$15^1/_2$	—	22
13	Fortbetrieb des Querschlages aus der Grundstrecke — W — Flöz 4, Mittelsohle nach Flöz 5[2])	27	—	$30^1/_4$
14	Nachreißen der Grundstrecke — W — Flöz 4 Mittelsohle	$26^1/_4$	30	—

[1]) Hängebank der Schächte = + 298 z. N. N. [2]) Sonderbewetterung.

Lfd. Nr.	Ort der Messung	Temperatur des durchziehenden Wetterstromes C.	Temperatur in den Bohrlöchern	
			in der Kohle C.	im Gestein C.
15	Nachreißen der Grundstrecke — O — Flöz 3 Mittelsohle	25	$30^1/_2$	—
16	Im lieg. Hauptquerschlage Mittelsohle, zwischen Flöz 7 u. 9	23	—	27
17	Im lieg. Hauptquerschlage, II. Tiefbausohle, zwischen Flöz 7 u. 9	15	—	$21^1/_2$
	Vergleichende Messungen bei Bohrlöchern in der Kohle und im Nebengestein vor demselben Ort.			
18	Anhauen von Streben im Bremsberg 1 — W — Flöz 4, II. Tiefbausohle	23	$30^1/_2$	26
19	Anhauen von Streben im Bremsberg 5 — O — Flöz 3, I. Tiefbausohle	20	$27^3/_4$	24
20	Vor dem östl. Strebstoße aus Bremsberg 3a — O — Flöz 3, Mittelsohle	25	31	27
21	Vor dem östl. Strebstoße aus Bremsberg 1 — W — Flöz 3, I. Tiefbausohle	20	$26^1/_2$	24
22	Im Bremsberg 3 — W — Flöz 5, Mittelsohle[1])	$27^1/_2$	31	$29^1/_2$
23	Auffahren der Teilstrecke im Flöz 5 aus blind. Schacht 14 — W —[1])	28	31	30
24	Abbauen des östl. Grundstreckenpfeilers Flöz 2 — O — Wettersohle	26	31	$28^1/_2$
25	Abhauen der einf. Strecke aus der Grundstrecke — W — Flöz 9, Mittelsohle[1]) . . .	24	$29^1/_2$	28
26	Fortbetrieb des Querschlages 1 — W — unterhalb der Mittelsohle[1])	$25^1/_2$	—	28

[1]) Sonderbewetterung.

Von Interesse dürfte auch eine einzelne auf Grube Reden gemachte Beobachtung sein. Dort wurde in einer in geringer Höhe über dem Flöz Grubenwald auftretenden Lettenschicht auf der 1. Tiefbausohle bei 170 m Teufe in einem Bohrloch von 1 m Tiefe eine Temperatur von nicht weniger als 45° festgestellt, trotzdem nicht etwa Brand in der Nähe war. Die Temperatur der Kohle betrug nur 36—40°. Der an der Beobachtungsstelle vorbeistreichende Wetterstrom erwärmte sich infolge dieser erstaunlichen Gebirgstemperatur auf einer Länge von rd. 100 m von 16° bis 28°.

II. Wetterversorgung.

1. Wettermengen.

In der am Schlusse dieses Abschnittes folgenden Übersicht ist für jede der Hauptwetterabteilungen sämtlicher Gruben sowohl die gesamte ausziehende Wettermenge wie ihre stärkste vorkommende Belegung angegeben, wobei nach dem üblichen durch Bergpolizeiverordnung vorgeschriebenen Satze 1 Pferd gleich vier Mann gerechnet ist. Außerdem ist die täglich in der Abteilung geförderte Kohlenmenge aufgeführt. Aus diesen Angaben ist dann die in der Minute durchschnittlich auf 1 Mann, sowie die auf 1 t Förderung kommende Wettermenge durch einfache Division berechnet.

Die Übersicht zeigt, daß die so erhaltenen Zahlen außerordentlich schwanken. Die niedrigste auf den Kopf der Belegschaft fallende Menge beträgt 2,24 cbm in der Wetterabteilung Mariaschacht der Grube Gerhard, die höchste 40,7 cbm in der Abteilung Redenschacht I der Grube Reden. Die übrigen Werte liegen ohne erkennbare Regelmäßigkeit zwischen diesen Grenzen.

Nicht ganz so groß sind die Schwankungen in der auf 1 t der Förderung kommenden Wettermenge, wenn auch die äußersten Grenzen mit 0,89 (Grube Schwalbach, Abteilung Knausholz I) und 16,80 cbm (Fettkohlengrube Louisenthal) noch weiter auseinanderliegen. Für den größten Teil der Wetterabteilungen kann man 2 und 5 als Grenzwerte annehmen. Eine deutliche Verschiedenheit der Fett- und der Flamm- und Magerkohlengruben in dieser Hinsicht, wie sie Nasse in seiner Abhandlung feststellen konnte, läßt sich aus den Zahlen der Übersicht und den sonstigen Ergebnissen der regelmäßigen Beobachtungen nicht erkennen.

Aus einem Vergleich der von Nasse angegebenen Durchschnittswerte für sämtliche Saarbrücker Gruben, nämlich 2,43 cbm Wetter auf den Kopf der Belegschaft und 2,03 cbm auf 1 t Förderung, mit denen in der hier besprochenen Übersicht ergibt sich jedoch wiederum sehr deutlich die inzwischen vorgenommene Verbesserung der Wetterversorgung. Von der Berechnung eines Durchschnittwertes aus den jetzt geltenden Zahlen ist wegen der Schwierigkeit einer zuverlässigen Bestimmung eines solchen Wertes mit Rücksicht auf die Ausführlichkeit der Tabellenangaben abgesehen worden.

Prüft man diese Angaben im Hinblick auf die Vorschrift der Bergpolizeiverordnung für den Betrieb der Schlagwettergruben, daß auf den Kopf der stärksten Belegschaft mindestens 2 cbm frische Wetter zuzuführen sind, so ist zu berücksichtigen, daß die Zahlen der Übersicht, wie erwähnt, sich überall auf den ausziehenden Strom beziehen, daß sie also wegen der teilweise bedeutenden Temperaturerhöhungen der Wetter in den Bauen nicht unerheblich größer sind als die für den frischen Strom geltenden. Nähere Ermittelungen über das Verhältnis der einziehenden zu den ausziehenden Wettermengen, das ja auch noch durch andere Umstände als die Temperaturerhöhung stark beeinflußt wird, sind in größerem Umfange bisher nicht angestellt worden. Wenn man aber von den Zahlen der Tabelle auch einen erheblichen Bruchteil für die Wirkung der Erwärmung in Abzug bringt, bleiben die Werte fast überall weit über der bergpolizeilich bestimmten Mindestgrenze.

2. Grubenweite.

Auf den Saargruben hat sich, wie in den übrigen deutschen Hauptbergbaugebieten, zur Vergleichung der Widerstände, die die Grubengebäude ihrer Bewetterung entgegensetzen, allgemein der von Murgue angegebene Begriff der «äquivalenten Ausflußöffnung» oder «Grubenweite» eingebürgert, der vor den ähnlichen sonstigen, eigentlich nur verschiedene Umschreibungen derselben Formel darstellenden Maßgrößen, besonders auch vor dem bei der allgemeineren Einführung der Ventilatoren ziemlich verbreitet gewesenen Guibalschen «Temperament», den Vorzug einer größeren Anschaulichkeit hat. Dieser Vorzug bleibt auch bestehen, trotzdem es durch neuere Untersuchungen, vor allem von Rateau, nachgewiesen ist, daß die dem Maßbegriffe zugrunde liegende Vorstellung in strengem Sinne nicht zutreffend ist, daß nämlich das Verhältnis der Wettermenge zur Wurzel aus der Depression nicht konstant bleibt, vielmehr durch den nach der Art der durchflossenen Kanäle und der Stromgeschwindigkeit stark schwankenden Durchflußkoeffizienten in ziemlich bedeutendem Maße beeinflußt wird. Die nach der üblichen Formel berechnete äquivalente Öffnung einer Grube würde deshalb in einer dünnen Wand angebracht keineswegs dieselbe Menge Wetter bei derselben Depression durchlassen wie die Grube, sondern, wie Rateau u. a. festgestellt haben, in der Regel bedeutend weniger wegen des niedrigeren Durchflußkoeffizienten infolge der größeren Geschwindigkeit. Da aber der Begriff der äquivalenten Öffnung von vornherein eben nur ein theoretisches Hilfsmittel zur leichteren und sichereren Handhabung der in Betracht kommenden Messungs- und Rechnungsgrößen sein sollte, und es bei seiner praktischen Verwendung sich immer nur um den Vergleich zwischen verschiedenen nicht allzu sehr von einander abweichenden Grubenbauen, nie wirklich um einen solchen mit der so wesentlich anders wirkenden Öffnung in dünner Wand handelt, so bleibt diese Maßgröße auch weiterhin vollständig zuverlässig und empfehlenswert. Nur bei theoretischen Untersuchungen z. B. von Fragen der Sonderventilation ist es nötig, sich über die erwähnten Beschränkungen ihrer Richtigkeit klar zu sein. Es ist also dasselbe Verhältnis, wie es im Grunde bei allen im praktischen Leben benutzten Maßgrößen und Formeln vorliegt, die fast immer nur einen ersten Näherungswert für den wirklichen Zusammenhang darstellen.

Die Grubenweiten sämtlicher Hauptwetterabteilungen der Saarbrücker Gruben sind in der Übersicht am Schlusse dieses Abschnittes enthalten, einen deutlicheren Überblick über die wesentlichsten Züge gibt folgende Zusammenstellung.

Es waren im Rechnungjahre 1904 im ganzen 67 Hauptwetterabteilungen vorhanden, bei vier davon sind aber aus verschiedenen Gründen nicht alle zur Berechnung der Grubenweite nötigen Zahlen ermittelt worden. Die übrigen 63 verteilten sich, wie folgt:

Grubenweite qm	Anzahl der Abteilungen	%	Dagegen in Westfalen im Jahre 1900 %
bis 0,5	2	3,2	4,7
0,5—1,0	9	14,3	17,8
1,0—1,5	14	22,2	29,9
1,5—2,0	19	30,2	23,8
2,1—2,5	11	17,4	14,5
2,6—3,0	5	7,9	6,5
über 3	3	4,8	2,8
Zusammen	63	100,0	100,0

Nach Fett- und Flamm- oder Magerkohlengruben getrennt, ergibt sich folgendes Bild:

Grubenweite qm	Gegenwärtig		In den 1880er Jahren nach Nasse	
	Fettkohlengruben	Flamm- und Magerkohlengruben	Fettkohlengruben	Flamm- und Magerkohlengruben
bis 1,0	1	10	1	7
1,0—1,5	4	10	2	7
1,5—2,0	8	11	3	1
über 2,0	11	8	2	1
Zusammen	24	39	8	16

Darin sind statt der von Nasse nach damaligem Gebrauche angegebenen Temperamente des bequemen Vergleichs wegen die aus ihnen berechneten Grubenweiten eingesetzt worden. Die Nebeneinanderstellung läßt zunächst die bedeutende Zunahme der Zahl der Wetterabteilungen in den letzten 20 Jahren erkennen, wobei aber nicht zu vergessen ist, daß in der Nasseschen Zusammenstellung die durch Wetteröfen versorgten Abteilungen, deren Ende 1884 17 bestanden, nicht berücksichtigt sind. — Ferner ergibt aber die Übersicht eine sehr wesentliche Verschiebung zugunsten der größeren Grubenweiten und zwar besonders deutlich bei den Fettkohlengruben, wo die Zahl der Abteilungen mit mehr als 2 qm ganz unverhältnismäßig gewachsen ist; aber auch bei den Flammkohlengruben ist eine gleichartige Veränderung unverkennbar.

Der schon von Nasse hervorgehobene Umstand, daß die Fettkohlengruben im allgemeinen bedeutend geringere Widerstände bei der Bewetterung aufweisen, tritt gegenwärtig fast noch schlagender hervor als damals. Als Grund ist auch jetzt noch weniger eine größere Länge der Wetterwege auf den Flamm- und Magerkohlengruben anzusehen, als die Tatsache, daß wegen der durchschnittlich geringeren Mächtigkeit der Flamm- und Magerkohlenflöze und deren öfters sehr viel mehr gestörten Lage die Wetterwege im Flöze geringere Querschnitte haben und auch bei gleicher Länge mehr Widerstand bieten als auf den Fettkohlenflözen. — Es dürfte aber außerdem als Grund hinzukommen, daß es vielfach auf den Fettkohlengruben infolge der natürlichen Verhältnisse möglich sein wird, in größerem Umfange als auf den anderen Gruben innerhalb derselben Wetterabteilung parallel geschaltete Zweigströme herzustellen, wodurch, wie bekannt, der Gesamtwiderstand sehr vermindert wird.

Eine genauere Untersuchung darüber, welche Umstände und in welchem Grade jeder auf die Verbesserung der Wetterversorgung der Saargruben in den letzten Jahrzehnten eingewirkt haben, ist wegen des verwickelten Ineinandergreifens aller dieser Umstände und der im einzelnen vielfach nur unzureichend vorhandenen Angaben über die früheren Betriebsverhältnisse kaum möglich und kann an dieser Stelle auch nur oberflächlich nicht versucht werden. Sehr wirksam ist jedenfalls die bedeutende Ausdehnung des Versatzbaues und die weitgehende Verwendung von Einrichtungen zur Sonderbewetterung gewesen. Die letzteren haben den Hauptventilatoren ja vielfach gerade an den Stellen der größten Belastung die Arbeit teilweise oder ganz abgenommen.

Um einen Vergleich der Grubenweiten westfälischer Gruben mit den Saargruben zu ermöglichen, ist in der letzten Spalte der ersten der beiden vorstehenden Tabellen nach dem »Sammelwerk« (Bd. 6 S. 219) angegeben, wieviel Prozent der Gesamtzahl von Wetterabteilungen auf die einzelnen Grubenweiten kommen. Der Vergleich ergibt, daß die Saargruben im Durchschnitt bedeutend günstiger stehen, indem der größte vorkommende Prozentsatz von rund 30 in Westfalen auf die Grubenweiten zwischen 1 und 1,5 qm, bei den Saargruben dagegen auf diejenigen zwischen 1,5 und 2 qm fällt und diese auch für die noch größeren Weiten durchweg höhere Prozentsätze aufweisen als die rheinisch-westfälischen Zechen; ferner ist besonders auch der Satz für die ungünstigen Weiten unter 0,5 qm bei ihnen bedeutend geringer.

3. Erzeugung des Wetterzuges.

Die natürliche Wetterführung, die nach Nasses Angabe zur Zeit seiner Abhandlung noch in beschränktem Umfange auf den Saargruben vorhanden war, ist, wenn man von einem Teil der Grube Dilsburg absieht, gegenwärtig überall verlassen. An drei Stellen werden allerdings, wie die Zusammenstellung am Ende des Abschnittes zeigt, einige unterirdische Maschinenräume durch den natürlichen Zug der Schächte, an denen sie liegen, bewettert, aber bei der Betrachtung der eigentlichen Wetterführung können diese Fälle wegen ihrer Besonderheit und geringen Bedeutung unberücksichtigt bleiben. Im übrigen wird der Wetterzug ohne Ausnahme durch Ventilatoren hervorgebracht, Wetteröfen, deren Nasse 17 erwähnt, sind nicht mehr in Gebrauch. Im Jahre 1904 waren insgesamt 75 Ventilatoren vorhanden, die eine durchschnittliche Gesamtwettermenge von rund 108 000 cbm in der Minute lieferten, wobei jedoch zu bedenken ist, daß, wie schon ein Vergleich der Zahl der Ventilatoren mit derjenigen der Hauptwetterabteilungen (63, s. oben) zeigt, ein Teil der Ventilatoren dauernd nur in Reserve stand oder abwechselnd mit einem anderen dieselbe Wetterabteilung bewetternden in Betrieb war. Die Gesamtmenge der nach Nasse Ende 1884 von Ventilatoren und Wetteröfen gelieferten Wetter betrug 37 700 cbm, sodaß sie sich seitdem also annähernd dreimal vervielfacht hat, während die Gesamtförderung in derselben Zeit nur von rund 6 000 000 t in 1884 auf rund 10 500 000 t in 1904 angewachsen ist. Auf einen Ventilator kamen, nach den Nasseschen Zahlen berechnet, damals rund 980 cbm Wetter in der Minute, gegenwärtig dagegen rund 1720 cbm, wobei die Zahl der durchschnittlich in Betrieb gewesenen Ventilatoren zur Berechnung benutzt ist.

Auf die Fettkohlengruben kommen im Rechnungsjahr 1904 von der Gesamtwettermenge rund 61 000 cbm, auf die Flamm- und Magerkohlengruben rund 47 000 cbm, wogegen die Zahlen für die Förderung beider Gruppen 5 545 000 t und 4 947 000 t sind.

Während Nasse von Ventilatorbauarten nur die von Guibal und die damals in nur 2 Stück vertretene Pelzersche zu erwähnen hat, sind gegenwärtig außer diesen beiden nicht weniger als 6 andere Bauarten auf den

Saargruben zu finden. Die folgende Übersicht gibt die Bauarten und die von jeder vorhandene Anzahl in bequemer Zusammenstellung.

Bauart	Anzahl	%	In Westfalen %
Guibal	22	29,5	6,0
Pelzer	22	29,5	18,0
Kley	12	16,0	3,5
Capell	6	8,	33,6
Geisler	5	6,	6,0
Rateau	5	6,6	13,9
Schiele	2	2,6	0,95
Rittinger	1	1,2	—
Zusammen	75	100,0	81,95

Sie zeigt, daß die Bauarten Guibal und Pelzer bei weitem die vorherrschendsten im Saarbrücker Bezirk sind, daß aber nächst ihnen auch die Kleysche Bauart sich ziemlicher Beliebtheit erfreut. Hält man dagegen die in der letzten Spalte der Übersicht aufgeführten für Westfalen geltenden Prozentzahlen, wie sie sich aus den Angaben des „Sammelwerks“ Bd. 6 S. 250 berechnen lassen, so sieht man, daß dort die Capellsche Bauart inbezug auf Verbreitung an der Spitze steht, die im Saarbrücker Bezirk nur in verhältnismäßig geringer Zahl vertreten ist, während bei der Bauart von Guibal das umgekehrte Verhältnis vorliegt. Das Überwiegen der letztgenannten Art in Saarbrücken ist ohne Zweifel darauf zurückzuführen, daß hier bedeutend früher als im rheinisch-westfälischen Kohlenrevier zur Bewetterung mit Hilfe von Ventilatoren übergegangen worden ist, daß in jener Zeit überhaupt keine andere zuverlässige und wirtschaftliche Bauart bekannt war als die Guibalsche und daß ein bedeutender Teil der damals erbauten Ventilatoren noch jetzt im laufenden Betriebe oder als Reserve benutzt wird. Ist diese lange Lebensdauer und die noch vorhandene wirtschaftliche Brauchbarkeit der Guibalschen Räder auch sicher ein deutliches Zeichen für die Güte der Konstruktion und der Ausführung, so kann es doch keinem Zweifel unterliegen, daß diese Bauart auch in Saarbrücken immer stärker durch die neueren schneller laufenden Bauarten zurückgedrängt wird. Das geht deutlich aus der Tatsache hervor, daß seit dem Jahre 1888 kein einziges Rad dieser Art mehr aufgestellt, daß sogar der ganz überwiegende Teil bereits vor 1881 eingebaut worden ist und daß auf vielen Schächten neben dem jetzt nur noch als Reserve für den Notfall benutzten Guibalrad eine der neueren

Bauarten den regelmäßigen Betrieb übernommen hat. Der Hauptgrund für die Überlegenheit der neueren Räder liegt in der größeren Umlaufzahl, die einmal wegen des entsprechend kleineren Raddurchmessers eine sehr viel festere und dichtere Ausführung des Rades und vor allem des Gehäuses möglich macht und ferner eine vorteilhaftere Ausnutzung des Dampfes in der Antriebsmaschine zuläßt. Dadurch steigt, ungeachtet eines öfters niedrigeren manometrischen Wirkungsgrades gegenüber dem Guibalrade bei den schneller laufenden neueren Rädern der für die Unterhaltungskosten in erster Linie ausschlaggebende mechanische Gesamtwirkungsgrad der Ventilatoranlage über die mit Guibalrädern zu erreichenden Werte.

Unter den neueren Ventilatoren ist der von Rateau, der im Ruhrrevier in der letzten Zeit eine recht starke Verbreitung gefunden und an fast allen Stellen einen sehr hohen manometrischen, wie auch einen im Durchschnitt über dem der anderen Bauarten stehenden mechanischen Wirkungsgrad ergeben hat, auffallend wenig (nur 5 mal) auf den Saargruben vertreten, was um so bemerkenswerter ist, als er nur von einer Seite ansaugt und deshalb in vielen Fällen einen bequemeren und billigeren Einbau gestattet als zweiseitig saugende Räder. Denselben Vorzug besitzt allerdings der im Saarbrücker Bezirk bevorzugte Pelzer-Ventilator ebenfalls. Es scheint jedoch, als wenn in den letzten Jahren auch hier das Rateaurad an Boden gewönne, denn von den 9 größeren seit 1900 aufgestellten Ventilatoren gehören 3 der Rateauschen, 4 der Pelzerschen Bauart an, sodaß also kaum noch ein Übergewicht der letzteren vorhanden ist.

Was die Leistungsfähigkeit der Ventilatoren betrifft, so ist diese, wie in den übrigen Bergbaubezirken, in den letzten Jahren bedeutend gewachsen und Leistungen von mehr als 3000 cbm in der Minute im laufenden Betriebe sind, wie die Übersicht am Ende dieses Abschnittes zeigt, an einer ganzen Reihe von Stellen zu verzeichnen. Die größte Leistung hat gegenwärtig der auf dem Klaraschacht der Grube Maybach stehende Pelzer-Ventilator, der bei 78 mm Depression rd. 4700 cbm ansaugt. Er hat einen Durchmesser von 4 m, eine Breite von 0,44 m und macht 148 Umläufe in der Minute.

In der Konstruktion und dem Einbau der verschiedenen Ventilatorarten sind keine besonders nennenswerten Eigentümlichkeiten vorhanden. Die Anlagen werden immer saugend und über Tage angeordnet.

Auf dem Schiedenbornschachte der Grube Dudweiler ist ein im Bande 51 S. 245 der Ministerialzeitschrift beschriebener Ventilator eigener Bauart aufgestellt. Fig. 44 gibt einen Überblick über seine Einrichtung. Durch die Anordnung zweier fliegend auf die beiden Enden einer Welle aufgesetzten Flügelräder, von denen jedes von der äußeren Seite ansaugt, werden die Vorteile eines zweiseitig saugenden Rades, die hauptsächlich in der Aufhebung des durch die einseitige Luftverdünnung entstehenden achsialen Schubes liegen, großenteils erreicht, während die Anordnung gegenüber einem zweiseitig saugenden einzelnen Rade den Vorteil hat, daß die Achse bedeutend kürzer sein kann, daher nur zweimal gelagert zu werden braucht und sowohl durch die Flügelräder wie durch die zwischen diesen in der Achsmitte sitzende Antriebsmaschine, einen Elektromotor, völlig symmetrisch belastet wird. Allerdings wird nicht wie beim zweiseitig saugenden Einzelrad der achsiale Schub gleich im Rade selbst aufgehoben, sodaß dessen Konstruktion ganz ohne Rücksicht auf ihn

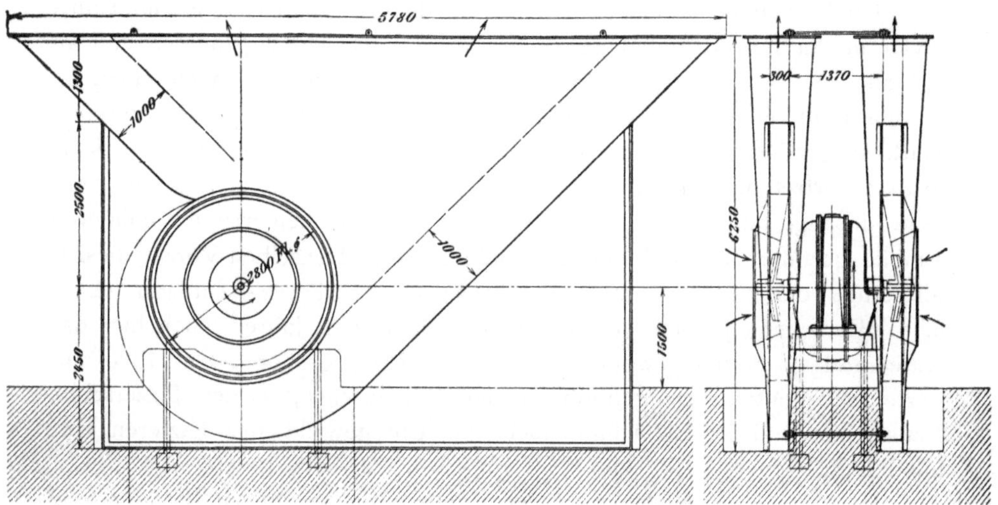

Fig. 44.

Ventilator auf dem Schiedenbornschacht.

getroffen werden kann, sondern jedes der beiden Räder muß in sich so stark gebaut sein, daß es den einseitigen Druck aufnehmen und auf die Achse übertragen kann, und erst in dieser findet durch den von dem anderen Rade kommenden Gegendruck die Aufhebung statt. Aus diesem Grunde und weil überhaupt im allgemeinen zwei Räder mehr Material erfordern als ein gleich leistungsfähiges Einzelrad, ist der Vorteil der Anordnung nicht so bedeutend, wie es zunächst scheint, auch liegt ein gewisser Nachteil darin, daß der Rotor des zwischen den beiden Flügelrädern sitzenden Elektromotors nicht ohne große Umständlichkeiten abgenommen werden kann und wegen der Kürze der Achse verhältnismäßig schwer zugänglich ist. Die Naben der Flügelräder sind, wie die Fig. 45 zeigt, in zweckmäßiger Weise derart kegelförmig hergestellt, daß sie für

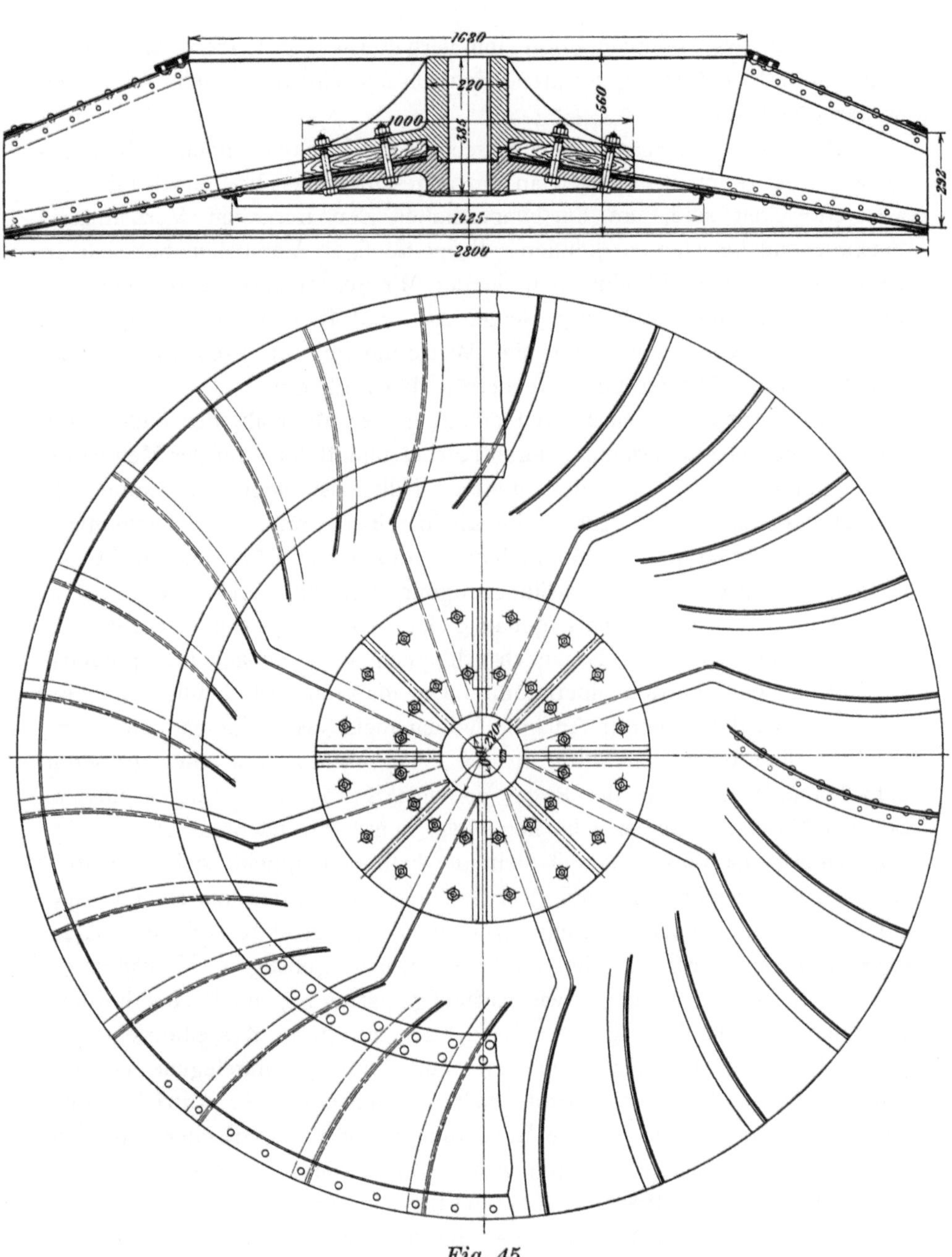

Fig. 45.

Rad des Ventilators auf Schiedenbornschacht.

die eintretende Luft eine möglichst stoßlose Einführung zu den Flügeln bilden und daß außerdem der Schwerpunkt des ganzen Rades nahe an das in der Höhlung des Kegels sitzende Achslager fällt. Die Räder haben eine sehr schmale Form mit verhältnismäßig kurzen, ähnlich wie beim Geisler-Ventilator geformten Schaufeln und einem sich sehr schnell erweiternden Diffusor.

An dem Ventilator haben entscheidende Versuche noch nicht angestellt werden können, weil die an ihn angeschlossenen Baue noch nicht soweit entwickelt sind, um ihn einigermaßen den normalen Verhältnissen entsprechend belasten zu können. Bei vorläufigen Versuchen hat sich ergeben, daß er bei 253 Umläufen in der Minute, entsprechend einer vom Motor aufgenommenen Energiemenge von rund 40 KW., eine Depression von 64 mm Wassersäule und eine Wettermenge von 1485 cbm in der Minute liefert. Die Grubenweite betrug dabei 1,2 qm.

Der Antrieb der Ventilatoren erfolgt in der Mehrzahl der Fälle durch eine liegende Dampfmaschine, deren Kurbel unmittelbar auf der Ventilatorachse aufgesetzt ist, nur in selteneren Fällen ist, wenn die räumlichen Verhältnisse, z. B. bei einem innerhalb einer größeren Schachtanlage stehenden Ventilator, den unmittelbaren Anbau der Maschine nicht gestatten, eine Riemen- oder Seilübertragung gewählt. Als Reserve ist in vielen Fällen eine zweite meist genau gleiche Antriebsmaschine vorhanden, die beim Versagen der ersten nach Schließung einer einfachen Kupplungsvorrichtung den Betrieb übernimmt. Die Maschine ist häufig nur einzylindrig, bei den neueren Anlagen jedoch meist als Zwillings- oder Verbundmaschine ausgebildet und in den Fällen, wo sie auf einer größeren Schachtanlage steht, in der Regel an eine Kondensation angeschlossen. Bei den Maschinen auf einzeln liegenden Ventilatorschächten ist dies dagegen meist aus Wassermangel nicht der Fall, es empfiehlt sich dort aber um so mehr, wenigstens durch Verwendung von Verbundmaschinen eine möglichst gute Dampfausnutzung anzustreben, als derartige Anlagen wegen ihres geringen Umfangs ohnehin unter wenig günstigen Verhältnissen arbeiten, besonders wenn sie, wie es häufig stattfindet, noch eine Fördermaschine ausschließlich für das Heben der zu ihrem Kesselbetriebe erforderlichen Kohlen besitzen müssen. Für derartige abgelegene Wetterschächte bürgert sich mit Recht auch im Saarrevier der Antrieb durch Elektromotoren zugleich mit der Errichtung größerer elektrischer Zentralen auf den Hauptschachtanlagen immer mehr ein. Eines der ersten Beispiele einer derartigen elektrischen Kraftübertragung war dasjenige an dem Rammelter Wetterschacht der Grube Gerhard, das in einem interessanten Aufsatz von Althans im Bande 44 der Ministerialzeitschrift ausführlich beschrieben ist. Die Verhältnisse drängten dort besonders zur Anwendung des elektrischen Fernbetriebes, weil ein im Jahre 1866 auf dem Schachte aufgestellter Guibalventilator wegen der Kostspieligkeit des Speisewassers und der Kohlen für die zugehörige besondere Kesselanlage wieder hatte abgeworfen und durch einen unterirdischen Wetterofen ersetzt werden müssen. Es wurde ein Pelzerventilator von 2,25 m Durchmesser aufgestellt, der von einem direkt gekuppelten Drehstrommotor mit Kurzschlußanker von 40 PS angetrieben wurde und seinen Strom von einer Kraftstation auf der 800 m entfernten Rudolfschachtanlage erhielt. Die Spannung auf der Leitung betrug 500 V. Die eingehenden Versuche ergaben einen Gesamtwirkungsgrad der Anlage von 35—39 %; er würde höher gewesen sein, wenn es möglich gewesen wäre, die für den Ventilator zu geringe Grubenweite entsprechend zu vergrößern. Eine Berechnung ergab, daß die Einrichtungen zum elektrischen Betriebe bedeutend geringere Anlagekosten verursacht hatten, als eine Dampfmaschine mit Kesselanlage und Esse erfordert, und daß die Mehrkosten des Dampfantriebes bei Verwendung von Förderkohle täglich rund 10, von Schlammkohle täglich 12,3 M. betragen hätten. Die jährlichen Kosten für eine Nutzpferdekraft beliefen sich bei der normalen Umlaufszahl auf rund 824 M.*)

Ähnliche, wenn auch vielfach nicht gleich starke Unterschiede zugunsten des elektrischen Fernantriebes von Ventilatoren haben sich an einer ganzen Reihe von Stellen ergeben, und die mit derartigen Anlagen gemachten Erfahrungen, die infolge der während des letzten Jahrzehnts außerordentlich fortgeschrittenen Vervollkommnung und Zuverlässigkeit aller elektrotechnischen Einrichtungen fortdauernd günstiger wurden, haben es bewirkt, daß z. B. auf den Gruben der Berginspektion Louisenthal gegenwärtig nicht weniger als 7 Ventilatoren elektrisch angetrieben werden. Genau vergleichende Untersuchungen in der Art der eben mitgeteilten sind in der letzten Zeit nicht ausgeführt worden. Jedoch haben an einzelnen Stellen Leistungsversuche an unmittelbar von Dampfmaschinen und an elektrisch angetriebenen Ventilatoren stattgefunden, von denen hier die Ergebnisse einer Beobachtungsreihe am Ventilator auf dem Friedrichschacht der Grube Brefeld in der Hauptsache angegeben sein mögen. Die Untersuchung wurde im Jahre 1904 durch den Königl. Kesselrevisor Schmelzer vorgenommen:

Der Ventilator, Bauart Kley, dient zur Bewetterung des Ostfeldes der Grube Brefeld, ist im Jahre 1903 aufgestellt und hat 8 m äußeren, 5,4 m inneren Durchmesser bei 960/1600 mm Flügelbreite. Der Wetterkanal hat an der engsten Stelle einen Querschnitt von 10,5 qm. Die unmittelbar an der Ventilatorachse angreifende Dampfmaschine besitzt einen Zylinder von 450 mm Durchmesser und 800 mm Hub und ist mit Rider-Steuerung versehen. Sie erhält ihren Dampf von einer nur für sie bestimmten Anlage von 3 Zweiflammrohrkesseln von je 51 qm Heizfläche und 6,5 at höchster Spannung, von denen jedoch 2 zum Betriebe aus-

*) Die Anlage ist gegenwärtig dadurch verändert, daß der Antrieb nicht mehr vom Rudolfschacht, sondern zugleich mit demjenigen mehrerer anderer Ventilatoren von der Kraftstation auf dem Albertschachte aus erfolgt.

reichen. Bei der Untersuchung wurden 3 verschiedene Versuchsreihen mit Umlaufzahlen von 55, 70 und 100 angestellt, wobei jedoch leider bei der dem gewöhnlichen Betriebe entsprechenden Zahl von 55 Umläufen von der Bestimmung des Dampfverbrauchs abgesehen werden mußte, weil die Speisepumpe mit an die Kessel angeschlossen war und ihr Dampfverbrauch nicht bekannt war. — Die je $3^1/_2$ Stunden dauernden Versuche, bei denen eine mittlere Kesselspannung von 5,5 at herrschte, ergaben die folgenden Zahlen:

	Versuch I	Versuch II	Versuch III
Umlaufzahl in der Minute . .	55	70	100
Indizierte Maschinenleistung .	--	52,8	114,5 PS
Dampfverbrauch PS ind/st . .	—	20,4	14,3 kg
desgl. für 1 Ventilator PS/st .	—	29,8	19,2 kg
Kohlenverbrauch für 1 Ventilator PS/st	—	3,9	2,7 kg (2. Sorte Brefeld)
Mittlere Depression.	39	65	140 mm
„ Wettermenge. . . .	2628	2943	3986 cbm
Theoretische Depression. . .	64,9	105,7	214,7 mm
Manometr. Wirkungsgrad . .	60,0	61,8	65,2 %
Vom Ventilator geleistete Arbeit	19,4	36,1	105,4 PS
Mechan. Wirkungsgrad . . .	—	68,4	74,5
Grubenweite	2,26	1,96	1,81

Aus den Zahlen für den Dampfverbrauch ist ersichtlich, daß die Zylinderabmessungen für die Höchstleistung, die bei 100 Umläufen mit 2900 cbm Wetter von der Fabrik gewährleistet war, gerade passend, für die niedrigeren Geschwindigkeiten aber zu groß sind.

Eine Messung an dem durch einen Drehstrommotor mittelst Riemen angetriebenen Capellventilator auf dem Binsentaler Schacht der Grube Dechen ergab bei 225 Umläufen des Ventilators eine Depression von 45 mm, eine ausgeworfene Wettermenge von 1575 cbm in der Minute und eine Ablesung des Spannungsmessers von 225 V, des Strommessers von 61 A. Daraus berechnet sich die reine Nutzleistung zu $\frac{1575 \cdot 45}{60 \cdot 75} = 15{,}7$ PS, die vom Motor aufgenommene Energiemenge zu

$$\frac{225 \cdot 61 \cdot \sqrt{3} \cos \varphi}{736} = \frac{225 \cdot 61 \cdot \sqrt{3} \cdot 0{,}8}{736} = 25{,}8 \text{ PS.}$$

Der Wirkungsgrad beträgt demnach $\frac{15{,}7}{25{,}8} =$ rund 60 %.

Eine Schwierigkeit beim Ventilatorbetrieb entstand früher häufig durch die Bestimmung der für Schlagwettergruben geltenden Bergpolizeiverordnung, wonach die Stärke des Ventilators so groß sein muß, „daß die vorgeschriebene Mindestwettermenge von 2 cbm auf den Kopf der größten Belegschaft jederzeit um 25 v. H. verstärkt werden kann. Da die Stärke des Ventilators der 3. Potenz der Wettermenge proportional ist, so ist durch diese Vorschrift eine sehr bedeutende Steigerungsfähigkeit der Maschine verlangt und diese wird, wenn sie die entsprechende Stärke hat, beim normalen Betriebe, d. h. wenn sie die vorgeschriebene Mindestwettermenge auf den Kopf der Belegschaft liefert, sehr unvollständig ausgenutzt und arbeitet mit einem schlechten Wirkungsgrade. Um dies zu vermeiden, hat man verschiedene Einrichtungen versucht, ohne doch einen ganz befriedigenden Erfolg zu erzielen. Gegenwärtig ist diese Aufgabe dadurch zwar nicht gelöst, aber in ihrer Bedeutung in den Hintergrund geschoben, daß man es zur Sicherstellung einer in allen Teilen des Grubengebäudes ausreichenden Wetterversorgung für zweckmäßig hält, dauernd eine Wettermenge durch die Baue zu ziehen, die meist selbst die in der Bergpolizeiverordnung vorgesehene gesteigerte Menge bedeutend überschreitet, wie es aus den früher angegebenen Zahlen und den Angaben der Tabelle am Schlusse dieses Abschnittes hervorgeht. Die mit dieser Maßregel verbundenen bedeutenden Mehrkosten nimmt man gegenüber den genannten Vorteilen in Kauf.

Eine der eben erwähnten Aufgabe ähnliche ist aber auch jetzt noch öfters zu lösen, nämlich die, den Ventilatorbetrieb wirtschaftlich zu gestalten, wenn die zu bewetternde Grubenabteilung noch in starker Ausdehnung begriffen ist. Oft wird dann mit dem zunehmenden Umfang der Baue die Wettermenge sehr bedeutend gesteigert werden müssen, was, da eine auch nur annähernd entsprechende Vergrößerung der Grubenweite so gut wie niemals möglich ist, nur durch eine im kubischen Verhältnis wachsende vergrößerte Arbeit der Maschine geschehen kann. Wird diese nun für den voll entwickelten Betrieb genügend stark genommen, so muß sie unter Umständen jahrelang mit ganz ungenügender Belastung und schlechtem Wirkungsgrad arbeiten. Man kann diesen in solchen Fällen dadurch wesentlich verbessern, daß man zuerst der Maschine nur einen Zylinder gibt und nach Erreichung des vollen Betriebes der Baue sie durch Hinzufügung eines zweiten Zylinders zur Zwillings- oder Verbundmaschine ausbaut. Es darf dabei aber nicht übersehen werden, daß die Mehrleistung des Ventilators, wenn die Grubenweite bei dem wachsenden Betriebsumfang gleich bleibt oder, wie es die Regel ist, gar abnimmt, nur durch Erhöhung der Depression, also Vermehrung der Umlaufzahl hervorgebracht werden kann, die zweizylindrige Maschine also bei direkter Kupplung schneller laufen muß, als die anfängliche einzylindrige und diese infolgedessen nicht mit dem günstigsten Wirkungsgrad arbeiten kann. Immerhin ist dieser bedeutend besser, als wenn die Maschine von vornherein in der zuletzt erforderlichen Stärke aufgestellt würde. — Bei elektrischem Antrieb macht die eben bezeichnete Aufgabe weit größere Schwierigkeiten. Bei Anwendung von Gleichstrom kann man allerdings die nötige Anpassung ohne zu große Verluste durch Regelung der Felderregung erreichen, aber gerade in den Fällen, wo sich der elektrische Antrieb von Grubenventilatoren besonders empfiehlt, bei entfernt im Felde liegenden Ventilatoren, wird Gleichstrom wegen der großen Leitungsverluste infolge der geringen erreichbaren Spannungen nicht gebraucht werden können. Bei Drehstrom aber ist die Umlaufzahl des Motors innerhalb sehr enger Grenzen (bei wirtschaftlichem Betriebe) nur von der Periodenzahl der Primärmaschine abhängig und läßt sich, da diese meist auch andere Maschinen treibt und deshalb in ihrer Umlaufzahl gleich bleiben muß, nur unter großen Verlusten durch Einschalten von Widerstand in den Rotorkreis ändern. Es bleibt daher zur Lösung der bezeichneten Aufgabe, wie auch im Bande 6 des „Sammelwerks", S. 318 ff. ausgeführt ist, nichts übrig, als die Grubenweite während der Zeit geringeren Wetterbedarfs durch Einbauen von Drosselungen so zu verkleinern, daß von dem Ventilator bei der für den endgültigen Betrieb berechneten Umlaufzahl nur die vorläufig erforderliche Wettermenge ausgeworfen wird. Sein Kraftbedarf sinkt dann zwar nicht proportional der Verringerung, aber doch bedeutend.

Die Schwierigkeit, bei elektrischem Antrieb mit Drehstrom in wirtschaftlicher Weise die Umdrehzahl zu verändern, macht sich auch öfters dann unangenehm bemerkbar, wenn ein Ventilator für eine neugebildete Wetterabteilung aufgestellt wird. Es ist dann oft nicht möglich, trotz möglichst genauer Berücksichtigung aller Einflüsse die Grubenweite zutreffend zu berechnen und es stellt sich erst bei Inbetriebnahme des neuen Ventilators heraus, daß eine andere als die berechnete und für die Lieferung angegebene Umlaufzahl die passendste ist. Bei Antrieb durch eine Dampfmaschine kann man, da sich die notwendige Änderung meist innerhalb ziemlich enger Grenzen hält, durch entsprechende Umstellung der Steuerung ohne wesentliche Verschlechterung des Wirkungsgrades die richtige Umdrehzahl herbeiführen, bei dem Drehstrommotor ist dies aber, wie schon erwähnt, nicht der Fall. Um diese Schwierigkeiten zu überwinden, hat man stellenweise von einer unmittelbaren Kupplung zwischen Motor und Ventilator abgesehen und die durch Riemen oder Seile bewirkte Übersetzung erst auf Grund der praktischen Versuche durch entsprechende Bemessung der Riemen- oder Seilscheibe in der richtigen Größe hergestellt, wobei man öfters noch den Vorteil hat, daß der Motor nicht so langsam zu laufen braucht als bei unmittelbarer Kupplung und deshalb billiger geliefert werden kann. Man nimmt aber dabei den dauernden

Nachteil der Verschlechterung des Wirkungsgrades durch die Übersetzung mit in Kauf und bedarf auch eines größeren Raumes, als bei unmittelbarem Anbau des Motors. Zweckmäßiger als dieses Verfahren erscheint in manchen Fällen der Ausweg, daß man den fertigen Ventilator durch einen gerade verfügbaren Elektromotor versuchsweise antreibt und erst auf Grund der dabei festgestellten zweckmäßigsten Umlaufzahl den für den Dauerbetrieb bestimmten Motor bestellt.

Der im Ruhrrevier häufige Fall, daß man einen Ventilatorschacht als Hauptförderschacht benutzen und deswegen luftdicht abschließen muß, ist im Saarbrücker Bezirk selten, weil die Niederbringung besonderer Ventilatorschächte wegen der verhältnismäßig niedrigen Herstellungskosten mit Recht dem luftdichten Schachtabschluß mit seinen unvermeidlichen Unannehmlichkeiten in der Regel vorgezogen wird. In den meisten Fällen, wo dies aus besonderen Gründen nicht geschehen ist, sind Wetterschleusen ohne besondere Eigentümlichkeiten in Anwendung, z. B. auf dem Mathildeschacht der Grube Altenwald.

III. Wetterverteilung.

1. Hauptanordnung der Wetterführung.

Der Umstand, daß im Saarbrücker Revier kein wasserreiches Deckgebirge das Niederbringen von Schächten erschwert und verteuert und daß vielfach auch die erforderlichen Schachttiefen verhältnismäßig nicht zu bedeutend sind, gestattet es, auf den Saargruben im allgemeinen eine größere Zahl von Schächten auf einer Grube herzustellen, als z. B. im rheinisch-westfälischen Bezirk. Es findet daher in der überwiegenden Zahl der Fälle die Wetterführung mehr oder weniger in der Art statt, die als diagonale Wetterführung bezeichnet wird und deren vielfache Vorteile in der ausführlichen, kritischen Abhandlung von Braunmühls über die Wetterführung der Saarbrücker Gruben im Bande 47, S. 89 ff. der Ministerialzeitschrift auseinandergesetzt sind. In voller Schärfe ist die diagonale Wetterführung naturgemäß nur auf wenigen Gruben, z. B. auf Grube Brefeld durchgeführt, bei den übrigen sind durch die natürlichen Verhältnisse, besonders Störungen oder Veränderungen der Flözablagerung, oder auch durch das Fortschreiten der Grubenbaue und die damit wachsenden Längen der Wetterwege die verschiedensten Abweichungen verursacht worden. Auf Grube Camphausen besteht noch der von v. Braunmühl erwähnte Zustand, daß der mittlere Feldesteil von der in der Mitte des Feldes gelegenen Hauptschachtanlage mit Hilfe des Ventilators auf dem Camphausenschacht III zentral bewettert wird, während die übrigen Feldesteile in der Nähe der Feldesgrenze stehende Ausziehschächte, also rein diagonale

Wetterführung haben. Auf Grube Brefeld ist der gleiche Zustand, der sich aus den großen Vorteilen zentraler Wetterführung während der Aufschließung eines neuen Feldes und der Beibehaltung der während dieser Entwickelung benutzten, noch nicht verbrauchten Ventilatoranlage auf der Hauptschachtanlage erklärt, im normalen Betriebe gegenwärtig durch Stillsetzung des Ventilators auf Brefeldschacht II zugunsten der rein diagonalen Bewetterung beseitigt. Seine dauernde Beibehaltung kann sich übrigens, wie in der Arbeit von Braunmühls erwähnt ist, nicht selten zur Erzielung möglichst kurzer Wetterwege in den mittleren Feldesteilen gegenüber der rein diagonalen Wetterführung empfehlen.

Wie in den übrigen Bergbaubezirken mit Schlagwettergruben geht das Streben bei der Anordnung der Wetterführung auch im Saarbrücker Bezirk dahin, möglichst zahlreiche, von einander unabhängige Wetterabteilungen auf jeder Grube zu bilden, um die Wetterwege zu verkürzen, die Grubenweite zu vergrößern und damit die ganze Wetterversorgung zu erleichtern und außerdem die Folgen etwa eintretender Schlagwetter- oder Staubzündungen oder Brände mit Sicherheit auf einen kleinen Bezirk zu begrenzen. Die Gruben besitzen aus diesen Gründen, wie die unten folgende Übersicht zeigt, großenteils eine erhebliche Zahl von Wetterabteilungen, die z. B. bei Grube Reden auf 7 steigt, während sie nur bei den infolge ihrer gleichmäßigen Lagerungsverhältnisse verhältnismäßig leicht zu bewetternden und den mit durchgeführter diagonaler Wetterführung versehenen Gruben, z. B. Brefeld, auf 2 heruntergeht.

Bei der Bildung der Abteilungen ist naturgemäß noch der von Nasse erwähnte Satz im allgemeinen zutreffend, daß bei den Fettkohlengruben mit ihren vielen dicht zusammenliegenden und durch regelmäßige Abteilungsquerschläge ausgerichteten Flözen die Abgrenzung der Wetterabteilungen in der Regel durch Querteilung des Feldes, also durch mehr oder weniger in der Fallebene laufende Linien vorgenommen ist, während auf den weniger zahlreichen und weit voneinander liegenden Flamm- und Magerkohlenflözen die Wetterabteilungen nach Flözen oder Flözgruppen eingerichtet werden. Ein Blick in die Übersicht auf S. 278ff zeigt die allgemeine Richtigkeit dieser Regel durch die Bezeichnungen der Wetterabteilungen in Spalte 3. Es ist aber auf der anderen Seite selbstverständlich, daß von dieser theoretischen Regel unter der Wirkung der Lagerungsverhältnisse und des Fortschreitens der Baue im Einzelfalle sehr bedeutend abgewichen werden muß. Besonders ist bei dem flachen Einfallen der Fettkohlenflöze in größerer Teufe mit dem Vorrücken des Betriebes mehrfach eine Teilung des Feldes in querschlägig nebeneinander liegende Wetterbezirke notwendig geworden, wie z. B. auf Grube Heinitz, wo ein nördlicher Bezirk zwischen dem an der nördlichen Markscheide liegenden Bildstockschacht und den in der Feldesmitte liegenden Geisheckschächten und ein südlicher zwischen diesen und der südlichen Markscheide gebildet ist. Der nördliche Bezirk ist wiederum in zwei Wetterabteilungen geschieden, von denen die eine ungefähr die sog. querschlägige Wetterführung besitzt (die v. Braunmühl als eine der beiden Hauptabarten seiner beiden Wetterführungssysteme bezeichnet [a. a. O. S. 91]), indem die Wetter in dem Bildstockschacht einfallen und durch den in derselben Fallinie stehenden Geisheckschacht I ausziehen. Die Wetter der anderen Abteilung des nördlichen Bezirks fallen durch Geisheckschacht II ein und ziehen ebenfalls durch Geisheckschacht I aus, sodaß in dieser Abteilung also zentrale Wetterführung vorhanden ist. Der südliche Wetterbezirk besitzt ausschließlich diese letztere Art, die Wetter fallen durch die Heinitzschächte II, III und IV ein und ziehen durch den Heinitzschacht I und den bei ihm stehenden Ventilatorschacht aus.

Bei der nach Flözen oder Flözgruppen eingeteilten Wetterführung der Flamm- und Magerkohlengruben ist andererseits mit der zunehmenden streichenden Länge der Baue eine Querteilung des Feldes ebenfalls erforderlich geworden, wie es z. B. auf Grube Schwalbach und Gerhard der Fall gewesen und aus der Zusammenstellung auf S. 278ff zu ersehen ist.

2. Wetterverteilung in den Bauen.

Den Vorschriften der geltenden Bergpolizeiverordnung für den Betrieb von Schlagwettergruben entsprechend werden die Wetter in der überwiegenden Mehrzahl der Fälle jeder Sohle unmittelbar für sich zugeführt, nur selten dienen mit besonderer Genehmigung die auf einer unteren Sohle bereits benutzten Wetter zur Bewetterung von Bauen einer höheren Sohle. Sie werden dann aber vorher stark aufgefrischt. Ist schon auf diese Weise der Strom jeder Wetterabteilung in eine Reihe von Parallelströmen zerlegt, so geschieht dieses Zerspalten wegen der äußerst günstigen und starken Wirkung auf den Gesamtwiderstand der Abteilung innerhalb jeder einzelnen Sohle wieder in ausgedehntestem Maße durch Nebeneinanderschalten der einzelnen Bremsbergfelder. Die Regelung geschieht dabei nach den im Laufe des Betriebes sich ergebenden Bedürfnissen mit Hilfe der üblichen Mittel, besonders durch Wettertüren mit Schiebern. Die zweckmäßige Regelung wird durch die überall in reichlicher Zahl vorhandenen besonderen Wettersteiger an der Hand genauer Wetterrisse und auf grund regelmäßiger Wettermessungen überwacht.

Die genügende Bewetterung aller Arbeitspunkte ist durch die in den letzten Jahren vorherrschend gewordene Verwendung des Strebbaues ganz außerordentlich erleichtert worden, da bei ihm, wie bekannt, nicht nur die große Zahl der in hervorragendem Maße Schlagwetter entwickelnden und schwierig zu bewetternden Abbaustrecken gegenüber dem früher weit verbreiteten Pfeilerbau in Wegfall kommt, sondern auch der Wetterstrom ohne irgend welche besondere Vorkehrungen und in der kürzesten möglichen Linie die Arbeitsstöße selbst bestreicht und die beim Bruchbau unvermeidlichen großen Hohlräume im alten Mann mit ihren die Wetterbewegung verlangsamenden und Verluste mit sich bringenden Wirkungen vermieden werden.

Über die Wetterführung im Abbau ist deshalb nichts besonderes zu sagen, dagegen ist inbetreff der Wetterversorgung der Aus- und Vorrichtungsarbeiten der große Umschwung zu erwähnen, der sich auf allen Saargruben in dem letzten Jahrzehnt zugunsten der Sonderbewetterung vollzogen hat. Während Streckenbetriebe aller Art früher, wie es auch aus der Abhandlung von Nasse hervorgeht, durch Wetterscheider und in der Kohle durch Mitnehmen einer Parallelstrecke die für die Wetterversorgung nötigen zwei Wetterwege erhielten und jedenfalls auf die Kraft des Hauptventilators angewiesen waren, hat sich jetzt überall die zuerst von Uthemann auf dem 6. Deutschen Bergmannstage zu Hannover*) deutlich begründete Einsicht in die Unzweckmäßigkeit eines solchen Verfahrens eingebürgert und man bewettert die Streckenbetriebe in der ganz überwiegenden Mehrzahl der Fälle durch Luttenstränge, in denen die Wetterbewegung nicht durch den Hauptventilator, sondern durch besondere Vorrichtungen hervorgebracht wird. Zwar wirkt, da die Lutten die Wetter stets aus dem durch den Hauptventilator bewegten Strom entnehmen und meist an einer bereits unter stärkerer Depression stehenden, weil dem Ventilator näher liegenden Stelle in ihn zurücktreten lassen, auch der Hauptventilator zur Wetterbewegung in den Lutten mit, aber sein Anteil ist in der Regel sehr gering, weil der mittels des Luttenstranges bewetterte Streckenbetrieb einen Nebenschluß von sehr hohem Widerstand zu einem kleinen Teil des Hauptwetterweges darstellt. — In welch hohem Maße die Anwendung der »Sonderventilation« den Hauptventilator entlastet und die gesamten Wetterversorgungskosten herabzusetzen geeignet ist, dafür kann noch jetzt auf die Beispiele Uthemanns in dem erwähnten Vortrage verwiesen werden.

Zur Erzeugung der Wetterbewegung in den Lutten werden seltener und nur auf kurze Entfernungen Wasserstrahl- oder Preßluftdüsen, meist kleine Ventilatoren mit Druckluft- oder auch Druckwasserantrieb benutzt, elektrischer Antrieb, der sich sonst für diesen Zweck sehr eignete, ist wegen der Gefahr einer Schlagwetterzündung nicht in Gebrauch. Wegen der Wichtigkeit der Sonderbewetterung für eine geregelte Wetterversorgung sei im folgenden auf die einzelnen Vorrichtungen und

*) S. Glückauf 1895 S. 1209 ff.

die mit ihnen im Saarrevier gemachten Erfahrungen etwas näher eingegangen.

Die Lutten werden wegen der unverhältnismäßigen Druckverluste, die bei geringem Durchmesser und einigermaßen bedeutenden durchgeführten Wettermengen auftreten, jetzt stets von mindestens 30 cm Durchmesser gewählt, doch ist es auf vielen Gruben die Regel, Durchmesser von 40 cm und für wichtige lange Leitungen sogar von 50 cm zu nehmen. Sie bestehen meist aus verzinktem Eisenblech, Zinkblech hat sich im Durchschnitt als zu wenig widerstandsfähig und haltbar im Verhältnis zum Preise erwiesen, und die auch versuchten Lutten aus Tuch besitzen trotz ihres sehr bedeutenden Querschnitts doch zu starke Reibung und halten auf weitere Entfernungen nicht genügend dicht. Für kürzere Entfernungen können sie öfters mit Erfolg verwandt werden, besonders wenn es sich um das möglichst schnelle Einbauen eines Stranges handelt. — Von großer Wichtigkeit für eine befriedigende Leistung von Luttensträngen ist einmal die Beschränkung der Zahl der Krümmungen auf das Mindestmaß sowie eine möglichst allmähliche Überführung von einer Richtung in die andere und ferner eine sorgfältige Abdichtung an den Stoßstellen der einzelnen Luttenstücke. Für die Herstellung der Krümmungen hat sich der bekannte verstellbare Krümmer der Firma Wirtz & Co. in Schalke, der sich durch Verdrehen seiner beiden mit schrägstehenden Flanschen an einander stoßenden Teile beim Einbau in der Grube auf einen beliebigen Winkel zwischen 180 und 135° einstellen läßt und das Vorrätighalten einer größeren Zahl von verschiedenen Krümmern unnötig macht, trotz seines verhältnismäßig hohen Preises gut bewährt. Stellenweise, z. B. auf Grube Maybach, ist man aber doch wieder von diesen Krümmern abgegangen und verwendet überall leicht und billig herzustellende keilförmige Paßstücke mit Flanschen zur Zusammensetzung der Krümmungen, die auf diese Weise schlanker hergestellt werden können als mit dem nur zweiteiligen verstellbaren Krümmer, aber auch den Nachteil einer größeren Zahl von Verbindungsstellen besitzen. Die einzelnen Lutten werden überwiegend durch Flanschenverbindungen, seltener durch Muffen aneinander gefügt. Zur Abdichtung der Flanschen von Luttensträngen erfreuen sich die zuerst auf Grube Dudweiler zu diesem Zwecke wie zur Dichtung von Preßluft- und Spritzwasserleitungen verwendeten Dichtungsringe aus Pappkarton ziemlicher Beliebtheit. Wegen ihrer Herstellung und Kosten kann hier auf die Beschreibung im Bande 49 S. 329 f. der Ministerialzeitschrift verwiesen werden. Im übrigen finden sich auch die meisten anderen in Westfalen üblichen und in dem westfälischen Sammelwerk besprochenen Luttendichtungen.

Über die Leistungen von Preßluft- oder Druckwasserdüsen sind auf verschiedenen Gruben einige Versuche angestellt worden, deren wichtigste

Ergebnisse hier zusammengestellt seien, wenn sie auch nur für die bei den Versuchen herrschenden Bedingungen unmittelbare Gültigkeit haben. Es wurde zunächst die bekannte Tatsache festgestellt, daß die Wirkung einer Düse bedeutend steigt, wenn sie nicht einfach in eine glatte Lutte eingesetzt wird, sondern wenn diese an dem Sitz der Düse eine trichterförmige Verengung erhält. Das günstigste Maß der Verengung ist für jeden Druck und für jeden Düsendurchmesser verschieden, jedoch ist nach den Versuchen auf Grube König der Unterschied in der Leistung so gering, daß der Vorteil der Verwendung eines einheitlichen Trichterstückes von mittlerer Verengung für die ganze Grube den Nachteil der geringen Minderleistung bei weitem aufwiegt. Auf Grube König wurden Düsen der Firma Gebr. Körting in Hannover und Westfaliadüsen der Armaturenfabrik in Gelsenkirchen verglichen, die in einen 100 m langen Luttenstrang eingesetzt waren. Man erhielt folgende Zahlen:

Preßluftbetrieb:

Luftdruck	Leistung cbm in der Minute						Luftverbrauch cbm in der Minute					
	2 mm		3 mm		4 mm		2 mm		3 mm		4 mm	
at	Körting	Westfalia	Körting	Westfalia	Körting	Westfalia	Körting	Westfalia	Körting	Westfalia	Körting	Westfalia
	Lutten von 35 cm Durchmesser											
2	4,8	4,8	7,2	7,5	9,8	9,8	0,122	0,099	0,258	0,274	0,357	0,356
5	9,1	9,5	14,0	14,4	18,5	18,2	0,524	0,395	0,783	0,783	0,912	1,003
	Lutten von 50 cm Durchmesser											
2	8,7	8,1	14,2	14,0	18,9	17,8	—	—	—	—	—	—
5	17,0	16,9	25,4	26,0	34,3	32,6	—	—	—	—	—	—

Druckwasserbetrieb:

Wasserdruck	Leistung cbm in der Minute						Wasserverbrauch l in der Minute					
	2 mm		3 mm		4 mm		2 mm		3 mm		4 mm	
at	Körting	Westfalia	Körting	Westfalia	Körting	Westfalia	Körting	Westfalia	Körting	Westfalia	Körting	Westfalia
	Lutten von 35 cm Durchmesser											
10	14,9	13,1	17,2	17,5	20,2	19,6	10,1	15,0	16,5	15,7	21,8	21,8
15	17,8	16,5	22,2	22,9	26,2	26,1	11,7	11,2	19,3	19,1	27,2	25,6
	Lutten von 50 cm Durchmesser											
10	24,5	27,3	34,9	35,1	41,0	40,6	—	—	—	—	—	—
15	31,2	32,9	46,3	44,3	54,9	53,6	—	—	—	—	—	—

Ein ähnlicher Versuch mit Druckwasser von 16 at und Westfaliadüsen auf Grube Reden ergab in einem Luttenstrang von 100 m Länge und 40 cm Durchmesser folgende Werte:

Düsenweite mm	Wettermenge cbm/min.	Wasserverbrauch l/min.
1	3,5	2,3
1,5	8,2	4,5
2	14,4	6,7
2,5	19,0	12,2
3	21,1	16,8

Die geringen Unterschiede in den Leistungen der Westfaliadüse an beiden Stellen haben ihren Grund in der Hauptsache in dem verschiedenen Drall des sog. Streukegels, eines schraubenartigen Einsatzes im Innern der Düse, der die notwendige starke Ausbreitung des Druckwassers hervorbringt. Auch die Körtingsche Düse besitzt einen solchen Streukegel, und es hat sich bei beiden herausgestellt, daß ein langgezogener Drall des Kegels entschieden den Vorzug vor einem kurzen verdient. Bei Ver-

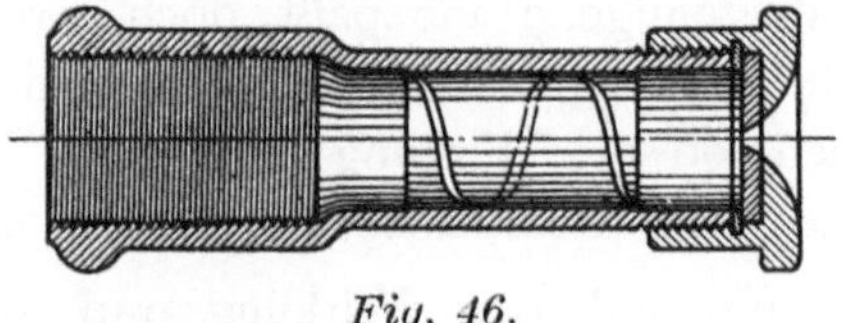

Fig. 46.

wendung von Preßluft hat sich das Vorhandensein eines Streukegels als ungünstig erwiesen, weil die nötige Ausbreitung des Strahles nach dem Austritt aus der Düsenmündung infolge der Elastizität der Luft von selbst hinreichend stark eintritt und der Streukegel nur ein unnötiges Hindernis darstellt. Aus den mitgeteilten Zahlen ergibt sich die größere Zweckmäßigkeit des Gebrauchs von Druckwasser gegenüber der Preßluft. Zwischen den beiden Düsenarten ist keine wesentliche Verschiedenheit der Leistung festzustellen, für die Westfaliadüse spricht aber ihr viel geringerer Preis. Auf Grube Maybach haben sich die Dunkschen Wasserdüsen (Fig. 46) am besten bewährt, sie geben annähernd die gleichen Leistungen wie die Körtingschen und sind ebenfalls viel billiger als diese. Außerdem wird dort neuerdings beim Abtun von Schüssen die bekannte Meyersche Schleierdüse mit Erfolg benutzt.

Die Sonderventilatoren werden sämtlich mit Luft oder Wasser angetrieben, Handventilatoren werden im dauernden Betriebe nicht gebraucht. Die herrschenden Bauarten sind die der Dinglerschen Maschinenfabrik (System Pinette), der Firma Pelzer zu Dortmund, der Firma Frölich & Klüpfel in Barmen und der Maschinenfabrik von Pinette in Chalons sur

Saône (System Ser). Wegen ihrer Einrichtung kann auf die Beschreibungen und Abbildungen im 6. Bande des Sammelwerks über den niederrheinisch-westfälischen Steinkohlen-Bergbau Bezug genommen werden, es sei hier nur hervorgehoben, daß sich der unmittelbare Antrieb im Saarrevier im allgemeinen nicht als vorteilhaft gezeigt hat, daß vielmehr eine Riemenübersetzung vom Motor aus ins Schnelle vorgezogen wird, weil die beste Wirkung des Ventilators erst bei Umlaufzahlen eintritt, die für den günstigsten Wirkungsgrad der Antriebsmaschine zu hoch sind. Diese hatte, wie an der Hand der Versuchsergebnisse in den Berichten über Versuche und Verbesserungen in den Bänden 43 und 44 der Ministerialzeitschrift (S. 211 u. 191) nachgewiesen ist, in den zuerst in Gebrauch kommenden Ausführungsformen für den üblichen Druck der Preßluft von 4—6 at zu große Zylinderabmessungen und arbeitete deshalb ungünstig. Durch Verkleinerung des Zylinders eines Ser-Ventilators von 100 mm Durchm. und 125 mm Hub auf 80 mm und 88 mm gelang es, mit der gleichen Arbeit 21—40 % mehr zu leisten und durch eine Erhöhung der Übersetzung von 1 : 3 auf 1 : 4 eine weitere Leistungssteigerung um 30—36 % zu erreichen. Bei den gegenwärtig von den genannten Firmen hergestellten Maschinen sind die Abmessungen im allgemeinen der Spannung der Preßluft genügend angepaßt, doch wird es sich auch jetzt noch öfters, wenn die Leistungen der Ventilatoren nicht befriedigen, empfehlen, zu untersuchen, ob die Wirkung sich nicht durch Änderung der Antriebsmaschine oder ihrer Übersetzung verbessern läßt.

Über die Leistung und den Wirkungsgrad sind in den letzten Jahren nur an zwei neueren Bauarten eingehende Versuche angestellt worden, nämlich an einem Grubenventilator von Frölich & Klüpfel mit 600 mm Flügelraddurchmesser und einem Ventilator der noch wenig verbreiteten Bauart der Firma Monnet-Moyne zu Paris mit 450 mm Flügelraddurchmesser. Die Antriebsmaschine hat einen Differentialkolben und arbeitet nach Art einer Verbundmaschine, indem die Preßluft zuerst im engeren Zylinderteil wirkt und nach ihrem Austritt von dort in dem weiteren Teil den Rest ihrer Spannung an die andere Kolbenseite abgibt. Die Steuerung besorgt ein Kolbenschieber. An jeden der beiden Ventilatoren wurde ein Luttenstrang von 50 cm Durchmesser und 25 m Länge angeschlossen. Man erhielt folgende Zahlen:

Bezeichnung des Ventilators	Umlaufzahl in der Minute	Gelieferte Wettermenge cbm	Gebrauchte Preßluft von atm. Druck cbm	Dauer des Versuchs Min.	Gelieferte Wetter auf 1 cbm Preßluft
Monnet-Moyne	674	807	9	4,2	90
Frölich & Klüpfel	820	746	9	3	84

Die Leistungen des erstgenannten Ventilators sind also nicht viel besser als die des anderen, dabei ist sein Preis bedeutend höher; er beträgt bei 450 mm Flügelraddurchmesser 1050 M., bei 600 mm Durchmesser 1800 M.

Auf Grube Reden haben Versuche mit 2 Frölich & Klüpfelschen Ventilatoren von 600 mm Flügelraddurchmesser, einen manometrischen Wirkungsgrad von 82 % und einen mechanischen Wirkungsgrad von 80 bis 87 % ergeben, während die früher von derselben Firma bezogenen Ventilatoren nicht mehr als 52 % erreicht hatten. Die Verbesserung ist jedenfalls auf die zweckmäßige Gestalt des jetzt verwendeten Einlaufkegels und die jetzt angewandte Krümmung der Flügel nach vorn zurückzuführen. Die genannten günstigen Ergebnisse wurden jedoch nur bei der höchsten Umlaufzahl erzielt, während mit abnehmender Umdrehzahl, wie bei den früheren Ausführungen, der Wirkungsgrad bedeutend sank.

Geht so übereinstimmend aus den Versuchen hervor, daß, soweit der Ventilator allein in Frage kommt, eine hohe Umlaufzahl anzustreben ist, so ist jedoch nicht außer Acht zu lassen, daß es für die praktische Verwendung nicht sowohl auf einen möglichst hohen Wirkungsgrad des Ventilators allein, sondern auf einen solchen der gesamten Vorrichtung zur Sonderbewetterung ankommt. Daß beides nicht zusammen zu fallen braucht, weil die Wetterverluste sich bei größerer Umlaufzahl erhöhen, ist aus folgenden Angaben zu erkennen, die bei Versuchen auf Grube Maybach erhalten wurden:

Umläufe der Maschine in der Minute	Länge	Querschnitt	Wettermenge		Wetterverluste
	der Luttenleitung		am Ventilator	vor Ort	
	m	qm	cbm	cbm	%
180	175	0,07	18	7,9	57,2
240	175	0,07	27	14,7	45,5
300	175	0,07	38	16	57,6
360	175	0,07	43,5	16,8	61,3

Danach sind also die Verluste bei weitem am geringsten bei einer verhältnismäßig niedrigen Umlaufzahl. Für den Wirkungsgrad der gesamten Anlage wird also in der Regel eine mittlere Umdrehzahl am besten sein. Jedoch können die vorstehenden Ergebnisse natürlich nur für die nicht einmal in allen wesentlichen Punkten festgestellten Bedingungen des Einzelfalles Geltung haben und im übrigen nur einen ganz ungefähren Anhalt geben. Es wäre deshalb eine umfassendere Untersuchung der hierbei auftauchenden Fragen sehr zu wünschen.

Um die, wie bekannt, mit wachsender Länge der Luttenleitung außerordentlich schnell abnehmende vor Ort gebrachte Wettermenge, die in einem neuerdings auf Grube Maybach beobachteten Falle bei 230 m Länge und 30 cm Weite der Lutten nur 23 % betrug, zu erhöhen, hat man dort lange Leitungen in einzelne hintereinander geschaltete Abschnitte mit je einem Ventilator zerlegt, wobei man die Blaseleitung des einen indes nicht unmittelbar an die Saugöffnung des nächsten Ventilators anschloß, sondern den zweiten Ventilator in eine luftdichte hölzerne oder gemauerte Kammer setzte, in die die Blaseleitung des ersten Ventilators mündete. Die Einrichtung wirkt zur Zufriedenheit, doch sind leider keine genaueren Erhebungen angestellt worden. — Eine ähnliche Einrichtung wurde auf Grube Itzenplitz versucht, wobei jedoch statt eines zweiten Ventilators eine Preßluftdüse vorgeschaltet wurde*). Man hatte dort, als die Leistung eines Dinglerschen Sonderventilators zur Bewetterung eines Grundstreckenbetriebes bei 320 m Streckenlänge auf 10,5 cbm in der Minute gefallen war, zunächst einen zweiten Luttenstrang mit Ventilator daneben eingebaut. Beide Stränge vermochten aber, als die Grundstrecke 417 m lang war, zusammen nur noch 16,8 cbm Luft vor Ort zu fördern. Es wurden nun bei Entfernungen von 162 m und 384 m vom Ventilator in einen der Luttenstränge Düsen eingesetzt, die durch einfache Verengung der 13 mm weiten Preßluftleitung auf 5 mm hergestellt waren. Bei dieser Anordnung konnte man durch wiederholte Messungen folgendes feststellen. Der Ventilator allein lieferte am Ende der 417 m langen Luttenleitung 9,6 cbm, dagegen beim Zusammenarbeiten mit der 162 m entfernten Düse 11,4 cbm, mit der 384 m entfernten Düse 21,6 cbm und bei gleichzeitiger Tätigkeit beider Düsen endlich 22,2 cbm. Die dem Ventilator zunächst liegende Düse erhöhte also die Ventilatorleistung nur wenig, dagegen wurde diese durch die Wirkung der nahe dem Ende der Luttenleitung eingebauten Düse allein nahezu verdoppelt und es war fast gleichgültig, ob außer der entfernten auch noch die in der Strangmitte liegende Düse in Tätigkeit war. Nähere Untersuchungen über die günstigste Entfernung der Düse wurden nicht angestellt. Der Luftverbrauch betrug nach sorgfältigen Berechnungen bei einem Druck der Preßluft von 4 at 0,202 cbm in der Minute für die Düse und 0,184 cbm für den Ventilator von üblicher Größe und 25 % Zylinderfüllung. Gegenüber der Anordnung mit 2 parallelen Luttenleitungen und Ventilatoren ergab die Vorschaltung der Düse also einen großen Fortschritt, wozu noch die Einfachheit ihres Einbaues sowie der Vorteil trat, daß die Strecke nicht durch einen zweiten Luttenstrang verengt zu werden brauchte. Wie sich die Düsenvorschaltung in der

*) Vergl. Bericht über Versuche u. Verbesserungen, Bd. 49, S. 325 d. Ministerialzeitschrift.

Leistung zu hintereinander geschalteten Ventilatoren verhält, müssen erst künftige Versuche ergeben.

Die Anordnung der Sonderbewetterung geschieht auf den Saarbrücker Gruben, wenn nicht besondere Verhältnisse davon abzugehen zwingen, stets so, daß die Lutten blasend wirken. Hauptsächlich ist dafür die von Uthemann in seinem Vortrage zu Hannover mit einleuchtenden Beispielen belegte Unmöglichkeit maßgebend, bei saugender Anordnung gerade die gefährlichste Stelle, den Ortsstoß, mit Sicherheit schlagwetterfrei zu erhalten. Die Bildung von Schlagwetteransammlungen in Auskesselungen und Unebenheiten der Firste wird durch Aufhängen von Tuchblenden und dergl., die den Wetterstrom unter das Dach drängen, ohne Schwierigkeiten verhütet.

Eine gleichzeitige Anwendung von saugender und blasender Sonderbewetterung hat sich beim Abteufen des Bildstockschachtes der Grube Reden sehr bewährt.*) Mit dem blasenden Ventilator allein war wegen des bedeutenden Schachtquerschnitts eine schnelle Säuberung des Schachtes von Sprenggasen nach dem Abtun der Schüsse nicht zu erreichen, in kürzester Zeit gelang dies aber, als man auf dem 240 m tiefen Schachte neben dem mit einer 40 cm weiten Luttenleitung versehenen blasenden Schieleventilator einen saugend wirkenden Pelzerventilator mit 80 cm weiter Leitung aufstellte; beide Ventilatoren wurden von einer gemeinsamen Maschine mittels verschiedener Riemenübersetzung angetrieben. Die blasende Luttenleitung reichte bis auf 8—10 m, die saugende bis auf 20—25 m vom Schachttiefsten herab. Nach dem Wegtun der Schüsse wurde zunächst, um ein sofortiges Absaugen der zugeblasenen Wetter durch die saugende Leitung auf dem kürzesten Wege ohne genügende Ausspülung des Schachttiefsten zu verhüten, der saugende Ventilator etwa 2 Minuten stillgestellt und erst, wenn die Sprenggase durch die blasende Leitung gründlich aufgewirbelt waren, wieder in Gang gesetzt. Der Schacht wurde dann in 8 Minuten vollständig von Sprenggasen gereinigt.

3. Wettergeschwindigkeit.

Über die höchsten in den einzelnen Wetterabteilungen auftretenden Wettergeschwindigkeiten gibt die Spalte 7 der am Schluß dieses Abschnittes folgenden Zusammenstellung Aufschluß. Es geht daraus hervor, daß die durch die geltende Bergpolizeiverordnung für Schlagwettergruben als Regel vorgesehene Höchstgeschwindigkeit ausziehender Ströme von 360 m nur in vier Ausnahmefällen überschritten wird, und daß sonst die auftretenden

*) Vergl. Versuche und Verbesserungen, Bd. 49, S. 330 der Ministerialzeitschrift.

Höchstgeschwindigkeiten zum ganz überwiegenden Teile weit unter dieser Grenze liegen. In den genannten drei Fällen ist die hohe Geschwindigkeit auch nur im Schachte oder in den nicht regelmäßig befahrenen Wetterstrecken vorhanden. Nach Nasses Angaben waren in derartigen Strecken damals Geschwindigkeiten von 5—7 m in der Sekunde die Regel, besonders wenn sich mehrere getrennt einfallende Ströme dort vereinigten; daß sie jetzt nur ausnahmsweise auftreten, ist wiederum ein Beweis für die bedeutenden Fortschritte der Wetterversorgung in den letzten Jahrzehnten. Mit in erster Reihe trägt zu dieser Verbesserung jedenfalls der Umstand bei, daß infolge der starken Bevorzugung des Versatzbaues und durch die planmäßiger als früher vorgenommene Verteilung des Abbaues auf die einzelnen Flöze, Sohlen und Feldesteile die Wetterstrecken weniger in Druck kommen und nicht so stark im Querschnitt verringert werden wie in früherer Zeit. Daneben sind naturgemäß auch die übrigen bereits früher erwähnten Verbesserungen wirksam.

Der Querschnitt der Hauptwetterwege geht auch in druckhaften Flözen kaum jemals auf die in der Bergpolizeiverordnung als Mindestmaß festgesetzten 3 qm herunter und beträgt oft mindestens das Doppelte. Auch in den einzelnen Teilströmen ist in den Strecken oft ein Querschnitt von 6 qm zu finden, und größere Geschwindigkeiten als 1,5 m in der Sekunde kommen nicht oft vor, sodaß die Arbeiter vor den mit erheblich höheren Geschwindigkeiten verbundenen Erkältungen gut geschützt sind.

In den Abbauen andererseits ist die Wetterbewegung besonders bei dem so sehr überwiegenden Strebbau viel lebhafter als früher, sodaß man nicht zu oft Stellen treffen wird, wo, wie es Nasse von vielen Abbauen berichtet, der Wetterzug kaum noch meßbar ist.

IV. Sicherheitsmaßregeln gegen Schlagwetter- und Kohlenstaubzündungen.

1. Sicherheitslampen.

Während Nasse noch 6 Gruben anführen konnte, auf denen entweder an allen Stellen oder wenigstens in ausgedehnten Abteilungen offene Lampen benutzt wurden, und während damals nicht weniger als $^1/_4$ der gesamten Belegschaft mit solchen arbeitete, sind wegen der zunehmenden Teufe und Gefährlichkeit der Gruben und der gewachsenen Erkenntnis dieser Gefahren die offenen Lampen gegenwärtig, von einem Teil der Grube Dilsburg abgesehen, überall verschwunden. In einziehenden Schächten findet bei Schachtausbesserungen und dergl. allerdings offenes Licht wie überall noch Verwendung. Die früher allgemein benutzte sog. Saarbrücker Lampe mit Ölbrand und einfachem Schraubstiftverschluß ist auf Veranlassung der

Bergbehörde im Laufe der 1890er Jahre abgeschafft, weil sie neben einigen anderen Nachteilen hauptsächlich den besaß, ohne Schwierigkeit unbefugterweise geöffnet werden zu können. Sie ist so gut wie überall durch die bekannte Wolffsche Benzinlampe ersetzt worden, die außer der Sicherheit ihres magnetischen Verschlusses den Vorzug größerer Helligkeit und besserer Anzeigefähigkeit für Schlagwetter besitzt. Sie ist meist in der einfachsten Form mit oberer Luftzuführung und einfachem eisernen Drahtkorb vertreten. Die Abmessungen des Zylinders wie des Korbes sind auf mehreren Gruben in den letzten Jahren nach den Ergebnissen der neuesten Untersuchungen der westfälischen Versuchsstrecke*) abgeändert worden, auch bringt man mehrfach, z. B. auf Grube Dudweiler, doppelte Körbe an.

Große Sorgfalt ist dem empfindlichsten Teile der Lampe, dem Zylinder, zugewandt worden, der wegen der großen Hitze der Benzinflamme sehr zum Springen neigt und durch die beim Zerspringen häufig entstehenden klaffenden Risse die Sicherheit der Lampe nicht selten gänzlich aufhebt. Man ist deshalb aus Gründen der Sicherheit mehrfach zur Verwendung von Hartglaszylindern der Firma Schott und Genossen in Jena übergegangen, obgleich diese nach sorgfältigen Berechnungen auf Grube König bei Berücksichtigung ihrer durchschnittlich um 83 % größeren Lebensdauer um etwa 40 % teurer anzusehen sind als gewöhnliche Zylinder.

Als Zündvorrichtung war bei den zuerst eingeführten Benzinlampen allgemein eine Schlagzündung angebracht, neuerdings ist man aber wegen ihrer im Durchschnitt größeren Sicherheit vielfach zu Reibzündungen übergegangen. Auch der magnetische Verschluß in seiner ersten Form ist, weil er trotz seiner anscheinenden Vollkommenheit beharrlichen und planmäßigen Öffnungsversuchen nicht sicher widersteht, auf mehreren Gruben durch die verstärkte, nur mit Hilfe eines sehr kräftigen Elektromagneten zu öffnende Ausführungsform oder auch durch andere Vorrichtungen (Zweibolzenverschluß usw.) ersetzt worden.

Lampen anderer Firmen, z. B. von Seippel in Bochum, sind auch stellenweise beschafft worden, spielen aber neben den Wolffschen Lampen nur eine untergeordnete Rolle. Elektrische und Acetylenlampen, die man an einzelnen Stellen versucht hat, haben sich für den gewöhnlichen Betrieb als nicht geeignet erwiesen.

Die Anlage der Lampenstuben, der Ausgabeschalter und der Benzinkeller bietet gegenüber den gleichen Einrichtungen anderer Steinkohlenbezirke keine besonderen Eigentümlichkeiten. Sehr gute Erfolge erzielte

*) Siehe Bd. 7. S. 265 des Sammelwerks über den niederrhein.-westf. Steinkohlen-Bergbau.

man neuerdings z. B. in Heinitz und in Brefeld mit Lampenreinigungsmaschinen Bauart Schröder der Firma Seippel in Bochum. Die Maschine wird elektrisch angetrieben, von zwei Mann bedient und ist imstande, in der Stunde 200 Lampen zu reinigen. In Heinitz konnte die Belegung der Lampenkaue von 25 Mann nach Inbetriebnahme der Maschine auf 17 Mann vermindert werden. Dadurch ergaben sich im Monat folgende Ersparnisse:

Lohn für 8 Arbeiter, je 25 Schichten zu 3,10 M.	620,— M.
Knappschaftsbeiträge	58,— »
Ersparnis an Handbürsten und sonstigem Material	13,50 »
	691,50 M.
Davon ab: das von der Maschine verbrauchte Material	106,— »
Also reine monatliche Ersparnis	585,50 M.

Außerdem fällt der Umstand ins Gewicht, daß die Lampen, besonders die Winkel der Drahtkörbe, besser gereinigt werden als bei Handbetrieb.

2. Untersuchung der Wetterführung.

Täglich vor dem Anfahren der Belegschaft muß nach der Bergpolizeiverordnung für den Betrieb der Schlagwettergruben das gesamte Grubengebäude, soweit es in Betrieb ist, auf die Gegenwart schlagender Wetter untersucht werden. Über die Art und Weise, wie dies zu geschehen hat, sind auf Grund der Polizeiverordnung für jede Grube von deren Direktor Spezialvorschriften erlassen. Nach diesen besorgen im allgemeinen »Wettermänner« die Untersuchung eines bestimmten Abschnittes der Baue bis zu den Abzweigstellen der mit einzelnen Kameradschaften belegten Strecken (Abbaustrecken, Pfeiler usw.), und melden den Befund dem Obersteiger noch vor dem Beginn der Anfahrt der Belegschaft. Die Untersuchung der einzelnen Örter geschieht durch den aus jeder Kameradschaft bestimmten »Vorfahrer«, während die Kameradschaft inzwischen an der vom Wettermann untersuchten Abzweigstelle stehen bleibt. Zur Prüfung der Wetter auf Grubengas dient in beiden Fällen die Benzinlampe, die, wie bekannt, wegen der bedeutenden Hitze ihrer Flamme schon ganz geringe Schlagwetterbeimengungen anzeigt. Die empfindliche Pieler-Lampe wird nur bei größeren Untersuchungen benutzt.

Innerhalb jeder Bauabteilung hat der Abteilungssteiger den ordnungsmäßigen Zustand der Wetterführung fortdauernd zu überwachen und bei seinen täglichen Befahrungen auf etwaige Schlagwetteransammlungen zu achten. Außerdem sind aber gegenwärtig fast überall besondere Wettersteiger angestellt, die an der Hand von Wetterrissen die Wetterführung in einem größeren Bezirk zu beaufsichtigen und die zur richtigen Zuführung und Verteilung der Wetter in ihm erforderlichen Maßregeln zu treffen oder zu veranlassen haben. Sie führen zu dem Zwecke an genau bezeichneten Stellen regelmäßige Wettermessungen mit dem Anemometer aus und zwar im allgemeinen in der Weise, daß der gesamte einziehende und der gesamte ausziehende Strom einer Wetterabteilung wöchentlich und die hauptsächlichsten Teilströme monatlich mindestens einmal gemessen werden. Die Messungen in den weiteren Verzweigungen geschehen nach Bedürfnis und auf Anweisung des Werksleiters. Im einzelnen weichen die Bestimmungen über die Messungen in den verschiedenen Spezialvorschriften etwas, wenn auch nicht wesentlich, voneinander ab. Meist mindestens vierteljährlich werden aus dem Hauptausziehstrome Proben zur Untersuchung auf ihren Schlagwettergehalt entnommen. Außerdem werden an verschiedenen Stellen Beobachtungen über den Luftdruck und die Lufttemperatur unter und über Tage angestellt und vielfach in besonderen Büchern zusammengestellt. Zur Verzeichnung der Luftdruckschwankungen werden jetzt über Tage meist sehr zweckmäßig selbstschreibende Dosenbarometer benutzt.

3. Beschränkungen der Schießarbeit.

Für einzelne Abteilungen mehrerer Gruben ist zeitweise wegen der vorhandenen Schlagwetter- oder Kohlenstaubgefahr die Anwendung der Schießarbeit von der Bergbehörde gänzlich untersagt. Ferner ist, abgesehen von einer Reihe von Vorschriften, die eine sichere und gefahrlose Ausführung der Schießarbeit bezwecken, und von der Bestimmung, daß das Wegtun von Schüssen nur erfolgen darf, wenn vorher durch sorgfältiges Ableuchten des Ortes in einem Umkreise von mindestens 10 m die Abwesenheit von Schlagwetteransammlungen nachgewiesen ist, die Anwendung von Schwarzpulver und anderen langsam explodierenden Sprengstoffen in allen den Grubenräumen nicht gestattet, wo erfahrungsmäßig entzündlicher Kohlenstaub auftritt, und an allen den Stellen, die mit solchen Grubenräumen in demselben Wetterteilstrom liegen. Mit anderen Sprengstoffen darf dort nur durch besondere Schießmeister geschossen werden, nachdem die Umgebung des Bohrlochs in einem Umkreis von 10 m gründlich befeuchtet worden ist. Von diesen Beschränkungen ist ein sehr großer Teil der Saarbrücker Gruben entweder in ihrem ganzen Umfange oder in einzelnen Flözen oder Bauabteilungen betroffen worden; sie haben, da die mannigfachen versuchten Vorrichtungen zum Ersatz der Sprengstoffe besonders die verschiedenen Keilvorrichtungen im allgemeinen keine zufriedenstellende Wirkung ergaben, naturgemäß bedeutende wirtschaftliche Belastungen für die betroffenen Gruben mit sich gebracht, die allerdings dann später durch die Erfindung und Einführung brauchbarer, den verschiedenen Zwecken gut angepaßter und dabei nicht zu teurer Sicherheitssprengstoffe wieder vermindert wurden. Eine Berechnung der den Gruben durch die Einschränkung der Schießarbeit erwachsenen Mehrgewinnungskosten ist leider auch nur annähernd nicht möglich, weil etwa gleichzeitig mit der Beschränkung der Schießarbeit in der ersten Hälfte der 1890 er Jahre auf den meisten Gruben der Übergang zu den neuen Abbauarten mit Bergeversatz erfolgte, der an sich schon eine völlig veränderte Gedingefestsetzung mit sich brachte. Außerdem waren in jener Zeit durch die Nachwirkung des Ausstandes von 1889 die Löhne in einer lebhaften Aufwärtsbewegung begriffen, sodaß es nicht möglich ist, noch zu erkennen, wieweit das Steigen der Löhne durch die Maßnahmen inbetreff der Schießarbeit verursacht war. Auch die damaligen Leistungen können zur Abschätzung der Einwirkung des Schwarzpulververbots auf die wirtschaftlichen Ergebnisse der Gruben nicht benutzt werden, weil, wie es regelmäßig geschieht, mit dem Steigen der Löhne die Leistung des Mannes in der Schicht bedeutend herunterging.

Im ganzen wurden 1904 3 436 000 t, d. h. fast genau $^1/_3$ der Gesamtförderung aus Betrieben gewonnen, in denen die Schießarbeit nicht gestattet war; wegen der entsprechenden Mengen auf den einzelnen Gruben sei auf die Zusammenstellung S. 86 u. 87 verwiesen.

4. Berieselung.

Nachdem die verheerende Explosion auf Grube Camphausen am 17. März 1885 und einige kleinere die Gefahren des in mehreren Saarbrücker Gruben auftretenden Kohlenstaubes in Übereinstimmung mit den Ergebnissen der Untersuchungen der preußischen Schlagwetterkommission erwiesen hatten, ging man zur Verhütung ähnlicher Unfälle mit Eifer daran, auf den gefährdeten Saarbrücker Gruben die planmäßige Anfeuchtung des Staubes, die neben den bereits vorstehend erwähnten Beschränkungen der Schießarbeit als das einzige sicher wirksame Mittel erkannt worden war, ungeachtet der hohen Kosten einzuführen. Die Erfahrungen zeigten, daß im allgemeinen nur mit Hilfe eines ausgedehnten Netzes von Berieselungsrohren der nötige Grad von Feuchtigkeit im praktischen Betriebe zu erreichen ist und daß die sonstigen dafür versuchten Mittel, wie

Gießkannen, Sprengwagen, nur aushilfsweise und zur Unterstützung einer Rohranlage an schwer erreichbaren Stellen geeignet scheinen.

Es wurde deshalb zunächst für die am meisten gefährdeten Gruben, dann aber durch Bergpolizeiverordnung vom 8. Oktober 1900 grundsätzlich für alle Schlagwettergruben, soweit sie nicht wegen besonderer Umstände, besonders wegen hinreichender natürlicher Feuchtigkeit der Baue, vom Oberbergamt von der Verpflichtung befreit sind, die Anlage von Spritzwasserleitungen in solchem Umfange vorgeschrieben, daß alle Ausrichtungs-, Vorrichtungs- und Abbaubetriebe regelmäßig genügend besprengt werden können, um die trockene Ablagerung von Kohlenstaub in diesen Betrieben und in ihrer Nähe zu verhindern. In den zur Förderung, Fahrung und Wetterführung dienenden Strecken, einschließlich der Bremsberge, muß die Leitung eine solche Befeuchtung gestatten, daß Ablagerungen von Kohlenstaub in ihnen unschädlich gemacht werden.

Die auf Grund dieser Bestimmungen auf den meisten Gruben hergestellten Spritzleitungen haben besonders auf den Fischbachgruben einen sehr bedeutenden Umfang angenommen. So waren auf Grube Camphausen, auf der überhaupt zuerst eine Spritzanlage im Jahre 1888 eingerichtet wurde, und wo man von Anfang an über deren Kosten genau Buch geführt hat, bis Ende Mai 1905 die aus der folgenden Übersicht ersichtlichen Gesamtlängen verlegt und Kosten entstanden (abgerundete Zahlen):

Eingebaute Gesamtlänge m	Davon wieder ausgebaut m	Bestand m	Materialkosten M.	Arbeitslöhne M.
215 000	143 000	71 950	88 260	225 250
Im Monat Mai 1905 waren die Zahlen folgende:				
2 540	1 740	—	2 430	1 520

Auf Grube Brefeld beträgt die vorhandene Rohrlänge rd. 45 km, ähnliche Längen sind in Maybach, Dudweiler und König usw. vorhanden. Der Inhalt des Camphausener Rohrnetzes mit den verschiedenen Behältern beläuft sich auf rd. 450 cbm, die Herstellung und Unterhaltung der Leitung auf 1 t Förderung berechnet kostet 8 Pf., die Löhne für das Berieseln 3 Pf.

Als Material für die Leitungen werden fluß- oder schmiedeeiserne Rohre benutzt, deren lichte Durchmesser zwischen 25 und 100 mm schwanken. Die Verbindungen werden jetzt bei den größeren Durchmessern ausschließlich mit Flanschen hergestellt, bei den dünneren Rohren, als welche meist sog. Gasrohre verwandt werden, sind mehrfach noch Muffen in Gebrauch, doch geht man auch bei ihnen mehr und mehr dazu über, Flanschen aufsetzen zu lassen. Die zur Ausführung des Sprengens benutzten Schläuche bestehen jetzt meist aus Gummi und besitzen weder Brause noch Strahlrohr, sondern werden von dem Bedienenden unmittelbar mit der Hand so weit zusammengedrückt, als es zur Herstellung des Streukegels erforderlich ist; es ist auf diese Weise, abgesehen von dem Vorzug der Einfachheit der Einrichtung, leichter, die Stärke des Strahls und den Wasserverbrauch dem Bedürfnis anzupassen. Zum Anschluß der Schläuche dienen Ventile verschiedener Art, die neuerdings meist aus Eisen bestehen, weil sie weniger als die wertvolleren Rotgußventile der Entwendung ausgesetzt sind.

Für das Besprengen der Ausrichtungs-, Vorrichtungs- und Abbaustrecken haben bis auf 20 m Entfernung vom Arbeitsstoß die Ortsältesten zu sorgen, die übrigen Strecken werden durch besondere, mit eigener Dienstanweisung versehene Spritzmeister bedient.

Es sei hier eingeschaltet, daß das von Meißner angegebene Verfahren des sog. Stoßtränkens, das als das vollkommenste Verfahren insofern angesehen werden kann, als es den Kohlenstaub bei der Hereingewinnung garnicht erst in gefährlich trockenem Zustande entstehen lassen will, sich im praktischen Betriebe nicht behaupten konnte, weil es nur bei weicher, lockerer Kohle einen durchschlagenden Erfolg hat und dann bei der häufig vorhandenen Neigung des Liegenden zum Aufblähen und Quellen auch nur mit großer Vorsicht angewandt werden darf. Bei harter und mit Schlechten und Klüften durchsetzter Kohle, wie sie im Saarbrücker Bezirk sehr vielfach auftritt, fließt das zum Stoßtränken benutzte Wasser ohne nennenswerte Wirkung ab.

Das zum Betriebe der Spritzleitung nötige Wasser wird aus der Steigleitung oder aus Sammelbehältern auf höheren Sohlen, stellenweise auch aus solchen über Tage entnommen und, wo nötig, in einfachster Weise durch Siebe usw. geklärt. Um einen zu hohen Druck in dem Netz und die dadurch hervorgerufenen häufigen Brüche und Undichtigkeiten zu vermeiden, wird die natürliche Druckhöhe öfters durch Einschaltung offener Wasserkästen, sog. Druckbrecher, auf einer Zwischensohle geteilt. Ein Druck von 15—20 at scheint für den Betrieb am zweckmäßigsten.

Über die neuerdings auf Grube Camphausen ohne günstigen Erfolg angestellten Versuche, statt des reinen Spritzwassers ein Gemisch von

Wasser und Westrumit zur Besprengung und dauerhafteren Bindung des Staubes zu benutzen, ist von Flemming auf dem 9. Bergmannstage ein Vortrag gehalten worden. Es braucht deshalb hier nur auf dessen Wiedergabe in dem Bericht über diesen Bergmannstag verwiesen zu werden.

5. Vorkehrungen gegen Grubenbrand; Rettungswesen.

Die Gefahr von Grubenbränden durch Selbstentzündung der Kohle ist bei der Natur der meisten Saarbrücker Flöze verhältnismäßig gering, sodaß größere Vorbereitungen zur Verhütung und Einschränkung von Bränden in der Regel nicht getroffen zu werden brauchen. Man beschränkt sich im allgemeinen darauf, in der Nähe brandgefährlicher Stellen Material zur schnellen Herstellung von Dämmen bereit zu halten und arbeitet im übrigen schon durch die aus anderen Gründen angestrebte Bildung kleiner Baufelder mit schnellem Verhieb und vornehmlich durch die gegenwärtig so stark überwiegende Verwendung des vollständigen Versatzbaues mit seinen äußerst geringen Kohlenverlusten sehr wirksam auf die Verminderung der Brandgefahr hin. Bei ausgebrochenem Brande ist man außerdem durch die Verwendung von Atmungsapparaten und elektrischen Lampen vielfach in den Stand gesetzt, das Brandfeld so eng einzudämmen, wie es in früherer Zeit wegen des Fehlens solcher Vorrichtungen nicht durchführbar war.

Über die Fortschritte des Rettungswesens auf den Saargruben braucht an dieser Stelle wegen des den Gegenstand ausführlich behandelnden Vortrages von Lossen auf dem 9. Bergmannstage (s. Festbericht S. 166 ff.) nicht näher eingegangen zu werden. Es sei nur ergänzend bemerkt, daß neuerdings auf Grube Reden eingehende Versuche mit dem Rettungsapparat von Draeger und mit dem Königschen Atmungsapparat angestellt worden sind und günstige Ergebnisse gehabt haben. Bei einem gleichzeitigen Versuch mit einem Giersberg- und einem Draeger-Apparat war der Träger des ersteren nach 64 Minuten dauernder Arbeit an einem Branddamm gänzlich erschöpft, während der Träger des Draegerschen Apparats vollkommen frisch und arbeitsfähig war. Der Königsche Atmungsapparat, bei dem die Atmungsluft dem Träger durch einen Schlauch zugepumpt wird, eignet sich beim Setzen von Branddämmen u. dergl. sehr, weil sein Gebrauch keinerlei Vorübung wie die Regenerationsapparate erfordert und er jederzeit gebrauchsfertig ist.

Übersicht über die Wetterwirtschaft auf den

Bewetterungsbezirk: Inspektion	Bewetterungsbezirk: Grube	Bewetterungsbezirk: Wetterabteilung	Stärkste Belegschaft in der Schicht	Durchschnittliche tägliche Fördermenge t	Gesamte ausziehende Wettermenge im Wetterkanal in 1 Minute cbm	Höchste Wettergeschwindigkeit in 1 Min. in Wetterquerschlägen oder Wetterstrecken m	Schachtquerschnitt für den ausziehenden Wetterstrom qm	Ventilatorsystem	Depression im Wetterkanal bei normaler Tourenzahl mm Wassersäule
1	2	3	4	5	6	7	8	9	10
I	Schwalbach	Ostschacht	350	760	1 542	324	4,90	Capell Guibal in Reserve	38
	„	Kasholzschacht	160	170	588	198	4,10	Guibal	21
	„	Schwalbacher Schacht	154	300	1 539	290	7,00	Pelzer	38
	„	Westschacht	245	320	1 041	205	3,10	2 Guibal 1 Reserve	21
	„	Knausholz I	92	310	276	280	1,00	Capell	16
	„	„ II	25	90	155	90	1,80	Schiele	12
I	Geislautern	Geller	215	220	900	260	3,70	Capell	28
II	Viktoria	Aspenstrom	443	930	2 309	463	12,56	Pelzer	75
	„	Mariastrom	333	84	747	276	2,80	„	33
	„	Weststrom	308	723	1 219	303	8,54	„	53
II	Rudolfschacht	Mathildestrom	193	558	1 885	270	3,60	„	42
	„	Fürstenhauser Tagestrecke	135	340	704	112	5,90	Rateau	19
II	Gerhard	Beustflöz Oststrom	168	270	1 132	268	9,07	Pelzer	26
	„	Josefa und 80 cm Seilschachtstrom	160	290	1 025	205	5,00	„	31
	„	Beustflöz Weststrom Annaschacht	102	320	890	178	8,54	„	53
	„	Beustflöz Weststrom Rammelter Schacht	50	110	342	116	5,00	„	36
II	Serlo	Marthaschacht	102	140	1 213	190	8,00	„	30
	„	Fettkohlengrube	53	109	1 822	360	20,00	Schiele	57
III	Hauptgrube	Karlflöz	313	346	1 277	368	3,47	Rittinger	68
	„	Beustflöz	182	322	703	172	4,09	Guibal	65
III	Lampennest	Lampennest	474	857	2 183	228	4,82	„	47
III	Burbachstollen	Kirschheckschacht II	152	287	1 190	220	7	Pelzer	35
	„	„ III	193	398	1 700	226	7	„	34
IV	Dudweiler	Oststrom	723	1 360	2 336	310	3,80	Kley	65
	„	Mittelstrom	553	324	2 042	240	3,80	Geisler	85
	„	Weststrom I	148	284	1 039	350	8,28	„	54
	„	„ II	631	1 124	2 779	210	15,89	Kley	78
	„	—	—	—	331	—	—	—	—
IV	Jägersfreude	—	110	106	373	150	9,45	Zimmermann	16

Saarbrücker Staatsgruben für das Jahr 1904.

Gruben-weite	Tem-peratur im Wetter-kanal	Höchste Tem-peratur in den Gruben-räumen	Gehalt des ausziehenden Stromes an CH4		In 24 Stunden entwickelte Menge CH4		CO2		Wettermenge auf		Bemerkungen
			CH_4	CO_2	über-haupt	auf 1 t Förderung	über-haupt	auf 1 t För-derung	1 Mann Spalte 6/4	1 t Spalte 6/5	
	°C	°C	%	%	cbm	cbm	cbm	cbm	cbm	cbm	
11	12	13	14	15	16	17	18	19	20	21	22
1,58	22	24	0,226	0,519	5 018	6,602	11 524	15,162	4,4	2,03	
0,82	19	21	0,142	0,452	1 202	7,070	3 827	22,511	3,68	3,46	
1,57	22	23	0,093	0,382	2 061	6,870	8 466	28,220	10,0	5,13	
1,45	20	24	0,209	0,242	3 132	9,787	3 628	11,337	4,25	3,26	
0,43	17	20	0,083	0,415	330	1,064	1 649	5,319	3,0	0,89	
0,28	17	20	—	0,185	—	—	413	4,588	6,2	1,72	
1,17	18	20	0,065	0,308	869	3,950	4 116	18,709	4,18	4,10	
1,66	18	21	0,111	0,395	3 691	3,968	9 522	10,238	5,22	2,48	
0,81	18	20	0,052	0,387	5 594	6,700	4 339	51,964	2,24	8,94	
1,04	20,5	21,5	0,171	0,601	3 002	4,158	10 550	14,612	3,95	1,69	
1,83	15	18,5	0,305	0,271	8 280	14,832	7 357	13,179	9,78	3,38	
1,02	17	19	0,434	0,304	4 400	12,940	3 082	9,064	5,22	2,07	
1,75	20	22	0,353	0,862	5 754	21,274	14 051	52,040	6,75	4,20	
1,09	19	19	0,726	0,497	10 716	36,952	7 336	25,296	6,42	3,54	
0,76	21	22	0,965	0,327	12 367	38,646	4 191	13,096	8,72	2,78	
0,55	18,5	19	0,470	0,357	2 315	21,045	1 758	15,981	6,85	3,11	
1,33	18,5	19	0,646	0,309	11 665	83,143	5 580	39,771	11,9	8,67	
1,52	19	23	1,030	0,208	27 027	248,638	4 457	41,004	3,44	16,80	
0,97	19	21	0,048	0,461	1 171	3,38	8 453	24,43	4,08	3,69	
0,55	26	27	0,188	0,630	1 903	5,91	6 378	19,81	3,86	2,18	
2,01	14	19	0,072	0,487	2 238	2,61	14 854	17,33	4,62	2,55	
1,10	20	26	0,459	0,508	7 865	27,37	8 705	30,29	7,84	4,14	
1,60	18	23	0,185	0,218	4 529	11,38	5 337	13,41	8,81	4,27	
1,83	23	27	0,052	0,459	1 749	1,286	15 442	11,354	3,24	1,72	Geisler zur Reserve.
1,40	22,5	26,5	0,086	0,245	2 528	7,802	7 204	22,234	3,69	6,30	
0,89	22	26	0,251	0,355	3 744	13,190	5 315	18,715	7,02	3,66	
1,99	20	26	0,178	0,517	7 123	6,337	20 688	18,405	4,40	2,47	
—	—	25	—	—	—	—	—	—	—	—	Dieser Strom, welcher auf natürlichem Wege auszieht, bewettert nur den Wasser-haltungsmaschinen-raum in der V. Sohle.
0,59	16	21	0,045	0,490	240	2,268	2 672	25,208	3,40	3,52	

Bewetterungsbezirk			Stärkste Beleg-schaft in der Schicht	Durch-schnitt-liche tägliche Förder-menge	Gesamte aus-ziehende Wetter-menge im Wetter-kanal in 1 Minute	Höchste Wetter-geschwin-digkeit in 1 Min. in Wetter-quer-schlägen oder Wetter-strecken	Schacht-quer-schnitt für den aus-ziehenden Wetter-strom	Ventilator-system	Depression im Wetter-kanal bei normaler Touren-zahl
In-spek-tion	Grube	Wetter-abteilung		t	cbm	m	qm		mm Wasser-säule
1	2	3	4	5	6	7	8	9	10
V	Sulzbach	Lochwiesschacht	500	865	1866	381	8,23	Kley Guibal in Reserve	27
	„	Mellinschacht 3	329	380	1771	210	8,22	Kley	22,5
V	Altenwald	Moorbachschacht	768	861	2549	341	9,62	Pelzer Guibal in Reserve	60
	„	Hermannschacht	475	702	2020	404	12,56	Kley Pelzer in Reserve	60,7
	„	Mathildeschacht	237	392	1557	292	12,56	Kley	16,9
VI	Reden und Itzenplitz	Heiligenwald	548	932	1698	195	4,90	Guibal	23
VI	Reden	Dachswald	282	610	1259	207	6,37	„	29
	„	Landsweiler	392	632	2050	240	11,72	Kley	28
	„	Emsenbrunnen	139	223	1203	244	6,60	Guibal	19
VI	Reden und Itzenplitz	Höfertal	170	341	1466	250	6,60	„	48
VI	Itzenplitz	Wildseiters	384	560	1796	290	12,00	„	29
VI	Reden	Redenschacht I	37	0	1506	154	4,86	Kley	45
	„	Bildstock	269	500	1507	215	11,72	Pelzer	23
VII	Heinitz	1	630	1300	3650	315	16,61	Kley Guibal in Reserve	60
	„	2	870	1770	3850	320	15,90	Capell	100
	„	3	—	—	350	—	3,50	Schacht I	—
VII	Dechen	1	354	} 1530	1490	325	14,79	Guibal	45
	„	2	532		3210	465	7,07	Geisler	42—46
	„	3	—	—	426	205	7,81	Dechenschacht III	—
VIII	König	Ventilatorschacht	560	990	2600	342	9,61	Pelzer (Guibal)	32
	„	Westschacht	370	560	2500	298	7,06	Rateau (Capell)	32
VIII	Kohlwald	Gegenortschacht	481	1149	3042	268	7,07	Rateau	29

[Fortsetzung]

Grubenweite	Temperatur im Wetterkanal	Höchste Temperatur in den Grubenräumen	Gehalt des ausziehenden Stromes an		In 24 Stunden entwickelte Menge				Wettermenge auf		Bemerkungen
					CH_4		CO_2				
			CH_4	CO_2	überhaupt	auf 1 t Förderung	überhaupt	auf 1 t Förderung	1 Mann Spalte 6/4	1 t Spalte 6/5	
	°C	°C	%	%	cbm	cbm	cbm	cbm	cbm	cbm	
11	12	13	14	15	16	17	18	19	20	21	22
2,08	21	29	0,154	0,391	4 815	5,567	12 531	14,487	3,74	2,16	
2,12	19,5	28,5	0,039	0,274	1 040	2,737	6 294	16,563	5,38	4,67	
2,09	20	27	0,081	0,327	3 081	3,579	12 458	14,460	3,22	2,96	
1,64	19	25	0,067	0,272	1 963	2,796	7 964	11,345	4,25	2,91	
2,40	17	24	0,123	0,175	2 854	7,281	4 067	12,929	6,58	3,97	
2,21	17	21	0,250	0,377	6 300	6,760	9 130	9,796	3,02	1,82	
1,45	17	21	0,293	0,536	5 278	8,652	9 615	15,762	4,47	2,06	
2,42	16	19	0,383	0,258	11 261	17,818	7 560	11,962	5,23	3,24	
1,71	16	18	0,156	0,354	2 680	12,018	6 046	27,112	8,66	5,41	
1,31	17	20	0,278	0,389	5 858	17,179	8 021	23,522	8,65	4,30	
2,11	20	24	0,026	0,409	675	1,205	10 551	18,841	4,68	3,20	
1,42	19	20	0,058	0,161	1 087	—	3 486	—	40,7	—	
2,10	19	27	0,320	0,250	6 943	13,886	5 426	10,852	5,59	3,01	
2,95	19	23	0,059	0,242	3 101	2,385	11 855	9,119	5,80	2,81	
2,43	20	26	0,187	0,305	10 367	5,857	16 909	9,553	4,43	2,18	
—	—	—	0,014	0,162	70	—	81	—	—	—	Der Strom, welcher durch Schacht I auf natürlichem Wege auszieht, bewettert nur den Maschinenraum der Kettenförderung.
1,40	21	23	0,344	0,345	7 380	4,823	7 402	4,838	4,22	0,97	
3,02	20	23	0,145	0,371	6 702	4,315	17 149	11,208	6,63	2,10	Die Wetter, welche durch den Dechenschacht III auf natürlichem Wege ausziehen, bewettern nur den Maschinenraum der unterirdischen Wasserhaltung in der IV. Tiefbausohle.
—	—	—	—	—	—	—	—	—	—	—	
2,91	22	27,5	0,206	0,226	7 713	—	8 461	—	4,65	2,63	
2,80	22	27,5	0,638	0,235	22 968	—	8 460	—	6,76	4,46	
3,55	14	19,5	I 0,154	0,363	1 943	—	4 579	—	6,32	2,77	
			II 0,092	0,205	329	—	732	—	—	—	
			III 0,200	0,300	2 943	—	4 415	—	—	—	
			IV 0,074	0,924	439	—	5 482	—	—	—	
			V 0,194	0,190	2 090	—	2 047	—	—	—	

Bewetterungsbezirk			Stärkste Belegschaft in der Schicht	Durchschnittliche tägliche Fördermenge	Gesamte ausziehende Wettermenge im Wetterkanal in 1 Minute	Höchste Wettergeschwindigkeit in 1 Min. in Wetterquerschlägen oder Wetterstrecken	Schachtquerschnitt für den ausziehenden Wetterstrom	Ventilatorsystem	Depression im Wetterkanal bei normaler Tourenzahl
Inspektion	Grube	Wetterabteilung		t	cbm	m	qm		mm Wassersäule
1	2	3	4	5	6	7	8	9	10
VIII	Kohlwald	Oberschmelz	210	447	2 184	116	7,07	Guibal	29
	„	Annaschacht	53	79	869	140	7,06	Rateau	34
VIII	Wellesweiler	Wellesweiler	37	60	1 247	294	5,3	Pelzer	20
IX	Friedrichsthal	Erkershöhe	602	822	2 044	220	15,90	Guibal	37
	„	Geisheck	273	380	942	104	3,80	Capell	22
IX	Maybach	Ostschacht	576	848	3 648	323	19,62	Rateau	80
	„	Klaraschacht	1 034	1 812	4 654	355	19,62	Pelzer	78
X	Göttelborn	Ostfeld	381	549	1 521	221	7,06	„	40
	„	Westfeld	466	610	1 553	345	4,32	„	35
XI	Camphausen I	Ostfeld [1])	129	175	1 252	292	12,56	„	57
	„ II	Mittelfeld [2])	278	650	2 315	290	7,06 8,35	Kley Guibal in Reserve	90
	„ III	Westfeld	303	722	2 108	238	9,07	Geisler	51
XI	Brefeld I	Hauptstrom I	358	850	1 920	199	9,61	Kley	37
	„ II	„ II	173	400	1 391	192	9,61 } * 12,56 }	„	33

[1]) Durch Erweiterung der Wetterwege ist der Schlagwettergehalt, der 1902 0,7 % betrug, 1903 auf 0,5, 1904 auf 0 3 %

E. Tagesanlagen.

I. Dampfkesselanlagen.

Bei der außerordentlichen Entwicklung des Maschinenbetriebes auf den Saargruben innerhalb der letzten Jahrzehnte ist es nicht verwunderlich, daß die Zahl der Dampfkessel sich sehr vermehrt hat. Während nach Nasse im Jahre 1884 insgesamt 593 Kessel vorhanden waren, belief sich ihre Zahl Ende März 1905 auf 775. Noch stärker tritt die Vermehrung der

[Schluß]

Grubenweite	Temperatur im Wetterkanal	Höchste Temperatur in den Grubenräumen	Gehalt des ausziehenden Stromes an		In 24 Stunden entwickelte Menge				Wettermenge auf		Bemerkungen
					CH_4		CO_2				
			CH_4	CO_2	überhaupt	auf 1 t Förderung	überhaupt	auf 1 t Förderung	1 Mann Spalte 6/4	1 t Spalte 6/5	
	°C	°C	%	%	cbm	cbm	cbm	cbm	cbm	cbm	
11	12	13	14	15	16	17	18	19	20	21	22
2,56	14	19,5	0,250	1,456	7 373	—	42 939	—	10,02	4,90	
0,94	14	18	0,238	1,802	2 954	—	22 368	—	16,40	11,0	
1,76	17	22	0,214	0,309	4 499	—	6 496	—	33,7	20,8	
2,26	21,5	24,5	0,164	0,295	4 854	5,905	7 082	8,615	3,29	2,49	
1,78	14,5	18,5	0,108	0,327	1 465	3,855	4 436	11,673	3,45	2,48	
2,56	24	27	0,336	0,348	17 650	20,81	18 280	21,58	6,35	4,31	1 Pelzer in Reserve.
3,14	23	30	0,209	0,320	14 007	7,73	21 446	11,83	4,51	2,67	1 Pelzer in Reserve.
1,52	14	17—19	0,088	0,368	1 927	3,510	8 060	14,681	4,00	2,78	
1,70	13	17—19	0,039	0,149	872	1,430	3 332	5,462	3,32	2,54	
1,03	25	26,5	0,32	0,191	5 772	32,982	3 455	19,743	9,70	7,16	
1,44	22	26,5	0,420	0,248	14 021	21,571	8 290	12,754	8,32	3,56	
1,87	23	28,5	0,373	0,268	11 337	15,70	8 147	11,284	6,96	2,82	
1,99	24,5	30	0,249	0,214	5 845	6,876	5 023	5,909	5,37	2,26	
1,53	24	27	0,334	0,187	6 738	16,811	3 774	9,435	8,04	3,48	* Bei 50 m unter der Hängebank ist der Durchmesser des Schachtes von 3,5 m auf 4 m erweitert worden.

heruntergebracht worden. [2]) Der Schacht Camphausen III (Spalte 8) hat bis rund 100 m Teufe 7,06 qm, sonst 8,35 qm Querschnitt.

Leistungsfähigkeit der Kesselanlagen durch einen Vergleich der Gesamtheizfläche zutage, diese betrug 1884 rd. 26 200 qm, 1904 dagegen rd. 41 100 qm, also 1904 um etwa 58 % mehr. Dabei ist außerdem eine Steigerung der durchschnittlichen Dampfspannung eingetreten, die ebenfalls eine bedeutende Zunahme der Leistungsfähigkeit bedeutet. Die Gesamtstärke der an die Kesselanlagen angeschlossenen Maschinen betrug im März 1905 rd. 76 400 effektive Pferdestärken.

Über die verschiedenen Bauarten und die Größe der Kessel gibt folgende Übersicht Auskunft.

Gattung und

Kesselanlage	A. Feststehende								
	a. Walzenkessel mit Siederöhren. Liegend mit Unterfeuerung.								
	Mit einem unteren Siederohre			Mit einem unteren Siederohre System Mac-Nicol.			Mit zwei unteren Siederöhren		
	Stück	Rostfläche qm	Heizfläche qm	Stück	Rostfläche qm	Heizfläche qm	Stück	Rostfläche qm	Heizfläche qm
Kgl. Berginspektion I	—	—	—	4	10,80	316,4	—	—	—
« « II	1	2,85	34,4	—	—	—	—	—	—
« « III	—	—	—	—	—	—	—	—	—
« « IV	—	—	—	—	—	—	—	—	—
« « V	—	—	—	—	—	—	—	—	—
« « VI	—	—	—	—	—	—	—	—	—
« « VII	6	—	352,2	—	—	—	3	—	296,7
« « VIII	—	—	—	—	—	—	—	—	—
« « IX	—	—	—	—	—	—	—	—	—
« « X	—	—	—	—	—	—	—	—	—
« « XI	—	—	—	—	—	—	—	—	—
« Hafenamt . .	—	—	—	—	—	—	—	—	—
Zusammen . .	7	2,85	386,6	4	10,80	316,4	3	—	296,7
Durchschnittliche Rostfläche für 1 Kessel qm		2,85			2,70			—	
Durchschnittliche Heizfläche für 1 Kessel qm		55,20			79,10			98,90	
Verhältnis der Rostfläche zur Heizfläche		1 : 12,0			1 : 29,3			—	

Es geht daraus hervor, daß die ganz überwiegend vertretene Kesselform bei feststehenden Anlagen der Zweiflammrohrkessel mit Innenfeuerung ist, der ja auch in anderen Bergrevieren meist vorherrscht. Die Vorzüge, die ihn trotz seiner erheblichen Nachteile, vor allem seines großen Raumbedürfnisses und seiner bedeutenden Schwere, den ersten Platz behaupten lassen, sind hauptsächlich sein großer Wasser- und Dampfraum, der die Entnahme sehr stark wechselnder Dampfmengen ohne Schwierigkeit und ohne Beeinträchtigung der Trockenheit des Dampfes gestattet, ferner aber in fast noch höherem Maße die Möglichkeit, ohne bedeutende Aus-

Größe der Kessel.

Dampfkessel														
b. Engröhrige Siederohrkessel						c. Flammrohrkessel mit einem oder zwei Flammrohren						d. Flammrohrkessel mit Quersiedern.		
System Root			System Steinmüller			Liegend mit einem Flammrohr und Innenfeuerung			Liegend mit zwei Flammrohren und Innenfeuerung			Liegend mit einem Flammrohr und Innenfeuerung		
Stück	Rostfläche qm	Heizfläche qm	Stück	Rostfläche qm	Heizfläche qm	Stück	Rostfläche qm	Heizfläche qm	Stück	Rostfläche qm	Heizfläche qm	Stück	Rostfläche qm	Heizfläche qm
—	—	—	—	—	—	7	5,97	185,2	40	84,67	2345,2	2	1,04	34,6
—	—	—	—	—	—	6	3,66	93,0	76	170,50	4249,2	—	—	—
—	—	—	—	—	—	1	0,62	14,0	74	135,22	3691,2	3	1,83	48,1
—	—	—	—	—	—	5	2,80	78,8	49	111,29	2823,3	—	—	—
—	—	—	—	—	—	—	—	—	61	136,96	3468,4	—	—	—
—	—	—	—	—	—	1	0,55	16.3	83	181,41	4553,5	—	—	—
2	0,92	25,6	—	—	—	—	—	—	76	152,12	5126,8	—	—	—
4	9,00	255,6	4	18,12	689,2	—	—	—	50	127,30	3619,1	—	—	—
—	—	—	—	—	—	3	1,83	43,5	76	167,54	4279,1	—	—	—
—	—	—	—	—	—	—	—	—	20	38,59	942,8	—	—	—
—	—	—	—	—	—	—	—	—	50	107,85	2721,7	—	—	—
—	—	—	—	—	—	—	—	—	5	8,82	230,6	1	1,50	86,1
6	9,92	281,2	4	18,12	689,2	23	15,43	430,8	660	1422,27	38050,9	6	4,37	168,8
	1,65			4,53			0,67			2,15			0,73	
	46,80			172,30			18,73			57,6			28,1	
	1 : 28,3			1 : 38,0			1 : 27,9			1 : 26,8			1 : 38,6	

besserungen ein mittelmäßiges Speisewasser zu verwenden und den angesetzten Kesselstein bequem zu beseitigen. Der Zweiflammrohrkessel ist außerdem einfach in der Herstellung und billig in der Bedienung und Wartung. Die mit anderen Kesselarten gemachten Versuche haben hauptsächlich wegen des mangelhaften Speisewassers ungünstige Ergebnisse gehabt, vor allem ist ein Versuch mit Steinmüller-Kesseln auf Grube König sehr wenig zufriedenstellend ausgefallen, wobei allerdings auch die mangelnde Geübtheit der Heizer mitgewirkt haben mag. Man mußte bei den dort aufgestellten 4 Steinmüller-Kesseln schon in den ersten 3 Betriebsjahren

Gattung und

Kesselanlage	B. Bewegliche						
	e. Walzenkessel	f. Flammrohrkessel mit Quersiedern					
	Liegende feuerlose Kessel	Liegend mit Innenfeuerung			Stehend mit Innenfeuerung		
	Stück	Stück	Rostfläche qm	Heizfläche qm	Stück	Rostfläche qm	Heizfläche qm
Kgl. Berginspektion I	—	2	1,27	13,2	—	—	—
« « II	3	—	—	—	—	—	—
« « III	—	—	—	—	—	—	—
« « IV	—	—	—	—	—	—	—
« « V	2	—	—	—	—	—	—
« « VI	4	—	—	—	—	—	—
« « VII	3	9	3,32	60,0	—	—	—
« « VIII	4	—	—	—	—	—	—
« « IX	4	—	—	—	—	—	—
« « X	—	—	—	—	—	—	—
« « XI	4	—	—	—	—	—	—
« Hafenamt . . .	—	—	—	—	4	1,15	26,8
Zusammen . .	24	11	4,59	73,2	4	1,15	26,8
Durchschnittliche Rostfläche für 1 Kessel qm	—		0,42			0,29	
Durchschnittliche Heizfläche für 1 Kessel qm	—		6,70			6,70	
Verhältnis der Rostfläche zur Heizfläche	—		1 : 15,9			1 : 23,3	

83 Rohre auswechseln. Nach fünfjährigen Beobachtungen betrugen die Betriebskosten eines der dortigen Steinmüller-Kessel von 172 qm Heizfläche für 1 t Dampf 1,34 M., diejenigen eines zum Vergleich unter denselben Verhältnissen betriebenen Zweiflammrohrkessels von 63 qm Heizfläche 1,67 M., beidemal ohne Berücksichtigung der Heizerlöhne. Die danach zugunsten des Steinmüller-Kessels festgestellte Differenz wurde aber durch die große Nässe des Dampfes, die sich sehr störend bemerkbar machte, mindestens ausgeglichen.

Als Material der Kessel kommt seit den letzten Jahren nur noch Martinflußeisen in Frage, mit dem man auf den Saargruben stets nur gute Erfahrungen gemacht hat. Die Größe der Heizfläche der Zweiflammrohr-

Größe der Kessel.

Dampfkessel					
g. Feuerbüchsenkessel mit Heizröhren					
Liegend mit vorgehenden Heizröhren und Innenfeuerung			Liegend mit rückkehrenden Heizröhren und Innenfeuerung		
Stück	Rostfläche qm	Heizfläche qm	Stück	Rostfläche qm	Heizfläche qm
3	1,76	55,4	2	0,67	20,6
9	3,05	117,4	—	—	—
1	1,63	48,3	4	0,80	20,0
3	1,04	82,5	—	—	—
—	—	—	—	—	—
1	0,33	9,0	—	—	—
—	—	—	—	—	—
—	—	—	—	—	—
—	—	—	—	—	—
—	—	—	—	—	—
—	—	—	—	—	—
—	—	—	—	—	—
17	7,81	312,6	6	1,47	40,6
	0,46			0,25	
	18,40			6,76	
	1 : 40,0			1 : 27,6	

kessel wechselt von etwa 50—90 qm, die Länge von 7 bis 10 m, der Durchmesser zwischen 2,0 und 2,2 m. Die durchschnittliche Größe der Rost- und der Heizfläche ist aus der oben mitgeteilten Zusammenstellung ersichtlich. Das Durchschnittsalter der Kessel schwankte im Jahre 1904 bei den einzelnen Gruben zwischen 12 und 18 Jahren, für den ganzen Bergwerksdirektionsbezirk betrug es 16 Jahre. Die genehmigte höchste Dampfspannung liegt gegenwärtig bei den neueren Kesseln zwischen 8 und 10 at, nur bei den älteren überschreitet sie nicht 6,5 at, jedoch sind, wie die folgende Übersicht zeigt, noch etwa doppelt soviel Kessel der niedrigeren Spannung als solche für 8 oder 10 at Spannung vorhanden, außerdem arbeitet ein kleinerer Teil der neuen Kessel mit älteren zusammen und kann daher nicht bis zur vollen Spannung ausgenutzt werden.

Dampfspannungen.

Kesselanlage	Anzahl der Kessel zu											Summe der Kessel
	4	4½	5	5½	6	6½	7	7½	8	10	12	
	Atmosphären Überdruck.											
Kgl. Berginspektion I	3	2	5	1	23	5	1	1	15	4	—	60
« « II	6	—	—	—	9	51	—	—	18	11	—	95
« « III	1	1	1	5	7	55	—	—	12	1	—	83
« « IV	3	—	12	—	5	32	—	—	2	2	1	57
« « V	5	—	—	—	—	50	—	—	6	2	—	63
« « VI	2	6	—	—	1	49	—	—	26	5	—	89
« « VII	—	—	7	—	43	12	3	—	31	3	—	99
« « VIII	—	—	2	—	17	9	—	—	2	32	—	62
« « IX	—	—	—	4	12	30	—		36	1	—	83
« « X	—	·	—	—	—	10	—	3	7	—	—	20
« « XI	—	—	9	—	—	26	—	—	16	3	—	54
« Hafenamt	—	1	—	—	—	5	—	1	3	—	—	10
Zusammen	20	10	36	10	117	334	4	5	174	64	1	775

Die Einmauerung der Kessel geschah früher meist in der Weise, daß die Feuergase aus den Flammrohren am hinteren Ende heraustraten, aus beiden Rohren gemeinschaftlich an einer Kesselseite nach vorn, an der anderen Seite wieder nach hinten gingen und dort in den Fuchs hinabfielen. Diese Anordnung hatte den Nachteil, daß der Kessel auf beiden Seiten sehr verschieden stark erhitzt wurde und deshalb fast ununterbrochen Undichtigkeiten in den Nähten aufwies. Man mauert daher gegenwärtig die Kessel regelmäßig so ein, daß die Feuergase nach ihrem Austritt aus den Flammrohren in der Mitte unter dem Kessel nach vorn ziehen und von dort über dem Dampfraum zu dem hinten liegenden Fuchskanal abziehen. Infolge der beiderseitig gleichmäßigen Erhitzung treten viel seltener Undichtigkeiten auf, und man erreicht außerdem den Vorteil, daß die Stelle der niedrigsten Wassertemperatur in der Mitte unter den Flammrohren von den noch sehr heißen Gasen äußerst wirksam bestrichen und eine sehr kräftige Wärmeabgabe und Wasserbewegung herbeigeführt wird. Ein weiterer Vorteil liegt darin, daß der größte Teil des Kesselumfanges weit bequemer zugänglich ist als bei seitlich angebrachten Zügen und daß unter Umständen zur Ersparung von Raum die Kessel näher aneinander gelegt werden können.

Die Feuerung liegt, wie erwähnt, so gut wie immer im Flammrohr, die mit Vorfeuerungen an verschiedenen Stellen vorgenommenen Versuche sind nicht günstig ausgefallen. Die Ausnutzung der Kohle, von der, wie es der Betrieb einer Kohlengrube stets mit sich bringt, vielfach eine schlechte, schwer abzusetzende Sorte benutzt werden muß, ist in der Vorfeuerung geringer, weil die von der Feuerung nach außen ausgestrahlte Wärme für den Betrieb verloren geht, während sie bei der innenliegenden Feuerung bis auf einen sehr geringen Teil dem Kessel zu gute kommt. Die bei hochwertigen Kohlensorten öfters auftretende nachteilige Einwirkung der über dem Rost entwickelten großen Hitze auf die Flammrohrwandungen ist andererseits bei der Art der auf den Gruben verfeuerten Kohle und bei guter Erhaltung der Wärmeleitungsfähigkeit der Feuerplatten durch rechtzeitige Säuberung von Kesselstein und etwaigen Ölabsätzen nicht zu bemerken. — Der Rost wird aus einfachen glatten Stäben oder aus sog. Champagnestäben oder Gußeisenstäben, die zu dreien nebeneinander genietet sind, hergestellt. Die letztgenannte Form hat sich am besten bewährt. Stellenweise werden Stäbe von gezacktem oder wellenförmigem Grundriß benutzt. Erhebliche Vorzüge haben aber die komplizierteren und meist teuren Stäbe vor den einfachen nicht. Auch die vielfach versuchsweise eingerichteten Feuerungsarten, wie z. B. die Klugesche Wasserstaubfeuerung haben, wenn sie auch stellenweise zufriedenstellende Erfolge erzielten, doch kein entschiedenes Übergewicht über die einfache Rostfeuerung.

Bei den mit Koksofengasen geheizten Kesseln der Grube Heinitz, die im übrigen von der üblichen Bauart der Zweiflammrohrkessel nicht abweichen, werden zur Zuleitung der Koksgase zu den Flammrohren eiserne aufsteigende Rohrkrümmer benutzt; die Verbrennung findet im Flammrohr selbst statt, das an seinem vorderen Rande mit einem schmalen Ring von feuerfesten Steinen ausgekleidet ist. Bei den Kesseln, die auf Grube von der Heydt mit den Gasen der sog. Ringgeneratoren geheizt werden, ist dagegen eine besondere mit feuerfestem Futter versehene Verbrennungskammer vor dem Flammrohr angebracht. Sie kann bequem von dem Kessel entfernt werden, die Verbrennungsluft tritt, abgesehen von den unvermeidlichen Undichtigkeiten der Anschlußstellen, durch mehrere mittels Schieber mehr oder weniger verschließbare Öffnungen ein.

Von großem Einfluß auf die Wirtschaftlichkeit des Kesselbetriebes ist die richtige Wartung der Feuerung, vor allem die passende Bemessung der Verbrennungsluftmenge, da ein Abweichen von der richtigen Menge nach oben oder unten durch unvollkommene Verbrennung des

Brennstoffes oder das Verlorengehen der mit der überschüssigen erwärmten Luftmenge nutzlos abziehenden Wärme den Wirkungsgrad der Feuerung sehr herabdrückt. Die richtige Regelung kann bei den Stochkesseln nur durch Veränderung der Beschickungshöhe auf dem Rost und der Stellung des den Zug beeinflussenden Rauchschiebers vorgenommen werden und bereitet dadurch große Schwierigkeiten, daß an keinem Anzeichen ohne weiteres mit Sicherheit erkannt werden kann, ob der richtige Zustand vorhanden ist. Dieser kann vielmehr erst durch Untersuchung von Rauchgasproben festgestellt werden. Der Heizer ist also darauf angewiesen, sich lediglich an die ihm für die Bedienung des Feuers gegebenen Regeln über Art und Zeit der Rostbeschickung und die Stellungen des Schiebers während der Beschickung, des Ausschlackens usw. zu halten und wird, auch wenn er, was öfters nicht leicht zu erreichen ist, diese Regeln, die sich naturgemäß nur auf die wichtigsten Winke beschränken können, sinngemäß anwendet, nicht immer die richtige Regelung der Feuerung herbeiführen. Die vielfach als Zeichen einer solchen hingestellte Abwesenheit starken Rauchs gibt keinen zuverlässigen Anhalt, sie kann z. B. auch bei ungenügender Luftzuführung vorhanden sein. Man hat nun auf den Saargruben mehrfach die bekannten Vorrichtungen zur fortdauernden Untersuchung der Heizgase auf ihren Kohlensäuregehalt eingebaut und auf diese Weise dem Heizer und dem überwachenden Beamten einen deutlichen und bequemen Führer für die Beurteilung des Ganges der Feuerung zu geben versucht. Vor allem ist der sinnreich erdachte Ados - Apparat, wegen dessen Einrichtung auf die Beschreibung in Bd. 51 der Zeitschrift für das Berg-, Hütten- und Salinenwesen S. 260 verwiesen werden kann, auf Grube Heinitz und an einzelnen anderen Stellen aufgestellt worden. Er hat sich auch als zweckmäßiges und erfolgreiches Hilfsmittel erwiesen, jedoch hat sich bei längerem Betriebe herausgestellt, daß seine verwickelte Einrichtung für die notwendigerweise etwas rauhen Bedingungen, unter denen er in einem Grubenkesselhause zu arbeiten hat, nicht hinreichend widerstandsfähig ist, auch ist es immerhin nicht leicht, die Heizer zu der für den Erfolg notwendigen selbständigen Beobachtung des von ihrem Stande einigermaßen entfernten Apparates zu bewegen. Ähnlich sind die Erfahrungen mit den anderen ähnlichen Vorrichtungen wie z. B. der Schultzeschen Gaswage. — Vielfach mit gutem Erfolge angewendet ist die bekannte einfache Anordnung des den Rauchschieber bewegenden Handgriffs vor der Feuertür, durch die vor dem Öffnen der Tür ein annähernder Schluß des Schiebers mechanisch erzwungen wird. Es wird durch diese Vorrichtung wenigstens das massenweise Hereinstürzen kalter Luft in die Feuerung und die damit verbundene Entwicklung starken Rauchs und Schädigung der Wirtschaftlichkeit des Betriebes, sowie der plötzlich abgekühlten Kesselteile vermieden.

Das Speisewasser wird in den meisten Fällen vorgewärmt und zwar entweder durch den Abdampf der Maschinen in alten zu Vorwärmern umgearbeiteten Kesseln oder in den als Economisers bezeichneten bekannten Rohranordnungen durch die nach dem Fuchs abziehenden Kesselheizgase. Da diese Gase bei sachgemäßer Kesselwartung noch rund 15 % der im Brennstoff verfügbaren Wärmemenge, bei weniger zweckmäßigen Anlagen und mangelhafter Bedienung aber oft 30—40 % mit sich führen, so ist ihre Ausnutzung zur Vorwärmung äußerst empfehlenswert und bringt eine Kohlenersparnis von 8—10 % mit sich, durch die die Anschaffungskosten der Vorrichtung in kurzer Zeit wieder eingebracht werden. Das Speisewasser wird in einem solchen, meist aus 100 mm weiten senkrechten Gußeisenrohren bestehenden Fuchsvorwärmer auf eine Temperatur von 80—110° gebracht, die an den Rohren erforderlichen Ausbesserungen sind sehr gering. Da auch der Einbau in vorhandene Kesselanlagen in den meisten Fällen keinerlei Schwierigkeiten begegnet, so wäre die Beschaffung derartiger Vorwärmer, die bisher nur in ganz wenigen Fällen vorhanden sind, für die meisten Gruben sehr vorteilhaft.

Als zweckmäßigste Beanspruchung der Zweiflammrohrkessel ist nach zahlreichen Beobachtungen eine Verdampfung von 16—18 kg auf 1 qm Heizfläche festgestellt, ein durchschnittlich vorteilhaftester Kohlenverbrauch kann wegen der außerordentlich wachsenden Beschaffenheit der zu verfeuernden Kohle nicht angegeben werden.

In den letzten Jahren sucht man sich auch auf den Saargruben mehr und mehr die großen Vorteile zu verschaffen, die mit dem Einbau von Überhitzern verbunden sind und gerade für Grubenanlagen insofern noch mehr als für sonstige industrielle Werke ins Gewicht fallen, als es auf Schachtanlagen meist unvermeidlich ist, lange Dampfleitungen zu verwenden. Besonders wenn, wie es meist der Fall ist, unterirdische Wasserhaltungsmaschinen im Gebrauch sind, nimmt das Dampfrohrnetz eine derartige Ausdehnung an, daß die Kondensationsverluste in ihm einen sehr bedeutenden Bruchteil der gesamten verdampften Wassermenge ausmachten.

Genauere Bestimmungen über die Höhe dieser Verluste auf den Saargruben waren, abgesehen von den eingehenden Angaben Zörners in der Ministerialzeitschrift Band 43, S. 273 ff. über Beobachtungen auf Grube König, leider nicht zu erlangen, doch kann man nach vereinzelten Messungen wohl annehmen, daß bei der üblichen Kieselguhr- oder einer gleichwertigen Umhüllung der Rohre und beim Fehlen von Flanschumkleidungen die Verluste nicht ganz selten 20 % und mehr erreichen werden. Jedenfalls sind sie fast immer hoch genug, um die Überhitzung des Dampfes bis zu einem solchen Grade, daß er ohne nennenswerte Kondensverluste in etwa gesättigtem Zustande in die Maschinen tritt, sehr lohnend erscheinen zu lassen. Eine bedeutend weiter gehende Überhitzung erscheint wegen der dann erforderlich werdenden besonderen Einrichtung der Maschinen seltener angezeigt.

Gegenwärtig sind fünf Kesselanlagen des Bezirks mit Überhitzern ausgestattet und zwar auf Grube

Louisenthal	6	Kessel
Geislautern Rosselschacht .	4	»
Göttelborn	3	»
Altenwald	2	»
Heinitz	1	»

Der Überhitzer des zuletzt genannten Kessels hat eine besondere Feuerung. An einer Anlage, der auf Grube Göttelborn, hat man eingehende vergleichende Beobachtungen über den Einfluß der Dampfüberhitzung angestellt. Die zu den Untersuchungen verwandten beiden Kessel von 8 at Überdruck sind mit je einem hängenden Überhitzer der auf Tafel 15 des Bandes 50 der Ministerialzeitschrift abgebildeten Art ausgerüstet. Er besteht aus schmiedeeisernen Rohren von 44,5 mm lichtem Durchmesser, besitzt eine Gesamtheizfläche von rund 51 qm und wird von den aus den Flammrohren tretenden Heizgasen in seiner ersten Hälfte von unten nach oben, in der zweiten Hälfte in umgekehrter Richtung bestrichen. Der Dampf wird nach dem Gegenstromprinzip den entgegengesetzten Weg geführt. Durch Umstellen einer Klappe kann der Überhitzer aus dem Zuge der Feuergase ausgeschaltet werden. Durch passend angebrachte Rohr- und Ventilanordnungen ist es ferner möglich, den Überhitzer auch aus dem Dampfstrom auszuschließen oder auch dem überhitzten Dampf gesättigten Dampf beizumischen. Die Überhitzung wird aus den genannten Gründen nur zu mäßiger Höhe getrieben, die höchste erreichte Dampftemperatur übersteigt daher nicht 350°. Die durchschnittlich eingehaltene Temperatur liegt zwischen 280 und 300°. Die Versuche wurden unter möglichst gleichen Verhältnissen einmal mit gesättigtem, dann mit überhitztem Dampf angestellt, und um Ergebnisse zu erhalten, die den wirklichen Betriebsverhältnissen entsprechen, an Werktagen bei gewöhnlichem Betriebe vorgenommen. Die Ablesungen der Meßvorrichtungen an den Kesseln und Dampfmaschinen wurden viertelstündlich, die der Instrumente der an die Heißdampfanlage angeschlossenen elektrischen Kraftanlage alle fünf Minuten ausgeführt. Die Kesselspeisung erfolgte mit kaltem Wasser durch eine Pumpe, die ihren Betriebsdampf von einem besonderen Kessel erhielt.

Man erhielt folgende Ergebnisse:

		Mit Überhitzung	Ohne Überhitzung
Versuchsdauer	Std.	6	6,09
Mittl. Dampfüberdruck in den Kesseln	at	7,35	7,30
Gesamter Speisewasserverbrauch	kg	8575	11047
Stündlicher Speisewasserverbrauch	kg	1429	1796
Umlaufzahl der beiden Maschinen		188 59	185,5 64
Indizierte Gesamtleistung	PS	161,3	160,7
Mittl. Dampfverbrauch für 1 PS/st	kg	8,86	11,18
Stündlicher Kohlenverbrauch	kg	342	492
Gesamte Rostrückstände	kg	609	1057
Brutto Verdampfung	v. H.	29,7	34,6
Mittl. Kohlenverbrauch für 1 PS/st einschließlich Rückstände	kg	2,1	3,1
Auf 1 qm Heizfläche verdampftes Wasser in 1 Stunde	kg	11,1	13,8
Auf 1 qm Rostfläche verbr. Kohlen in 1 Stunde	kg	74,4	107
Auf 1 qm Heizfläche verbr. Kohlen in 1 „	kg	2,7	3,8
Zugstärke in Wassersäule	mm	5—8	10—14
Mittl. Temp. des Dampfes am Überhitzer	Grad	295	—
Mittl. Temp. des Dampfes vor den Maschinen	Grad	245 225	
Mittl. Temp. der Rauchgase im letzten Zuge		240—270	280—420
Mittl. Temp. des Speisewassers		12—13	12—13
Höhe der Beschickungsschicht	cm	10—12	10—12

Es wurden also gespart an Dampf $\frac{11,18 - 8,86}{11,18}$ = rund 21 %, an Kohlen $\frac{3,1 - 2,1}{3,1}$ = rund 31 %.

Die größere Ersparnis an Kohlen ist darauf zurückzuführen, daß bei dem Versuch ohne Überhitzung der Rost für die verfeuerte Grieskohle zu stark beansprucht und dadurch die Verdampfung ungünstig beeinflußt war. Es war nur mit großer Anstrengung möglich, die erforderliche Dampfmenge für die gleiche Leistung wie beim Betriebe mit Überhitzung zu erzeugen. — Nach diesen Beobachtungen machte sich die Anlage der Überhitzer in etwa 13 Monaten bezahlt. Bei ähnlichen Versuchen an der Überhitzeranlage der Grube Gerhard wurde eine Kohlenersparnis von 15 % ermittelt.

Bei der Anlage der Kesselhäuser wird regelmäßig ein erhöhtes Zufuhrgleis für die Kesselkohle hinter dem Schürerstande vorgesehen, von dem aus die Kohle bei jedem Kessel in einem Haufen aufgestürzt wird. Der Schürer entnimmt sie, indem er sich vor dem Kessel einfach herumdreht, von dort mit der Schaufel und wirft sie ohne Absetzen in die Feuerung Das Zufuhrgleis wird entweder an den Dachbindern aufgehängt, was den Vorteil hat, den Raum unter ihm ganz frei zu lassen, oder mit eisernen Pfosten brückenartig auf den Boden gestützt. Die Figuren 47 und 48 zeigen diese verschiedenen Ausführungen und lassen auch die sonstigen üblichen Verschiedenheiten der neueren Kesselhäuser ersehen. Der wesentlichste Unterschied besteht darin, daß entweder nur der Schürerstand überdacht ist oder das gesamte Kesselmauerwerk. In der Mehrzahl der Fälle findet trotz der höheren Kosten das letztere statt, wodurch die Ausstrahlungsverluste geringer werden und auch die Haltbarkeit der Kessel und ihres Mauerwerks wächst, weil die unregelmäßigen Wärmeentziehungen an den der wechselnden Witterung ausgesetzten Teilen und das dadurch hervorgerufene unausgesetzte schädliche Arbeiten im Kesselmaterial und Mauerwerk vermieden werden. Die Fig. 47, die einen Schnitt durch das Kesselhaus der Grube Göttelborn darstellt, zeigt auch die Kammer für den oben erwähnten Überhitzer. Außerdem ist in ihr der vor den Kesseln unter dem Boden entlang führende Kanal sichtbar, durch den die aus den Flammrohren gekratzten Aschen- und Schlackenteile abgefahren werden. Ein solcher Kanal wird neuerdings, wo es die Verhältnisse gestatten, regelmäßig hergestellt, weil das sonst erforderliche Einladen und Wegfahren der Rückstände in Handwagen vor den Kesseln lästig ist und die gute Wartung der Kessel beeinträchtigt.

Einige Schwierigkeiten macht die Beschaffung von gutem Speisewasser. Zwar steht auf einer Reihe von Gruben sehr brauchbares Wasser aus Brunnen, Stauweihern oder aus den Quellwasserleitungen verschiedener Gemeinden zur Verfügung, jedoch reicht seine Menge auf den meisten dieser Gruben wenigstens in der trockenen Jahreszeit nicht aus, den ganzen Bedarf zu decken. Es ist deshalb, um diesen Gruben die fehlenden Mengen und den zahlreichen anderen, denen Wasser der erwähnten Arten überhaupt für die Kesselspeisung nicht zur Verfügung steht, den ganzen Bedarf zu liefern, bereits seit dem Jahre 1881 das staatliche Wasserwerk zu Malstatt in Betrieb, das zunächst für die Fischbachgruben bestimmt war, bald aber auch die Versorgung der in Betracht kommenden übrigen Gruben mit übernahm. Da bei deren stetig wachsendem Umfang die Leistungsfähigkeit des Werks trotz bedeutender Erweiterungen bald nicht mehr ausreichte, so wurde 1901 ein zweites Wasserwerk im Mühltal bei Spiesen in Betrieb genommen. Die beiden Werke teilen sich jetzt derart in die Wasserlieferung, daß das Malstatter Werk die Gruben Dudweiler, Sulzbach,

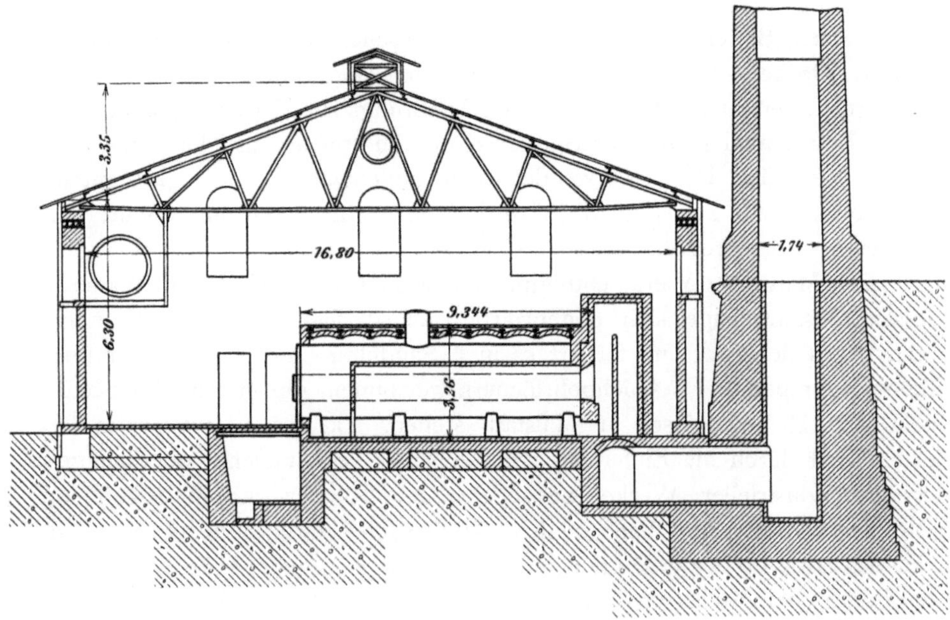

Fig. 47.

Kesselhaus der Grube Göttelborn.

Fig. 48.

Kessel mit überdachtem Schürerstand.

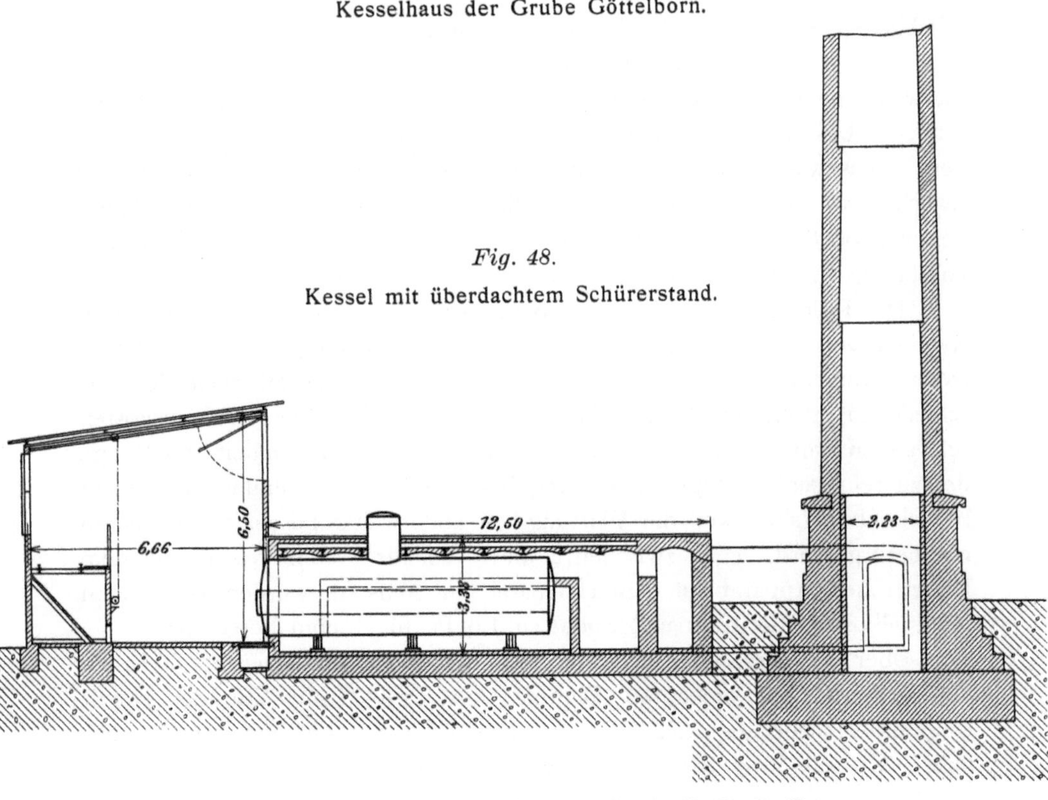

0 1 2 3 4 5 6 7 8 9 10 11 12 13 14 15 m

Camphausen, Brefeld und Maybach, das Spiesener Werk König, Kohlwald, Heinitz, Dechen, Reden, Friedrichsthal und Altenwald mit Speisewasser versorgt, soweit nicht Wasser anderen Ursprungs zur Verfügung steht. Die Grube Louisenthal pumpt ihr Speisewasser unmittelbar aus der Saar, auf Grube Von der Heydt verwendet man gegenwärtig noch größtenteils Grubenwasser zur Speisung, doch wird es in nächster Zeit durch Malstatter Wasser ersetzt werden.

Das Malstatter Werk entnimmt einen Teil des gelieferten Wassers, dessen Gesamtmenge sich gegenwärtig auf rd. 5500 cbm in 24 Stunden beläuft, aus der Saar und filtriert es in 4 Sandfiltern, der Rest wird mittels Mammutpumpen aus 4 Quellbohrlöchern gewonnen, die in dem Buntsandstein der Hafenhalbinsel in Malstatt stehen. Da das Saarwasser in der letzten Zeit durch die Einleitung der Abwässer verschiedener oberhalb gelegener industrieller Werke, besonders der Solvaywerke in Saaralben, sich sehr verschlechtert hat, sodaß es 20 deutsche Härtegrade aufweist, und auch das etwa $^2/_3$ der gesamten gelieferten Menge ausmachende Wasser aus den Bohrlöchern 10 bis 12 deutsche Härtegrade zeigt, so ist das den Gruben von Malstatt aus gelieferte Speisewasser von ziemlich mangelhafter Beschaffenheit und wird auf den Gruben mehrfach trotz der dadurch entstehenden erheblichen Kosten vor der Einspeisung in die Kessel chemisch gereinigt.

Das aus Quellschächten entnommene Wasser des Spiesener Werks ist, wenn auch nicht übermäßig weich und etwas eisenhaltig, doch von sehr viel besserer Beschaffenheit als das Saarwasser. Das Werk, das außer dem Speisewasser an die genannten Gruben noch Wasser zu anderen Zwecken an diese und an andere Stellen abgibt, hat eine Leistungsfähigkeit von 6000 cbm in 24 Stunden; sie wird in der trockenen Jahreszeit vollständig in Anspruch genommen.

Die Reinigung des Malstatter Wassers geschieht auf den Gruben durch Reiniger verschiedener Bauart, hauptsächlich ist diejenige von Reisert vertreten. Zuverlässige Vergleiche über Güte und Leistungsfähigkeit der verschiedenen Arten sind bisher nicht angestellt worden. Die Betriebskosten schwanken naturgemäß außerordentlich nach der Beschaffenheit und Menge des zu reinigenden Wassers, die Angaben, bei denen Bedienungslöhne nicht berücksichtigt sind, weil die Wartung von anderweitig beschäftigten Leuten mit besorgt wird, liegen zwischen 2 und 4 Pf. für 1 cbm Wasser, bei dem Reisertschen Apparat auf dem Hafenamt zu Malstatt wurden die reinen Materialkosten (für Kalk und Soda) zu 1,6 Pf. für 1 cbm berechnet.

Über die durchschnittlichen Kosten des in gewöhnlichen Stochkesseln ohne Überhitzung erzeugten Dampfes sind auf Grube Von der Heydt längere Versuche angestellt worden. Danach lassen sich mit 1 t der üblichen Kesselkohlen zum Preise von 8 M. rd. 5 t Dampf von 5 at Überdruck herstellen, sodaß die Kohlenkosten für 1 t Dampf 1,60 M. betragen.

Zum Verschüren von etwa 2,5 t Kohlen in der Schicht ist ein Schürer mit einem Lohn von 3 M. erforderlich, es treten also für eine Tonne Dampf noch 24 Pf. Schürerlohn hinzu. Die Gesamtkosten von 1 t Dampf belaufen sich demnach, abgesehen von den Kosten des Speisewassers und von Tilgung und Verzinsung, auf 1,84 M. Bei den mit dem Heizgas der Ringgeneratoren monatlich erzeugten 3500 t Dampf entstehen folgende Kosten:

Löhne	2000 M.
Ausbesserungen usw.	200 „
Tilgung und Verzinsung . . .	1000 „
	3200 M.

also für 1 t 0,90 M.

Auf den meisten Gruben liegen die Dampfkosten zwischen 1,90 und 2,20 M. für 1 t.

In Von der Heydt sind auch interessante Versuche über den mittleren Dampfverbrauch ganzer Schachtanlagen für 1 PS/st. angestellt worden. Man ermittelte ihn nach achttägigen genauen Messungen zu 29 kg auf der Anlage beim Amelungschacht II und zu 34 kg auf der Lampennester Anlage.

II. Zentralkondensationen.

Die Zentralkondensationen gewähren, wie bekannt, auf allen größeren industriellen Anlagen gegenüber der Anbringung von Einzelkondensatoren an den verschiedenen Maschinen den Vorteil eines weit leichter übersehbaren und auch wegen des besseren Wirkungsgrades der bei einer Zentralkondensation anwendbaren großen Pumpen und Pumpenantriebsmaschinen vorteilhafteren Betriebes. Aus diesem Grunde gehen auch Werke mit ausschließlich gleichförmig umlaufenden Maschinen immer mehr zur Aufstellung von Zentralkondensationen über. Weit größer sind aber die Vorteile einer solchen auf Werken, die große nur absatzweise arbeitende Maschinen besitzen und bei diesen die mit der Anwendung der Kondensation verbundenen Ersparnisse an Dampf und Kohlen überhaupt nur durch Anschluß an eine Zentralkondensation erreichen können. In dieser Lage befinden sich aber mit in erster Reihe die Gruben, weil bei ihnen, selbst wenn der sonstige Maschinenbetrieb sehr ausgedehnt ist, die nicht mit einer Einzelkondensation versehbaren Fördermaschinen einen außerordentlich großen Anteil an dem gesamten Dampfverbrauch haben. Der mit dem Anschluß an eine Zentralkondensation zu erzielende Gewinn einer ganzen Atmosphäre an wirksamem Dampfdruck wird also bei Grubenanlagen besonders stark für die Betriebskosten ins Gewicht fallen. Aus diesen Gründen ist man auch auf den Saargruben bereits seit einer Reihe von Jahren in großem Umfange mit der Aufstellung von Zentral-

Kondensationen vorgegangen, wobei man noch den Vorteil hatte, daß man die neu beschafften Maschinen für den höheren wirtschaftlicheren Dampfdruck herstellen lassen und doch wegen der nicht erhöhten Kesselspannung die bisher benutzten Kessel ohne Schwierigkeit aufbrauchen konnte, während sonst zur Erzielung der erforderten erhöhten Maschinenleistung eine vorzeitige Auswechselung gegen Kessel für höheren Druck erforderlich gewesen wäre. Eine weitere günstige Folge der Einführung von Zentralkondensationen ist die öfters mögliche Ersparnis an Wasser. Ist diese auch, worauf unten noch kurz eingegangen werden wird, in den meisten Fällen nicht so bedeutend, wie oft angenommen wird, so ist sie bei der für viele der Saargruben vorhandenen Schwierigkeit der Beschaffung hinreichender Mengen guten Kesselwassers immerhin beachtenswert.

Gegenwärtig sind 14 Zentralkondensationen in Betrieb, von denen 8 mit Oberflächen-, 6 mit Mischkondensation arbeiten. Oberflächenkondensationen sind vorhanden auf den Gruben Viktoria, Dudweiler, Altenwald, Reden, Kohlwald (Gegenortschacht), Maybach, Göttelborn und Camphausen; Mischkondensationen auf den Gruben Schwalbach (Ensdorfer Schacht), Rudolfschacht, Fettkohlengrube Louisenthal (Richard-Schacht), Heinitz (je eine bei den Geisheckschächten und bei der Drehstromzentrale), Dechen. Der Mischkondensation wird wegen der geringeren Anlagekosten und des niedrigeren Kühlwasserbedarfs an sich der Vorzug gegeben, jedoch ist es in der Mehrzahl der Fälle wegen der ziemlich schlechten Beschaffenheit des zur Verfügung stehenden Kühlwassers nicht möglich, sie anzuwenden. In der Zuverlässigkeit der Wirkung sind bei zweckmäßiger Herstellung, vor allem richtiger Bemessung des Kondensators im Verhältnis zu den größten, beim Anfahren der Fördermaschinen eingeblasenen Dampfmengen keine wesentlichen Unterschiede zwischen beiden Arten vorhanden. Die früher mehrfach vertretene Ansicht, daß die Mischkondensation sich den Unregelmäßigkeiten des Dampfzuflusses besser anpassen könne, ist, wie schon daraus hervorgeht, daß von anderer Seite genau das Gegenteil behauptet wurde, nicht richtig und beruhte, wo sie sich auf vorliegende ungünstige Erfahrungen stützte, eben auf unrichtiger Wahl der Kondensatorabmessungen.

Die höchste Dampfaufnahmefähigkeit der Anlagen schwankt zwischen 800 und 46 000 kg in der Stunde; bei den größeren ist in der Regel eine Zweiteilung der Gesamtanlage vorgenommen, was den Vorzug hat, daß man in den stets vorkommenden längeren Zeiten geringen Dampfzuflusses nur den einen Teil in Betrieb zu halten braucht und eine bessere Ausnutzung mit billigeren Betriebskosten erreicht, als wenn die ganze Anlage schwach belastet arbeiten müßte. Außerdem bilden die beiden Abteilungen gegenseitig eine wertvolle Reserve und sichern wenigstens für einen bedeutenden Teil der angeschlossenen Maschinen den regelrechten Betrieb.

Der Kondensator, der bei Mischanlagen meist als liegender Kessel (bei der Anlage auf dem Geisheckschacht der Grube Heinitz ist ein alter Dampfkessel dafür benutzt worden), bei Oberflächenkondensation in der Regel als offenes Gefäß mit stehenden Messingrohrbündeln ausgebildet ist, wird von der Firma Klein, Schanzlin & Becker in Frankenthal, die den größten Teil der Anlagen geliefert hat, neuerdings über 10 m hoch gelegt und mit einem sog. manometrischen Abfallrohr für das erwärmte Wasser

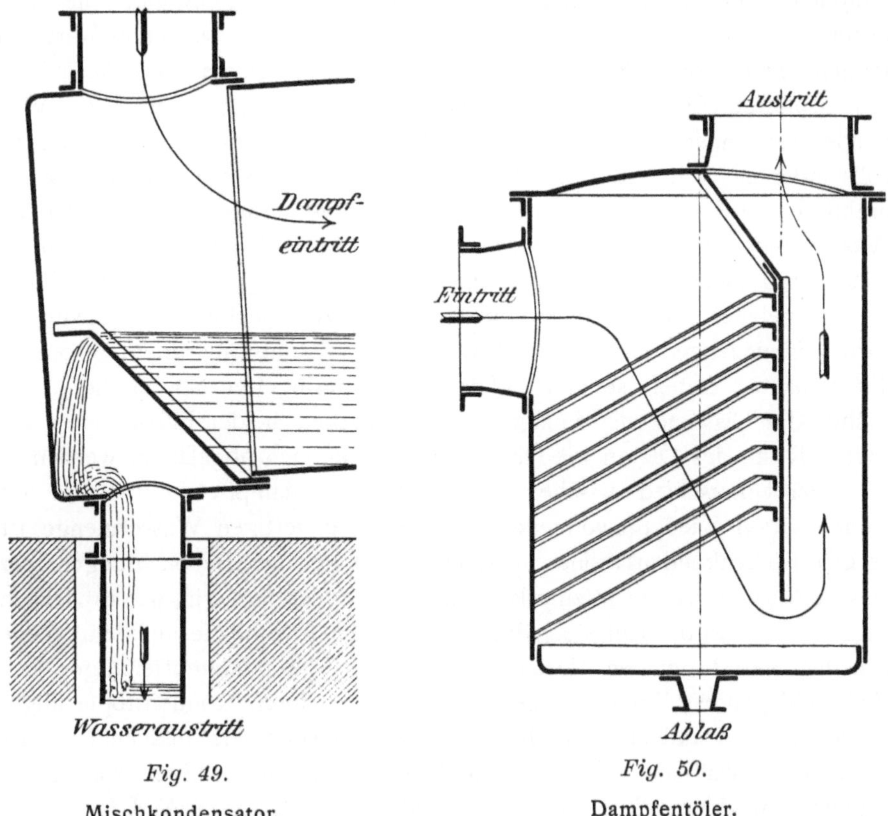

Fig. 49.
Mischkondensator.

Fig. 50.
Dampfentöler.

versehen, sodaß durch die abfallende über 10 m hohe Wassersäule die Luftleere im Kondensator gehalten wird. Durch einen Überfall im Kessel wird erreicht, daß auf dem Boden des Kondensators bei Mischkondensation stets eine gewisse Wassermenge stehen bleibt, die zur Verminderung des Luftleereabfalls bei plötzlicher starker Dampfzuführung erheblich beitragen soll (s. Fig 49). Bei der erwähnten Anlage auf Geisheckschacht beläuft sich dieser Abfall der Luftleere, die im Durchschnitt 675 mm bei 745 mm Barometerstand, also rund 90 %, beträgt, beim Anlaufen der Fördermaschine auf höchstens 40 mm und verschwindet nach einigen Sekunden völlig.

Die Dampf- und Wasserführung im Kondensator erfolgt sowohl bei Misch- als bei Oberflächenkondensation nach dem Grundsatz des Gegenstroms.

Der Entöler, von dessen zweckmäßiger Bauart, Größe und Anordnung der wirtschaftliche Erfolg einer Zentralkondensation zum großen Teil mit abhängig ist, ist in der Regel in die Dampfleitung kurz vor dem Eintritt in den Kondensator eingeschaltet, er besteht in der auf den Saargruben herrschenden Form aus einem topfartigen Kessel (Fig. 50) mit zahlreichen eingebauten Siebwänden und einer Scheidewand, die den Dampf zwingt, in dem Kessel zuerst abwärts, dann wieder aufwärts zu steigen. Durch diese Richtungsänderung des Dampfstroms und die infolge des größeren Querschnitts und des Siebwiderstandes eintretende Verminderung seiner Geschwindigkeit fällt das im Dampf enthaltene Öl so vollständig auf den Boden des Gefäßes, daß der abströmende Dampf als praktisch ölfrei angesehen werden kann und das daraus niedergeschlagene Wasser ohne Anstand zur Kesselspeisung zu verwenden ist; nur in wenigen Fällen wird es noch durch Sägemehl, Koks oder dergl. filtriert oder durch Kästen geleitet, in denen es durch eingesetzte Blechwände gezwungen wird, einen langen auf- und absteigenden Weg in langsamem Strom zu durchlaufen. Dabei steigen infolge des geringeren spezifischen Gewichts des Öls und der völligen Unmischbarkeit beider Flüssigkeiten die letzten Reste des Öls an die Oberfläche und können abgelassen werden.

Der Unterschied zwischen der im Kessel verdampften und der in der Kondensation wiedergewonnenen, zum Speisen fertigen Wassermenge ist bei Oberflächenkondensationen nicht bedeutend, genauere Beobachtungen über diese Verluste waren nicht zu erlangen. Ganz so geringfügig, wie es vielfach angenommen wird, sind sie jedoch nicht, weil sowohl die auf dem Wege von den Kesseln zu den Maschinen, als die in den Abdampfleitungen sich niederschlagenden Wassermengen in der Regel durch Kondenstöpfe abgezogen werden und aus dem Kreislauf des Speisewassers ausscheiden. Es kann sich deshalb da, wo es auf möglichste Ersparnis an Speisewasser ankommt, empfehlen, die sonst meist unbekleidet gelassenen Abdampf-, sog. Vakuumleitungen wie die Frischdampfleitungen zu umhüllen, womit dem Kondensator allerdings zugleich eine größere Arbeit zugewiesen wird. Auch in dem Ölabscheider geht eine nicht unbeträchtliche Menge Dampfwasser verloren.

Außerordentlich viel größer sind naturgemäß die meist nur bei Mischkondensation in Rücksicht zu ziehenden Verluste, die an den auf den Kühlturm gehobenen Wassermengen entsprechend der Natur des Abkühlungsvorganges eintreten. Sie wechseln mit der Temperatur der Außenluft und der Art der Anlage sehr, können aber nach den angestellten Beobachtungen im großen Durchschnitt zu 55 bis 65 % der niedergeschlagenen Dampfmenge angenommen werden, und zwar sind sie bei beiden Arten der Kondensationen nicht wesentlich verschieden, weil bei der Mischkondensation zwar das gesamte Dampfwasser mit auf den Turm geht und der dortigen starken Verdampfung ausgesetzt ist, aber andererseits bei Oberflächenkondensation wegen des ungünstigeren Wärmeausgleichs durch die Wandungen der Rohrbündel hindurch größere Mengen Kühlwasser als bei Mischkondensation im Umlauf sein müssen.

Dieser starke, fortlaufend zu ersetzende Abgang an Kühlwasser ist da, wo großer Mangel an Wasser jeder Art herrscht, unangenehm, hat aber außerdem noch den empfindlichen Nachteil, daß sich, da bei der Verdunstung die Mineralbestandteile des Wassers zurückbleiben, das Kühlwasser immer mehr mit solchen anreichert und sie unter Umständen zuletzt im Kondensator absetzt. Ein Fall derart ist z. B. an der Oberflächenkondensation der Grube Viktoria eingetreten.*) Das dort zur Kühlung verwandte Grubenwasser setzte auf den Messingrohren des Kondensators so beträchtliche Mengen Kesselstein ab, daß infolge der verringerten Wärmedurchlässigkeit nicht mehr die ganze Dampfmenge genügend schnell niedergeschlagen werden konnte und die Luftleere auf 65 bis 70% und beim Anlassen der Fördermaschinen noch bedeutend tiefer herabsank. Man sah sich dort gezwungen, teures reines Wasser zur Kühlung zu benutzen, bei dessen Verwendung eine Mischkondensation wegen ihrer geringeren Anlagekosten vorzuziehen gewesen wäre. Es wurde an dieser für 12 000 kg Dampf in der Stunde gebauten Anlage durch einen 16stündigen Versuch festgestellt, daß sie gegenüber dem Bedarf beim Nichtvorhandensein einer Kondensation 30 000 kg Speisewasser ersparte.

Genaue Beobachtungen über die Erfolge wurden an der Anfang 1904 in Camphausen für 20 000 kg stündliche Dampfzufuhr von der Firma Klein, Schanzlin & Becker erbauten Oberflächenkondensation angestellt. Die angeschlossenen Maschinen, 2 Fördermaschinen, ein Verbundkompressor und je eine Maschine für einen Ventilator, die Rätteranlage und die Werkstatt, sowie die 2 Maschinen der Kondensation selbst wurden 3 Tage mit und ebenso lange ohne Anschluß an die Kondensation betrieben und die Kohlen- und Wassermengen sorgfältig gemessen. Dabei ergab sich beim Anschluß der Kondensation eine Ersparnis, die unter Annahme eines Kohlenpreises von 10 M. für 1 t und eines Wasserpreises von 8 Pf. für 1 cbm auf ein Jahr von 300 Arbeitstagen berechnet 17 450 M. betrug. Da jedoch während der beiden Versuchszeiten zwar die Fördermaschinen, nicht aber die anderen Maschinen in ganz gleicher Weise hatten belastet werden können, bedarf diese Zahl noch einer Umrechnung, die sich wegen des bekannten Dampfverbrauchs dieser Maschinen und der genauen Aufzeichnungen über die jedesmalige Belastung mit Sicherheit und Zuverlässigkeit

*) S. Ministerialzeitschrift Bd. 50 S. 394.

ausführen läßt. Sie ergibt die Zahl 13 050 M.; zieht man von ihr den Bedarf der Kondensation selbst an Materialien und Löhnen für 2 Wärter im jährlichen Betrage von 3100 M. ab, so bleiben als wirkliche jährliche Ersparnis für Kohlen und Wasser durch den Betrieb der Kondensation gegenüber dem Betriebe mit Auspuff 9950 M. oder 12,7%. Bei diesen Zahlen ist zu berücksichtigen, daß stündlich nur 9750 kg Dampf niedergeschlagen wurden, die Anlage also nur zur Hälfte ausgenutzt wurde. Ihr Wirkungsgrad wurde dadurch aber, weil sie in der oben erwähnten Weise in zwei völlig selbständige Hälften geteilt ist, nicht sehr beeinträchtigt. Die Luftleere betrug 80—85 %.

Werden, wie es sehr häufig der Fall ist, Fördermaschinen, die bis dahin mit Auspuff betrieben worden sind, unverändert an eine Zentralkondensation angeschlossen, so empfinden die Maschinenführer regelmäßig zunächst Schwierigkeiten und behaupten die Maschine nicht mehr sicher in der Hand zu haben. Dies erklärt sich daraus, daß auf den Kolben ein um eine ganze Atmosphäre höherer Druck wirkt als früher, und daß deshalb die Maschine unter derselben Belastung wie früher beim Anfahren und jeder Veränderung der Steuerhebellage viel schneller und kräftiger ihren Gang ändert. Der Wärter muß also, um die bisherige Geschwindigkeitskurve während eines Treibens einzuhalten, mit weniger ausgelegtem Steuerhebel fahren. In den meisten Fällen macht dies, sobald er sich einige Zeit an den neuen Betrieb gewöhnt hat, keine Schwierigkeiten mehr, hin und wieder jedoch entspringt bei geringer Förderlast oder bei auftretenden negativen Lastmomenten, also besonders beim Einhängen von Menschen oder Materialien, eine wirkliche und dauernde Schwierigkeit aus dem Umstande, daß die gebräuchlichen Steuerungen der Fördermaschinen, besonders die Daumenwellensteuerung, bei geringen Steuerhebelauslegungen verhältnismäßig träge der Bewegung des Hebels folgen, wobei sich auch der unvermeidliche tote Gang im Steuergestänge besonders unangenehm bemerkbar macht. Der Maschinenwärter ist in solchen Fällen gezwungen, fast ununterbrochen den Steuerhebel mit kleinen Ausschlägen abwechselnd nach beiden Seiten von der Nulllage auszulegen, und es kommt tatsächlich in den Gang der Maschine etwas stoßweises, unsicheres. Es ist dann erforderlich, die Steuerung entsprechend zu verändern, wenn man nicht vorzieht, wie es nach Herstellung der oben erwähnten Zentralkondensation auf Grube Viktoria geschehen ist, bei Seilfahrt und sonstigen Treiben mit geringer zu hebender Last die Fördermaschine von der Kondensation abzuschalten. Dies Verfahren erfordert zwar keine Veränderung an der Maschine selbst, gibt aber während der Abschaltung sämtliche Vorteile der Kondensation von vornherein verloren, macht den Einbau von Wechselventilen und, um ein Eintreten von Luft in die Abdampfleitung während des Umschaltens zu vermeiden, die Anbringung von Absperrschiebern in dieser Leitung nötig und nimmt durch das jedesmal vor der Seilfahrt nötige Umstellen der Ventile und Schieber Zeit in Anspruch. Diese Nachteile werden in vielen Fällen so merkbar sein, daß die Änderung der Steuerung zweckmäßiger scheint. Sie ist auch in der Regel ohne Schwierigkeiten und große Kosten ausführbar und hat sich in der Hauptsache auf eine passende Erhöhung der Kompression zu richten*).

Infolge der Abkürzung der Anlaufzeit und der Vermehrung der Stärke der Fördermaschine, die durch Anschluß an eine Kondensation herbeigeführt werden, neigen die Maschinenführer fast ausnahmslos dazu, nach Inbetriebnahme der Kondensation die Zeitdauer des einzelnen Treibens durch schnelleres Ziehen abzukürzen, wobei sie die nötige Verlangsamung am Ende des Treibens durch ausgiebige Benutzung von Gegendampf herbeiführen. Es liegt auf der Hand, daß mit diesem Verfahren eine starke und ungünstige Beanspruchung des gehenden Zeuges sowie eine Dampfverschwendung verbunden ist, außerdem aber leidet unter der plötzlichen, unverhältnismäßig starken Dampfzufuhr zur Zentralkondensation jedesmal dann deren Wirkungsgrad sehr, wenn, wie es oft der Fall ist, die Größe des Kondensators nur für die bei der früheren Fördermaschinenführung zugeführten Dampfmengen bemessen ist. Aus diesen Gründen ist der genannten Gewohnheit der Maschinenführer entschieden entgegenzutreten, wobei allerdings nicht zu verkennen ist, daß vielfach die Bedürfnisse des Grubenbetriebes eine vermehrte Leistung des Schachtes wünschenswert oder gar erforderlich machen und so zu dem an sich unwirtschaftlichen Verfahren bei der Fördermaschinenführung zwingen. Da, wo man dies nach den Verhältnissen der Grube voraussehen muß, und das wird die Mehrzahl der Fälle sein, scheint es also zweckmäßig, trotz der damit verbundenen höheren Anlagekosten für die Luftpumpe und den Kondensator diesen recht reichlich zu bemessen. Man vermeidet dann später wenigstens die Verschlechterung der Luftleere und des Wirkungsgrades der Kondensation.

III. Kraftanlagen.

1. Allgemeines.

Das Bedürfnis, an vielen entlegenen Stellen des Grubengebäudes Betriebskraft zur Verfügung zu haben, ist auf den Saargruben wie in anderen Steinkohlenbezirken mit der zunehmenden Verwendung von Maschinen aller Art unter Tage außerordentlich schnell gewachsen. Die durch die Rücksicht auf die Wirtschaftlichkeit, die Sicherheit oder Schnelligkeit des Betriebes gebotene, immer weitergehende Verdrängung der Handarbeit

*) Vergl. auch Schmitt, Über Zentralkondensationen. Bericht über den 9. Bergmannstag, S. 179.

durch Maschinenarbeit beim Bohren und Schrämen, die infolge des Vordringens der Abbauarten mit Bergeversatz viel häufiger als früher vorhandene Notwendigkeit, Berge in Bremsbergen oder Gesenken heben zu müssen, endlich die gerade im Saarbrücker Revier, wie erwähnt, besonders reichliche Verwendung von Maschinen zur Sonderbewetterung, sowie die weite Ausbreitung mechanischer Streckenförderungen haben neben den Vorteilen, die durch Lieferung der für die mechanischen Einrichtungen der Tagesanlagen erforderlichen Kraft von wenigen großen Zentralen aus erzielt werden können, zur Anlegung ausgedehnter Kraftverteilungsnetze geführt. Ist dabei als Betriebsmittel über Tage und bei den unterirdischen Streckenförderungen wegen der Bequemlichkeit der Zuleitung und des hohen Wirkungsgrades der Übertragung vorwiegend die Elektrizität in Anwendung gekommen, so hat für die übrigen genannten Zwecke auf den Saargruben die Preßluft bisher das Feld behauptet. Der Grund dafür ist in erster Linie in ihrer völligen Ungefährlichkeit gegenüber Schlagwetter- und Kohlenstaubansammlungen zu suchen, ferner wirkt aber mit, daß die aus den Maschinen ausblasende Preßluft eine Kühlung und Auffrischung der Wetter hervorbringt, während elektrische Motoren oft durch ihre unvermeidliche Erhitzung lästig werden, daß für den Betrieb von Bohrmaschinen und Schrämapparaten der elektrische Antrieb nur unter Verwendung umständlicher mechanischer Zwischenglieder benutzt werden kann, was umso störender ist, als elektrische Motoren ohnehin ein großes Gewicht besitzen, endlich, daß die elektrischen Leitungen auch bei sorgfältiger Verlegung durch unbeabsichtigte Berührung den in ihrer Nähe befindlichen Arbeitern gefährlich werden und bei den im Abbau unvermeidlich auftretenden Beschädigungen in der Regel nicht so schnell ausgebessert werden können, wie eine Luftleitung durch Auswechselung des verletzten Rohres. Die sonst wohl auch zu gunsten der Preßluftmaschinen angeführte Ansicht, daß die Bedienung einfacher und der Betrieb zuverlässiger sei, als bei Elektromotoren, dürfte für die in den letzten Jahren gebauten Maschinen nicht mehr allgemein zutreffen. Es läßt sich von den neueren Elektromotoren wohl mit Recht sagen, daß sie auch bei rauhen Arbeitsbedingungen mit zu den zuverlässigsten Maschinen gehören, die wir besitzen, wie die Tausende von Straßenbahn- und ähnlichen stark angestrengten Motoren zeigen, und auch ihre Bedienung läßt bei zweckmäßiger Wahl der Steuer- und Anlaßvorrichtungen an Leichtigkeit kaum etwas zu wünschen übrig.

Von anderen Kraftträgern als Elektrizität und Druckluft kommt auf den Saargruben (wenn man von dem z. B. auf Grube Kohlwald vorliegenden Falle absieht, daß eine Streckenförderung durch die Endscheibe einer anderen ihren Antrieb erhält, wobei die Kette der letztgenannten der Überträger der Maschinenkraft auf die ferne zweite Streckenförderung ist) nur noch Druckwasser in beschränktem Maße in Betracht. Das Wasser der Spritzleitung wird, wo die Verhältnisse dafür passend liegen, stellenweise zum Betriebe von Wassersäulenmaschinen und von Peltonrädern benutzt. Planmäßig und in größerem Umfange wurde früher auf Grube König das Berieselungsnetz zugleich für den Betrieb von Motoren ausgebaut, es sind auch jetzt dort noch verhältnismäßig zahlreiche Wasserdruckmaschinen in Gebrauch, doch hat neuerdings auch dort ihre Zahl zu gunsten der Preßluftmaschinen abgenommen.

Im folgenden sei auf die Druckluft- und die elektrischen Kraftübertragungsanlagen etwas näher eingegangen.

2. Druckluftanlagen.

Am 1. April 1905 waren auf den staatlichen Saargruben 58 Luftkompressoren in Betrieb, wenn man mehrere kleine, die zum Auffüllen der Windkessel von Pumpen u. ähnl. dienen, unberücksichtigt läßt; sie sind in der Tabelle auf Seite 314 ff mit den Angaben über ihre wichtigsten Betriebsverhältnisse übersichtlich zusammengestellt.

Von den sog. nassen Kompressoren, die beim ersten Auftreten größerer Kompressoren die allein brauchbare Form waren, sind noch 2 auf den Saargruben vorhanden, einer von der Maschinenfabrik Humboldt, der andere von der Dinglerschen Maschinenfabrik geliefert. Beide stehen auf Grube Camphausen. Es ist bei den nassen Kompressoren, wie bekannt, wegen der großen hin- und herbewegten Massen, vor allem der bedeutenden Menge des in den Pumpenstiefeln ohne zwangläufige Führung hin- und hergestoßenen Wassers nicht möglich, über ganz geringe Umlaufzahlen, etwa 20 in der Minute hinauszugehen. Die Maschinen müssen daher, da die beiden Stiefel zudem nur einfach wirkend sind, schon bei mäßigen zu liefernden Luftmengen sehr bedeutende Abmessungen erhalten, die wegen des großen Raumbedarfs und der hohen Anlage- und Betriebskosten unvorteilhaft sind. Wegen dieser und einiger weniger ins Gewicht fallender Nachteile, wie z. B. einer oft auftretenden unangenehmen Nässe der Preßluft, ist man neuerdings, wie überall, so auch auf den Saargruben, zum ausschließlichen Gebrauch trockener Kompressoren übergegangen, bei denen die für den Dampfmaschinenbetrieb günstigen Umlaufzahlen von etwa 80—160 ohne Schwierigkeiten angewendet werden können.

Die vorherrschende Endspannung der Preßluft ist, wie die Übersicht zeigt, 5 und 6 Atmosphären Überdruck, nur in zwei Fällen überschreitet sie diesen Wert und beträgt 7 at, mehrfach bleibt sie noch unter 5 at. Welche Spannung am vorteilhaftesten ist, läßt sich im allgemeinen nicht sagen. Da bei Kompression auf eine höhere Spannung die Lufterwärmung, die für die Kraftübertragung in jedem Falle so gut wie ganz verloren geht, stark zunimmt, so sinkt der Bruchteil der zur Kompression aufgewandten Arbeit, den man in den Motoren theoretisch wieder gewinnen kann, mit zunehmender Spannung außerordentlich stark. Er beträgt bei einstufiger Kompression und unter der Annahme, daß die Temperatur an der Verbrauchsstelle gleich der Ansaugetemperatur der Luft ist, nach Koester (Zeitschr. Deutscher Ingenieure 1904, S. 110)

bei Kompression auf at abs	4	5	6	7
v. H.	68,3	63,6	60,2	57,4.

Man würde also zweckmäßig nur mit ganz geringen Spannungen arbeiten, wenn nicht dann die Abmessungen der Maschinen, Leitungen usw. sämtlich sehr groß und unbequem und ihre Kosten hoch werden würden. Man hat also zwischen diesen beiden einander widerstreitenden Gesichtspunkten in jedem Einzelfalle unter Berücksichtigung aller in Betracht kommenden Verhältnisse einen möglichst vorteilhaften Ausgleich zu schaffen, wie es in ähnlicher Weise bei so vielen technischen Anlagen geschehen muß. Jedenfalls ist die öfters vertretene Ansicht, daß ohne weiteres die mit höherer Spannung arbeitende Preßluftanlage moderner und zweckmäßiger sei als eine mit niedrigerer Spannung, durchaus nicht zutreffend.

Den nach obigem zur Erzielung eines möglichst guten Wirkungsgrades erforderlichen tunlichst geringen Unterschied zwischen der Lufttemperatur beim Austritt aus dem Kompressor und derjenigen an der Verbrauchsstelle strebt man dadurch zu erreichen, daß man, wie bekannt, die Kompression in zwei Stufen vornimmt und dazwischen die Luft möglichst tief abzukühlen versucht, wie es bei den neueren Kompressoren für Spannungen von 5 at und darüber regelmäßig geschieht. Nach Koester (a. a. O.) ist z. B., wenn man Luft von 1 at abs auf 7 at abs (also 6 at Überdruck) erst von 1 at auf $\sqrt{7}$ at abs komprimiert, dann auf die Anfangstemperatur abkühlt und dann weiter auf 7 at abs preßt, der Verdichtungsvorgang ebenso günstig, als wenn man nur auf $\sqrt{7} = 2{,}6$ at abs komprimierte. Die folgenden Zahlen geben in Prozenten die Ersparnisse an, die durch zweistufige Kompression gegenüber einstufiger erreicht werden.

Bei Pressung auf at abs	5	6	7	8
werden durch zweistufige Kompression erspart %	11,5	13,5	15	16

Unter den verschiedenen Bauarten der trockenen Kompressoren hat bei weitem diejenige der Firma Pokorny & Wittekind in Bockenheim auf den Saargruben den ersten Platz, sie ist in 22 Stück vertreten, d. i. 40 % der Gesamtzahl. In weitem Abstand folgen dann die von Klein, Schanzlin & Becker in Frankenthal gebauten Maschinen, deren 10 vorhanden sind, während sich von den zahlreichen sonstigen Bauarten, von denen hier nur noch diejenige der Firma Th. Calow & Co. in Bielefeld genannt sei, keine in mehr als 4 Stück vorfindet.

Die Firma Pokorny stattet ihre Kompressoren regelmäßig mit der Koesterschen Steuerung der Luftzylinder, die Firma Klein, Schanzlin & Becker die ihren, wenigstens in der Regel, mit Schiebersteuerung nach Burkhardt & Weiß, die Firma Calow endlich die ihren regelmäßig mit der Steuerung System Strnad aus. Es ist also ersichtlich, daß auch im Saarrevier die Bauarten mit freigängigen Luftventilen stark zurückgedrängt worden sind, was darauf zurückzuführen ist, daß sie bei dem jetzt üblichen schnellen Gange der Kompressoren nicht genau und sicher genug abschließen und auch häufig beim Hubwechsel zu heftig auf die Sitze geschleudert werden.

Unter den genannten drei Bauarten mit gesteuerten Luftabschlußorganen kann man die Koester- und die Strnad-Steuerung zu einer Gruppe rechnen, der die Burkhardt & Weißsche Schiebersteuerung als wesentlich verschieden gegenübersteht. Bei der letztgenannten Steuerung werden, wie bekannt, am Hubende durch einen besonderen Kanal im Schieber die beiden Zylinderseiten vorübergehend miteinander in Verbindung gebracht, wobei die zusammengepreßte Luft, die sich im schädlichen Raume der Kompressionsseite befindet, nach der mit eben angesaugter Luft gefüllten Seite des Zylinders überschießt. Es wird damit bezweckt und auch erreicht, daß bei der folgenden Kolbenbewegung sogleich Luft angesaugt wird, während sonst das Ansaugen erst beginnt, wenn die im schädlichen Raume verbliebene komprimierte Luft sich beim Kolbenrückgang wieder bis auf Atmosphärendruck ausgedehnt hat. Man erhöht also durch die Druckausgleichvorrichtung den volummetrischen Wirkungsgrad des Kompressors, nimmt aber dabei den Nachteil in den Kauf, daß die zur Zusammendrückung der im schädlichen Raume verbliebenen Preßluftmenge aufgewandte Arbeit großenteils verloren geht.

Diesen Übelstand vermeiden die Steuerungen ohne Druckausgleich, zu denen diejenigen von Koester und von Strnad gehören. Die im schädlichen Raume verbliebene Preßluftmenge gibt bei ihnen während des beginnenden Kolbenrückgangs die in ihr aufgespeicherte Arbeit ganz wieder an den Kolben zurück. Um jedoch den volummetrischen Wirkungsgrad günstig zu gestalten, ist der schädliche Raum durch die Ausgestaltung der Steuerungen auf ein Mindestmaß gebracht. Strnad erreicht dies dadurch, daß er zwei Drehschieber verwendet, die nach Art der Drehschieber einer Corliß-Steuerung ganz dicht am Zylinder liegen (s. Fig. 51 b). Koester benutzt ein Paar dem Zylinder ebenfalls sehr nahe gerückte Kolbenschieber (s. Tafel 11 u. 12). Bei beiden Steuerungen ist die Anordnung so getroffen, daß durch das Abschlußorgan die Verbindung des Zylinders mit dem Saug- oder Druckraum schnell ganz geöffnet, lange offen gehalten und schnell wieder geschlossen wird, also beim Durchströmen der Luft möglichst wenig Drosselwiderstände entstehen. Um dies zu erreichen, ist

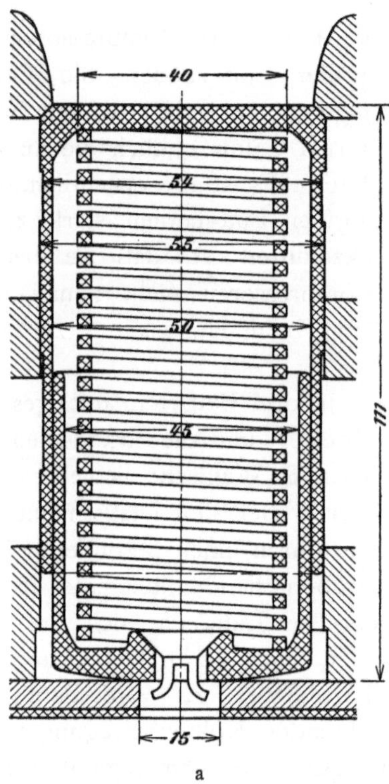

a

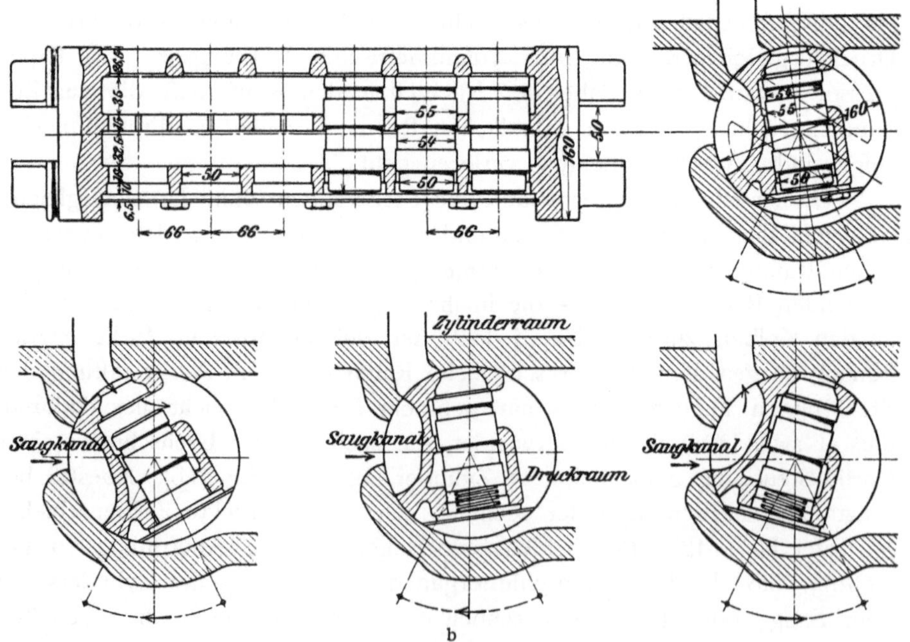

b

Fig. 51 a und b.

bei beiden Bauarten außer dem eigentlichen Abschlußorgan noch eine freigängige Druckventilvorrichtung angeordnet, die nach Art eines gewöhnlichen Rückschlagventils wirkt. Sobald also der Kolben seinen Weg aus einer Endlage beginnt, gibt zwar das eigentliche Abschlußorgan die Verbindung der Druckseite des Zylinders mit dem Druckraum sogleich völlig frei, die Rückschlagventile werden aber sich erst dann öffnen, wenn die Luft im Zylinder die für den Zylinder festgesetzte Endspannung erreicht hat, und werden bis dahin das Zurückströmen der Preßluft aus dem Druckraum in den Zylinder verhindern.

Strnad ordnet, wie die Fig. 51 zeigt, die Rückschlagventile meist zu sechs in dem Drehschieber selbst an, während Koester sie im Zylindergehäuse möglichst dicht an den äußeren Endlagen der Kolbenschieber anbringt. Bei beiden Ausführungen wird ein heftiges Zuschlagen der Ventile verhindert, weil sich im Augenblick des Schlusses bereits auf beiden Seiten Preßluft befindet. Bei Koester ist dies aber in besonders hohem Maße der Fall, denn die Kolbenschieber verrichten, nachdem sie den Zylinder abgeschlossen haben, bei ihrem Weitergange selbst noch eine nennenswerte Kompressionsarbeit, halten also die Ventile noch kurze Zeit offen und lassen sie infolge der sehr langsamen Schieberbewegung bei ihrer Umkehr äußerst sanft zum Schluß kommen.

Zeigen so die Koester- und die Strnadsteuerung in ihrer Wirkungsweise weitgehende Ähnlichkeiten und lassen deshalb zunächst auf etwa gleiche Wirksamkeit schließen, so ist doch in der praktischen Verwendbarkeit die Koestersche Steuerung entschieden überlegen. Drehschieber der von Strnad verwandten Art nutzen sich, wie die Erfahrungen bei Corliß-Dampfmaschinen beweisen, wegen der einseitigen Belastung unter dem starken Druck der Preßluft auch bei guter Herstellung und reichlicher Bemessung der Gleitflächen verhältnismäßig schnell ab, führen dann sogleich zu empfindlichen Undichtigkeiten, sind so gut wie garnicht nachzustellen und schwer auszubessern, wogegen die Abnutzung der Koesterschen Kolbenschieber wegen ihrer Entlastung sehr gering ist und schädliche Undichtigkeiten erst nach langer Zeit eintreten. Vor allem aber ist die verwickelte und gänzlich unzugängliche Unterbringung der Rückschlagventile in dem Strnadschen Drehschieber ein außerordentlicher, nicht selten zu Störungen führender Nachteil, dem bei Koester die äußerst einfachen, während des Betriebes jederzeit auswechselbaren Tellerdruckventile gegenüber stehen. Im Notfalle kann der Koester-Kompressor sogar längere Zeit ganz ohne die Ventile betrieben werden, und man hat dabei keinen anderen Nachteil, als daß der Wirkungsgrad durch das dann nicht verhinderte, oben erwähnte Zurückströmen der Preßluft in den Zylinder etwas sinkt.

Die angeführten Vorteile der Kompressoren von Pokorny & Wittekind, sowie ihre in allen Teilen gut ausgebildete und stetig verbesserte

Bauart sind die Gründe für die erwähnte große und noch zunehmende Beliebtheit dieser Maschinen auf den Saargruben. Sie zeigen sämtlich auch bei den höchsten vorkommenden Umlaufzahlen (etwa 160 in der Minute) einen überraschend ruhigen Gang und erfordern sehr wenig Ausbesserungen, während bei den Kompressoren mit Strnadsteuerung in Übereinstimmung mit den obigen mehr theoretischen Ausführungen öfters über lästige Ausbesserungen geklagt wird. Die gewöhnliche Anordnung der Pokornyschen Maschinen ist derart, daß, wie Tafel 11 zeigt, die Dampfmaschine als Verbundmaschine mit Präzisionsteuerung oder einer der neueren zwangläufigen Ventilsteuerungen ausgebildet wird, deren durch beide Zylinderdeckel durchgeführte Kolbenstangen an einem Ende das Schwungrad, am anderen unmittelbar die Kolben der Luftzylinder antreiben, und zwar liegt der große Dampf- und Luftzylinder auf der einen Maschinenhälfte, die beiden kleinen auf der anderen. Diese Anordnung gibt, wie durch Versuche in Westfalen (siehe Glückauf 1903, S. 289 f.) festgestellt ist, die besten Wirkungsgrade. Für kleinere Luftmengen (bis etwa 2000 cbm) baut die Firma Pokorny & Wittekind die auf Tafel 12 dargestellte, auch auf mehreren Saargruben vertretene Maschine, bei der die beiden Verbunddampfzylinder in Tandemanordnung hintereinander liegen und die zweistufige Kompression in einem besonders gestalteten, mit Differentialkolben arbeitenden Zylinder vor sich geht. Diese Maschinenform hat neben dem großen Vorzug, in der Breite sehr viel weniger Raum zu beanspruchen als die übliche eben beschriebene symmetrische Form, noch eine ungewöhnlich gleichmäßige und stoßlose Beanspruchung des ganzen bewegten Maschinengestänges aufzuweisen, was für die Dauerhaftigkeit und Zuverlässigkeit der Maschine naturgemäß sehr günstig ist. Da der Differentialkolben für jede Kompressionsstufe nur einseitig wirkend ist, erhält der Zylinder allerdings einen ziemlich bedeutenden Durchmesser und die Bauart eignet sich deshalb nicht gut für große zu liefernde Luftmengen.

Die von den einzelnen Kompressoren der Saargruben angesaugte Höchstmenge wechselt, wie die Übersicht am Ende dieses Abschnittes zeigt, zwischen 300 und 7000 cbm in der Stunde. Die letztgenannte ungewöhnlich große Leistung wird nur von dem im Jahre 1904 in Betrieb genommenen Pokorny-Kompressor auf dem Geisheckschacht der Grube Heinitz geliefert, ihm folgen in weitem Abstande die beiden noch nicht in Betrieb genommenen Kompressoren von je 5100 cbm Leistung auf dem Clarenthaler Schacht der Fettkohlengrube Louisenthal und derjenige von 5000 cbm Leistung auf Grube Maybach, alle drei ebenfalls von der Firma Pokorny & Wittekind geliefert.

Der Dampfverbrauch betrug bei einem Pokorny-Kompressor auf Grube Reden 5,5 kg für 1 cbm Preßluft von 5 at, bei einem Kompressor von Schüchtermann & Kremer auf Grube Kohlwald 8 kg. — Als Durchschnittszahl kann man bei größeren Stufenkompressoren 0,75 kg Dampf auf 1 cbm angesaugte Luft rechnen, auch kann man bei überschläglichen Rechnungen, wie die Übersicht zeigt, annehmen, daß eine Pferdestärke der Kompressordampfmaschine rund 10 cbm angesaugte Luft liefert.

Die letzte Spalte der Schlußübersicht gibt einen Überblick über die Gestehungskosten von 1 cbm Preßluft bei den einzelnen Kompressoren; es muß jedoch zu den dort angegebenen Zahlen bemerkt werden, daß sie trotz dahingehender Bemühung nicht auf denselben Grundlagen für alle Maschinen berechnet sind und berechnet werden konnten. Die richtige Einsetzung der Dampfkosten z. B. macht wegen der gemeinsamen Dampfentnahme der verschiedensten Maschinen aus derselben Kesselanlage oft große Schwierigkeiten, ebenso ist es bei den Löhnen der Wärter, die zugleich andere Maschinen bedienen, bei der Berechnung der Kosten für Öl usw. Die Zahlen der letzten Übersichtsspalte können daher auf unmittelbare genaue Vergleichbarkeit keinen Anspruch machen und nur einen ganz ungefähren Anhalt bieten; vor allem ist ein Urteil über den Wert und die Wirtschaftlichkeit verschiedener Bauarten allein auf Grund der Zahlen über die Kosten nicht ohne weiteres zu fällen. Im allgemeinen wird man nur sagen können, daß 1 cbm Preßluft zwischen 1,5 und 2,5 Pf. kostet; auch bei sehr großen Maschinen wird, wie die sorgfältig berechnete Angabe für den 700pferdigen Geisheckkompressor zeigt (1,4 Pf.), bei Berücksichtigung der Tilgung und aller sonst zu beachtenden Kosten nur unter ungewöhnlich günstigen Bedingungen unter 1,5 Pf. herunterzukommen sein.

Trotz der energischen Abkühlung in dem zwischen den beiden Luftzylindern angebrachten Zwischenkühler, der aus einem wasserumspülten, von der Luft durchströmten Rohrbündel zu bestehen pflegt, und trotzdem die Luftzylinder stets mit Mantel- und häufig mit Deckelkühlung versehen sind, verläßt, wie die Übersicht zeigt, die Luft den Kompressor mit einer Temperatur, die meist um 100° C beträgt; sie und die ihr entsprechende bedeutende Arbeitsmenge geht, wie erwähnt, für die Kraftübertragung so gut wie ganz verloren.

Über die Verluste in dem vom Kompressor ausgehenden Rohrnetz ist in den meisten Fällen nichts sicheres festgestellt und die Meinungen über ihre Größe schwanken daher sehr. In dem interessanten und sehr lehrreichen Aufsatz von Althans, auf den sogleich noch zurückgekommen werden wird, über den Betrieb von Druckluftmotoren mit Expansion (Zeitschrift Glückauf 1904, S. 101 ff.) wird ausgeführt, daß der Luftverlust durch Undichtigkeiten bei einigermaßen sorgfältiger Verlegung und unbeschädigten Rohren so gering ist, daß er fast unberücksichtigt bleiben kann. Dieser Angabe könnte man entgegenhalten, daß bei den Rohrnetzen der Gasanstalten, die wegen des geringen Gasdrucks, wegen der unveränderlichen Lagerung ihres größten Teils im Erdkörper und wegen dessen meist verhältnismäßig großen Widerstandes gegen das Durchdringen des Gases unter bedeutend günstigeren Verhältnissen arbeiten als die Preßluftleitungen in einer Grube mit ihren im Abbau unvermeidlichen Verschiebungen und Beschädigungen, ein ziemlich erheblicher Gasverlust eintritt. Nach dem Taschenbuch der Hütte schwankt er zwischen 2 und 8 % der Gesamtgasmenge. Auch erwähnt Jüngst in seinem Aufsatz über die Camphausener Druckluftanlage (Ministerialzeitschrift Bd. 48, S. 495), daß in dem dortigen mit dem Druckluftbehälter 72 cbm fassenden Preßluftnetz während des Stillstandes aller angeschlossenen Maschinen der Druck in der Leitung innerhalb 30 Minuten von 4,5 auf 3,5 at abfiel, was einem Verlust von über 0,5 cbm von 4 at Überdruck in der Minute oder rund 2 cbm von atmosphärischer Spannung entsprechen würde. Beim Abschluß sämtlicher Abzweigleitungen, die naturgemäß wegen ihrer Lagerung in den druckhaften Strecken und Abbauen die größte Durchlässigkeit zeigen, trat der gleiche Druckabfall erst nach 90 Minuten ein, immerhin machte auch dann der Verlust noch einen nicht ganz kleinen Bruchteil der Gesamtluftmenge aus. Die von Althans angenommene geringe Höhe dieses Verlustes beruht also anscheinend auf Beobachtungen unter günstigen Bedingungen und bei sehr sorgfältiger Instandhaltung der Leitungen. — Der Arbeitsverlust in den Rohren durch Spannungsabfall wird, wie Althans ausführt, bei richtig bemessenen Rohrweiten nicht übermäßig groß sein, weil er infolge der beim Spannungsabfall eintretenden Volumenvermehrung der Luft keineswegs dem Abfall proportional ist. Trotzdem kann aber der Spannungsabfall recht fühlbar werden, weil z. B. die Größe der Wirkung einer Luftbohrmaschine von der Kraft des Schlages und diese von der auf den Kolben wirkenden Spannung abhängig ist. Die bei dem Spannungsabfall eintretende Volumvermehrung würde nur ein längeres Arbeiten mit der niedrigeren Spannung gestatten, wodurch dem Führer der Maschine, der in bestimmter Zeit seine Leistung zu liefern hat, und der Grube nicht gedient ist. Man muß also, um bei merklichem Spannungsabfall dieselbe Leistung erzielen zu können, wie ohne solchen, Motoren mit größerem Zylinderquerschnitt wählen, die teurer und schwerer sind. Aus diesen Gründen empfiehlt es sich, den Spannungsabfall durch reichliche Rohrquerschnitte und, wo es sich um länger an demselben Orte verbleibende und größere Motoren handelt, durch Einschaltung von Luftkesseln in ihrer Nähe recht niedrig zu halten.

Von außerordentlicher Wichtigkeit für die Erhöhung des Wirkungsgrades von Preßluftanlagen sind die Mitteilungen, die Althans im genannten Aufsatz über die Anwendbarkeit der Expansion bei Preßluftmotoren macht. Man ließ diese bisher mit voller Füllung des Zylinders arbeiten, weil man auf grund vieler Erfahrungen annehmen zu müssen glaubte, daß bei Expansionsbetrieb durch die bei der Ausdehnung eintretende Wärmebindung ein Gefrieren der in der Luft enthaltenen Feuchtigkeit und ein völliges Ungangbarwerden des Motors eintreten müßte. Althans wies nun durch Versuche an einer Dinglerschen Gabelmaschine nach, daß diese Annahme nicht allgemein zutrifft. Bei zweckmäßiger Bauart des Zylinders, der Luftwege und der Steuerteile kann es ohne Schwierigkeiten erreicht werden, daß selbst bei nur halber Zylinderfüllung der Luft während der Expansionsperiode aus dem Wärmevorrat der von ihr berührten Metallteile und durch die Kolbenreibung soviel Wärme zugeführt wird, um ein Einfrieren der Maschine zu verhüten. Allerdings muß gleichzeitig für ein möglichst leichtes und schnelles Abströmen der expandierten Luft ohne viele Richtungsänderungen gesorgt werden. Die bei den Volldruckmotoren an der Mündung des Auspuffrohres auftretende besonders große Neigung der Eisbildung, die in der plötzlichen Entspannung des im Motor fast unverminderten Preßluftdrucks um mehrere Atmosphären ihre Ursache hat, wird bei dem Expansionsmotor naturgemäß viel geringer, weil eben die Luft mit viel niedrigerer Spannung auspufft. Mit anderen Worten kann man also sagen, daß die Expansion der Luft von der Admissionsspannung bis auf den atmosphärischen Druck bei den Volldruckmotoren nur an der Auspuffmündung völlig stoßweise erfolgt, während sie beim Betriebe mit Expansion während des ganzen Weges durch den Motor vor sich geht, daher viel langsamer erfolgt und in ihrer Kälteentwickelung besser zu beherrschen ist, wobei natürlich außerdem als wichtigstes praktisches Ergebnis die bessere Ausnutzung der in der Druckluft enthaltenen Energie erreicht wird. Es ergibt sich aus dieser Betrachtung, daß es, was zunächst auffällig erscheint, sobald ein Motor bei Anwendung einer bestimmten Expansion einfriert, unter Umständen möglich ist, diesen Übelstand durch Wahl einer kleineren Füllung zu vermeiden. Dabei ist noch zu berücksichtigen, worauf Althans am angeführten Orte hinweist, daß bei abnehmender Füllung die zur Expansion gelangende Luftmenge im Verhältnis zur Größe des Zylinders kleiner wird, sich daher stärker an dessen Wandungen erwärmt und auch weniger Eis zu bilden vermag als eine größere Füllung.

Um die Zylinderwandungen auf der zum eisfreien Gange nötigen Temperatur zu halten, ist bei der Wahl und Einrichtung der Steuerung das Augenmerk auf eine starke Kompression zu richten; bei der Versuchsmaschine von Althans, deren aus einem Kolbenschieber bestehende Steuerung in Fig. 52 (S. 230) abgebildet ist, überstieg sie die 3—3,5 at betragende Eintrittsspannung der Luft um mehr als eine Atmosphäre. Außerdem zeichnete sich die Steuerung durch eine starke Drosselung während der Einströmung aus. Bei der in der Figur gezeichneten Anordnung, bei der die verbrauchte Luft durch die flachen Kammern bb und daran anschließende längere Kanäle ausströmen mußte, verstopfte sich die Maschine

Fortsetzung des Textes auf Seite 320.

Luftkompressoren auf den Saar-

Berginspektion	Grube	Standort	Jahr der Aufstellung	Erbauer	Dampf-			
					Dampfdruck atm	Stärke PS	Bauart	Art der Steuerung
I	Schwalbach	Ensdorfer Schacht	1898	Dinglersche Maschinenfabrik, Zweibrücken	5,4	120	1 zylindrig	Guhrauer
	„	dgl.	1898	dgl.	5,4	120	dgl.	dgl.
	„	dgl.	1903	Pokorny & Wittekind in Bockenheim	5,4	200	Tandem	Ventilsteuerung
	„	Schwalbacher Schacht	1901	Dinglersche Maschinenfabrik, Zweibrücken	5,4	100	1 zylindrig	Guhrauer
I	Rosseln	Rosselschacht	1903	Pokorny & Wittekind in Bockenheim	10	350	Verbund	Hochdruckzylinder: Ventilsteuerung, Niederdruckzylinder: Drehschieber
	„	Ostschacht	1891	Klein, Schanzlin & Becker in Frankenthal	6	40	1 zylindrig	Flachschieber
II	Viktoria	Viktoriaschächte	1901	Pokorny & Wittekind in Bockenheim	6	100	Verbund	Rider
	„	dgl.	1902	dgl.	6	160	Tandem	Präzisions-Ventilsteuerung
II	Gerhard u. Serlo	Josephaschacht	1893	Dinglersche Maschinenfabrik, Zweibrücken	6	140	1 zylindrig	Schiebersteuerung
	„	dgl.	1896	dgl.	6	96	dgl.	dgl.
	„	Rudolfschacht	1902	Pokorny & Wittekind in Bockenheim	6,5	200	Tandem	Ventilsteuerung
	„	Clarenthaler Schacht	1900	dgl.	8	500	Verbund	dgl.
	„	dgl.	1902	dgl.	8	500	dgl.	dgl.
III	Von der Heydt	Krugschächte	1873	Weyland, Meuth & Co., St. Ingbert	5,5	60	Zwilling	Schieber
	„	dgl.	1901	Klein, Schanzlin & Becker in Frankenthal	5,5	30	1 zylindrig	dgl.
	„	Lampennestschächte	1898	Koch, Bantelmann & Paasch, Magdeburg	6	50	dgl.	dgl.
	„	dgl.	1898	dgl.	6	50	dgl.	dgl.
	„	Wetterschacht Neuhaus	1903	Klein, Schanzlin & Becker in Frankenthal	6	60	dgl.	dgl.

brücker Staatsgruben im Jahre 1905.

maschine		Luftzylinder						Kosten für 1 cbm Preßluft Pf.	Bemerkungen
Umlaufzahl	Kondensation vorhanden?	Bauart	Wird die Luft durch ein Filter angesaugt?	Angesaugte Luftmenge von Atmosphärendruck in der Stunde cbm	Enddruck der Preßluft Überdruck atm	Temperatur der Luft beim Verlassen des Kompressors °C	Art der Luftsteuerung		
bis 90	ja	1 zylindrig Stufenkompressor	nein	1000	5	87	Freigängige Lenkerventile	—	
bis 90	ja	dgl.	nein	1000	5	87	dgl.	—	
bis 130	ja	dgl.	ja	1800	5	96	Köster-Steuerung	—	
bis 40	nein	1 zylindrig	nein	900	5	50	Gummiklappen	—	Steht in Reserve.
bis 110	nein	2 zylindrig Stufenkompressor	ja	3400	5	127	Köster-Steuerung	—	
bis 100	nein	1 zylindrig	nein	300	4,5	nicht festgestellt	Schiebersteuerung	—	
50—100	ja	2 zylindrig Stufenkompressor	ja	1020	6	110	Köster-Steuerung	1,4	
60—140	ja	1 zylindrig Stufenkompressor	ja	1800	6	110	dgl.	1,2	
45	ja	1 zylindrig	nein	1200	6	120	Freigängige Ventile	1,5	
90	ja	dgl.	nein	800	6	—	Drehschiebersteuerung nach Strnad	1,5	
140	ja	Stufenkompressor	ja	1800	6	105	Köster-Steuerung	1,2	
—	nein	Verbund-Stufenkompressor	nein	5100	7	—	dgl.	—	Noch nicht in Betrieb.
—	nein	dgl.	nein	5100	7	—	dgl.	—	dgl.
120	nein	1 zylindrig	nein	650	4	115	Schiebersystem Burkhardt & Weiß	2,3	
160	nein	dgl.	nein	350	4	115	dgl.	2,3	
100	nein	dgl.	nein	600	4	110	dgl.	2,3	
100	nein	dgl.	nein	600	4	110	dgl.	2,3	
120	nein	dgl.	nein	650	4	120	dgl.	2,3	

Berginspektion	Grube	Standort	Jahr der Aufstellung	Erbauer	Dampf-			
					Dampfdruck	Stärke PS	Bauart	Art der Steuerung
III	Burbachstollen	Amelungschacht II	1903	Naumann & Esser in Aachen	6	130	1 zylindrig	Schieber
	„	dgl.	1903	dgl.	6	130	dgl.	dgl.
IV	Dudweiler und Jägersfreude	Skalleyschächte	1900	Dinglersche Maschinenfabrik, Zweibrücken	6,5	170	Zwilling	Flachschieber
	„	dgl.	1902	Pokorny & Wittekind in Bockenheim	6,5	125	Tandem	Ventilsteuerung
	„	dgl.	1904	dgl.	6,5	300	dgl.	dgl.
	„	Westschacht I	1889	Klein, Schanzlin & Becker in Frankenthal	6,5	40	1 zylindrig	Schiebersteuerung mit Expansion
	„	dgl. II	1898	dgl.	6,5	40	dgl.	dgl.
	„	Jägersfreude	1893	dgl.	5	40	dgl.	dgl.
	„	Schiedenborn	1900	R. Meyer in Mülheim a. d. Ruhr	6	40	dgl.	Meyersche Doppelschiebersteuerung
V	Sulzbach	Mellinschächte	1900	Pokorny & Wittekind in Bockenheim	5	105	Verbund	Ventilsteuerung
V	Altenwald	Gegenortschacht	1901	Pokorny & Wittekind in Bockenheim	6	220	Verbund	Ventilsteuerung
VI	Reden	Redenschacht III	1893	Schüchtermann & Kremer	6,5	160	Zwilling	Expansionsschiebersteuerung
	„	dgl.	1899	Pokorny & Wittekind in Bockenheim	6,5	170	Verbund	Ventil- und Drehschiebersteuerung
	„	dgl.	1902	dgl.	8	300	dgl.	dgl.
VI	Itzenplitz	Itzenplitzschacht II	1900	Klein, Schanzlin & Becker in Frankenthal	5—6	190	Verbund	Hochdruck: Ridersteuerung, Niederdruck: Trickschieber
	„	Wildseitersschacht	1903	dgl.	5—6	50	1 zylindrig	Rider-Steuerung
VII	Heinitz	Schachtanlage Geisheck	1904	Pokorny & Wittekind in Bockenheim	6	700	Verbund	Ventilsteuerung
	„	dgl.	1902	dgl.	6	300	dgl.	dgl.

[Fortsetzung]

maschine		Luftzylinder						Kosten für 1 cbm Preß-luft	Bemerkungen
Umlauf-zahl	Konden-sation vor-handen?	Bauart	Wird die Luft durch ein Filter angesaugt?	Angesaugte Luftmenge von Atmo-sphären-druck in der Stunde cbm	Enddruck der Preßluft Überdruck atm	Tempe-ratur der Luft beim Verlassen des Kom-pressors °C	Art der Luftsteuerung	Pf.	
85	nein	1 zylindrig, 1 stufig	ja	1200	5	95	Gesteuerte Tellerventile	2,3	
85	nein	dgl.	ja	1200	5	95	dgl.	2,3	
90	ja	2 zylindrig	nein	1500	4,5—5	Unbe-kannt	Drehschieber-steuerung nach Strnad	2,5	Die hier gegebenen Zahlen für die Kosten sind das Ergebnis von Versuchen, die vor mehreren Jahren gemacht wurden. Zurzeit werden sich schätzungsweise die Kosten auf 1,75 Pf. stellen, da der Dampf, der teilweise von de Wendel geliefert wird, billiger geworden ist.
130	ja	Stufen-kompressor	nein	1800	4,5—5	93	Köster-Steuerung	2,5	
120	ja	dgl.	nein	3100	4,5—5	93	dgl.	2,5	
120	nein	1 zylindrig	nein	500	5	Unbe-kannt	Schieber Burkhardt & Weiß	2,5	
120	nein	dgl.	nein	500	5	dgl.	dgl.	2,5	
120	nein	dgl.	nein	500	5	dgl.	dgl.	2,5	
100	nein	dgl.	nein	550	5	dgl.	Freigängige Ventile	2,5	
65	ja	Stufen-kompressor	ja	1200	5	85—95	Köster-Steuerung	2,4	
80	ja	Stufen-kompressor	ja	1800	5	95-100	Köster-Steuerung	2,5	
60	nein	Zwilling	ja	1650	5	—	Freigängige Tellerventile	1,2	
85	ja	Stufen-kompressor	ja	1650	5	95	Köster-Steuerung	1,2	
90	ja	dgl.	ja	3000	5	110	dgl.	1,2	
70—80	ja	Stufen-kompressor	nein	1700 bis 1900	5	120 bis 125	Freigängige Kegelventile	1,7	
100 bis 130	nein	1 zylindrig	nein	660	5	130	Freigängige Tellerventile	2,25	
70	ja	Stufen-kompressor	ja	7000	5	80—90	Köster-Steuerung	1,4	Davon 0,448 Pf. Amortisation.
80	ja	dgl.	ja	3000	5	80—90	dgl.	1,4	dgl.

Berginspektion	Grube	Standort	Jahr der Aufstellung	Erbauer	Dampf-			
					Dampfdruck atm	Stärke PS	Bauart	Art der Steuerung
VII	Dechen	Dechenschacht I	1903	Pokorny & Wittekind in Bockenheim	6	200	Verbund	Ventilsteuerung mit Auslösevorrichtung
	„	dgl.	1904	dgl.	6	190	dgl.	dgl. Hochdruckseite, Niederdruckseite mit gesteuerten Drehschiebern
VIII	König	Wilhelmschächte	1902 u. 1904	Pokorny & Wittekind in Bockenheim	8	480	Zwillings-Tandem	Ventilsteuerung
	„	dgl.	1892	Schütz & Hertel in Wurzen	8	90	Verbund	Rider-Steuerung
	„	Sinnertaler Schacht	1899	dgl.	8	50	dgl.	Schiebersteuerung
VIII	Kohlwald	Gegenortschacht	1896	Schüchtermann & Kremer	9	150	Zwilling	Rider-Steuerung
	„	Gegenortschacht	1900	dgl.	9	150	Verbund	Collmann-Steuerung
	„	Annaschacht	1890	Klein, Schanzlin & Becker in Frankenthal	4	50	1 zylindrig	Meyersche Doppelschiebersteuerung
	„	Annaschacht	1891	dgl.	4	50	dgl.	dgl.
VIII	Wellesweiler	Gegenortschacht	1891	Klein, Schanzlin & Becker in Frankenthal	4	50	1 zylindrig	Flachschieber
	„	Gegenortschacht	1892	dgl.	4	50	dgl.	dgl.
IX	Friedrichsthal	Schacht Helene	1900	G. A. Schütz in Wurzen	7	150	Zwilling	Rider
	„	dgl.	1902	Th. Calow & Co., Bielefeld	7	210	Verbund	dgl
IX	Maybach	—	1904	Pokorny & Wittekind in Bockenheim	6	450	Verbund	Ventilsteuerung
X	Göttelborn	—	1900	Calow & Co., Bielefeld	7	120	Verbund	Sulzer-Steuerung
	„	—	1904	Pokorny & Wittekind in Bockenheim	7	300	dgl.	Ventilsteuerung

[Fortsetzung]

maschine		Luftzylinder						Kosten für 1 cbm Preß-luft Pf.	Bemerkungen
Umlauf-zahl	Konden-sation vor-handen?	Bauart	Wird die Luft durch ein Filter angesaugt?	Angesaugte Luftmenge von Atmo-sphären-druck in der Stunde cbm	Enddruck der Preßluft Überdruck atm	Tempe-ratur der Luft beim Verlassen des Kom-pressors °C	Art der Luftsteuerung		
80	ja	Stufen-kompressor	ja	2300	5	40	Köster-steuerung	0,66	Ohne Tilgung.
70	ja	dgl.	ja	1650	5	40	dgl.	0,66	dgl.
140	nein	Stufen-kompressor	ja	3600	6	105	Köster-Steuerung	1,6	
80	nein	Zwilling	nein	1000	6	100	Freigängige Tellerventile	2	
10	nein	dgl.	nein	500	6	100	dgl.	2	
80	ja	Riedler-Stufen-kompressor	ja	1600	6	135	Gesteuerte Tellerventile	1,75	
78	ja	Stufen-kompressor Schüchtermann & Kremer	ja	1600	6	110	Freigängige Oelkatarakt-ventile	1,75	
160	ja	1 zylindrig, Burkhardt & Weiß	nein	350	5	125	Schieber-steuerung	1,95	
160	ja	dgl.	nein	350	5	125	dgl.	1,95	
160	nein	1 zylindrig	nein	350	5	125	Schieber gesteuert	1,75	
160	nein	dgl.	nein	350	5	125	dgl.	1,75	
bis 100	nein	Zwilling	nein	1200	4,5–5	110 bis 130	Freigängige Tellerventile	2	Durchschnittlich an der Verbrauchsstelle.
bis 80	nein	Stufen-kompressor	ja	1800	4,5—5	bis 80	Drehschieber-steuerung nach Strnad	2	dgl.
65	ja	Stufen-kompressor	ja	5000	5	105	Köster-Steuerung	8,70	
80	ja	Stufen-kompressor	nein	1250	4—5	100	Drehschieber-steuerung nach Strnad	7	
90	ja	dgl.	nein	3000	4—5	—	Köster-Steuerung	—	Ist noch nicht im Betrieb.

Berginspektion	Grube	Standort	Jahr der Aufstellung	Erbauer	Dampf-			
					Dampfdruck atm	Stärke PS	Bauart	Art der Steuerung
XI	Camphausen	Camphausen-schächte	1874	Maschinenfabrik Humboldt	5,5	50	1 zylindrig	Meyersche Doppel-schieber-steuerung
	„	dgl.	1894	Dinglersche Maschinenfabrik, Zweibrücken	7	75	dgl.	dgl.
	„	dgl.	1900	Pokorny & Wittekind in Bockenheim	7	100	Verbund	Hochdruck-zylinder: Rider-, Niederdruck-zylinder: Meyersche Steuerung
	„	dgl.	1904	dgl.	7	185	Tandem-Verbund	Ventil-steuerung
XI	Brefeld	Brefeldschächte	1900	Th. Calow & Co., Bielefeld	7	100	Zwilling	Schieber-steuerung
	„	dgl.	1902	dgl.	7	120	Verbund	dgl.

nach einiger Zeit durch abgesetztes Eis; erst als durch Öffnung der beiden Deckel ee des Schieberkastens ein unmittelbares geradliniges Auspuffen ermöglicht wurde, lief sie bei verschiedenen Füllungen ohne Anstände beliebig lange.

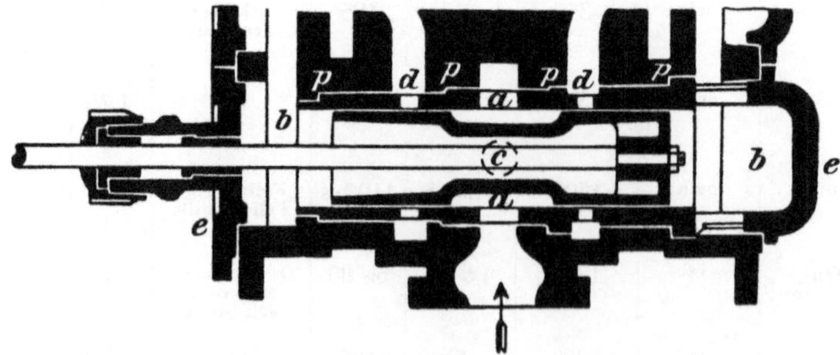

Fig. 52.

An dieser Versuchsmaschine wurden auch eingehende Messungen über den Luftverbrauch und Berechnungen des Gesamtwirkungsgrades angestellt, die bei der großen Spärlichkeit derartiger zuverlässiger Beob-

[Schluß]

maschine		Luftzylinder						Kosten für 1 cbm Preßluft	Bemerkungen
Umlaufzahl	Kondensation vorhanden?	Bauart	Wird die Luft durch ein Filter angesaugt?	Angesaugte Luftmenge von Atmosphärendruck in der Stunde cbm	Enddruck der Preßluft Überdruck atm	Temperatur der Luft beim Verlassen des Kompressors °C	Art der Luftsteuerung	Pf.	
15—18	nein	2 einfach wirkende Plungerpumpen	nein	400	5	—	Gummiklappen	2,64	Nasser Kompressor.
15—20	ja	dgl.	nein	600	5	—	Gummiringe	2,56	dgl.
98	ja	2 zylindrig Stufenkompressor	nein*	1080	5	110	Köster-Steuerung	1,97	* Möller-Filter im Bau.
115	ja	1 zylindrig Stufenkompressor	nein*	2330	5	115	dgl.	1,99	* dgl
80—100	nein	Stufenkompressor	nein	1100	5	95	Drehschieber nach Strnad	1,50	
80—100	nein	dgl.	nein	1200	5	95	dgl.	1,50	

achtungen besonders wertvoll sind und deshalb hier ebenfalls wiedergegeben seien. Der Motor, der etwa 10 PS, 175 mm Zylinderdurchmesser, 250 mm Hub hatte und 275 Umläufe in der Minute machte, verbrauchte bei 4 bis 5 at abs. Eintrittsspannung und etwa halber Füllung 27,5 cbm Luft (von atm. Spannung) für 1 ind. PS/st; der Arbeitsgewinn durch Anwendung der Expansion stellte sich dabei auf etwa 50 v. H. der Volldruckarbeit. Da, wie oben erwähnt, bei größeren Stufenkompressoren mit Verbundantriebsmaschinen der Dampfverbrauch für 1 cbm angesaugter Luft zu etwa 0,75 kg gerechnet werden kann, so waren für 1 ind. PS/st am Motor in der Kompressormaschine 20,6 kg Dampf erforderlich. Der mechanische Wirkungsgrad des Motors wird etwa 75 % betragen, und es ergibt sich also für 1 von der Motorwelle abgegeben PS/st ein Dampfverbrauch von 27,5 kg. Der Wirkungsgrad von der Welle der Dampfmaschine bis zur Welle des Motors betrüge danach rd. 31 %, wobei die Arbeitsverluste durch den Leitungswiderstand aus den oben angegebenen Gründen nicht berücksichtigt sind. Bei den bisher verwandten Motoren mit voller Füllung ist der Wirkungsgrad naturgemäß bedeutend niedriger. Es ist deshalb sehr zu wünschen, daß die von Althans niedergelegten Erfahrungen in recht weitem Umfange vom praktischen Betriebe ausgenutzt werden.

Auf die Art und den Kraftverbrauch der verschiedenen mit Preßluft betriebenen Maschinen ist in den Abschnitten über Wetterführung und Förderung eingegangen.

3. Elektrische Anlagen.

Auf den Saarbrücker Staatsgruben waren Mitte 1905 im ganzen 35 Maschinensätze zur elektrischen Kraftübertragung in Betrieb und zwar erzeugten 14 davon Gleichstrom, 21 Drehstrom; ihre wichtigsten Betriebsverhältnisse sind aus der Zusammenstellung am Ende dieses Abschnittes ersichtlich. Es geht aus ihr hervor, daß die Gleichstromanlagen in der Mehrzahl älteren Ursprungs sind und nur geringe Größe haben, keine von ihnen hat eine Stärke von mehr als 80 PS und die Gesamtstärke aller 14 Anlagen beträgt rd. 600 PS, denen die 21 Drehstrommaschinensätze mit rd. 6200 PS gegenüberstehen. Der größte unter ihnen, derjenige der Gaszentrale in Heinitz, übertrifft mit seinen 650 PS allein die gesamte Leistungsfähigkeit der Gleichstromanlagen um ein bedeutendes. Es ist jedoch bei diesen Vergleichen nicht aus dem Auge zu lassen, daß nur die Kraft-, nicht auch die Beleuchtungsanlagen berücksichtigt worden sind. Die letzteren sind, weil sie die ältesten Starkstromanlagen der Saargruben sind und zu einer Zeit entstanden, wo an elektrische Kraftübertragung wegen ihrer noch nicht genügenden praktischen Sicherheit für den Betrieb nicht gedacht wurde, meist von den später erbauten Kraftübertragungsanlagen ganz getrennt und werden fast ausnahmslos mit Gleichstrom betrieben, der für Beleuchtungszwecke ja auch jetzt noch den Vorteil eines besseren Wirkungsgrades besonders bei den Bogenlampen besitzt. Da diese Beleuchtungsanlagen kein weiteres Interesse bieten, so ist auf sie nicht eingegangen.

Das Überwiegen des Drehstroms über den Gleichstrom ist, wie in den übrigen Bergbaubezirken und in den übrigen Industriezweigen, darauf zurückzuführen, daß der Nutzen einer Kraftübertragung erst auf Entfernungen recht zutage tritt, auf die der Gleichstrom wegen der geringen anwendbaren Höchstspannung der erzeugenden Maschine und die Unmöglichkeit, ihn auf einfache Weise zu transformieren, wirtschaftlich nicht mehr fortgeleitet werden kann. Außerdem spricht die Abwesenheit des empfindlichen, teuren und funkengefährlichen Stromsammlers bei den Drehstrommaschinen gerade in der Grube besonders zugunsten des Drehstroms. Die dem Dreiphasenstrom anhaftenden Nachteile, die bekanntlich besonders in der Schwierigkeit einer wirtschaftlichen Veränderung der Umlaufzahl der Motoren sowie in deren bedeutend geringerer Anzugskraft bestehen, treten bei den Arten von Maschinen, die auf den Saargruben in Betracht kommen, weniger merkbar hervor. Wo dagegen Maschinen mit sehr ungleicher Geschwindigkeit und starker Belastung beim Anlauf angetrieben werden sollen, wird Gleichstrom verwendet, wie z. B. bei den Verladekränen auf der Kanalhalde der Grube Gerhard und der elektrischen Lokomotivförderung auf der ausgedehnten Hauptschachtanlage der Grube Heinitz.

Zum Antriebe der Stromerzeuger werden, wie die Übersicht zeigt, ganz überwiegend Dampfmaschinen verschiedener Formen benutzt. Während bei den älteren Gleichstromsätzen einzylindrige Maschinen mit Riemenübersetzung die fast ausnahmslose Regel sind, werden bei den Drehstromaggregaten wegen der größeren erforderlichen Maschinenstärke überwiegend Verbundmaschinen benutzt und jede Übersetzung vermieden. Bei den ganz großen Sätzen ist überwiegend die für Stadtzentralen u. dergl. übliche Anordnung einer stehenden Verbundmaschine mit unmittelbar angekuppeltem Drehstromerzeuger gewählt wie sie z. B. die sämtlichen 4 Maschinengruppen der Drehstromzentrale in Heinitz aufweisen. Das Bild einer derartigen 300pferdigen Maschine ist in Fig. 53 gegeben. Die von der Dinglerschen Maschinenfabrik gebaute Maschine hat, wie man sieht, kein besonderes Schwungrad, sondern die nötigen Schwungmassen sind durch kräftige Ausbildung des Polrades der durch Kuppelflansch unmittelbar verbundenen Dynamomaschine gewonnen worden. Der Hochdruckzylinder wird durch eine patentierte Kolbenschiebersteuerung, der Niederdruckzylinder durch einen einfachen Kanalschieber bedient. Bei der Hochdruckzylindersteuerung wird die Füllung durch einen kräftigen, leicht zugänglichen Axenregulator bestimmt. Er wirkt so schnell und stark, daß die Maschine bei plötzlichen Belastungsschwankungen bis zu 25 v. H. der normalen Leistung ihre Umlaufzahl um nicht mehr als ± 1,5 v. H. verändert. Der Unterschied in der Umlaufzahl bei Vollbelastung und bei Leerlauf überschreitet nicht 6 v. H. Durch eine besondere Vorrichtung läßt sich die Umlaufzahl während des Ganges um ± 5 v. H. verändern. Die Maschine kann mit gesättigtem oder überhitztem Dampf, mit oder ohne Kondensation betrieben werden, sie ist wie die anderen 3 der gleichen Zentrale angehörigen Maschinen an eine besondere Zentralkondensation dieser Zentrale angeschlossen. Für die normale Leistung der ganz analog gebauten 450 pferdigen Maschinen, d. h. für die günstigste Füllung von 50 v. H., wurde bei Anschluß der Kondensation von der Erbauerin ein Dampfverbrauch von 8,2 kg, für die Höchstleistung (450 eff. PS) ein solcher von 9 kg für 1 ind. PS/st gewährleistet, wobei gesättigter Dampf von mindestens 7 at Überdruck im Schieberkasten und eine Luftleere von mindestens 65 cm vorausgesetzt ist. Der Wirkungsgrad beträgt für die Normalleistung 85 %, der Ungleichförmigkeitsgrad 1 : 180, die Umlaufzahl 125 in der Minute. Die Zylinder haben Durchmesser von 600 und 950 mm und einen Kolbenhub von 700 mm. Die von der Allg. Elektrizitäts-Gesellschaft gelieferte Dynamomaschine besitzt einen feststehenden Anker und ein in seinem Innern umlaufendes Polrad und leistet bei 50 Perioden in der Sekunde und 5200 V Spannung 340 cos φ KW.

Fig. 53.

Die Leistung der auf der Hauptachse sitzenden Erregermaschine beträgt 7,2 KW, der Wirkungsgrad einschl. Luft- und Lagerreibung 92 %. Die Maschine dient mit der zweiten gleich starken und den beiden in der gleichen Zentrale stehenden 300pferdigen Maschinengruppen in beliebiger Zusammenschaltung zum Betriebe der nachstehend mit ihrem gegenwärtigen Energieverbrauch aufgeführten Anlagen:

1. Kohlenwäsche in Heinitz nebst Zubehör (Rätterei, Pohligsches Band, Werkstätte)	200 KW
2 Kohlenwäsche Dechen	100 „
3. Wasserhaltungsmaschine auf der 5. Sohle der Grube Heinitz	160 „
4. Wasserwerk im Spiesener Mühltal	100 „
5. Kokerei	80 „
6. Ventilator im Binsental	20 „
7. Beleuchtung der Geisheckschachtanlage	10 „
8. Streckenförderung in der 4. Sohle	25 „

Der Dampfverbrauch im laufenden Betriebe beträgt 15 kg für 1 KW/st an den Sammelschienen.

Eine ungewöhnliche, nämlich liegende Tandemanordnung zeigen die beiden Dampfmaschinen der Redener Kraftzentrale; sie leisten je 500 PS und sind, wie die Tafel 13 zeigt, mit Radovanovic-Steuerung versehen. Die unmittelbar gekuppelte ebenfalls von der Allg. Elektrizitäts-Gesellschaft gebaute Drehstrommaschine besitzt zwar auch feststehenden Anker und umlaufendes Magnetrad; jedoch ist die Bauart insofern in gewissem Sinne die Umkehrung derjenigen der Heinitzer Maschine, als der Anker die Wicklungen auf der äußeren Mantelfläche trägt und das schachtelförmig ausgebildete Magnetrad mit seinen radial nach innen gerichteten Polen den Anker umfaßt (s. Taf. 14). Diese Bauart ist gewählt worden, weil bei der Tandemanordnung der Antriebsmaschine die auf die Kurbel wirkende Tangentialkraft, wie bei einer Einzylindermaschine, stark schwankt und deshalb zur Erzielung eines für den elektrischen Betrieb genügend kleinen Ungleichförmigkeitsgrades große Schwungmassen in dem Polrade unterzubringen waren. Das ließ sich nur bei einem großen Durchmesser des Rades erreichen; hätte man nun die gewöhnliche, oben beschriebene Maschinenbauart angewandt, so hätte der Anker (das Gehäuse), der der kostspieligste Teil einer Dynamomaschine ist, sehr bedeutende Abmessungen erhalten und wäre außerordentlich teuer geworden. Die gewählte Bauart hat nebenher noch den Vorzug, daß der magnetische Zug bei ihr der das Polrad auf Zerreißen beanspruchenden Fliehkraft entgegenwirkt, während er bei der gewöhnlichen Anordnung in gleicher Richtung wie die Fliehkraft wirkt, jedoch wird dieser Vorzug durch die erforderliche unsymmetrische und weniger widerstandsfähige Gestaltung des Polradquerschnittes zum Teil wieder aufgehoben. Außerdem hat die Redener Bauart den Nachteil, daß die Wicklungen auf dem Anker und den Magnetpolen nur von einer Seite zugänglich sind. Auch scheint es, als wenn das notwendige genaue Zentrieren von Polrad und Anker bei dieser Bauart schwerer als bei der üblichen zu erreichen wäre; wenigstens machte sich zunächst eine Veränderlichkeit des Luftspalts zwischen Polen und Anker bei der Redener Maschine durch die auftretenden starken einseitigen magnetischen Zugkräfte lästig geltend, und es mußte erst ein sorgfältiges Regulieren des Polrades stattfinden.

Auf Grube Göttelborn dient zum Betriebe einer kürzlich aufgestellten Drehstromdynamo eine Parsons-Dampfturbine, die erste auf den Saarbrücker Staatsgruben; sie hat eine Stärke von 425 PS, macht 3000 Umläufe in der Minute und ist, ebenso wie die unmittelbar gekuppelte Dynamomaschine von der A.-G. Brown, Boveri & Co. geliefert. Auf ihre Bauart braucht, da sie sich nicht von der üblichen der genannten Firma unterscheidet und diese in dem Vortrag von Rupp über Dampfturbinen auf dem 9. Deutschen Bergmannstag (s. Bericht über diesen Bergmannstag S. 83 ff.) ausführlich auseinander gesetzt worden ist, hier nicht näher eingegangen zu werden. Es sei nur erwähnt, daß der Dampfverbrauch für 1 KW/st sich sehr niedrig ergeben hat, nämlich zu 11,1 kg bei 7 at Überdruck, ein Wert, der, wie die Zusammenstellung am Ende dieses Abschnitts zeigt, nur von den eben besprochenen Redener Maschinen mit 9,4 kg unterboten, sonst von keiner Maschine erreicht wird. Zwei ganz ähnliche Dampfturbinensätze von je 520 PS sind in letzter Zeit auf Grube Maybach in Betrieb gekommen, sie sollen nach Versuchen in der Fabrik nur 10,5 kg auf 350° überhitzten Dampfes für 1 KW/st gebrauchen.

Von den nicht mit Dampf angetriebenen Dynamomaschinen ist zunächst die in der neu eingerichteten Maschinenhalle bei der nördlichen Kokerei der Grube Heinitz zu erwähnen. Sie erhält ihren Antrieb von einer mit Koksgasen gespeisten 650-pferdigen Gasmaschine der Firma Ehrhardt & Sehmer. Auch wegen ihrer Einrichtung kann im allgemeinen auf den Bericht über die Verhandlungen des 9. Deutschen Bergmannstages verwiesen werden, in dem in dem Vortrag von Gerkrath über den heutigen Stand der Gaskraftmaschinen (S. 71 ff.) die Heinitzer Maschine besprochen und abgebildet ist. Es sei hier nur kurz erwähnt, daß sie 2 hintereinander liegende gleiche Zylinder besitzt und mit doppelt wirkendem Viertakt arbeitet. Die Regelung erfolgt durch Veränderung der Lademenge, während die Zusammensetzung des Gasgemisches, nachdem sie einmal von Hand eingestellt ist, unverändert bleibt. Für die Zündung, auf deren Zuverlässigkeit die Betriebssicherheit und Wirtschaftlichkeit des Betriebes zum großen Teile beruht, sind an jedem Zylinderende 2 Vorrichtungen angebracht. Das Wasser zum Kühlen der Ventile, Zylindermäntel und dergl. fließt der Maschine aus einem kleinen Hochbehälter mit genügendem Drucke zu und wird ihm durch eine kleine Pumpe nach dem Gebrauch wieder zugeführt; für das in den Kolben und Kolbenstangen umlaufende Kühlwasser würde, weil ihm durch die schnellen Bewegungen dieser Teile bedeutende lebendige Kräfte mitgeteilt werden, dieser Druck nicht ausreichen, es vollführt daher einen getrennten Kreislauf, dessen ununterbrochene Bewegung durch eine von der Maschinenwelle angetriebene Druckpumpe bewirkt wird. Zur Rückkühlung dieser Menge wird in sinnreicher Art der wassergefüllte Unterteil des in der Nähe stehenden Glockengasbehälters herangezogen, der in den Kreislauf eingeschaltet ist und mit seinem großen Wasserinhalt eine schnelle Abkühlung gewährleistet. — Die zu der Maschine gehörige Dynamo ist von Lahmeyer geliefert und zeigt eine ganz ähnliche Bauart wie die beschriebenen Redener Maschinen. Zuverlässige Feststellungen über Gasverbrauch, Wirkungsgrad und Betriebskosten haben noch nicht stattfinden können, weil die Maschine bisher noch nicht dauernd normal hat belastet werden können. Bei einigen kurzen Versuchen hat sich ein Gasverbrauch von rd. 0,5 cbm für 1 KW/st an den Schienen ergeben. Der Wärmeinhalt der benutzten Gase beläuft sich auf rd. 4500 WE.

Ganz besondere Beachtung verdient die auf Grube Von der Heydt zum Antriebe von Dynamos gebrauchte Gasmaschinenanlage, weil sie mit Gasen gespeist wird, die mit Hilfe von Ringgeneratoren nach dem Patent Jahns aus früher so gut wie wertlosen Klaubebergen erzeugt werden. Die Einrichtung und der Betrieb der Ringgeneratoren sind aus dem Vortrag Vogels auf dem 9. Bergmannstage (s. Bericht über diesen Bergmannstag S. 59 ff.) bekannt, sie sind gegenüber der dort gegebenen Beschreibung durch Anbringung einer zugverstärkenden Dampfdüse in dem stehenden Mittelkanal wesentlich verbessert worden, entsprechen aber sonst noch der Beschreibung, sodaß auf sie verwiesen werden kann. Es sind jedoch inzwischen in längerem Betriebe eine Reihe zuverlässiger Angaben festgestellt worden, die hier wiedergegeben seien. Die verarbeiteten Klaubeberge enthalten durchschnittlich 20 v. H. Kohle, wurden früher, wie sie von den Lesebändern kamen, auf die Halde gestürzt und verbrannten dort unter lästiger Rauchentwickelung. Jetzt werden sie von den Bändern unmittelbar zu den Generatoren gefahren und ohne weitere Vorbereitung hineingestürzt. Wie bekannt, werden aus jedem Generator erst Heizgase zur Dampfkesselfeuerung und erst zuletzt aus der sehr heiß gewordenen Kammer die durch diese Hitze genügend entteerten Gase zum Maschinenbetrieb, das sog. Kraftgas entnommen; es ist aus diesem Grunde nötig hier auch kurz auf die Ergebnisse mit dem Heizgase einzugehen. Man vergaste in der letzten Zeit monatlich rd. 2100 t Klaubeberge und gewann daraus rd. 3 716 000 000 WE, aus 1 kg Berge also 1800 WE. Die Selbstkosten betrugen für 1 cbm Gas mit rd. 1000 WE. 0,086 Pf. Von den erzeugten Kalorien wurden 3 500 000 000 WE zur Erzeugung von 3500 t Dampf verbraucht. 1 t Dampf aus den Gaskesseln kostete demnach 86 Pf.

gegenüber 1,84 M. bei Verwendung von Stochkesseln. Das Kraftgas wird in zwei einfach wirkenden Viertaktmaschinen von Körting, einer ein- und einer zweizylindrigen von 60 und 175 PS verwendet, der Gasverbrauch wurde bei der gegenwärtig meist noch nicht vollen Belastung zu 3, bei voller Belastung zu 2,5 cbm für 1 PS/st ermittelt, sodaß die Gaskosten sich auf 0,258 und 0,215 Pf. stellen. In einer Dampfmaschine gleicher Leistung muß man 12 kg Dampf für 1 PS/st rechnen, und die Kosten würden sich bei Verwendung von Dampf aus gewöhnlichen Stochkesseln auf 2,16 Pf., bei Dampf aus den mit Ringgeneratorgasen geheizten Kesseln auf 1,08 Pf. berechnen. Es ergeben sich also bei dem Betriebe der Gasmaschinen ganz außerordentliche Ersparnisse. Die Kraftgase werden, wie in dem Vortrag Vogels erwähnt, bei einer Temperatur von 600° abgezogen, wobei sie noch schwerflüchtige leichte Teerarten enthalten, weil sich herausgestellt hat, daß diese den Betrieb in keiner Weise stören. Wollte man ganz teerfreie Gase erhalten, so müßte man die Gase erst später, sobald der Generator eine noch höhere Temperatur erreicht hat, für den Maschinenbetrieb zu benutzen anfangen und würde eine bedeutend geringere Kraftgasmenge erhalten. Der Betrieb der Gasmaschinen hat auch weiterhin keinerlei Störungen erlitten, vor allem bleiben die Kolben und Zylinder sowie die Ventilsitze völlig frei von Öl und Teeransätzen, von den Kolben ist bisher nur einer der Zwillingsmaschine zur Auswechselung der Dichtungsringe einmal ausgezogen worden, er zeigte sich dabei völlig blank. Die Ventile werden alle 5—6 Wochen von trockenen Schmierölrückständen gereinigt, die leicht zugänglichen Mischventile alle 3—4 Tage von einem sich bildenden hellbraunen lackartigen Überzug durch Abwischen mit einem Petroleumlappen leicht und schnell befreit. Von den beiden Gasmaschinen dient die kleinere, Gleichstrom liefernde zum Betriebe der Ventilatoren der Generatoranlage selbst, die etwa 30 PS verbrauchen, und einer kleinen Beleuchtungsanlage; sie ist mit wechselnder Belastung Tag und Nacht im Betriebe. Mit dem von der 175-pferdigen Maschine gelieferten Drehstrom werden eine Expreßpumpe von Ehrhardt & Sehmer von 1,5 cbm Leistung auf der 450 m unter Tage liegenden 5. Sohle der Amelungschächte, sowie eine Schiebebühne und die etwa 300 m entfernten Werkstätten betrieben.

Zwei durch Wasserturbinen angetriebene Dynamomaschinen besitzt das Königliche Hafenamt zu Malstatt. Die Turbinen haben stehende Wellen, sind Francis-Räder, von der Firma J. M. Voith in Heidesheim gebaut, und geben je rd. 100 PS ab. Die in dem Aufsatz über Versuche und Verbesserungen im Bande 52 der Ministerialzeitschrift kurz beschriebene Anlage ist zunächst dadurch veranlaßt, daß zur Vermeidung des gesundheitsschädlichen Stillstehens des Wassers in dem langgestreckten, nur an einem Ende mit der Saar in Verbindung stehenden Hafenbecken, an dessen verschlossenem Ende ein Durchstich nach dem Fluß hergestellt werden mußte. Da die Höhe des Wasserspiegels durch eine kurz oberhalb des Durchstichs im Fluß liegende Schleuse mit Nadelwehr im Hafen bei stehendem Wehr etwa 2m höher gehalten wird als unterhalb der Schleuse, benutzte man die Gelegenheit, die bei Durchströmung des Durchstichs im Wasser freiwerdende Bewegungsenergie zu gewinnen. Die Wassermenge, die durch die Turbinen geleitet werden kann, ohne den Betrieb der Schleuse und den Schiffsverkehr auf der Saar zu beeinträchtigen, beträgt unter gewöhnlichen Verhältnissen 10 cbm in der Sekunde. Die Turbinen besitzen einen der Erbauerin geschützten hydraulischen Regler, der die Menge und Richtung des Aufschlagwassers durch Drehung des Leitschaufelringes verändert. Er soll bei plötzlichen Belastungsschwankungen um 25 % keine größeren Änderungen der Umlaufzahl als ± 2 % zulassen. Die Turbinenwelle ist in einem Überwasserspurlager aufgehängt und macht normal 45 Umläufe in der Minute, sie überträgt ihre Bewegung zuerst durch eine Kegelradübersetzung im Verhältnis 1 : 4 und dann durch eine Riemenübertragung von 1 : 3 auf eine 4polige Gleichstrommaschine der A.-G. Brown, Boveri & Co. von 220 V. Spannung. Die Vorgelegewelle ist so geteilt und mit Kupplungen versehen, daß beide Maschinensätze gemeinsam arbeiten und auch in jeder Kombination für einander eintreten können. Der Wirkungsgrad der Turbinen beträgt rd. 80 %, 15 % ihrer Leistung werden durch die Übersetzungen verloren.

Die Einrichtung der elektrischen Maschinen und Apparate auf den Saargruben weist im übrigen kaum besondere Eigentümlichkeiten auf, auf die Motoren der elektrischen Wasserhaltungen ist in dem Abschnitt über Wasserhaltungen kurz eingegangen. Die Anker der Drehstrommaschinen besitzen überwiegend Schleifenwicklung und Sternschaltung, deren neutraler Punkt, weil er sich infolge der unvermeidlichen Belastungsschwankungen in den einzelnen Phasen verschiebt, nicht geerdet ist; die Erregermaschinen sind in der Regel angebaut. Man nimmt den mit dieser Anordnung verbundenen Nachteil, daß die Erreger wegen der verhältnismäßig geringen Umlaufzahl groß und teuer werden müssen, in den Kauf, weil man bei ihr sicher ist, beim Anlassen der Hauptmaschine die nötige Erregung zu erhalten, während eine getrennte Erregermaschine, weil sie, mindestens während des Anlassens der Hauptmaschine, eine besondere Antriebsmaschine erfordert, unbequemer und weniger zuverlässig ist. Besonders tritt eine derartige Unbequemlichkeit auch ein, wenn die Anordnung so getroffen ist, daß eine Beleuchtungsmaschine zugleich den Erregerstrom liefert.

Die in den Kraftnetzen benutzten Spannungen betragen bei Gleichstrom 110 V. und die Vielfachen hiervon bis 440 V. Wo neben der Kraftübertragung auch eine größere Zahl von Lampen betrieben wird, sind

Fortsetzung des Textes auf Seite 334.

Maschinen zur elektrischen Kraftübertragung

Berginspektion	Grube	Antriebsmaschine										
		Dampfmaschine									Gas	
		Standort	Jahr der Aufstellung	Dampfspannung Atm	Bauart	Stärke PS	Steuerung	Umlaufzahl in der Min.	Ist Kondensation vorhanden?	Lieferant	Wärmegehalt des Gases W.-E	Bauart
II	Viktoria	Viktoria-schächte	1895	5,5	liegend einzylindrig	80	Rider	80	ja	Ehrhardt & Sehmer, Schleifmühle	—	—
	desgl.	desgl.	1895	5,5	desgl.	80	desgl.	80	ja	desgl.	—	—
	Gerhard u. Serlo	Mathilde-schacht	1895	5,5	desgl.	60	desgl.	65	nein	Gebr. Meer. M.-Gladbach	—	—
	desgl.	Josepha-schacht	1898	5,5	Dinglersche Gabel-maschine	45	Kolben-schieber	180	nein	Dinglersche Maschinenfabrik, Zweibrücken	—	—
	desgl.	desgl.	1897	5,5	Verbund-maschine	45	desgl.	120	ja	Gebr. Meer	—	—
	desgl.	Richard-schacht	1902	7	liegend einzylindrig	140	Lentzsche Ventil-steuerung	125	ja	desgl.	—	—
	desgl.	desgl.	1902	7	desgl.	140	desgl.	125	ja	desgl.	—	—
	desgl.	Kanalhalde	1893	6	Dinglersche Gabel-maschine	25	Kolben-schieber	225	ja	Dingler	—	—
	desgl.	desgl.	1903	6	desgl.	25	desgl.	225	ja	desgl	—	—
III	Burbach-stollen	Amelung-schacht	—	5	liegend einzylindrig	33	Kolben-steuerung	200	nein	—	—	—
	desgl.	desgl	—	5	desgl.	33	desgl.	200	nein	—	—	—
	desgl.	desgl.	1904	—	—	—	—	—	—	—	1000	einzylindrig Viertakt einfach wirkend
	desgl.	desgl.	1904	—	—	—	—	—	—	—	1000	Zwilling Viertakt einfach wirkend
IV	Dudweiler	Skalley-schächte	1902	6,5	stehend Verbund	125	Kolben-schieber	190	ja	Dingler	—	—
V	Altenwald	Eisenbahn-schächte	1899	6	liegend einzylindrig	55	Dörfel Proell	170	ja (Zentral)	Dingler	—	—
	desgl.	Gegenort-schacht	—	6	desgl.	25	desgl.	225	nein	—	—	—
	desgl.	desgl.	1902	6	stehend Verbund	370	—	—	—	Ehrhardt & Sehmer	—	—

auf den Saarbrücker Staatsgruben 1905.

maschine			Dynamo						Drehstrom			Dampfbez. Gasverbrauch für 1 KWstd. an den Schienen	Kosten für 1 KWstd. an den Schienen	Bemerkungen
Stärke PS	Umlaufzahl	Lieferant	Umlaufzahl	Art des Antriebs	Bauart Polzahl	Lieferant	Spannung V	Stromstärke A	Periodenzahl in der Sek.	Ist Erregermaschine angebaut?	Dreiecks- oder Sternschaltung	kg	Pf	cos φ
—	—	—	430	Treibriemen 1 : 5,4	Gleichstrom 6	Union, Berlin	440	125	—	—	—	20	6,31	—
—	—	—	430	desgl.	desgl.	desgl.	440	125	—	—	—	20	6,31	—
—	—	—	325	Treibriemen 1 : 5	Drehstrom 8	Lahmeyer, Frankfurt	500	49	50	nein	Sternschaltung	25	6,77	nicht bekannt
—	—	—	750	Riemen	Drehstrom 8	desgl.	500	46	50	ja	desgl	19	3,5	0,8
—	—	—	750	desgl.	desgl.	desgl.	500	46	50	ja	desgl	19	3,5	0,8
—	—	—	500	desgl.	Drehstrom 12	desgl.	2000	30	50	nein	desgl	15	2,8	—
—	—	—	500	desgl.	desgl.	desgl.	2000	30	50	nein	desgl.	15	2,8	—
—	—	—	850	desgl.	Gleichstrom	desgl.	110	136	—	—	—	20	3,5	—
—	—	—	850	desgl.	desgl.	desgl.	110	136	—	—	—	20	3,5	—
—	—	—	750	Riemen	Gleichstrom 4	Siemens & Schuckert	220	118	—	—	—	24	7	—
—	—	—	750	desgl.	desgl.	desgl	220	118	—	—	—	24	7	—
60	180	Gebrüder Körting, Hannover	860	desgl.	desgl.	desgl	220	164	—	—	—	4 cbm	0,39	—
175	170	desgl.	750	desgl.	Drehstrom 8	desgl.	500	149	50	nein	Sternschaltung	4 cbm	0,39	0,8
—	—	—	190	direkt	Drehstrom 34	Lahmeyer	2000	15	50	ja	Sternschaltung	27	2,5	0,85
—	—	—	850	Riemen	Gleichstrom 2	Siemens & Halske	330	90	—	—	—	—	2,5	—
—	—	—	850	desgl.	Gleichstrom 4	Schuckert	110	182	—	—	—	—	1,2	—
—	—	—	—	direkt	Drehstrom	desgl.	2000	—	25	ja	Sternschaltung	6 *	—	* Für 1 PS/st.

Berginspektion	Grube	Antriebsmaschine										
		Dampfmaschine									Gas-	
		Standort	Jahr der Aufstellung	Dampfspannung Atm	Bauart	Stärke PS	Steuerung	Umlaufzahl in der Min.	Ist Kondensation vorhanden?	Lieferant	Wärmegehalt des Gases W.-E.	Bauart
VI	Reden	Redenschächte	1904	8	liegend Tandem	500	Ventilsteuerung System Radovanovic	125	ja (Zentral)	Gebr. Pfeiffer, Kaiserslautern	—	—
	desgl.	desgl.	1904	8	desgl.	500	desgl.	125	desgl.	desgl.	—	—
VII	Heinitz	Drehstromzentrale	1901	5,5—8 Überdruck	stehend Verbund	300	Kolbenschieber	150	ja	Dingler	—	—
	desgl.	desgl.	1901	desgl.	desgl.	300	desgl	150	ja	desgl.	—	—
	desgl.	desgl.	1903	desgl.	desgl.	450	desgl.	125	ja	desgl.	—	—
	desgl.	desgl.	1903	desgl.	desgl.	450	desgl.	125	ja	desgl.	—	—
	desgl.	Gleichstromzentrale	1902	desgl.	liegend einzylindrig	60	desgl.	180	nein	desgl.	—	—
	desgl.	desgl.	1896	desgl.	desgl.	35 (Reserve)	desgl.	180	nein	Maschinenbau A.-G. Gritzner, Durlach	—	—
	desgl.	Kokerei Nord	1905	—	—	—	—	—	—	—	4500	Tandem zwei gleiche Zylinder Viertakt
VIII	König	Wilhelmschächte	1899	8	stehend Verbund	200	Kolbenschieber	140	nein	Dingler	—	—
IX	Maybach	—	1905	7	Parsons-Turbine	520	—	3000	ja (Zentral)	Brown, Boveri & Cie., A.-G.	—	—
X	Göttelborn	Grube Göttelborn	1899	7	stehend Verbund	110	Schieber	200	ja	Dingler	—	—
	desgl.	desgl.	1894	7	liegend einzylindrig	25	desgl.	180	nein	desgl.	—	—
	desgl.	desgl.	1905	7	Dampfturbine (Parsons)	425	—	3000	ja	Brown, Boveri & Cie., A.-G.	—	—
XI	Brefeld	Brefeldschacht	—	6	liegend einzylindrig Gabelmaschine	18	Expansionsschieber	280	nein	Dingler	—	—
	desgl.	desgl.	—	7	stehend Verbund	250	Rider und Flachschieber	150	nein	Ehrhardt & Sehmer	—	—

*) Die hohen Kosten sind die Folge der unzweckmäßigen Anlage. Es sind nämlich außer den angegebenen Maschinen Beleuchtung). Die 15 Pf. sind Kosten bei diesen 5 Maschinen und enthalten noch die Tilgungskosten.

[Fortsetzung und Schluß]

maschine			Dynamo						Drehstrom			Dampfbez. Gasverbrauch für 1 KWstd. an den Schienen	Kosten für 1 KWstd. an den Schienen	Bemerkungen
Stärke PS	Umlaufzahl	Lieferant	Umlaufzahl	Art des Antriebs	Bauart Polzahl	Lieferant	Spannung V	Stromstärke A	Periodenzahl in der Sek.	Ist Erregermaschine angebaut?	Dreiecks- oder Sternschaltung	kg	Pf.	cos φ
—	—	—	125	direkt	Drehstrom 48	Allgemeine Elektrizitätsgesellschaft Berlin	2000	200	50	ja	Dreiecksschaltung	9,38	8,77	Anlage noch nicht voll belastet
—	—	—	125	desgl.	desgl.	desgl.	2000	200	50	ja	desgl.	9,38	8,77	—
—	—	—	150	direkt	Drehstrom	A. E.-G., Berlin	5200	29,5	50	ja	Sternschaltung	15	4,3 einschl. Amortisation	—
—	—	—	150	desgl.	desgl.	desgl.	5200	29,5	50	ja	desgl.	15	desgl.	—
—	—	—	125	desgl.	desgl.	desgl.	5200	36	50	ja	desgl.	15	desgl.	—
—	—	—	125	desgl.	desgl	desgl.	5200	36	50	ja	desgl.	15	desgl.	—
—	—	—	650	Riemen	Gleichstrom	Lahmeyer	500 und 2×250	100 und 200	—	—	—	23	15*)	—
—	—	—	905	desgl.	desgl.	A. E.-G., Berlin	500	56	—	—	—	23	desgl.	—
650	150	Ehrhardt & Sehmer	150	direkt	Drehstrom	Lahmeyer	5300	110	50	ja	Sternschaltung	—	—	noch nicht festgestellt
—	—	—	270	Riemen	Drehstrom 10	Schuckert, Nürnberg	1000	100	22	ja	Sternschaltung	17	10	0,85
—	—	—	3000	direkt	Drehstrom 2	Brown, Boveri & Cie., A. G.	2100	—	50	ja	—	10,5	—	Der Dampfverbrauch ist in der Fabrik festgestellt, bei Dampfüberhitzung auf 350°
—	—	—	1650	Riemen 1 : 3,33	Drehstrom 12	A. E.-G., Berlin	2000	17	50	ja	Sternschaltung	12,50	—	0,85
			2100	Riemen 1 : 5,0	Gleichstrom	desgl.	110	150	—	ja	desgl.	12,50	5	—
—	—	—	3900	desgl.	desgl.	desgl.	110	150	—	ja	desgl.	15	—	—
—	—	—	3000	direkt	Drehstrom 2	Brown, Boveri & Cie., A.-G.	2000	22	50	ja	desgl.	11,1	noch nicht ermittelt	0,85
—	—	—	850	Riemen 1 : 3	Gleichstrom 2	Garbe, Lahmeyer & Cie. in Aachen	110	140	—	—	—	—	—	—
—	—	—	150	direkt	Drehstrom	Siemens-Schuckert	2200	72	50	ja	Sternschaltung	7,5	—	0,8

noch 4 kleinere ebenfalls fast immer im Betriebe (also im ganzen dauernd 5, und zwar 1 zur Kraftübertragung und 4 zur mehrfach die Netze nach dem Dreileitersystem angelegt, z. B. in der Gleichstromzentrale zu Heinitz. Die größere der dort stehenden Maschinen besitzt eine besondere Bauart, indem 2 getrennte Ankerwicklungen auf denselben Ankerkern gebracht sind und in demselben Felde umlaufen. Jede Wicklung hat einen besonderen Stromsammler, die beiden Wicklungen sind hinter einander verbunden. Durch Anlegen je eines Leiters an die beiden Stromsammler und an die Mitte der Verbindung beider Wicklungen ist es möglich, an die eine Maschine unmittelbar das Dreileiternetz anzuschließen, während bei der gewöhnlichen Dreileiterschaltung, wie bekannt, 2 gleiche Maschinen hinter einander verbunden sind oder die Spannung der Maschine erst nach der Abnahme des Stromes von deren Klemmen mit Hilfe eingeschalteter Sammler oder einer besonderen Ausgleichmaschine geteilt wird. — Bei den Drehstromanlagen ist die niedrigste vorkommende Spannung 500 V die gewöhnliche 2000 V und die bei den Heinitzer Maschinen verwandte höchste 5200 V. Die verhältnismäßig niedrige Spannung der meisten Anlagen hat darin ihren Grund, daß die zu überwindenden Entfernungen im allgemeinen mäßig sind. Die Periodenzahl ist die in Deutschland allgemein eingeführte von 50 in der Sekunde, nur bei zwei Anlagen hat sie den an sich für Motorbetrieb günstigeren Wert von 25. Die größeren Fernleitungen über Tage werden aus blanken Drähten unter reichlicher Anbringung der bekannten Hörnerblitzableiter hergestellt, die unterirdischen Leitungen aus dreifachen, verseilten, mit Holzklemmen befestigten Kabeln. Die Benutzung von sog. konzentrischen Kabeln ist wegen ihrer komplizierten Konstruktion und der infolge der unsymmetrischen Gestalt und Lage ihrer Leiter auftretenden Induktionserscheinungen aufgegeben.

Die bei normaler Belastung in den Drehstromnetzen auftretende Phasenverschiebung (cos φ) beträgt ziemlich übereinstimmend 0,8 bis 0,85, über die Kosten und den Dampf- oder Gasverbrauch der einzelnen Anlagen für 1 KW/st. an den Sammelschienen gibt die Zusammenstellung auf S. 330 ff. Auskunft. Es muß aber dazu bemerkt werden, daß es bei der Berechnung der Kosten noch mehr als bei denen der Preßluft auf die Größe der Anlage, die Stärke der Ausnutzung und die Art der Berücksichtigung von Kosten, die mehreren Betriebszweigen gemeinsam sind, ankommt, auch ist stellenweise die Einrechnung von Zins- und Tilgungssätzen unterblieben. Die aufgeführten Zahlen dürfen deshalb nicht zu eingehenden Vergleichen benutzt werden. Als Mindestbetrag für 1 KW/st. in größeren Drehstromanlagen kann man bei Berücksichtigung der Tilgung wohl 4—5 Pf. annehmen.

IV. Sonstige Tagesanlagen.

Auf die Vorrichtungen zum Sortieren und Waschen, sowie zum Verkoken der Kohlen, die neben den im vorstehenden behandelten Tagesanlagen die wichtigsten sind, braucht hier nicht näher eingegangen zu werden, weil ihnen der 5. Teil des vorliegenden Werks wegen ihrer Bedeutung ausschließlich gewidmet ist. Es sind in diesem Teile auch, soweit nötig, die Einrichtungen zum Verladen der verschiedenen erzeugten Kohlensorten in die Eisenbahnwagen berücksichtigt.

Die Verladung der Kohlen in die Saarschiffe, die in Malstatt, Louisenthal, Wehrden und Ensdorf stattfindet, erfolgt im allgemeinen noch in der Weise, wie sie von Nasse beschrieben worden ist; auf der Kanalhalde zu Louisenthal sind aber die Einrichtungen vollständig umgeändert und sehr vervollkommnet worden. Eine ausführliche Beschreibung der interessanten neuen Anlagen, die auch die Kostenfrage eingehend behandelt, hat Althans in der Zeitschrift Glückauf gegeben (Jahrg. 1904 S. 1209 ff.) und es braucht hier deshalb nur auf diesen Aufsatz hingewiesen zu werden. Auf dem Malstatter Hafen geschieht die Bewegung der Eisenbahnwagen auf der zum Abstürzen in die Schiffe dienenden sog. Pfeilerbahn jetzt mit Hilfe einer Seilförderung, an die die Wagen vermittelst des auch sonst bei Seilförderungen verwandten, früher erwähnten Keilschlosses angeschlagen werden. Die Eisenbahnwagen sind als Trichterwagen mit Bodenklappen ausgebildet, die beim Öffnen der Klappen ihren Inhalt ohne Nachhilfe in die unter dem Gleise befindlichen Verladetrichter entleeren. Zum Aufstapeln der nicht sogleich verladbaren Kohlenmengen und Wiederaufnehmen der gestapelten Mengen sind zwei fahrbare Verladebrücken der zuerst von den Amerikanern angegebenen Art vorhanden, die eine sehr große Lagerfläche bequem zu bedienen gestatten. Von einer näheren Beschreibung ihrer Einrichtung muß, weil sie besonders bei der größeren Brücke den Rahmen der vorliegenden Arbeit weit überschreiten würde, leider abgesehen werden. Ihr Antrieb, sowie der der meisten anderen Apparate auf dem Hafen erfolgt ausschließlich elektrisch. Über eine Reihe von kleineren Neuerungen an den verschiedenen Wasserverladestellen ist in den Mitteilungen über Versuche und Verbesserungen in den Jahrgängen 1902—1905 der Ministerialzeitschrift berichtet worden, auf die Bezug genommen sei.

Was die Anordnung der Tagesanlagen betrifft, so gilt ebenfalls noch das von Nasse Gesagte, es lassen sich in dieser Beziehung für den Saarbrücker Bezirk überhaupt nicht solche Regeln aufstellen, wie es z. B. für die westfälischen Anlagen möglich ist. Der Hauptgrund dafür ist, daß, wie bereits früher erwähnt, für die Entwicklung der Schachtanlagen, wie für den Ansatzpunkt der Schächte durch die meist stark hügelige Bodenbeschaffenheit der zur Auswahl stehende Raum sehr beengt wird und man daher sehr häufig gezwungen ist, die Betriebsgebäude in einer gegenseitigen Stellung anzuordnen, die an sich für den Betrieb nicht vorteilhaft ist. Auf der anderen Seite kann man, worauf Nasse schon aufmerksam gemacht hat, durch einen den Geländeverhältnissen angepaßten terrassenförmigen Aufbau der Anlagen meist Vorteile inbezug auf billigen und bequemen Transport der Förderung und auf geringere Kosten für Betriebsgebäude erreichen. Die von Nasse zur Veranschaulichung eines derartigen Aufbaues auf Tafel 21 seines Aufsatzes gegebenen Profile durch die Schachtanlagen der Fischbachgruben, der Gruben Viktoria, Serlo, Heinitz und Itzenplitz treffen naturgemäß auch jetzt noch zu. Neue große selbstständige Schachtanlagen sind seit dem Erscheinen der Arbeit von Nasse noch nicht entstanden, die neu eingerichteten Förderschächte stehen entweder neben den früheren auf den alten Anlagen oder haben doch keine eigene Kohlenaufbereitung oder Verladung. Anders wird es sich u. a. mit der im Entstehen begriffenen Hauptschachtanlage der Grube Rosseln verhalten, doch ist sie bisher noch zu wenig fortgeschritten, um näher auf sie eingehen zu können.

Bei der Einrichtung der Grubenbahnhöfe ist man, wie in anderen Revieren, bestrebt, möglichst für jede der zugleich verladenen Kohlensorten ein besonderes Gleis anzulegen, um Störungen zu vermeiden, und die Anordnung so zu treffen, daß die Eisenbahnwagen immer nur nach einer Richtung bewegt zu werden brauchen; jedoch ist dies bei Verladung vieler Sorten und besonders auf den Gruben, die Züge nach zwei entgegengesetzten Richtungen hin abschicken, nicht immer möglich. Die Verbindung der verschiedenen Gleise geschieht so gut wie ausschließlich durch Schiebebühnen, die früher verbreitete Verbindung durch Weichen ist wegen der großen dabei erforderlichen, nicht ausnutzbaren Gleislängen und der bedeutenden Rangierarbeit außer Gebrauch gekommen. Die Schiebebühnen laufen immer über den Gleisen, damit alle Gleise, mit Ausnahme des einen, über dem die Bühne steht, unbehindert benutzt werden können, was bei versenkten Schiebebühnen wegen der Unterbrechung durch die Grube für die Bühne nicht möglich ist. Meist ist eine Schiebebühne für die Verteilung der leeren Wagen auf die Verladegleise und eine zweite, hinter der Separation oder Wäsche befindliche, für die Zusammenstellung der beladenen Wagen vorhanden. Die Bewegung der Wagen auf dem Bahnhof erfolgt meist durch von der Schiebebühnenmaschine angetriebene Zugseile, seltener mit Hilfe von Spills. Zum Wägen der Eisenbahnwagen ist häufig in jedem Verladegleise eine Leerwage vor der Verladestelle und eine Wage für die vollen Wagen hinter ihr eingebaut, jedoch steht auch oft der Wagen, während er beladen wird, auf der Vollwage. Man erspart durch letztere Anordnung das zeitraubende Ausgleichen der Ladung durch Abnehmen oder Aufschütten von Hand. Die beladenen Wagen müssen von der Grube nach Versandrichtungen zu Zügen zusammengestellt werden, wodurch lange Aufstellungsgleise notwendig werden, die öfters bei der Anordnung der Tagesanlagen empfindlich stören.